新エネルギー自動車の開発
Development of New Energy Vehicles

監修：山田興一
　　　佐藤　登

シーエムシー出版

はじめに

　21世紀の幕明けとともに，地球環境問題やエネルギー資源問題の話題がますます活発化する様相である。地球環境問題で言えば自動車の絶対台数の増加，アジア諸国を中心としたモータリゼーションの拡大に伴い，大気環境の悪化と二酸化炭素排出増大に伴う地球温暖化問題があげられる。また，これらの環境問題を助長している大きな因子に，進展国を中心とする人口爆発と産業経済の加速度的発展がある。
　このような情勢の中，2001年1月25日に米国カリフォルニア州の大気資源局であるCARB（California Air Resources Board）が制定したZEV（Zero Emission Vehicle）法案が話題を呼んだ。2003年から適用されるこの法案では，電気自動車と純水素燃料電池自動車の義務付けが，カリフォルニア州で販売されるガソリン自動車の2％というZEV枠で設定され，さらにはハイブリッド自動車，天然ガス自動車およびメタノール改質燃料電池自動車もATPZEV（Advanced Technology Partial ZEV）2％として，超クリーンガソリン自動車がPZEVとして6％という枠で設定された。すなわち，化石燃料依存型自動車から新エネルギー自動車へのシフトを将来的に暗示するもので，先導的な法案と位置付けられている。
　さらに，人間活動に起因する二酸化炭素排出量削減については，世界的規模での取り組みが必要なことはコンセンサスがとられているものの，各国の思惑と実現性が複合的に絡んでおり，1997年12月に決定された京都議定書の行動計画が伴っていないなどの大きな課題を抱えている。
　このような背景のもとで，新エネルギー自動車を実現することには大きな意義がある。大気環境の改善，化石燃料依存型社会からの脱却と新エネルギーシステム社会の確立，二酸化炭素排出量の削減など，その効果は計り知れないものがある。しかしながら，実際上は多くの技術開発課題が横たわっていること，価格面でも実用から普及に至るまでのシナリオを描くには具体的手法がまだ確立できていないことも実態としてのしかかっている。
　本書は地球環境の現状と今後の取り組み，エネルギー技術の展望，人間工学と健康への影響，自動車技術国家戦略，各種エネルギー自動車の開発動向，コンポーネントの最新技術動向等，多岐にわたった解説により今後の技術研究と開発への一助とすべく内容で構成した。とりわけ新エネルギー自動車と各コンポーネントの技術進化は目覚ましく，特にモーターや電池技術に関しては日本が最先端を走っていることもあり，最新技術を網羅する構成で監修した。また一方では，自動車と人間のストレスは切り離せず，運転姿勢を含めた健康との関わりを新たな切り口として設定してみた。長時間の飛行機での搭乗にまつわって生じる「エコノミークラス症候群」は，自動車と全く無関係とはいいにくいからである。
　執筆陣は第一線でご活躍中の方々に登場して頂き，質と信頼性の向上に努めた。最後に，このように時宜を得た形で本書を発刊できたのも，多忙の中，情熱をもって取り組んで頂いた執筆者のご努力，ならびにシーエムシー出版社の小林取締役と高木様，奈良様の熱意の賜物と感謝致します。

2001年8月

監修者代表　佐藤　登

普及版の刊行にあたって

本書は2001年に『新エネルギー自動車の開発と材料』として刊行されました。普及版の刊行にあたり，内容は当時のままであり加筆・訂正などの手は加えておりませんので，ご了承ください。

2006年11月

シーエムシー出版　編集部

執筆者一覧(執筆順)

田中 加奈子　㈶地球産業文化研究所　研究員　工学博士
　　　　　　（現）International Energy Agency Energy Efficiency &
　　　　　　Environment Division Industry Policy Analyst
根岸 宏子　㈳産業と環境の会　研究企画部　研究員
　　　　　　（現）クシブチ国際特許事務所　国内技術部門　弁理士
佐藤 登　　㈱本田技術研究所　栃木研究所　主任研究員　工学博士
　　　　　　（現）SAMSUNG SDI CO., LTD.　Vice President
湊 清之　　㈶日本自動車研究所　新プロジェクト推進室　主席研究員
　　　　　　（現）㈶日本自動車研究所　総合企画研究部　工学博士
大川 裕子　㈳東京都薬剤師会会員　薬剤師
山田 興一　信州大学　繊維学部　教授　工学博士
　　　　　　（現）東京大学　理事
堀江 英明　（現）日産自動車㈱　総合研究所　電動駆動研究所　主幹研究員
　　　　　　工学博士
本間 琢也　（現）燃料電池開発情報センター　顧問；筑波大学名誉教授
　　　　　　工学博士
原 昌浩　　㈳日本ガス協会　天然ガス自動車プロジェクト部　課長
若狭 良治　コープ低公害車開発㈱　代表取締役専務
　　　　　　（現）㈱NERC　取締役　東京支店長　首席研究員
後藤 新一　（現）㈱産業技術総合研究所　エネルギー利用研究部門
　　　　　　クリーン動力グループ　グループ長　工学博士
金野 満　　茨城大学　工学部　機械工学科　助教授　工学博士
古谷 博秀　（現）㈱産業技術総合研究所　エネルギー技術研究部門　主任
　　　　　　研究員　工学博士

押谷 政彦	㈱ユアサコーポレーション　研究開発本部　基盤研究所　所長　工学博士
	(現) ジーエス・ユアサコーポレーション　研究開発センター　センター長　常務執行役員
吉野　彰	旭化成㈱　電池材料事業開発室　部長
佐田　勉	トレキオン㈱　COOディレクター
中山 恭秀	㈱ユアサコーポレーション　開発研究所　副所長
片桐　元	㈱東レリサーチセンター　表面科学研究部長　理学博士
直井 勝彦	東京農工大学　大学院工学研究科応用化学専攻　教授　工学博士
	(現) 東京農工大学　大学院共生科学技術研究院　教授
末松 俊造	東京農工大学　工学部　応用分子化学科　教務技官
	(現) 日本ケミコン㈱　基礎研究センター　主任研究員
岡田 益男	東北大学　大学院工学研究科　材料物性学専攻　教授　Ph.D
	(現) 東北大学　大学院工学研究科　知能デバイス材料学専攻　教授
八木 啓吏	三洋電機㈱　ニューマテリアル研究所　電子材料研究部　主任研究員
太田　修	三洋電機㈱　ニューマテリアル研究所　所長
太田 健一郎	横浜国立大学　大学院工学研究科機能の創生部門　教授　工学博士
山﨑 陽太郎	(現) 東京工業大学　大学院総合理工学研究科　物質化学創造専攻　教授　工学博士
山下 文敏	松下電器産業㈱　モーター社　モータ技術研究所　主席技師　工学博士
齋藤 隆一	㈱日立製作所　日立研究所　情報制御第3研究部　主任研究員

執筆者の所属は，注記以外は2001年当時のものであり，お問い合わせ等はご遠慮下さい。

目 次

はじめに……………………………………………………………………………佐藤 登

【第1編 地球環境問題と自動車】

第1章 地球環境問題　　田中加奈子

1 はじめに……………………………… 3
2 温暖化のメカニズム………………… 3
3 人為的活動の温暖化への影響……… 5
4 将来の温暖化ガスの排出量，温度上昇，海面上昇……………………… 8
5 気候変化による人間システムへの影響………………………………… 10
6 気候変化を緩和する方策とその可能性……………………………… 12
7 おわりに…………………………… 14

第2章 大気環境の現状と自動車との関わり　　根岸宏子

1 はじめに…………………………… 16
2 われわれの生活と自動車の関わり…… 16
　2.1 自動車産業の現状………… 17
　2.2 四輪車の登録台数の推移……… 17
　　2.2.1 乗用車の使用状況………… 17
　　2.2.2 輸送機関に占める自動車輸送量………………………… 18
3 自動車の排出ガスに起因する大気環境の現状…………………………… 20
　3.1 窒素酸化物（NOx）……………… 20
　3.2 浮遊粒子状物質（SPM）……… 21
　3.3 光化学オキシダント……………… 23
　3.4 一酸化炭素（CO）……………… 23
　3.5 二酸化炭素（CO_2）…………… 24
　3.6 硫黄酸化物（SOx）……………… 25
　3.7 交通渋滞による排出量の影響…… 26
4 低公害車の開発・普及状況と課題…… 27
5 おわりに…………………………… 28

第3章 自動車を取り巻く地球環境　　佐藤 登

1 地球環境と自動車…………………… 31
2 リサイクルの現状と今後の動向……… 33

I

2.1	リサイクルの具現化事例と規制動向	33
2.2	ガラスのリサイクル	34
2.3	EUリサイクル法規	35
3	有害物質削減への取り組み	35
3.1	法規動向	35
3.2	鉛フリー対応	36
3.3	ポストPVCの動き	36
3.4	フロン対策	37
3.5	エアバッグガス発生剤の転換	37
3.6	その他物質規制	37
4	排ガス低減に対する触媒技術の取り組み	38
5	新エネルギーシステムへの取り組み	38
6	電動車輛技術の開発動向	41
6.1	EVの開発動向	41
6.2	HEVの開発動向	42
6.3	FCVの開発動向	43
6.4	その他の新エネルギーシステム	43
7	おわりに	44

第4章　自動車の環境規制　　湊　清之

1	はじめに	46
2	自動車排出ガス問題の経緯	46
2.1	自動車排出ガス	47
3	今後のガソリン自動車の排出ガス規制	49
3.1	排出ガス規制の動向	49
4	ディーゼル自動車の排出ガス規制	49
4.1	現状のディーゼル自動車排出ガス規制	49
4.2	今後のディーゼル自動車排出ガス規制	49
4.3	燃料品質対策	50
5	主要国の排出ガス規制	50
5.1	アメリカ	50
5.2	EU	51
6	燃料性状の改善	51
7	おわりに	53

第5章　自動車と健康　　大川裕子

1	はじめに	57
2	自動車と健康との関連	57
2.1	「エコノミー症候群」に見る肺塞栓症	57
2.2	呼吸器疾患に注意	60
2.3	「腰痛」の恐怖	60
2.4	精神的ストレス	63
3	おわりに	63

【第2編　エネルギー技術の展望】

第1章　20世紀までのエネルギー技術　　山田興一

1　はじめに …………………………… 67
2　人口，エネルギー消費量の推移と一次エネルギー源 …………………… 67
3　エネルギー資源量 ………………… 70
4　エネルギー変換技術 ……………… 71
4.1　火力発電熱効率 ………………… 71
4.2　燃料電池発電システム ………… 72
5　環境技術 …………………………… 74
6　その他 ……………………………… 76
7　おわりに …………………………… 78

第2章　21世紀のエネルギー技術　　山田興一

1　はじめに …………………………… 79
2　21世紀の温室効果ガス排出シナリオ … 79
2.1　SRESシナリオ分類 …………… 79
2.2　21世紀の人口 …………………… 80
2.3　21世紀の経済成長率 …………… 80
2.4　21世紀の一次エネルギー消費量 … 80
2.5　21世紀のエネルギー供給形態 … 82
2.6　21世紀のCO_2排出量 ………… 84
2.7　化石燃料使用量 ………………… 84
3　地球再生シナリオ ………………… 84
4　21世紀のエネルギー技術 ………… 86
4.1　太陽電池 ………………………… 87
4.2　燃料電池システム ……………… 88
4.3　材料高機能化 …………………… 88
5　おわりに …………………………… 89

【第3編　自動車産業における総合技術戦略】

第1章　今後の自動車産業を巡る状況と課題　　佐藤　登

1　2025年の自動車を巡る社会環境 … 95
2　2025年の自動車に対するユーザーニーズ …………………………… 99

第2章　重点技術分野と技術課題　　佐藤　登

1　地球環境保全とエネルギーの有効利用 ……………………………… 101
1.1　地球温暖化防止 ………………… 101
1.2　大気汚染防止 …………………… 104

1.3　リサイクルの推進……………… 106　　1.4　自動車騒音の低減…………… 109

第3章　技術戦略を推進するための制度的課題　　佐藤　登

1　技術革新のための制度と機能………… 110
2　知的財産権制度……………………… 111
3　人材育成……………………………… 111
4　産学官の人事・技術交流…………… 113
5　規制との調和………………………… 114
5.1　規制等が定める目標への対応により結果として技術革新が進展する例……………………………… 115
5.2　技術革新を促進する観点から既存の制度との調整が必要な例…… 115

第4章　技術戦略を推進するための産学官の役割と連携　　佐藤　登

1　産学官の役割………………………… 117
　1.1　産業界の役割…………………… 117
　1.2　学界の役割……………………… 118
　1.3　政府の役割……………………… 119
2　産学官の連携………………………… 120

【第4編　新エネルギー自動車の開発動向】

第1章　電気自動車の開発動向　　堀江英明

1　はじめに……………………………… 125
2　走行に要求される出力……………… 125
3　電池の発熱計算……………………… 128
4　組電池の信頼性確保………………… 131
5　EV用高エネルギー密度型リチウムイオン電池…………………………… 132

第2章　ハイブリッド電気自動車の開発動向　　堀江英明

1　はじめに……………………………… 138
2　HEVの構成………………………… 139
3　車両性能とエネルギー効率………… 140
　3.1　各種車両での効率比較………… 140
　3.2　パワーユニット（エンジン）のエネルギー効率………………… 142
4　HEVの研究開発例………………… 144
　4.1　ティーノハイブリッドの概要…… 144
　4.2　電源システム…………………… 145

第3章　燃料電池自動車の開発動向　　　本間琢也

1　はじめに……………………………… 148
2　小型化，コンパクト化への挑戦……… 148
3　短い起動時間と負荷変動に対する応
　　答性………………………………… 150
4　信頼性と耐久性……………………… 150
5　コスト………………………………… 151
6　普及の時期と燃料の選択…………… 152
7　燃料電池自動車（FCV）の最前線… 153
8　おわりに……………………………… 155

第4章　天然ガス自動車の開発動向　　　原　昌浩

1　はじめに……………………………… 157
2　天然ガス自動車の現状……………… 158
　2.1　天然ガス自動車の種類…………… 158
　2.2　CNG自動車の現状……………… 158
3　液化天然ガス（LNG）自動車……… 159
　3.1　LNGの特性……………………… 159
　3.2　LNG自動車の実用化調査……… 161
　　3.2.1　LNG自動車の技術的課題… 161
　　3.2.2　LNG自動車の開発………… 161
　　3.2.3　LNG自動車の性能評価…… 162
　3.3　今後の計画……………………… 164
4　高効率天然ガス自動車……………… 165
4.1　筒内直接噴射天然ガス自動車の
　　開発………………………………… 166
　4.1.1　筒内直接噴射天然ガスエン
　　　　ジンの技術的課題…………… 166
　4.1.2　筒内直接噴射天然ガスエン
　　　　ジンの開発…………………… 166
　4.1.3　筒内直接噴射天然ガス自動
　　　　車の試作……………………… 166
　4.1.4　筒内直接噴射天然ガス自動
　　　　車の評価……………………… 166
5　その他の開発動向…………………… 169
6　おわりに……………………………… 169

第5章　LPG自動車の開発動向　　　若狭良治

1　はじめに……………………………… 170
2　LPG燃料の基礎知識………………… 172
　2.1　資源論…………………………… 172
　2.2　燃料の低公害性………………… 173
3　LPG自動車の技術発展の段階……… 175
　3.1　燃料供給方法の進化…………… 175
　3.2　LPG自動車の開発動向………… 176
　3.3　諸外国におけるLPG自動車の開
　　　発状況…………………………… 177
　3.4　日本におけるLPG自動車の開発
　　　状況……………………………… 180
4　おわりに……………………………… 181

【第5編　新エネルギー自動車の要素技術と材料】

第1章　燃料改質技術　　後藤新一, 金野　満, 古谷博秀

1　GTL ……………………………… 185
　1.1　概要 ……………………………… 185
　1.2　GTL製造プロセスと燃料性状 … 185
　1.3　日本における製造の取り組み …… 188
2　ジメチルエーテル（DME）およびメタノール ……………………………… 189
　2.1　概要 ……………………………… 189
　2.2　メタノール脱水反応 ……………… 189
　2.3　合成ガスからの直接製造 ………… 190
3　バイオディーゼルフューエル（BDF）… 192
4　水素 ……………………………… 193
　4.1　概要 ……………………………… 193
　4.2　水蒸気改質 ……………………… 194
　4.3　炭酸ガス改質 …………………… 195
　4.4　酸素による改質 ………………… 195

第2章　エネルギー貯蔵技術と材料

1　二次電池概論 ……………佐藤　登 … 197
　1.1　はじめに ………………………… 197
　1.2　二次電池の技術動向 …………… 197
　　1.2.1　鉛（Pb-acid）電池 ………… 197
　　1.2.2　ニッケル・カドミウム（Ni-Cd）電池 ………………… 200
　　1.2.3　ニッケル・亜鉛（Ni-Zn）電池 ……………………… 201
　　1.2.4　ニッケル・金属水素化物（Ni-MH）電池 ………… 202
　　1.2.5　リチウムイオン（Li-ion）電池 ……………………… 202
　　1.2.6　リチウムポリマー（Li-polymer）電池 ……………… 204
　　1.2.7　ナトリウム・硫黄（Na-S）電池とナトリウム・ニッケル塩化物（Na-NiCl$_2$）電池 ………………………… 204
　　1.2.8　酸化銀・亜鉛（AgO-Zn）電池 ……………………… 205
　　1.2.9　電気二重層キャパシタ ……… 206
2　ニッケル水素電池における材料技術　………押谷政彦 … 208
　2.1　自動車市場へのニッケル水素電池の進出 ……………………… 208
　2.2　ニッケル水素電池の構成と反応 … 208
　2.3　EV／HEV用ニッケル水素電池とキーテクノロジー ……………… 210
　2.4　高温特性の向上 ………………… 211
　　2.4.1　高温時の充電効率 ………… 212
　　2.4.2　高温耐久性（サイクル寿命）… 215
　　2.4.3　自己放電特性（保存特性）… 216
　2.5　低コスト化（環境負荷低減）の視点 …………………………… 217

2.6	おわりに ……………………… 221	
3	リチウムイオン電池と材料	
	……… 吉野　彰 … 223	
3.1	リチウムイオン電池の概要 ……… 223	
3.2	リチウムイオン電池の構成材料 … 225	
	3.2.1　電極構成材料 ……………… 225	
	3.2.2　電池構成材料 ……………… 226	
3.3	自動車用としてのリチウムイオン電池の適性について ………… 227	
	3.3.1　PEV用電源としての適性 … 227	
	3.3.2　HEV用電源としての適性 … 229	
3.4	まとめ ……………………………… 232	
4	リチウムポリマー電池技術と電池材料 ……………… 佐田　勉 … 233	
4.1	はじめに …………………………… 233	
4.2	電池開発の歴史とリチウムイオン電池の開発 …………………… 234	
4.3	リチウムポリマー二次電池用コア材料 …………………………… 236	
4.4	リチウムイオンゲルポリマー二次電池材料 ……………………… 238	
4.5	全固体リチウムポリマー二次電池と電池材料 …………………… 240	
4.6	おわりに …………………………… 243	
5	鉛電池と材料 ……… 中山恭秀 … 245	
5.1	はじめに …………………………… 245	
5.2	鉛電池の構造 ……………………… 246	
5.3	構成材料 …………………………… 247	
	5.3.1　正極板 ……………………… 247	
	5.3.2　負極板 ……………………… 251	
	5.3.3　VRLA電池用セパレータ兼電解液保持体 ………………… 252	

	5.3.4　その他接合部品 …………… 254	
	5.3.5　端子ポール ………………… 255	
	5.3.6　電槽・蓋 …………………… 255	
5.4	おわりに …………………………… 255	
6	電池材料の解析技術 ……… 片桐　元 … 257	
6.1	はじめに …………………………… 257	
6.2	炭素材料の評価 …………………… 257	
6.3	Liの挙動に関する分析 …………… 263	
6.4	固体高分子型燃料電池の高分子電解質膜の分析 ………………… 266	
6.5	おわりに …………………………… 268	
7	電気二重層キャパシタと材料 ……… 直井勝彦, 末松俊造 … 270	
7.1	はじめに …………………………… 270	
7.2	電気二重層キャパシタの原理 …… 270	
7.3	EDLCの特長と用途 ……………… 271	
7.4	電気二重層キャパシタ材料 ……… 272	
	7.4.1　電気二重層キャパシタの構成材料 …………………… 272	
	(1)　電極材料 ………………… 272	
	(2)　電解液 …………………… 275	
7.5	次世代大容量キャパシタ ………… 276	
7.6	電気化学キャパシタ材料 ………… 278	
	7.6.1　導電性高分子を用いた電気化学キャパシタ ………… 279	
7.7	電気化学キャパシタの新たな材料設計と今後の展望 …………… 280	
7.8	おわりに …………………………… 281	
8	水素貯蔵材料の開発動向 … 岡田益男 … 285	
8.1	はじめに …………………………… 285	
8.2	水素吸蔵材料の概要 ……………… 286	
	8.2.1　AB$_5$型希土類系合金 ……… 287	

8.2.2	AB$_2$型ラーベス相合金……287	8.3.2	BCC型合金……288
8.2.3	A$_2$B型Mg系合金……287	8.4	水素貯蔵用材料の開発現況……290
8.2.4	BCC型合金……287	8.4.1	カーボン材料……290
8.2.5	その他の合金……288	8.4.2	アルカリ金属系水素化物……291
8.3	二次電池用合金の開発現況……288	8.4.3	BCC型合金……292
8.3.1	La-Mg-Ni系合金……288	8.5	おわりに……294

第3章　エネルギー発電技術と材料

1　太陽電池と材料技術
　　　　………八木啓吏, 太田　修…296
　1.1　はじめに………………………296
　1.2　太陽電池の特徴………………296
　　1.2.1　太陽電池の発電原理………296
　　1.2.2　太陽電池の種類と製造方法…297
　1.3　太陽電池の応用………………302
　　1.3.1　エレクトロニクス製品への
　　　　　応用…………………………303
　　1.3.2　独立電源への応用…………303
　　1.3.3　住宅用太陽光発電システム
　　　　　の普及………………………303
　　1.3.4　中規模太陽光発電システム…305
　1.4　未来のエネルギー供給システム
　　　（GENESIS計画）……………305
　1.5　おわりに………………………307
2　固体高分子形燃料電池開発と材料
　　　　………太田健一郎…308
　2.1　はじめに………………………308
　2.2　燃料電池の原理………………308
　2.3　燃料電池の特徴………………309
　2.4　燃料電池の種類と燃料電池シス

　　　テム………………………………312
　2.5　固体高分子形燃料電池（PEFC）…314
　2.6　固体高分子形燃料電池の材料…316
　2.7　おわりに………………………318
3　直接メタノール形燃料電池の要素
　　技術………山﨑陽太郎…319
　3.1　はじめに………………………319
　3.2　COによる触媒被毒……………319
　3.3　DMFCの動作原理……………321
　3.4　電解質膜の高温化……………322
　　3.4.1　高温作動の必要性…………322
　　3.4.2　メタノール・クロスオーバー
　　　　　の低減………………………322
　　3.4.3　新規プロトン伝導膜の開発…323
　3.5　膜・電極接合体の作製………324
　3.6　セパレータの低価格化………324
　3.7　液体燃料供給およびセパレータ
　　　に伴う問題……………………325
　3.8　インバータの開発……………326
　3.9　メタノールの安全性…………326
　3.10　おわりに……………………326

第4章 モータと材料技術　　山下文敏

1　電気自動車（EV）用モータの具備すべき条件 …………………… 328
2　モータの体格と効率 …………………… 329
3　磁石モータ（PM）の構成要素とその特徴 …………………… 331
4　主要材料の動向 …………………… 332
　4.1　鉄心材料の役割 …………………… 332
　4.2　高磁束密度域での低損失化の例 … 332
　4.3　磁石材料 …………………… 334
5　リサイクル対応への技術動向 ………… 336
　5.1　リサイクル価値 …………………… 336
　5.2　主要材料の分離・回収 …………… 337
6　まとめ …………………… 338

第5章 パワーデバイスと材料技術　　齋藤隆一

1　はじめに …………………… 340
2　パワーデバイスにおける材料技術の役割 …………………… 340
　2.1　半導体材料 …………………… 342
　2.2　実装材料 …………………… 342
　2.3　接合材料 …………………… 343
3　SiC半導体技術 …………………… 343
4　パワーデバイス用実装材料技術 ……… 345
　4.1　絶縁基板材料 …………………… 345
　4.2　金属基板材料 …………………… 347
5　パワーデバイス用接合材料技術 ……… 349
6　今後の材料技術への期待 …………… 349
　6.1　SiC半導体結晶材料品質の向上 … 350
　6.2　複合化技術の活用 ……………… 350
　6.3　環境への配慮 …………………… 350
　6.4　コストの継続的低減 …………… 350

第1編　地球環境問題と自動車

第1章　地球環境問題

田中加奈子*

1　はじめに

「輸送」という手段－とりわけ自動車－とその発展の歴史が人類に及ぼした影響は，過去・現在・将来にわたり多大なものである。その影響は，技術的，経済的，社会的なものまで多岐にわたるが，ここでは，昨今問題になっている環境面の問題として，特に地球環境問題に焦点を当てることとする。地球環境問題は，地域環境問題（地域大気汚染，水質・土壌汚染，騒音，悪臭など）と異なり，原因と結果の関係がより広範囲（地球規模）で，かつ，長期にわたるものである。

この性格から，日常生活の中では深刻な問題であることが認識されにくく，対策・対応の意義付けが困難である場合が多い。例えばわれわれが直面している問題は，温暖化問題，酸性雨，オゾン層破壊，有害廃棄物の越境移動，海洋汚染，森林破壊などである。自動車に起因する問題としては，化石燃料燃焼による二酸化炭素増加が原因となる温暖化，自動車の冷房に用いていたフロンによるオゾン層破壊などが挙げられる（未だ回収率は低い）。フロンの問題は，それだけではなく，代替フロン類も含めて，二酸化炭素よりも同量ガスで比べて温暖化係数が何千倍という温暖化ガスであることである。

本章では，特に，気候変化を引き起こす温暖化問題に着目し，温暖化の原因，様々な影響，そして防ぐための対策についての知見をまとめた。

2　温暖化のメカニズム

第一に，温暖化がなぜ起こるのかということを考える。地球温暖化を地球レベルの熱収支でとらえると図1のようになる。①太陽からの入射エネルギー（343W/m²）のうち，②大気で反射された残りのエネルギー（240W/m²）が地表面に到達する。多くは地表に吸収され，③より波長の長い赤外線となって一部大気を通過する（＜240W/m²）。④一部赤外線は大気中の温暖化ガスにより散乱・吸収される。このことにより地表，大気下層で温暖化がおきる。このように，大きな原因は温暖化ガスの大気中濃度の増加である[1]。

---

*　Kanako Tanaka　㈶地球産業文化研究所　研究員

図1　地球における熱収支と温暖化

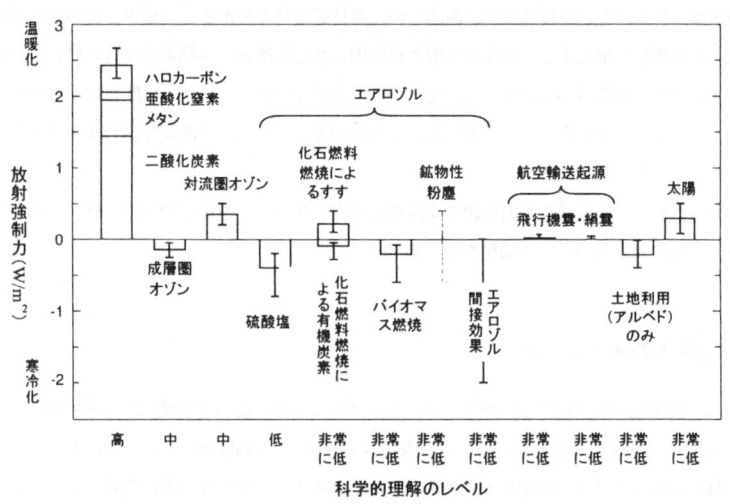

図2　ガスごとの地球平均放射強制力[2]

　それでは，温暖化ガスにはどういったガスがあるのだろうか。図2は，1750年から2000年までに増加した大気中ガスごとの，現在の地球平均放射強制力である。放射強制力とは大気の上端から見てエネルギーの収支が増えるか減るかということを表す指標であり，ガスそのものの温暖

化効果と,大気中のそのガスの濃度を合わせて評価した数値である。非常に高い信頼度で,二酸化炭素 (1.46W/m²),メタン (0.48W/m²),亜酸化窒素 (0.15W/m²),ハロカーボン (0.34W/m²) による温暖化が見積もられている。興味深いことは,エアロゾルのいくつかは冷却効果を持つ可能性があるということである。

3 人為的活動の温暖化への影響

さて,人間の活動はどのように温暖化に影響しているのかというのが,次なる疑問であろう。図3は地球規模の炭素収支を表している。大気中の炭素量 (750GtC) と比較して,化石燃料燃焼およびセメント生産による大気中への排出 (5.5GtC/yr),および(人為的かどうかは特定されないが)土地利用の変化による正味排出 (1.1GtC/yr) は小さく,1%以下であることがわかる。しかし,だからといって人為活動が温暖化に影響が少ないということにはならない。植物の呼吸・生産活動による正味吸収量 (1.4GtC/yr),海洋から大気への正味排出量 (2GtC/yr) と比べると約3倍であり,大気濃度増加への影響は小さくないことがわかる。

図4は,過去 (a) 140年,(b) 1000年間の地球表面温度の変動である。産業革命以降の気温上昇は明らかである。20世紀の気温上昇は0.6±0.2℃で,過去1000年間のどの世紀よりも上昇が高い[2]。連続的な化石燃料消費の増加にもかかわらず(図5参照),1946年から1975年まで温度が低下している(特にこれは北半球で顕著[2])。この理由は,硫黄酸化物の排出であると考えられる。図2で示したように,硫酸塩由来のエアロゾルは冷却効果を持つ。70年代以降,地域大気汚染・酸性雨などへの配慮から脱硫技術が発達したため,硫黄酸化物による冷却効果は少なくなっ

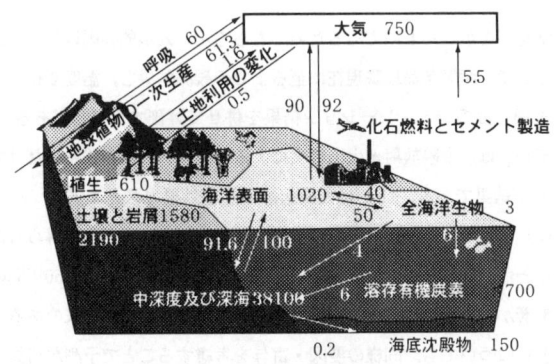

図3 地球全体の炭素収支[1]

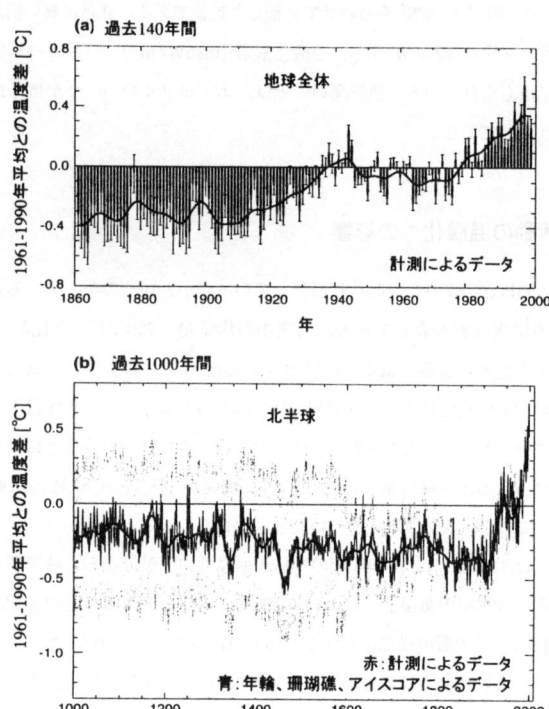

図4 過去140年, 1000年の地球表面温度の変動[2]

たのである。

　これらは,観測結果を示したものであるため,もちろん,人為的要因以外の要因も含んでいると考えられる。そこで,産業革命以降現在に至るまでの観測結果と,温度変化の主要因を考慮した地球の年平均表面気温のシミュレーション結果を併せて評価する必要がある。図6の(a)で幅で示した「モデル」は,太陽放射と火山噴火による自然起源の放射強制力だけで得られるモデルシミュレーション結果である。(b)は人為起源の温室効果ガスとエアロゾルによる放射強制力だけのもの,(c)は自然,人為起源のもの両方の放射強制力を考慮して得られた結果である。ここで明らかなことは,(c)が観測結果により合致することであり,過去50年間の顕著な温度上昇は特に人為的影響が強いということである。図6の結果はさらに,将来のある想定される濃度変化による温度上昇についても,同様の要因・寄与を考慮することで予測が可能であることを示している。

第1章 地球環境問題

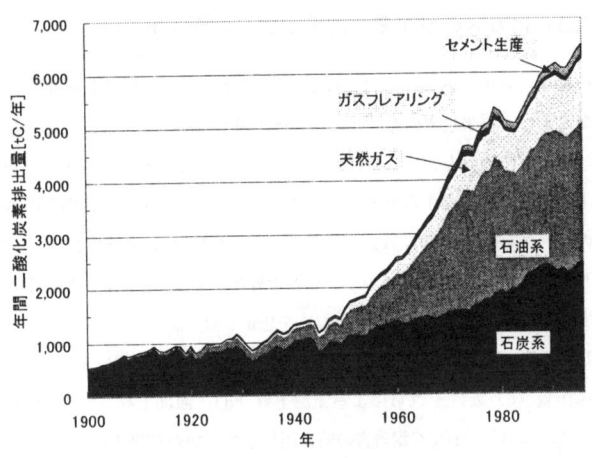

図5 世界の二酸化炭素排出量推移[3]

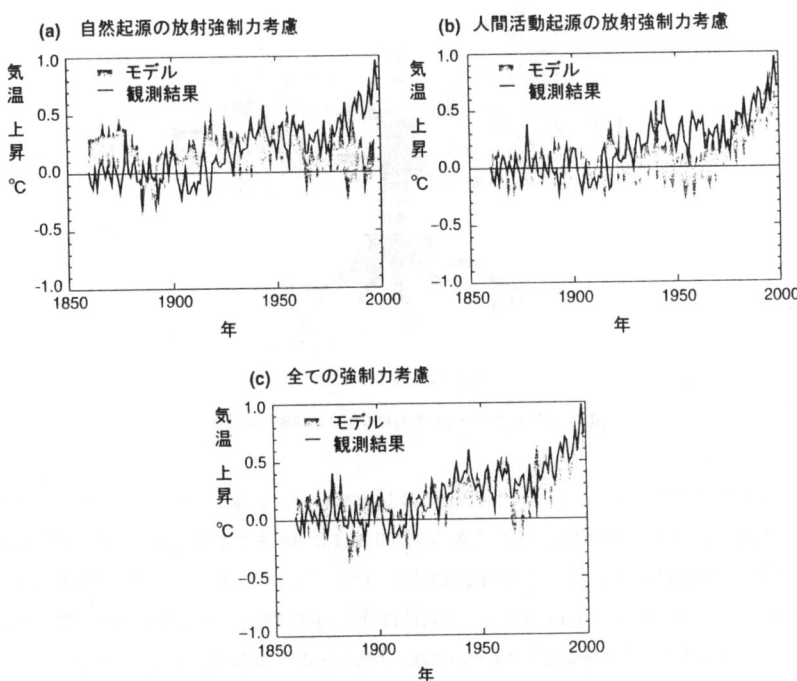

図6 地球の年平均表面気温のシミュレーション結果[2]

4 将来の温暖化ガスの排出量，温度上昇，海面上昇

それでは今後50年，100年の将来にわたり，温暖化はどのように見積もられているのであろうか。まず重要なことは，将来世界の温暖化ガスの排出量や濃度の変化をどう見積もるか，つまり，将来の人間の活動をどう仮定し，どう描くかということである。その将来像についてIPCC[注]では既存の世界中の将来排出に関するモデル（気候変化に関する対策はない場合のもの）を，4つの世界－図7のA1（高成長世界），A2（多元的世界），B1（持続発展的世界），B2（地域共存世界）－に分類し，6つのシナリオグループ―各世界から1つ，A1からA1FI（化石燃料依存型），A1T（技術志向型），A1B（バランス型）を想定した[4]。

図8は，それらシナリオに基づく，2100年までの二酸化炭素排出量（a），濃度（b），人為起源二酸化硫黄排出量（c）と，それらによる気温上昇（d），海面上昇（e）の予測結果を表している。図中IS92は，1994年のIPCC報告書の時に用いられていた将来排出シナリオである。

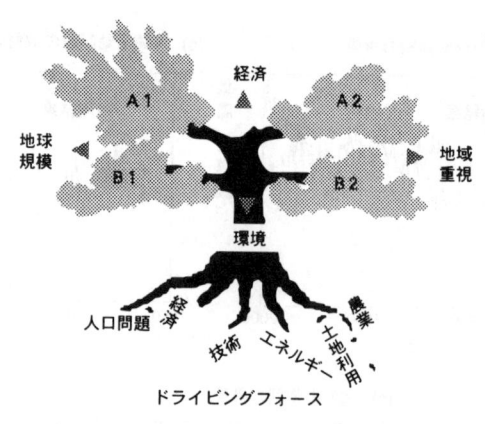

図7　IPCCで用いられた将来シナリオ評価ファミリー

二酸化炭素排出量はどのシナリオも2040年頃まで増加し（a），グローバル化が進むシナリオでは減少（A1FIは2080年頃），地域主義的シナリオは2100年まで増加しつづける。排出が減少するシナリオにおいても，大気中濃度は増加しつづけてしまう（b）。シナリオの代表例の幅で2100年時点では540〜970ppmとなり，これは1750年の濃度280ppmから90〜250％の増加である[2]。2100年までに濃度を安定化するためには，大幅な削減努力が必要であることがわかる。

二酸化硫黄排出量は，IS92シナリオに比べ，どれも脱硫などにより排出量を低く抑えられる

第1章 地球環境問題

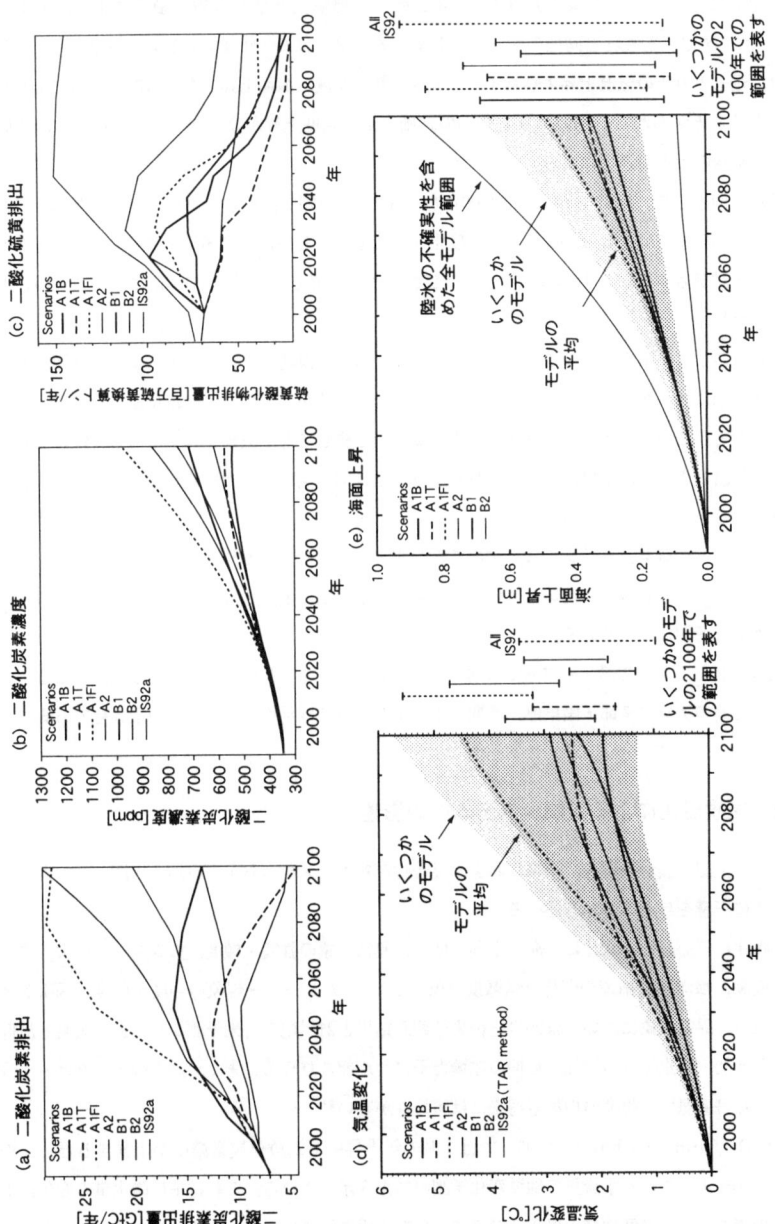

図8 将来の気温上昇と海面上昇[2]

と仮定している (c)。気温上昇 (d) および海洋の熱膨張と氷河氷帽の融解による海面上昇 (e) は二酸化炭素濃度と同様の傾向を示している。気温は2100年までに1.4〜5.8℃上昇し、これは、過去1万年の気温上昇よりもずっと大きい[2]。温度、海面上昇とも、2100年時点で上昇傾向にあることがわかる。IS92よりも今回の評価による温度上昇が高くなっているのは二酸化硫黄の排出量の仮定の違いによる。

極端な例として、IS92シナリオで2100年から100年間の間で排出量をゼロに近づけた場合でも、気温は2200年までは上昇(2000年から3度上昇)し続け、その後、2500年までにようやく1℃低下すると試算された。このとき海面上昇は2500年まで上昇しつづけ、約1.6mに達するとのことであった[5]。

これらのことが示す重要なことは、人為的影響、つまり温暖化ガスの排出による濃度増加と気候変化の間には、かなりの信頼度で相関が認められているが、その関係は超長期にわたるということである。このことは、なんらかの排出削減対策を施しても、気候システムの応答性は極めて低く、気温および海面上昇、さらにそれらが与える人間・生態系への影響を直ちに抑えることは困難であるということである。

また、地域別気温上昇予測では、次のことが明らかになっている[2]。
・ほとんど全ての陸域で、地球全体の上昇時期よりも早期に上昇しはじめ、特に、北半球の高緯度地域で冬期に顕著である。
・北米北部、アジア北部・中央部では地球平均上昇幅よりも4割以上大きい温暖化が起こる。一方、夏期のアジア南部・南東部、冬期の南米南部では地球平均よりも小さい上昇幅である。

5 気候変化による人間システムへの影響

次に、上記過去から現在、未来におよぶ温暖化が物理システムおよび自然・人間システムにどのように影響を与えるのかを述べる。

温暖化に伴い起こる変化は、海面上昇の他に、異常気象の強度・頻度、モンスーンによる降水量の変動、海洋熱塩循環の弱化(信頼度は低いが)、エルニーニョ現象の強度・頻度・場所が挙げられる。異常気象については20世紀後半の観測結果と21世紀の将来予測から、最高気温と最低気温が増加、降水強度の増加、夏期の乾燥と干ばつが起こりうる。また、過去のデータは不十分だが、熱帯低気圧の強度の増加も将来には可能性が高い[2]。

IPCC「Climate Change 1995」では1％の年上昇率で二酸化炭素濃度が上昇するとした場合の、2050年における水流量の地域変化予測の結果を示している。これは主に降水量の変化によるものである。高緯度地域と東南アジアにおいて年平均流量は増加し、中央アジア、地中海沿岸

地域，アフリカ南部，オーストラリアでは減少する。オーストラリアを除く，それら減少する地域は，元々，水供給が不十分であり（水ストレスがある状態），さらに利用可能な水が減少することを示唆するものである[6]。

これら気候変化に対し，氷河，珊瑚礁，森林，生物多様性など自然のシステムは脆弱であり非可逆的な害を受ける。さらに，気候変化は，農作物生産への影響，一部害虫や疫病媒介生物の活動範囲変化による疾病率・死亡率への影響，居住地域の縮小，政府・民間による保険システムや災害救援体制の変革など，人間社会システムに与える影響も大きい。表1はアジア各地域におけ

表1　アジア地域での気候変化に対する脆弱性[6]

	食糧繊維	生物多様性	水資源	海岸生態系	人間の健康	居住
亜寒帯アジア	回復可	高	回復可	回復可	中	低／なし
中央アジア	高	中	高	中	中	中
チベット高原	低／なし	高	中			
温帯	高	中	高	高	高	高
熱帯（南アジア）	高	高	高	高	中	高
熱帯（東南アジア）	高	高	高	高	中	高

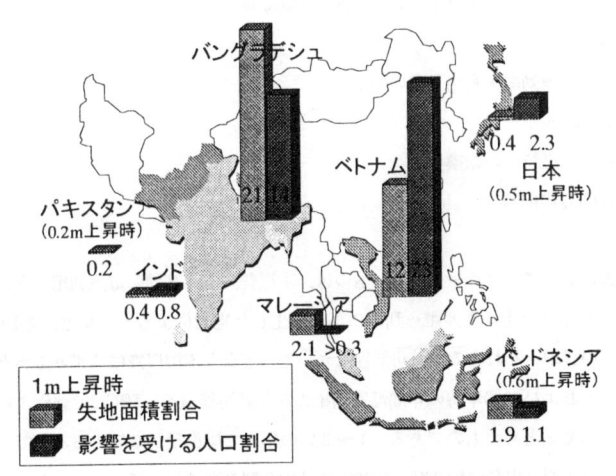

図9　アジア地域における海面上昇による影響
（文献6）から作成）

る項目ごとの脆弱性の高低をまとめたものである。

一般に，開発途上国・最貧国は，科学技術，教育，情報，インフラ，管理能力など，先進国に比べ遅れており，そのため，気候変化による損害に対する適応力がより小さく，脆弱性が高い[6]。にもかかわらず，脆弱性が高いそれらの国に，より気候変化の影響が大きい場合が多い。図9には，アジア地域において，1mの海面上昇によって失われる面積の国土に対する割合と，影響を受ける人口の割合を示したものである（いくつかのデータは1m以下の上昇を仮定）。デルタ地域，沿岸の低地面積が大きいバングラデシュ，ベトナムでは影響が大きい。

影響の評価や適応という観点からは，気候変化に対する自然・人間システムの適応力，脆弱性，適応方策の機会とコストや実施にあたっての障壁，両システムの相関など，まだ定量的に明らかになっていない検討すべき課題はまだ山積みである。これらに加えて，途上国には，適応策に関する国際協力，モニタリングやデータ収集などのトレーニングなど特別な配慮が必要となる。

6 気候変化を緩和する方策とその可能性

それでは，気候変化や，その深刻な影響を未然に防ぐ，あるいは少しでも減らすにはどうしたらよいのか。答えは非常に単純であり，温暖化ガス（特にエネルギー消費による二酸化炭素）の人為的排出を減らせばよいことになる。4節で示したように，気温上昇による影響は，全世界的に，非常に超長期にわたって現れる。

しかし，将来の人類の発展はエネルギー消費を必ず伴うものである。そこで温暖化ガス大気放出の緩和方策は，
① エネルギー変換効率・利用効率の向上
② 再生可能エネルギー
③ より低炭素の燃料への転換
④ 排出したCO_2の隔離
に分類できる。

自動車技術によってアプローチ可能なものは，①燃費向上，高効率電源利用など，②太陽エネルギー利用もしくは再生エネルギー利用により発生した電力によるものなど，③LPG利用などである。技術の詳細とそれらの削減可能性については本章・本編以降にゆずることとする。

表2は2010年および2020年時の年間温室効果ガス削減可能量を，IPCCで評価された各部門の緩和方策についてまとめたものである。1～2％の年率で排出量が増加するとして，2010年では各部門合計で全年間排出量の約2割，2030年では約3割の削減が可能ということになる。

表のポテンシャルの半分以上を占めているのは，建物・運輸・製造部門における最終エネル

第1章 地球環境問題

表2 2010年および2020年でのグローバルな温室効果ガス排出削減の可能性[7]

部門	1990年までの年間排出 [MtC$_{eq.}$/yr]	1990〜1995年のC$_{eq.}$年間のび [%]	2010年での年間排出削減可能性 [MtC$_{eq.}$/yr]	2020年での年間排出削減可能性 [MtC$_{eq.}$/yr]
建物 CO$_2$のみ	1,650	1.0	700〜750	1,000〜1,100
運輸 CO$_2$のみ	1,080	2.4	100〜300	300〜700
産業 CO$_2$のみ ーエネルギー効率 ー材料効率	2,300	0.4	300〜500 〜200	700〜900 〜600
産業 非CO$_2$ガス	170		〜100	〜100
農業 CO$_2$のみ 非CO$_2$ガス	210 1,250〜2,800		150〜300	350〜750
廃棄物 CH$_4$のみ	240	1.0	〜200	〜200
モントリオール議定書による非CO$_2$ガス代替	0		〜100	
エネルギー供給と転換 CO$_2$のみ	〜1,620	1.5	50〜150	350〜700
合　計	6,900〜8,400		1,900〜2,600	3,600〜5,050

ギー利用効率化によるものである。再生可能エネルギーおよび低炭素エネルギーでは，バイオマス利用，埋立地メタン利用，風力発電，水力発電，原子力発電が含まれており，2010年以降は発電所からの燃焼後ガスからの炭素除去および貯蔵も期待された値である。表中の排出削減方策は，エネルギー節約分の便益が，直接コスト（設備投資，運用，維持）を上回るか，そうでなくても，炭素トンあたり100ドルのコストで達成可能と報告されている。交通部門における技術では，ハイブリッド車，燃料電池自動車の導入が期待されている[7]。

エネルギー消費と炭素排出の関係に視点を変えて，技術開発の重要性をもう一歩見てみることにする。図10は化石燃料埋蔵量と，これまで（1860〜1998年）と将来シナリオでの排出量を比較したグラフである。歴史的な排出量をみると，これまで人類が排出してきた炭素量よりも多くの従来型の資源が存在することになる。しかし，将来シナリオに基づく排出量では，従来型資源量を上回る場合もあることがわかる。こういった場合，われわれは，これら非従来型資源（タールサンド，シェール油など）を開発するのと，非化石燃料の大規模な利用を促進・新規開発するのとどちらがよいのか，といった選択をせまられることになる。同じようにコストをかけてエネルギーを得るのであれば，長期的視野でみて持続可能な供給のために，後者の技術開発に大きな意義があることは明白であろう。

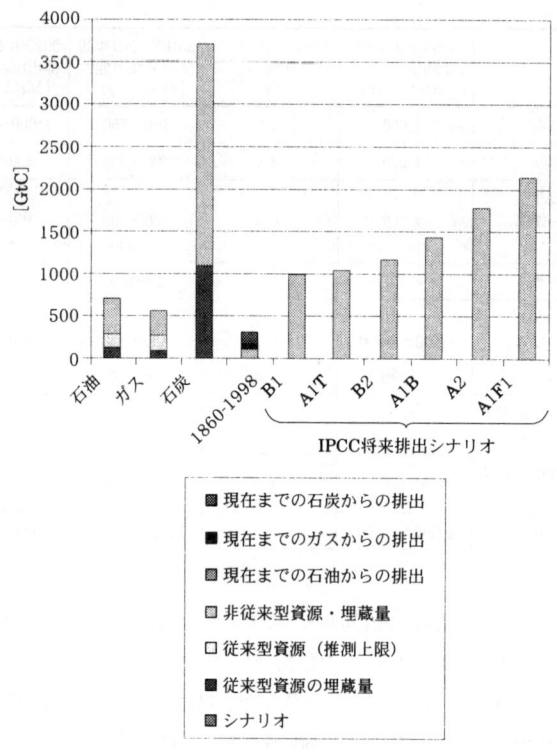

図10 化石燃料埋蔵量と資源量に基づく1990〜2100年の炭素累積排出量比較[7]

7 おわりに

　本章では温暖化に対する人為的な影響，またその温暖化の人類への影響と，それを人為的に緩和する方法について概要を述べた。交通部門の二酸化炭素排出量は，日本全体の2割程度である（他先進国でも，20〜35％と同程度[8]）。自動車の温暖化対策として応用される技術は，その2割の排出のうち何割減らせるかというだけではなく，さらに，他部門の排出も削減しうる技術である。自動車の新技術・材料開発への活発な動きが，温暖化対策全体の引き金になりつつあることは否めない。

　地球環境問題のほかにも，国際経済協力，貧困，教育問題，地域間・世代間の公平性問題など，われわれが直面している長期的に取り組むべき地球規模の問題は様々である。これらそれぞれの

第1章 地球環境問題

問題を如何に考慮しながら,今後どのように持続可能な発展を目指していくかということは,人類の重要な課題である。自動車は,このように複雑な,いずれの問題にも関与しうるものであり,その技術開発は解決の重要な要素の一つとなるであろう。

文　　　献

1) IPCC[注], "Climate Change 1994", Cambridge University Press, ISBN 0-521-55962-6 (1995)
2) IPCC, "Climate Change 2001: The Scientific Basis", Cambridge University Press, ISBN 0-521-01495-6 (2001)
3) Oak Ridge National Laboratory, Carbon Dioxide Information Analysis Center (http://cdiac.esd.ornl.gov/)
4) IPCC, "Emissions Scenarios", Cambridge University Press, ISBN 0-521-80493-0 (2000)
5) IPCC, "Climate Change 2001: Impacts, Adaptation, and Vulnerability", Cambridge University Press, ISBN 0-521-01500-6 (2001)
6) IPCC, "Climate Change 1995 : The Science of Climate Change", Cambridge University Press, ISBN 0-521-56436-0 (1995)
7) IPCC, "Climate Change 2001: Mitigation", Cambridge University Press, ISBN 0-521-01502-2 (2001)
8) Y.Kanemoto, Collected Papers in relation to the Global Warming Issues, pp.117-144, Global Industrial and Social Progress Research Institute, May 2000

注) 気候変動に関する政府間パネル(IPCC : Intergovernmental Panel on Climate Change)は,1988年,WMO(World Meteorological Organization,世界気象機関)とUNEP(United Nations Environment Program,国連環境計画)により設立された。気候変動関連の研究成果で,世界中の専門家による査読を受けた入手可能な文献や雑誌,書籍,そして慣行などに記載の情報の評価を行っている。IPCCでは過去2回,同様の総合的な評価報告書を作成発表しており,気候変動枠組条約締約国会議の有用な情報として評価・活用されてきた。IPCCは2001年初めに温暖化に関する最新の知見をとりまとめた第三次評価報告書を発表した。詳細情報はインターネットの http://www.ipcc.ch で入手可能である。

第2章 大気環境の現状と自動車との関わり

根岸宏子*

1 はじめに[8, 9]

　20世紀は自動車の世紀であったといわれる。また，クルマ依存社会といわれるほど現代の生活は深く自動車に依存している。自動車は電車やバスなど，他の交通機関にない利便性をもたらすと同時に，人間の所有欲やモータースポーツとしての楽しみなど，様々な付加機能を有している。その結果，多くの国々では経済発展に伴って自動車の保有台数は急速に増加した。わが国においては1975年度には2,835万台であった四輪車保有台数が1995年度には6,692万台と，20年間の間に2倍強増加した。近年ではその勾配は緩やかになったものの依然として増加傾向にあり，1999年度の自動車保有台数は7,173万台となった[1]。

　一方，自動車の排出ガスには，窒素酸化物（NOx），浮遊粒子状物質（SPM），光化学オキシダント，一酸化炭素（CO），二酸化炭素（CO_2），硫黄酸化物（SOx）等の大気汚染物質が含まれており，大気環境に少なからず影響を与えている。わが国ではこれらの物質について大気環境基準が定められているが，NOxおよびSPMについては深刻な状況が続いており，特に道路沿道に設置された自動車沿道測定局における環境基準の達成状況は低く，自動車排出ガスの影響が大きい。

　これらの問題を解決するため，現在，より低公害な自動車の開発が進められているが，その開発の方向は大きく分けて石油代替エネルギーを用いる自動車と，ハイブリッド車のように動力源を併用しつつ排出ガスレベルの低減や燃費の向上を図るものがある[2]。本章では，大気環境の現状と自動車の関わりについて述べる。

2 われわれの生活と自動車の関わり[1]

　現在の生活はあらゆる局面において自動車が不可欠の存在となっている。自動車産業は国の基幹産業として重要であり，国の経済を支えると同時に，労働の場を提供している。また，物品の輸送，人員の移動には，他の交通機関と比較しても自動車への依存度が高い。ここでは，これらの現状について簡単に取りまとめる。

　＊　Hiroko Negishi　㈳産業と環境の会　研究企画部　研究員

第2章 大気環境の現状と自動車との関わり

2.1 自動車産業の現状

　自動車は，金属・非鉄金属製品，ガラス・繊維製品，電子機器，石油化学製品等，様々な製品から構成されている。1台あたりの部品数は2～3万点におよび，自動車産業は極めて裾野の広い産業で，生産・販売をはじめとして，道路貨物・旅客運送業や関連部品メーカー，素材産業，ガソリンスタンドや金融・保険業等，広範な関連産業を有している。

　㈳日本自動車工業会の調査によると，わが国の全就業人口6,480万人のうち，自動車関連就業人口は約726万人（11.2％）に上ると推計されている。また，1998年の自動車製造業（二輪自動車を含む）の製造品出荷額は，前年比5.1％減となったものの40兆3,100億円であり，全製造業の製造品出荷額の13％，機械工業の29％を占めている。

　近年の景気の低迷を受けて，国内の四輪車の生産台数は1990年をピークに近年は減少方向にあり，1999年末の四輪車生産台数は989万5千台であった。輸出台数も1985年頃をピークに減少方向にあり，1996年，1997年に一時増加傾向に転じたものの，再び減少傾向を示している。しかし世界では，前年比5.1％増の5,562万9千台と史上最高台数を記録し，アジア，北米地区で特に伸びている。

2.2 四輪車の登録台数の推移

　国内の生産台数は，近年，減少傾向にあるもののわが国の四輪車保有台数は一貫して増加傾向を示している。1950年の四輪車保有台数は40万台程度であった。その後，1985年には約4,600万台，1990年には約5,800万台，1995年には約6,700万台と急速に伸び，1999年末現在，7,172万8千台と50年間で約180倍に増加している。

　このため，自家乗用車の100世帯あたりの保有台数も，1980年以前は60台未満であったが，1999年度末には108.8台と，1世帯に1台以上にまで達している。

　世界全体についても，自動車保有台数，普及台数共に年々増加しており，1998年末には保有台数は7億40万台になった。人口1,000人あたりの普及台数は123台であり，8.1人に1台保有されていることになる。

2.2.1 乗用車の使用状況

　世帯当たりの自動車保有台数が増加するとともに，日常の足として乗用車の利用が拡大している。1999年度「乗用車市場動向調査」（日本自動車工業会）によると，保有する乗用車の主な用途は，「通勤・通学」，「買い物・用足し」が66％を占め，1997年度の同様の調査では，1週間あたりの平均稼働日数は5.0日であった。また，1997年度の同調査によると，1カ月あたりの走行距離は平均で475.1kmとなっている。1カ月のうちに平均で22日自動車を稼働しているとすると1日あたりの走行量は約22kmと試算でき，通勤・通学，買い物・用足しが主な用途であると

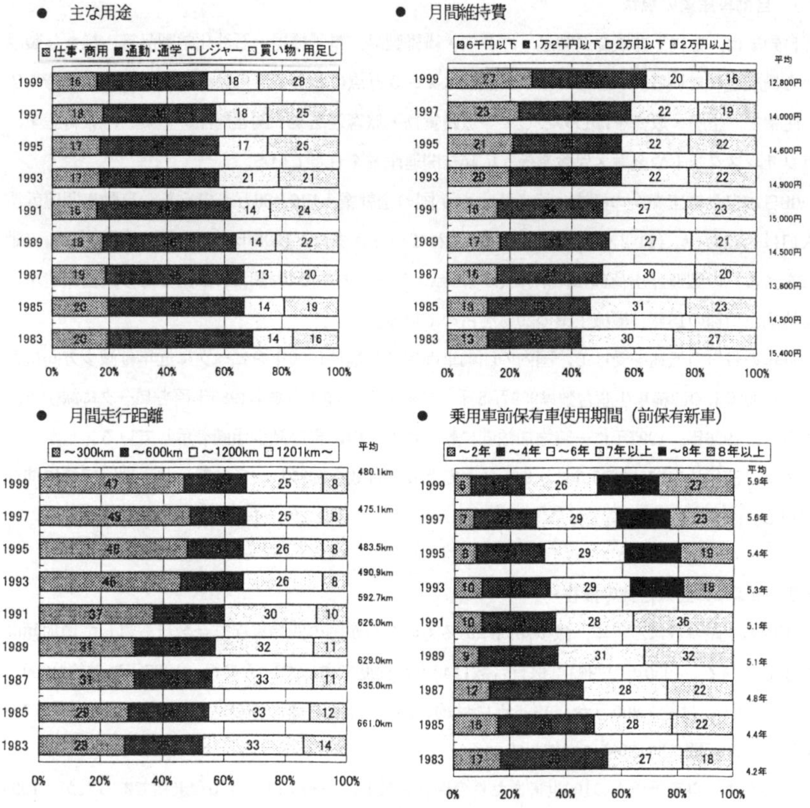

図1 乗用車の使用状況

(出典:2000日本の自動車工業,㈱日本自動車工業会)

いうことが理解できる(図1)。

2.2.2 輸送機関に占める自動車輸送量[3]

　国内における旅客輸送および貨物輸送の鉄道,自動車,航空機,内航海運等の各輸送機関における分担比をみると,旅客については自家乗用車が約45％を占め,軽自動車,自家用バス,営業用乗用車,営業用バス等,車の分担比は70％近くにまでなる(図2)。

　国内における貨物輸送に関しても,営業用自動車および自家用自動車の分担比は合計すると約55％になる(図3)。旅客輸送,貨物輸送の双方とも近年ますます自動車の分担比が高まっていることがわかる。

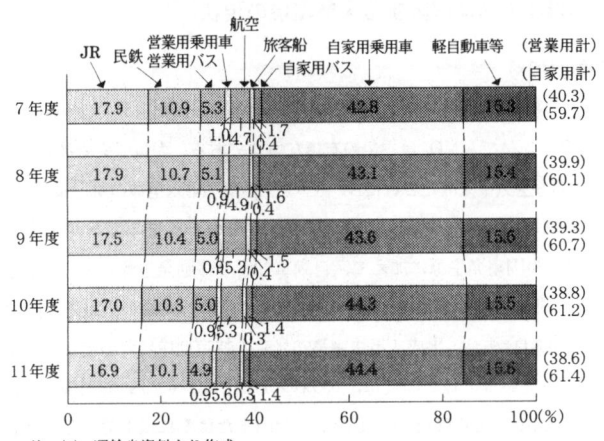

第2章 大気環境の現状と自動車との関わり

図2 国内旅客輸送の輸送機関分担率の推移（人キロ）

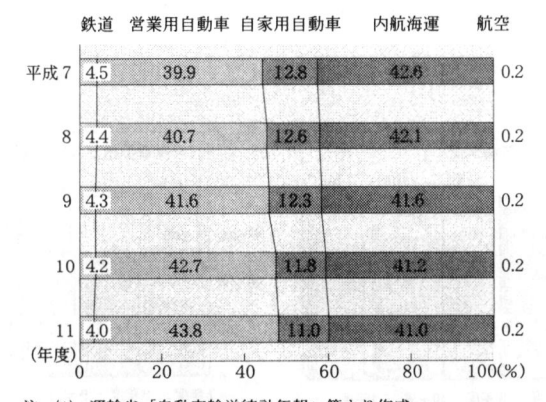

（出典：平成12年度運輸白書）

図3 国内貨物輸送の輸送機関分担率の推移

（出典：平成12年度運輸白書）

3 自動車の排出ガスに起因する大気環境の現状[4～6]

3.1 窒素酸化物(NOx)

NOxとは,様々な窒素酸化物の総称で,一般的にはNO（一酸化窒素）とNO₂（二酸化窒素）を指す。NOは無色の気体で,NO₂は褐色の有毒な気体である。大気汚染で最も問題になるのはNO₂であるが,NOも空気中で酸化されてNO₂となるため,NOx全体の排出量が問題となる。

主に化石燃料の燃焼に伴って発生し,燃焼温度が高いほど多量のNOxが生成される。発生源としては工場などの固定発生源に加えて,自動車などの移動発生源の占める割合が大きい。特に,「自動車から排出される窒素酸化物の特定地域における総量の削減等に関する特別措置法」（以下,「自動車NOx法」：平成4年法律第70号）の特定地域においては,自動車からの排出が50％以上を占めている。わが国では,NOxのうち,NO₂について環境基準が「1時間値の1日平均値が0.04ppmから0.06ppmまでのゾーン内またはそれ以下であること」と設定されている。

平成11年度の全国の環境基準達成状況を見ると,NO₂に係る環境基準達成局数の割合は,一般局で98.9％（平成10年度94.3％）,自排局で78.7％（平成10年度68.1％）であった（図4,5）。図6,7に示すように,濃度の年平均値は近年横ばいの傾向を示していたが,平成10年度に比べて達成局の割合は増加した。しかし,これは平成12年度上期の速報値をみると,平成11年度の一時的な影響であるとみられている。

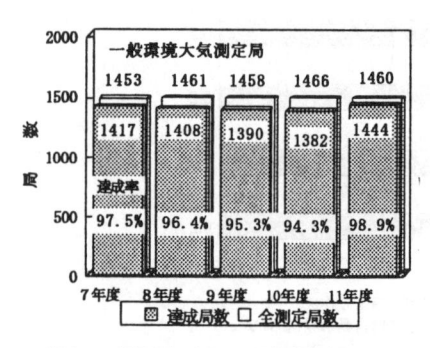

図4 一般局におけるNO₂環境基準適合状況 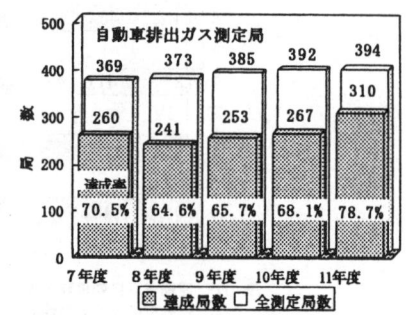　　図5 自排局におけるNO₂環境基準適合状況

(出典：平成11年度大気汚染状況について,環境庁)

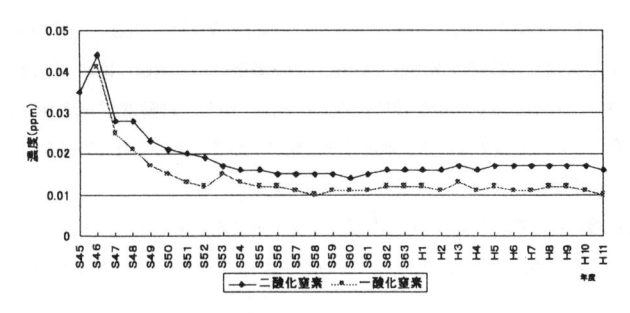

図6　NOx濃度の年平均値の推移（一般局）

(出典：平成11年度大気汚染状況について，環境庁)

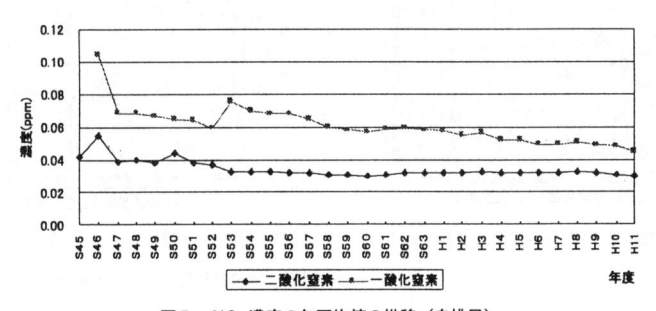

図7　NOx濃度の年平均値の推移（自排局）

(出典：平成11年度大気汚染状況について，環境庁)

3.2　浮遊粒子状物質（SPM）

浮遊粒子状物質（Suspended Particulate Matters：SPM）は，大気中を漂う物質のうち粒径が10μm以下の粒子を指す。発生源から直接粒子状物質として大気に放出される一次粒子と，SOx，NOx等のガス状物質から大気中で粒子状物質に変化する二次生成粒子とがある。一次粒子には，工場などから排出されるばいじんやディーゼル車の排出ガスに含まれるディーゼル排気微粒子（DEP）などが含まれる。

SPMは，微少な粒子であるために大気中に長時間滞留し，肺や気管等に沈着して高濃度で呼吸器に悪影響を及ぼす。現在，特に問題となっているのは粒径が2.5μm以下の粒子状物質（PM2.5）であり，健康影響との関連が疑われている。

わが国では，SPMにかかる環境基準は「1時間値の1日平均値が0.10mg/m³以下であり，か

つ，1時間値が0.20mg/m³であること」と定められている。平成11年度の環境基準達成局の割合（図8，9）は，一般局で90.1％（平成10年度67.4％），自排局で76.2％（平成10年度35.7％）であり，NOxと同様に達成率は増加している。SPM濃度の年平均値の推移（図10）をみると，近年ほぼ横ばいからゆるやかな減少傾向がみられる。しかし，自動車NOx法の特定地域における平成12年度上期の速報値では，再び増加傾向に転じているため，これは天候等による一時的な現象であると判断できる。

一方，東京都においては大気汚染の主原因はディーゼル車であるとし，大気汚染が一向に改善されないことから，原因者負担原則として1999年8月末より「ディーゼル車NO作戦」を展開し

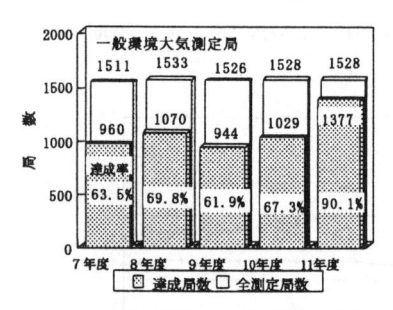

図8　一般局におけるSPM環境基準適合状況 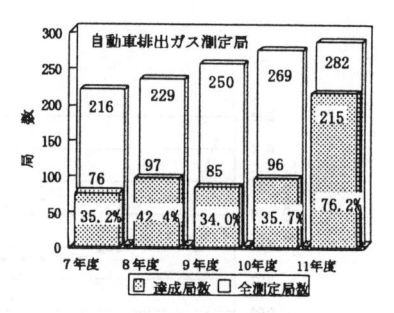　　図9　自排局におけるSPM環境基準適合状況

（出典：平成11年度大気汚染状況について，環境庁）

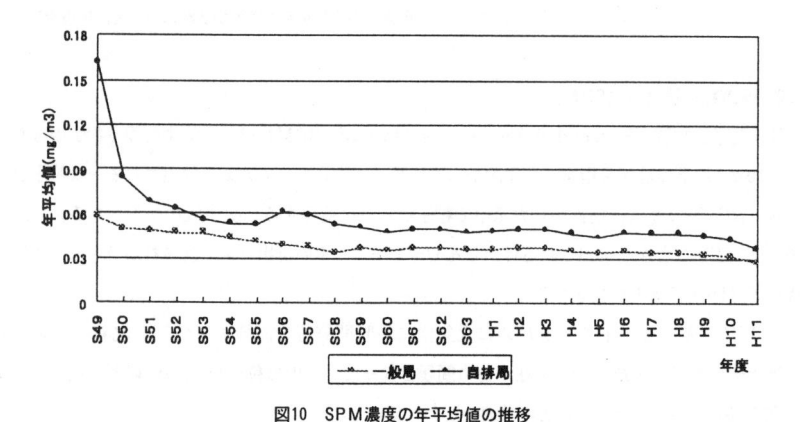

図10　SPM濃度の年平均値の推移

（出典：平成11年度大気汚染状況について，環境庁）

ている。さらに，東京都は平成12年12月に公害防止条例を30年ぶりに全面改正し，改正条例「都民の健康と安全を確保する環境に関する条例」では，都独自の排出基準に満たないトラックやバス等のディーゼル車の運行禁止，優遇されている軽油引取税の是正，軽油中の硫黄分濃度の低減を国へ要請する，等の内容が盛り込まれている。

　これらの流れを受けて，NOx法の見直し作業を行っていた中央環境審議会大気・交通公害合同部会では，今後の自動車排出ガス総合対策のあり方としてNOx法の対象にSPMを加えることと答申（平成12年12月）を行っている。

3.3　光化学オキシダント

　エチレン系，アセチレン系，芳香族系の炭化水素がNOxとともに一定の条件下で紫外線に照射されると，光化学反応により光化学オキシダントが生成される。光化学オキシダントは，強い酸化力をもち，高濃度では粘膜への刺激や呼吸器へ影響を及ぼし，農作物などへも影響する。

　光化学オキシダントの環境基準は，「1時間値が0.06ppm以下であること」と設定されている。光化学オキシダント濃度の1時間値が0.12ppm以上で，気象条件から見てその状態が継続すると認められるときは，大気汚染防止法の規定によって都道府県知事が光化学オキシダント注意報を発令し，報道，教育機関等を通じて，住民，工場・事業場等に対して情報の周知徹底を迅速に行うとともに，ばい煙の排出量の減少または自動車の運行の自主的制限について協力を求めることになっている。

　平成11年の環境基準の達成局は，一般局と自排局を合わせて3局と低い水準であった。しかし，濃度別の測定時間の割合で見ると，1時間値が0.06ppm以下の割合は93.7％，0.06ppmを超え0.12ppm未満の割合は6.3％，0.12ppm以上の割合は0.0％であり，ほとんどの測定時間において環境基準以下は達成している。しかし，大都市に限らず都市部周辺において出現日数が多くなっており，広域的な汚染状況がみられる。

3.4　一酸化炭素（CO）

　一酸化炭素（CO）は，燃料等（ガソリンや軽油等）の不完全燃焼により生じる。COは，無色無臭の気体で，水に溶けにくく，これを吸入すると血液中のヘモグロビンと結合して酸素運搬機能を阻害する。また，温室効果のあるメタンガスの寿命を長くする。

　COに係る環境基準は，「1時間値の1日平均値が10ppm以下であり，かつ1時間値の8時間平均値が20ppm以下であること」である。近年，図11に示すようにCOは良好な状態が続いており，平成11年度においても全ての測定局で環境基準を達成している。

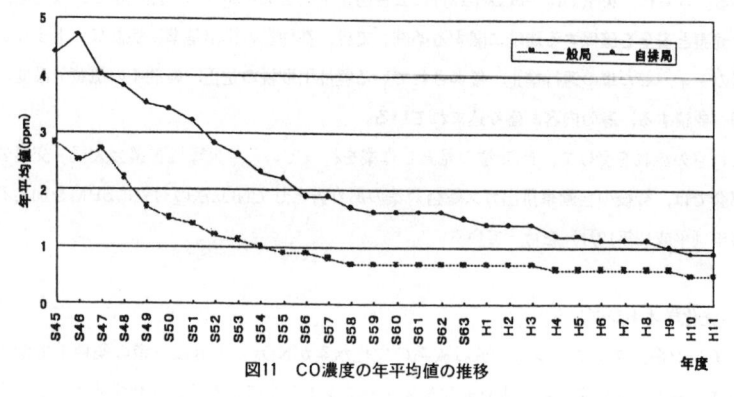

図11 CO濃度の年平均値の推移

（出典：平成11年度大気汚染状況について，環境庁）

3.5 二酸化炭素（CO_2）

二酸化炭素（CO_2）は，燃料中の炭素やその化合物が完全燃焼したときに生成され，ヒトや動植物の呼吸によっても排出される。地表へ降り注ぐ太陽光線は素通りさせるが，地表から放出される赤外線は吸収するためその温室効果が問題となっている。CO_2以外の温室効果ガスには，メタン，亜酸化窒素，フロンガスなどがある。

わが国は，米国（23.6％），中国（14.5％），ロシア（6.2％）に次いで世界第4番目のCO_2排出国で5.0％を排出している（図12,1997年度）。1997年12月に京都で開催された地球変動枠組み条約第3回締約国会議（COP3）では，わが国の削減目標は，1990年比で2008年から2012年の間に温室効果ガスを6％削減と定められた。

1999年度のわが国の二酸化炭素排出量（推計値）（2000年12月，㈶地球環境戦略研究機関）は，前年比4.0％増，90年度比9.8％増の

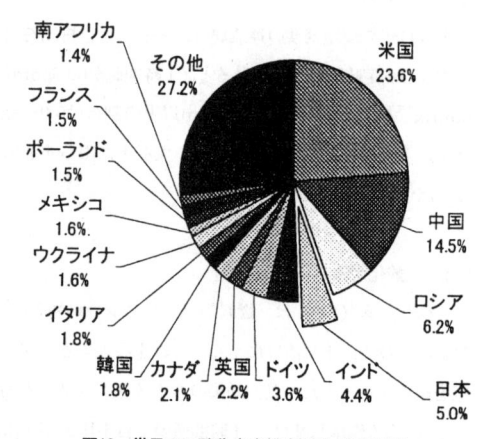

図12 世界の二酸化炭素排出割合（1997年）

（出典：米国オークリッジ国立研究所二酸化炭素情報センター資料より作成）

第2章　大気環境の現状と自動車との関わり

1,235百万トンと推計されたことから，今後10年間で約14％削減が要される。

日本全体のCO_2排出量のうち，約2割は運輸部門から排出され（図13），その約9割は自動車から排出されている。先進国では，自国内排出量の約34％は交通・運輸部門から排出されていると報告されている。現状のまま，自動車保有台数と走行距離が増加し続ければ，CO_2排出量に占める運輸部門の割合はさらに大きくなることが予測される。

このため，運輸部門における対策として，自動車単体の燃費向上，低公害車の導入，モーダルシフト，ライフスタイルの変更等によるCO_2の削減が求められている。

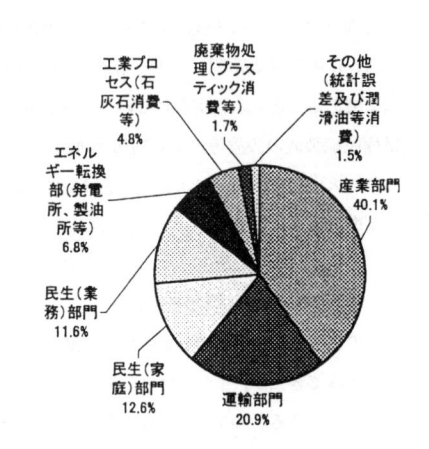

図13　わが国のCO_2排出量の内訳（平成9年度）
(出典：環境庁)

3.6　硫黄酸化物（SOx）

二酸化硫黄は，工場のボイラーで燃料として消費される重油に含まれている硫黄が燃焼過程で酸化されて生成する。高度経済成長期に化石燃料の大量消費によって，四日市ぜん息をはじめとする各地の工場周辺の住民の間に，ぜん息や気管支炎を引き起こした原因物質である。ディーゼ

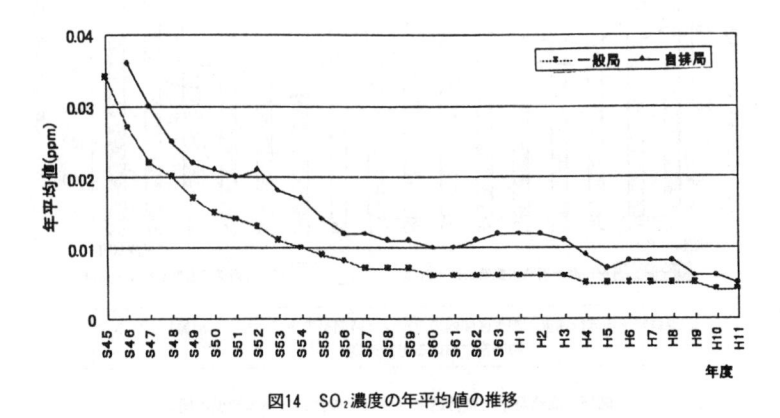

図14　SO_2濃度の年平均値の推移

(出典：平成11年度大気汚染状況について，環境庁)

ル自動車の燃料である軽油中にも硫黄分が含まれている。

　SO₂に係る環境基準は，「1時間値の1日平均値が0.04ppm以下であり，かつ1時間値が0.1ppm以下であること」と設定されている。排出規制や燃料中の硫黄分の規制などにより，重油の脱硫，排煙脱硫装置の設置等により対策が進められ，昭和42年度の0.06ppmをピークに年々減少しており，火山等自然要因によるものを除いて，近年，図14に示す通り，ほとんど全ての測定局で環境基準を達成している。

3.7　交通渋滞による排出量の影響[7]

　このように，生活の自動車への依存度とともに自動車の排気ガスに起因する大気環境の現状についてみてきたが，1台1台の自動車の排出ガス規制だけでは，その効果が相殺されることは容易に理解できる。つまり，1台ごとの規制が強化されたとしても自動車の保有台数や自動車走行量が増加するとその効果は相殺されるのである。

　世界の大都市において交通渋滞が慢性化しているが，交通渋滞の改善は大気汚染改善の点で非常に効果がある。例えば，東京都においては，全体の混雑時の平均旅行速度は21.9km/hであり，

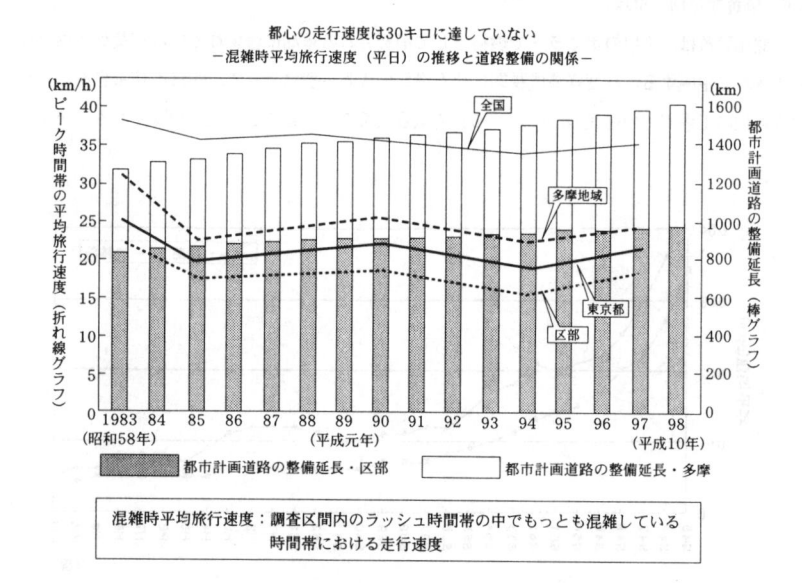

図15　混雑時平均旅行速度（平日）の推移と道路整備の関係[7]
（出典：建設省道路交通センサス（昭和58年～平成9年）東京都市白書（東京都都市計画局）等）

区部では18.5km/hと,全国平均(35.2km/h)と比較すると極めて低い(図15)。東京都ではTDM東京行動プラン(平成12年2月21日付)を策定し,その中で,道路容量以上に自動車の集中する交通渋滞が産業および都市活動に年間約4兆9千億円の経済損失を与えていると試算している。

経済損失に加えて,平均速度が遅いとNOxおよびCO_2の排出量が高くなる。(財)日本自動車研究所の調査によれば,平均車速が10km/hから20km/hになるとCO_2排出量(g/km)およびNOx排出量(g/km)は23%削減,平均車速が30km/hになるとそれぞれの排出量は約半分になるとの試算がある(図16)。交通流の円滑化は,大気汚染防止対策,地球温暖化対策において極めて重要である。

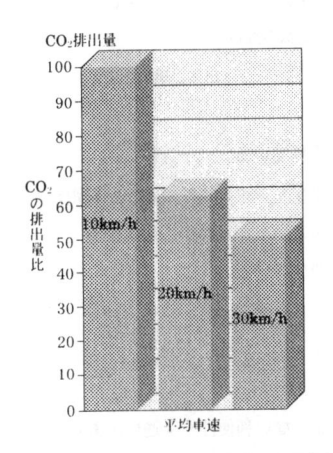

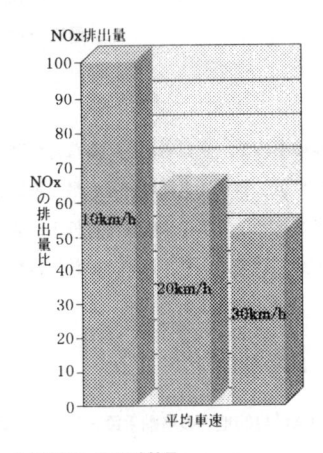

図16 交通流の円滑化によるCO_2およびNOxの削減効果

(出典:自動車工業会)

4 低公害車の開発・普及状況と課題

これまで見てきたように,自動車交通に起因する大気環境の現状は既存の規制措置等にかかわらず,依然として改善されておらず,また,われわれの生活は自動車へ深く依存している。これらのことから,石油代替燃料を用いた自動車およびハイブリッド自動車等は,排出ガスに含まれる大気汚染物質の点で,従来の自動車よりも有利であることから開発が進められており,大量普及が望まれている。また,近年ではこれらの低公害車に限定せず,ガソリン自動車でも超低排出

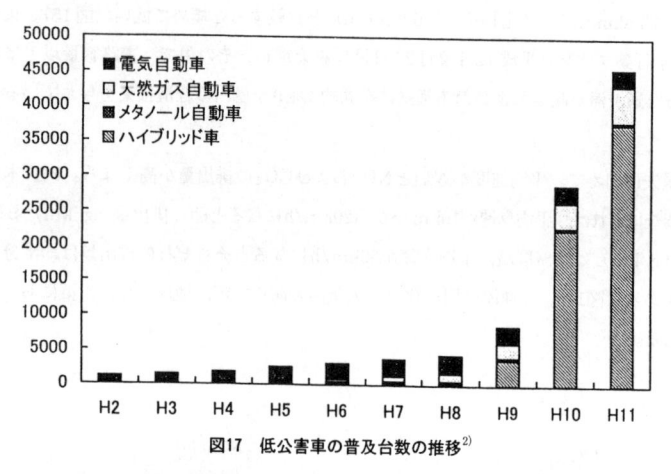

図17 低公害車の普及台数の推移[2]

（出典：環境庁資料）

レベルのものや，燃料電池自動車などの開発も進められている。

図17に低公害車4車種の普及台数の推移を示す。ガソリン車と比較すると航続距離の短さや価格の高さ，インフラの未整備等の理由から普及が進んでいなかったが，量産型ハイブリッド自動車の開発，販売により，近年その普及台数が急速に伸びている。

5 おわりに[8, 9]

自動車は目的地への移動手段として，他の交通機関にない利便性や快適性があり，さらに運転する楽しみ，所有する喜びなど様々なメリットをもたらしてきた。しかし，同時に自動車は大気汚染に代表される弊害ももたらしてきた。先進国では交通渋滞，交通事故，大気汚染等を引き起こし，また地球温暖化ガス排出においても少なくない割合を占めている。自動車に起因する諸々の問題について，わが国を含む諸外国において，単体規制，車種規制，総量規制等，様々な規制的措置がとられてきたが，自動車走行量の伸びなどにより，その効果は相殺され，抜本的な解決に至ってはいない。

21世紀になり，今後，発展途上国において，本格的なモータリゼーションが引き起こされたとき，ガソリン自動車に起因する交通問題，環境問題は地球規模でさらに大きな問題を引き起こすことになる。このため，自動車交通の利便性を確保した上で，環境負荷の小さな自動車社会を形成していく必要があり，その中で新エネルギー自動車の期待される役割は大きい。

第 2 章　大気環境の現状と自動車との関わり

文　　献

1) 日本自動車工業会,「2000　日本の自動車工業」(2000)
2) 環境庁, 通産省, 運輸省,「低公害車ガイドブック」(2000)
3) 運輸省編,「平成12年度　運輸白書」大蔵省印刷局 (2000)
4) 環境省, 報道発表資料「平成11年度大気汚染状況について」, 平成12年10月10日付
5) 環境省編,「平成12年度　環境白書　総説」, 大蔵省印刷局 (2000)
6) 環境省編,「平成12年度　環境白書　各論」, 大蔵省印刷局 (2000)
7) 東京都, 報道発表資料「TDM東京行動プラン」, 平成12年2月21日付
8) 柴田徳衛, 永井進, 水谷洋一編著,「クルマ依存社会　自動車排ガス汚染から考える」, 実教出版 (1995)
9) 清水浩著,「電気自動車のすべて」, 日刊工業新聞社 (1992)

第3章　自動車を取り巻く地球環境

佐藤　登*

1　地球環境と自動車

　昨今，地球上の人口爆発が懸念されているが，これこそ正に人類が直面する大変な課題である。現在の予測では2050年に100億人を突破することになるが，問題の焦点は，この人口爆発が一方的に進展国に集中しているところにある。当然ながら，この人口増加に伴う食料問題，エネルギー問題，環境汚染等の悪化，あるいは伝染病の拡大伝播などが容易に想像される。

　一方，2000年の自動車生産台数は5,733万台で，このうちアメリカ（1,278万台）と日本（1,014万台）で全体の40％を占める。現在，地球上の自動車は7億台といわれているが，進展国の人口増加と産業発展に連動し，2050年には現在の5倍程度の35億台に膨れ上がる試算となる。この大量の自動車からの排ガスがどれだけ環境に負荷を与えるかを考慮し，今から打開策を準備しておくことが必要である。これは自動車生産大国の使命でもある。

　現に北京，上海，バンコクなどに代表されるようなモータリゼーションが活発化しているアジアの大都市圏では，自動車や二輪車の急増によって大気環境が悪化の一途を辿り，その様子が肉眼ではっきり確認できる状況にある。それとともに呼吸器系を患う健康被害も続伸中で，生命の危険や健康障害にまつわる医療費の増加などが深刻になっている。

　以上のような背景と図1に示すように，自動車と環境との係わりはますます密接になりつつあり，自動車の増大と廃棄に伴う環境負荷が一層拡大するため，この関連性を抜きにして自動車技術を語ることができなくなってきた。今後の自動車が進むべき方向性のなかでも，環境とエネルギーベクトルの軸は，地球環境保護と人類の快適な生活と持続可能な社会を実現するうえで極めて重要な指標である。

　大気汚染の解決策のひとつとして高効率低燃費，排ガス低減および代替エネルギー自動車や新エネルギーシステム自動車の開発がその中核を担う。米国における大気汚染物質の全産業に対する自動車からの排出割合を考慮すると，特に一酸化炭素，窒素酸化物および炭化水素の排出割合が高く，かような汚染物質の低減が必要とされている。このひとつの解決策として，米国カリフォルニア州で実施されている電気自動車の試験的市場導入は，今後の電気自動車の将来を占う

＊　Noboru Sato　㈱本田技術研究所　栃木研究所　主任研究員

新エネルギー自動車の開発と材料

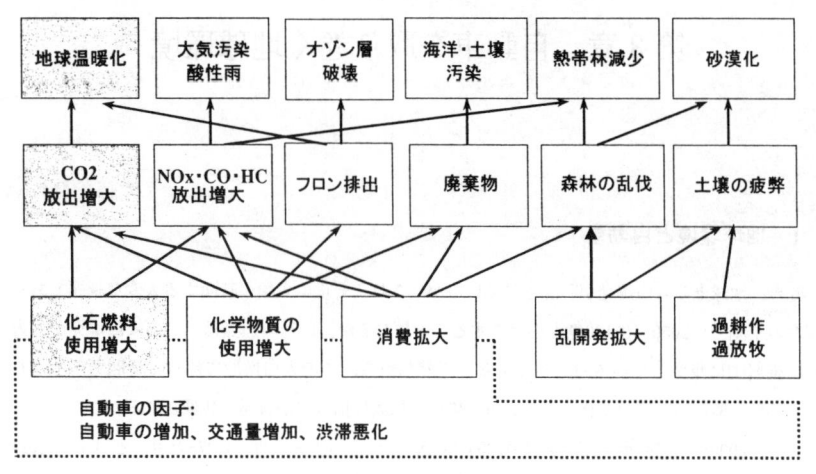

図1 地球環境問題と自動車との関わり

施策として注目を集めた。さらにCARB (California Air Resources Board) が，2001年1月25日に制定した2003年からのZEV (Zero Emission Vehicle) 規制が話題になっている。

またガソリン車やディーゼル車に課せられている他の課題は，燃料消費の低減にある。1997年の一次エネルギーの総消費量は全世界で85億トン（石油換算）であった。エネルギー資源の側から眺めると石油資源の枯渇が懸念されているなかで，消費伸びを考慮すると石油の可採年数はあと30年程度と予測されている（図2）。しかしながらそれ以前に石油経済と大気環境の破綻が生

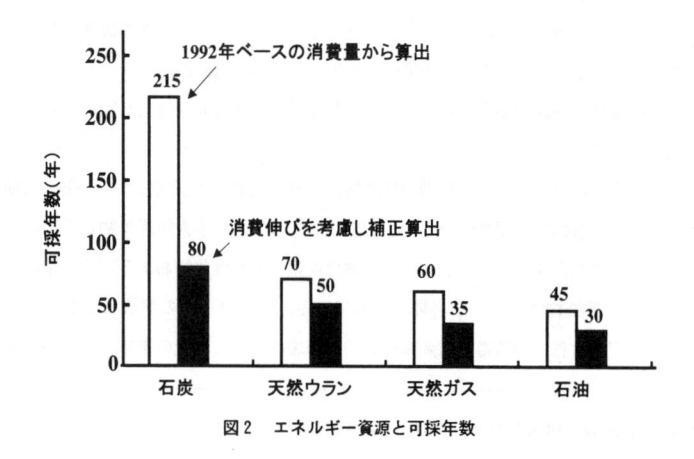

図2 エネルギー資源と可採年数

じることから,燃費改善による資源の有効活用と代替エネルギー,および新エネルギーシステムの開発が必要となる[1]。さらにリサイクルに関する規制や有害物質の使用制限も決定されているなか,環境負荷低減と資源循環というキーワードも大切になってきた。

2 リサイクルの現状と今後の動向

2.1 リサイクルの具現化事例と規制動向

　自動車のリサイクル率は概して75％程度であり,残り25％程度がシュレッダーダストとして埋め立て廃棄されている。日本では年間600万台近くが廃車の対象となっているが,1台当たり約140kgのシュレッダーダストが発生するとして80万トン規模の量になる。廃車台数も徐々にではあるが増える傾向にあり,よってシュレッダーダストも比例して増加している現状,1996年4月から管理型埋め立て処分場で処理されている。

　シュレッダーダストの成分は,重量ベースで樹脂27％,繊維17％,ゴム7％であり,容積ベースでは樹脂53％,繊維30％,ゴム4％という構成になっている。したがって,樹脂や繊維のリサイクル向上,あるいはこれら材料の転換が必要になる。一方,自動車構成部品のなかでバッテリー,タイヤ,触媒はリサイクルの優等生に位置付けられる。

　樹脂部品の大物は1台当たり10〜15kgを占めるバンパーであるが,近年,バンパーのリサイクル技術開発も盛んに行われており,効果をあげている。金属バンパーと違ってプラスチックバンパーは修復が容易でないため,交換されるケースが多く,その分リサイクル技術の向上が望まれていた。しかし最近のバンパーはカラー仕上げがほとんどで,リサイクルするにしても塗膜片が残留し機械的強度が低下するなど,バンパーへ戻すリサイクルは確立されていなかった。これに対し,ホンダはリサイクルバンパーをコアに,表層にバージン材を使うサンドイッチ成形法を実用化し,リサイクル性の向上に結び付けた[2]。すなわち使用済みバンパーを再生し,部品として1996年から出荷している。

　このほか,従来はABS樹脂やオレフィンフォーム,PVCなどの複合材で作られていた大型樹脂部品のインストルメントパネルを,ホンダでは骨組みから表皮までオレフィン系で統一することにより,分離・再生の問題を解決し,リサイクル材として100％使用できるようにした[3]。

　一方,日本の自動車のリサイクルイニシアティブが策定された。将来的にリサイクル実効率を90％以上にまで向上させようとする案である。これを受けて日本の自動車メーカー11社の自主行動計画が発表されたが[4],2002年から新型車のリサイクル可能率を90％（実効率85％）以上に拡大することで各社の足並みがそろっていて,すでに企業単位で展開されている。

　というのも,自動車のシュレッダーダストを含む産業廃棄物の最終処分量6,700万トン（自動

車は1.2%）をかかえている中で，最終処分場の残存容量は全国平均で約3年，特に首都圏では0.7年分と減少しているためである。やがて2008年には残存容量がゼロになるという予測もある。

したがって，2025年の社会を想定しての自動車技術のあるべき姿として，国家目標の戦略にはリサイクル実効率を100％，すなわち完全な循環型技術にすべきと提唱した。その途中段階である2015年の実効率は95％と策定した[5]。すなわち，2015年にリサイクル実効率95％を達成させる義務をメーカーに負わせることになる。

しかし当然のことながら自動車メーカー単独で達成できるわけではなく，関連業界を含めた対応が必要になってきている。対応方法としては，ダスト発生量削減という抜本的対応と，ダストの有効活用といったリサイクル対応の二本立てが必要と考える。

これに対しEU諸国の動きは活発で，リサイクル実効率ではオランダが86％，フランスが84％，イタリア83％，ドイツ78～82％という数字が公表されている。オランダの廃車平均重量は896kg/台で，金属含有量672kg/台と，マテリアルリサイクル99kg/台（バッテリ，オイル，ウオッシャ液，ブレーキ液，燃料，タイヤ，バンパー，ガラスなど）の合計分で86％を達成している計算となる。

また昨今の表現上の分類では，資源として素材を取り出す場合をマテリアルリサイクル，熱エネルギーとして回収する場合をサーマルリサイクルあるいはサーマルリカバリーと区分している。リサイクルのほかに，利用価値のある部品や材料をそのままの形で再利用する場合はリユース，廃棄物を低減するプロセスをリデュースと称し，リサイクルとあわせて廃棄物削減に有効な3Rと表現される。

2.2 ガラスのリサイクル

さてリサイクル率向上のために避けて通れないのがガラスである。ガラスは自動車総重量の約3％を占めている。1999年に廃棄された自動車ガラスは推定で13万トンであったが，リサイクルは手つかず状態である。なかでも最も課題となるのはフロントガラス。これには事故時の人体への衝撃を緩和するために，ガラス2枚の間に特殊樹脂を挟んでいる。したがってガラスと樹脂の分離技術の開発が必要で，これにはガラスメーカー（旭硝子，日本板硝子，セントラル硝子）と樹脂メーカー（積水化学工業など）が共同で技術開発に取り組みつつある。具体的な動きとしては廃車のガラスを原料として再利用する計画で，実証試験が検討されている。普通乗用車1000台分に相当するフロントガラス10トンを試験的にリサイクルする構想で，効率的なリサイクルシステムを研究し，実用化の目処をつける[6]。

2.3 EUリサイクル法規

　EUにおける最近の動きでは廃車リサイクル指令の正式調停合意書が承認され，廃車リサイクル法の決定法規が2000年10月21日に官報で公布されると同時に発効した。それによると，車輌メーカーの費用負担による廃車回収は以下の通りである。すなわち，2007年より全車無償回収の義務付けである。

　①2001年7月1日以降の市場投入車は同日より無償回収を実施
　②2001年7月1日以前の市場投入車は2007年1月1日より無償回収を実施

3　有害物質削減への取り組み

3.1　法規動向

　しかしまた一方では附帯の材料規制も明確化された。すなわち日本では電池を除く鉛使用量の削減であり，欧州では電池を除く鉛や他重金属の使用制限という一層厳しい規制案である。とりわけ鉛使用制限の影響は大きく，これに伴った材料開発やプロセス開発の波が押し寄せている。
　表1に示すEUの廃車リサイクル法規によれば，水銀，鉛，カドミウム，六価クロムの使用規制である。ただし以下に記述した免除規定がある。

- 重量で0.35％までの鉛を含む鉄（亜鉛めっきされた鉄も含む）
- 重量で4％までのアルミ（ホイルリム，エンジン部品，ウインドー巻き上げレバー）中の鉛
- 鉛／青銅ベアリングシェル，ブッシュ

表1　自動車用材料の使用規制

日本 自主規制	2001年からの新車対象	電池を除く鉛の使用制限： 1996年ベースの1,850g/台 を1/2以下
	2006年からの新車対象	電池を除く鉛の使用制限： 1996年ベースの1,850g/台 を1/3以下
欧州 法規制	2003年7月1日からの 新車対象	規制物質*（＊免除規定あり） Pb, Hg, Cd, Cr (VI)

EU廃車リサイクル法における免除規定
- 0.35wt％までの鉛を含む鉄，4wt％までのアルミ中鉛，鉛／青銅ベアリングシェル，ブッシュ，バルブおよび計器板表示中の水銀
- その他1年以内の評価による法規改定対象材料

- バルブおよび計器板表示中の水銀

その他の下記5項目は1年以内の評価により，法規改定を行うとなっている。
- ホイルリム，エンジン部品，ウインドー巻き上げレバー中の鉛
- バランスウエイト中の鉛
- ガラス，セラミックス母体の混合物中に鉛を含む電気製品（例：圧電素子PZT）
- バッテリ中の鉛
- バッテリ中のカドミウム

3.2 鉛フリー対応

このような状況下で，鉛の置換が積極的に行われているものに，半田，Pb-Sn合金めっき鋼板，燃料タンク，電着塗料中の鉛顔料，ホイールバランサーがあげられる。しかしながら部品ごとの規制がやがては全体に波及する可能性もあり，自動車用電池といえども鉛電池が使えなくなる時期が訪れることも考えなくてはならない。いずれにしても開発段階では，鉛含有物の代替材料を事前に考慮しておく必要がある。

3.3 ポストPVCの動き

当初，欧州の法規制検討ではPVCも対象になっていた。というのも，PVC中には塩素が含まれているため，焼却時に塩酸を発生して炉をいためたり，焼却条件によってはダイオキシンが発生する危険性をはらんでいるとの理由から，さらには可塑剤として含まれているフタル酸エステルは内分泌かく乱物質としての疑いがあるからという理由からであった。

こうした中でデンマーク政府はPVCおよびフタル酸エステル類の需要を抑え，代替物質への転換を奨励する施策として，PVCを含む製品の製造と輸入に対して課税する法律（20〜50円/kgの課税）を2000年7月1日より施行した。課税対象はEU関税分類番号により指定されたPVCを含む製品，およびそれを10重量％以上含む製品である。これにより長期的には30％のPVCが削減されるものと予想されている。

自動車に対する影響では，完成車体全体重量の10％以上PVCを使っていないので対象外ではあるが，補修部品でいえば，ホース，ワイヤーハーネスを中心に約17万点が該当することになる。EUの動きの中に，欧州委員会は1999年12月に小児用おもちゃへのフタル酸塩を含むPVCの使用禁止を決定した。いずれにしても近い将来，自動車用PVCの使用制限がクローズアップすることを考慮すれば，代替材料の早急な開発が必要とされている。その時の課題はコストアップの抑制である。

第3章 自動車を取り巻く地球環境

3.4 フロン対策

また一方では1999年のフロン破壊率が18％と低いことに対し，業界の早急な対応が要求されている。具体的対応案としては，メーカー費用負担による基金制度を作ること，CFCやHFCの総合的なフロン対策，およびCFCの再利用禁止などがあげられている。

3.5 エアバッグガス発生剤の転換

1987年，SRSエアバッグを装備した国産車が発売されて以来，エアバッグは緩やかに普及したが，1994年4月からの乗用車に運輸省が全面衝突要件を強化したことを境に急速に拡大普及した。1999年12月末現在で販売された乗用車では運転席93％，助手席83％が搭載されるに至った。すなわち，2005年に廃棄される使用済み自動車の半数以上をエアバッグ車が占め，そこから生じるエアバッグインフレータの廃棄個数は推定で230万個となり，2010年以降は毎年660万個が廃棄される計算となる[7]。

廃棄されるインフレータが未作動の場合には，解体作業中の誤作動による事故や展開作動音による悪影響，シュレッダー工程でインフレータ容器が破砕されガス発生剤が漏れることによる環境への悪影響，さらには金属再精錬炉内でのインフレータ作動による溶解金属飛沫事故を引き起こす危険などが懸念された。

1998年までは特にアジ化ナトリウムがガス発生剤として世界中で広く使用されていた。しかしこの物質は厚生省の毒物・劇物取締法の毒物指定を受けた物質（1998年12月24日政令第405号）であり，吸入・経皮，経口摂取により体内に吸収されると，体内酵素と結合して細胞呼吸を傷害する物質であることもわかった。これにより1999年初頭に日本が世界に先駆け，すべての自動車メーカーがガス発生剤を非アジド系インフレータ（有機含窒素化合物と硝酸塩または過塩素酸塩の組み合わせ），またはハイブリッド型インフレータ（アルゴンなどの高圧ガスと非アジドパイロ系薬剤などのプロペラントの組み合わせ）への切り替えを完了した。

3.6 その他物質規制

他にも化学物質の人体への有害度の調査や，それに基づく物質規制も今後強化されていくことが想定される。自動車用塗料の溶剤規制や顔料規制もその一環となるが，自動車業界としても他国に先駆けた積極的な対応が期待されている。VOC規制を先取りした水性塗料の拡大などはこのような動きにマッチした格好の技術であり，今後の一層の技術革新が要求されている。いずれにしても21世紀の環境をとらえると様々な革新技術のニーズがあり，それに応えていく基盤技術が必要となる。

4 排ガス低減に対する触媒技術の取り組み

　自動車の触媒技術は排ガス規制とともに進化してきて現在におよんでいる。排ガス制御技術の心臓部である触媒技術は自動車の中核技術として，これまで幾多の画期的技術が確立され，日本が世界のリーダーシップをとってきた。これは1970年代のマスキー法案や昭和53年排ガス規制などによって少なからず加速された感がある。

　一般的な三元触媒は，コージェライト担体のマクロポアとミクロポアの織り成す表面プロファイルを利用し，触媒金属であるPt, Pd, Rhなどを表面に担持し機能発現を施す。触媒表面における反応過程は，物質の拡散，吸着，表面移動，反応，脱着というサイクルであり，この機構をラングミュア・ヒンシェルウッド機構と称す。吸着過程では，物理吸着，活性化吸着および化学吸着の三種類が関与するが，触媒機能としては41.7～417kJ/molの吸着熱を有す活性化吸着が特に重要な因子である。

　さて近年のエンジン燃焼は希薄混合領域で燃料消費を低減する技術が開発されており，これと連動した触媒開発が一気に進んだ。燃料の希薄混合領域では一酸化炭素や炭化水素の酸化はより容易になるものの，窒素酸化物の還元は逆に難しくなる。近年の技術として酸素過剰域でNOxを吸着または吸蔵し，還元雰囲気になったところで吸着・吸蔵されていたNOxが還元される触媒システムが実用化され，効果を発揮している[8]。

　さらに都市部では，ディーゼル自動車の黒煙粒状物質とNOxが問題になっている。ディーゼル燃焼の場合，ガソリン燃焼に比べて酸素濃度が高くなることから燃費向上の観点からは有利である。しかし上記と同様な理由によりNOxの還元が容易でないのと，併せてNOxと黒煙粒状物（PM）の同時低減も難しいことで画期的な燃焼制御と触媒システムの開発が期待されている[9]。日本ではNOx規制を強調したばかりにPM規制が甘くなり，結果として都市部でのPM問題が深刻になっている。

　エミッション低減規制と燃費規制は，ガソリン車とディーゼル車にそれぞれの年代別達成目標値が示されているが，技術開発は常にそれを先んじる戦略が大きな社会貢献になっていくものと考えられる。規制がもたらす効果として，技術の進化を加速する場合も少なからずある。

5 新エネルギーシステムへの取り組み

　一次エネルギーから二次エネルギーまで考慮すると，電気自動車（以下，EV）に必要な二次エネルギーとしての電気エネルギーは，石油エネルギーのみならず多様な一次エネルギーから生成できるため，エネルギー源としての視点から柔軟性がある。ハイブリッド電気自動車（以下，

第3章 自動車を取り巻く地球環境

HEV)の場合は石油エネルギーを前提としたシステムになるため,燃費向上分だけ資源の有効活用に貢献することになる。またメタノール改質を前提とした燃料電池自動車(以下,FCV)においても,メタノールが石油エネルギー以外の石炭や天然ガスなどから生成されるため,相対的に柔軟なシステムと言える。

日本の火力発電を前提にしたときの内燃機関自動車(以下,ICV)とEVのエネルギー効率の比較をしてみると,EVはICVよりも効率は1.5倍ほど高く社会正義と言える。今後の電池効率の向上期待代を考慮すれば,さらにこの格差が拡大する。HEVの場合はコンセプトとシステムにより変動はあるが,一般に内燃機関と電気駆動の効率の大きい部分での組み合わせシステムになるため,ICVよりは効率が大きくなり,さらにはEVの効率よりも大きくできる設計が可能となる。またFCVでは,FCの発電効率により大きく支配されるが,一般には35％以上の高いエネルギー効率の実現が可能である。

いずれにしろエネルギー効率の向上は今後の電動車輛開発にとって最重要課題のひとつであり,電動車輛の価値を決める要素でもある。そのためにも各要素技術のブレークスルーが必要とされているが,とりわけ駆動系の効率もさることながら,電池の効率向上が大きな進化代を有しており,制御技術を含めた電池システムの効率改善が大きな開発課題のひとつである。

一方,ICVとEVのエネルギー生成段階からのCO_2発生量を比較してみる。この場合に重要なことは,どこの国または地域を対象にするかということである。それは図3に示すように,電気

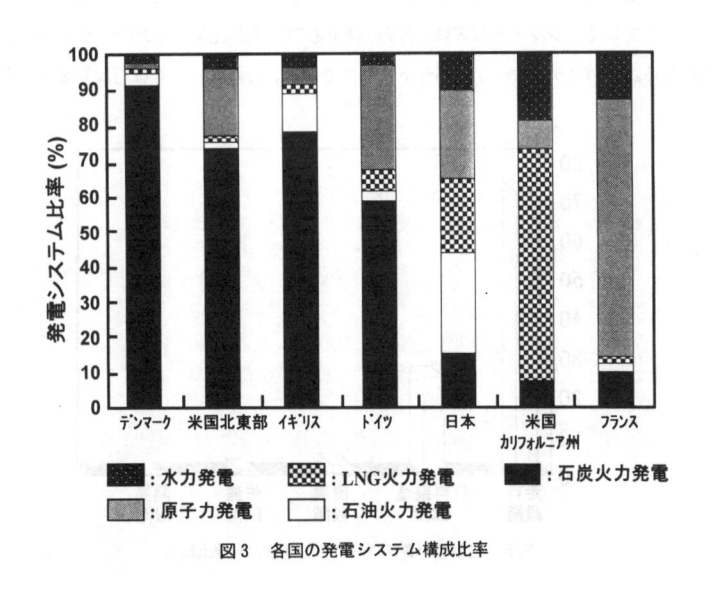

図3 各国の発電システム構成比率

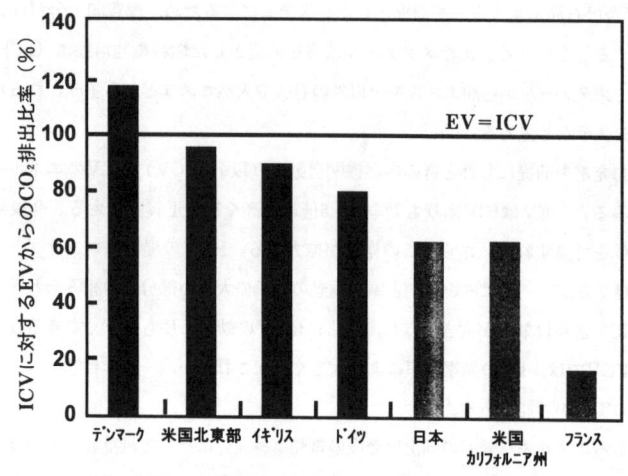

図4 ガソリン自動車に対するEVからのCO_2排出比率比較

エネルギーを生成する発電形式が国や地域によって大きく異なるためである．特に石炭発電や原子力発電の比率に大きな格差がある．

この発電方式が排出するCO_2を個々に計算し，その結果をガソリン燃焼によって生成するCO_2の量と対比すると国別によって数値が大きく変わり，図4に示すように，例えば90％以上を石炭発電に依存しているデンマークなどは，EVの発するCO_2量がICVからのCO_2量を20％ほど上回る結果になる．いわばデンマーク・パラドックスである．ただし，昨今は石炭発電の比率が低下

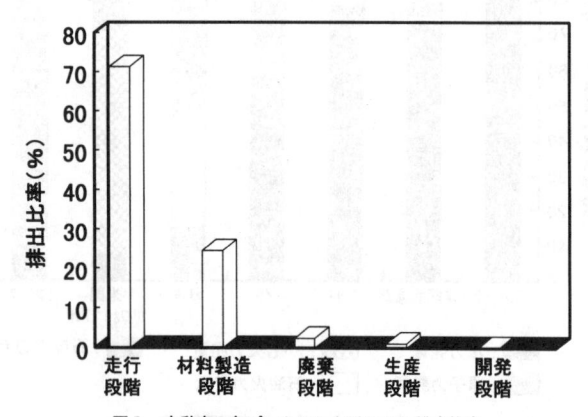

図5 自動車の各プロセスにおけるCO_2排出比率

している模様である。一方,原子力発電の比率が大きいフランスではEVによるCO$_2$低減が80%以上で大幅な期待がもてる[10]。

また燃料消費の低減に繋がるHEVの場合では,燃費向上分だけCO$_2$も低減することで効果が現れる。FCVの場合も,メタノール改質段階でCO$_2$は生成するもののICVに対する低減効果は期待できる。それというのも図5に示すように,自動車の走行段階でのCO$_2$発生比率が全体の70%以上を占めるからである。

6 電動車輌技術の開発動向

6.1 EVの開発動向

EV領域では1997年5月より,ホンダがカリフォルニア州にてEVの試験的導入であるMOA(Memorandum of Agreement)を展開し,続いて同年秋にはトヨタもMOA対応としてRAV4EVを市場に導入した。そして両社は1999年の6月に,このMOAで要求されていたEVの必要台数(約300台)を達成し,事実上完了した。一方,ホンダとトヨタ以外の他社のMOAは現在推進段階にある。

もっともEVの市場への先駆的導入は,1996年12月にGMが鉛電池を搭載したEV1によって実行されたが,航続距離に対する不満は根強かった。これに対し,ホンダとトヨタが供給したEVは,専用に開発した高性能ニッケル金属水素化物(Ni-MH)電池を搭載したもので,一充電走行距離も10・15モードで220kmのゾーンまで拡大され,航続距離に関する不満を大幅に解消した。

現状のEV開発動向としては二通りの方向性があり,ひとつは上記したようにカリフォルニア規制対応を主体にした高性能電池搭載のEVで,レンジの確保と動力性能を優先的にとらえた開発である。この領域における日米の自動車メーカーの開発は,前述したNi-MH電池搭載のEVとLiイオン電池を搭載した日産のEVに代表される。

もう一方のジャンルは,使い方を限定した割り切り型の小型EVである。これには,ホンダのCity Pal,トヨタのe-com,日産のHyperminiが相当する。いずれも電池容量と重量を抑制したEVで,その分,具体的な限定使用を提案するものである。

ところで,日本におけるモーターシステムは,永久磁石式同期型(DCブラシレス)が主流で,効率も最高域のレベルに達しつつある。これにはNd-Fe-B系に代表される希土類磁石の技術開発で,日本がパイオニア的役割を担っていることが大きく貢献している。この10年間でモーターの出力密度は3倍程度に向上してきたが[11],今後の課題としては,やはりこれも低コスト化という軸の開発が挙げられよう。

6.2 HEVの開発動向

　さらに近年，燃費の向上，エミッション低減，あるいは動力性能の向上などを目的としたHEVの開発が活発である。この先陣を切ったのがトヨタの"Prius"であるが，これに追随し，ホンダのIMA（Integrated Motor Assist）システムを搭載した"Insight"が燃費世界一の35km/Lを実現し，1999年11月より日米欧の市場へ供給が開始されている。

　一般に，モーターシステムはEVで確立された基盤技術を核として，それぞれのHEVシステムに最適な構造と仕様で設計されている。一方，エネルギー貯蔵システムは出力のアシストとエネルギー回生が重要な因子であり，EV用電池と異なる点は出力密度と回生受け入れ性に特化させる必要がある。その分，エネルギー密度のプライオリティは必ずしも高くはない。

　現在，HEV用のエネルギー貯蔵システムとしてはNi-MH電池，Liイオン電池，キャパシタが業界の主な開発対象となっている。キャパシタは二次電池のような化学反応主導ではなく，電極界面における電荷エネルギーの蓄積と放出を可能とするエネルギー貯蔵システムであり，原理的には応答速度が大きいことで出力と回生に優れた特徴をもつ。また寿命の観点からも，二次電池のように電極材料の化学構造が変化しないため，一般には電池に比べて有利とされている。今後の技術開発課題としては，エネルギー密度と出力・回生特性の更なる向上，および最適なエネルギーマネージメントが鍵になる。材料技術としては電極に用いられる活性炭の実効比表面積の拡大に期待がかかる。

　一方，Ni-MH電池とLiイオン電池では10Ah前後の小型容量電池が主体で，EV用で開発した技術と民生用で培った技術の融合を基盤として，出力密度と回生受け入れ性の大きい電池が実現しつつある。しかし，HEVにおける電池の使われ方はEVや民生用と大きく異なり，最大の違いは電池を完全充電および完全放電を実施しないことである。すなわち，電池容量の中間ゾーンを使用するため，Ni-MH電池を適用する場合はメモリー効果が起きやすいことに対しての補正が必要なこと，および電池の充放電状態を精度良く検知することが必要となる。その一例として，Ni-MH電池では充放電された電流の積算と電流電圧特性の監視を併用することで，検知システムが構築されているものもある。ホンダのIMAシステムにもNi-MH電池システムが組み込まれている。

　他方，Liイオン電池では電池構造設計や材料とプロセス技術による内部抵抗の低減を基盤に，出力特性や回生受け入れ性の進化が図られつつある。しかしLiイオン特有の技術課題，特にカレンダー寿命とサイクル寿命の劣化速度が大きいことであり，現在，ホットな研究対象になっている。

　EV用およびHEV用のエネルギーストレージの開発動向に動きがある。もっともHEV自体は目的に応じてコンセプトも異なるために，そこに要求されるエネルギー貯蔵システムは非常にバ

ラエティに富む。しかしながら，初めからそれにマッチするようなシステムはあるすべもなく，よって先取りした電池やキャパシタの開発が極めて重要な意味をもつ。エネルギー貯蔵システムに要求される課題は少なからずあり，そのハードルも高いものがあるなかで，ブレークスルーが生まれ発展していくことが期待されている。

6.3 FCVの開発動向

21世紀の新エネルギーシステムとして最も注目を集めているのが燃料電池である。自動車用として必要な機能は出力特性に優れること，作動温度が高すぎないことなどが優先されることから，固体高分子膜型燃料電池（PEFC）が開発の対象となっている。

しかし一方では，その期待とともに解決すべき課題は山積している。燃料形態を何にするかでも，システム開発の姿が変わる。併せて材料およびシステムコストを今後どのように低減していくかも大きな課題である。例えば，材料コスト領域ではプロトン交換膜と貴金属触媒の低減が必須である。現状のFCシステムでは，1kW当たり1g（1,700円）のプラチナ（Pt）が必要で，100kW級のFCVを構成するのに要するPtだけで170千円／台の計算となる。このままでは普及のシナリオを描くのは難しく，Pt使用量を大幅に削減するブレークスルーが必要である。

このFCシステムは自動車技術だけではなく，一般家庭用発電システムとしても期待されており，ますます発展する予感がある。そのシステムの実現とコスト低減の中枢技術は材料とプロセス技術にある。環境に優しいシステム技術を構築する機能材料が，FCVの発展可否を占う重要な因子といえる。と同時に，システムや材料の簡素化も重要な開発要素で，こうした観点からの技術開発は大きなコスト低減を可能とするものである。

2000年10月よりカリフォルニア州サクラメント市において，FCVのカリフォルニア・パートナーシッププロジェクトがスタートしている。これは公道での走行実験による技術課題の抽出や混合交通における適合性立証，さらには安全性立証や燃料形式の最適化，およびインフラ環境整備を目的としたフィジビリティに視点をおいた日米欧の合同プロジェクトである。

燃料形式については多くの議論があり，とりわけ直接水素，メタノール改質，天然ガス改質，それにガソリン改質が主な候補にあがっているが，自動車メーカー，石油メーカー等の思惑も絡み混沌としている。

6.4 その他の新エネルギーシステム

天然ガス（CNG），LPG，あるいはジメチルエーテル（DME）に代表される合成燃料をエネルギー源とした自動車も実用化されつつある。CNG車のエミッションは発電所エミッションよりもクリーンであることから，EVよりも総合的にクリーンであるという見方が可能である。

43

一方では供給スタンドのインフラ整備が十分でないことから，普及に対する大きな阻害要因となっている。ホンダではクリーン自動車の一環として，1997年にCNG自動車を実用化し日米で販売している。

また新エネルギーシステムに共通していえる課題は，その貯蔵技術である。今後も貯蔵技術の進化と信頼性の両立に向けた研究が必要となるが，いずれにしてもこれらの資源を有効に活用する自動車の最適な組み合わせ解も考慮していくことである。言い換えれば，必ずしも電動車輌系が全ての解ではないということである。21世紀の前半1/3あたりまでは，化石燃料システムと代替燃料システム，それに新エネルギーシステムが共存していく時代であり，その配分と積分値で全体的な環境負荷を低減していく必要がある。

7 おわりに

21世紀は人類が豊かに快適に暮らすことのできる循環型社会を構築することが望まれている。そこで必要とされ，かつ避けては通れないもののひとつに，化石燃料に代わる新エネルギーシステムがある。いずれ数十年後には利用できなくなる化石燃料に代わる資源とエネルギーの創製が始まりつつある。

エレクトロニクスや新素材・新材料，バイオテクノロジー，ライフサイエンスを中心にブレークスルーが期待されている。特に材料技術はシステム技術を大きく変貌させる因子を含んでおり，着実な研究成果と画期的な研究成果の両面で期待が集まっている。

文　献

1) 佐藤 登,「自動車と環境の化学」, 大成社（1995）
2) 熊田正隆, 表面技術, 48, 154（1997）
3) "HONDA ECOLOGY", p.30（2000）
4) 日経産業新聞, 1998年3月20日付
5) 自動車技術戦略策定委員編,「国家産業技術戦略－自動車技術戦略－」, 2000年4月
6) 日本経済新聞, 2000年5月4日付
7) 海老沢宏夫, 中澤勇治, 沼尻 到, 原田和昌, 自動車技術, 54, 44（2000）
8) 松本伸一ほか, 日本化学会誌, 1996, 97（1996）
9) 御園生誠, 自動車技術, 50, 41（1996）

10) N.Sato, "Electric Vehicles in Earth Environment and Advanced Batteries", FISITA98 Invited Paper, F98T/P068, Paris, Sep.1998
11) 福井威夫,平成10年度JEVA電気自動車フォーラムオープニングセッション,東京,1998年11月

第4章　自動車の環境規制

湊　清之*

1　はじめに

　世界規模での環境問題の高まりから，自動車の排出ガス低減に対する社会的要請が強まり，環境対策技術がますます重要になってきている。わが国で自動車が環境問題に登場したのは，モータリゼーションが急伸しだした昭和40年代に入ってからである[1]。自動車排出ガス規制は，昭和41年（1966年）のガソリン自動車に対するCO規制が最初であった。この時期，国内市場の急成長と輸出拡大に伴って生産力が飛躍的に増大し，世界の自動車生産体制の一角を占めるまでになり，自動車産業は基幹産業としての基盤を充実させた[2]。

　一方，高度成長を遂げていく過程で，量から質へと生活に対する価値観が移り変わり，それに伴い国内各地で公害問題の多発をもたらした。自動車保有台数の増加は当然にも排出ガス量の増大を招き，これまで排出源として工場が問題視されていたが自動車も公害問題と結びつけられ，大気汚染問題への対策を求められるようになった[3]。この積極的な汚染防止政策採用への道のりは長く，国民にとっても苦痛を伴うことが多かった。

　しかし，この過程を経て日本は，大気汚染管理政策の先駆者となった。その後，自動車ではLPG車やディーゼル自動車が規制対象に追加された。同様に，規制対象排出ガスも逐次追加され，ガソリン自動車に対してはCO，HCおよびNOxが，ディーゼル自動車についてはこれら3排出ガスに加えて粒子状物質（PM）およびディーゼル黒煙が規制対象となっている。

2　自動車排出ガス問題の経緯

　公害は先進国・途上国の如何を問わず，技術進歩に伴って生ずる工業化と都市化が直接の帰結と言われている。1970年代，わが国では鉛公害問題や光化学スモッグの発生により，有鉛ガソリンの販売禁止やHC，CO，NOx等の排出ガス規制が一段と厳しく強化されだした。当時としては画期的な世界一厳しい自動車排出ガス規制が実施された（HC，CO，NOxの3成分をほぼ90％低減する）。この規制は日本版マスキー法あるいは53年度排出ガス規制と言われている。

---

　*　Kiyoyuki Minato　㈶日本自動車研究所　新プロジェクト推進室　主席研究員

第4章 自動車の環境規制

　この規制に対して各自動車会社は規制値を達成すべく排出ガス浄化技術の開発に全力を投入し達成した。この自動車業界があげて取り組んだ「日本版マスキー法」への対応は環境改善技術の一歩でもあり，その後の環境対策へ大きな影響を与えた。この53年排出ガス規制対策技術の中で特筆されるのは精度の良い電子制御燃料噴射装置と三元触媒方式であり，自動車排気浄化触媒技術は大気環境保全のために必要不可欠となっている。

　この結果，自動車がほとんどを排出していると言われたCOは，規制の強化に伴い沿道周辺の濃度が急激に減少している。この世界に誇れる排出ガス技術の確立等により，国際水準からみて群を抜いた，短期・中期の双方の視野に立った大気汚染防止政策を成功させた。しかし最近では，世界の大気汚染問題はNOx，PMおよびオゾンによる大気環境汚染に移行している[4]。

2.1　自動車排出ガス[5~7]

　自動車排出ガス中に含まれる主な大気汚染物質としては，大気汚染防止法「自動車排出ガス」として定められ，規制対象物質とされているCO，HC，NOx，粒子状物質および鉛化合物が挙げられる。自動車排出ガス中の主な大気汚染物質の発生原因と環境影響は次の通りである(図1，2)。

　① 一酸化炭素(CO)

　自動車の燃料であるガソリンや軽油の不完全燃焼によって生成されるガス。COは大変恐ろしいガスである。無色，無臭で，水に溶けにくく，これを吸入すると人体内で酸素を運ぶヘモグロビンと強く結合するため，酸欠状態を引き起こし，重症のときには死に至る。

　② 炭化水素(HC)

　燃料の不完全燃焼および気化した燃料の漏れが原因となって発生する。炭素と水素の化合物を総称して炭化水素という。エチレン系，アセチレン系および芳香族系の炭化水素は，窒素酸化物(NOx)とともに一定の条件の下で紫外線に照射されると，オキシダント(Ox)を生成し，光化学スモッグを発生させる。

　③ 二酸化硫黄(SO_2)

　燃料中の不純物であるイオウ(S)の燃焼により発生する。ディーゼル自動車の燃料である軽油中にも硫黄が含まれており，大型ディーゼル車の混入率が高い幹線道路沿道では，SO_2濃度が高い。

　④ 窒素酸化物(NOx)

　燃焼過程で混合気(空気と燃料)中の窒素と酸素が高温で反応して発生する。窒素と酸素の化合物を総称してNOxという。一般には，NOとNO_2を合わせたものをNOxと呼んでいる。空気の成分は78%が窒素で，21%が酸素である。したがって，空気中でものを燃やせば窒素酸化物が生成される。燃焼温度が高いほど多量のNOxが生成される。自動車のエンジン内では2000℃前後で燃料が燃えるから，高濃度のNOxが排気管から排出される。

47

⑤ 鉛化合物

ガソリン中にアンチノック剤として添加されているアルキル鉛の燃焼・酸化によって発生する。アルキル鉛は燃焼によって，数μ以下の鉛化合物の粒子となって排出される。なお，日本等，ガソリンが無鉛化された国でのガソリンはアルキル鉛を含んでいない（アジア等の途上国で問題）。

⑥ 粒子状物質（PM）

燃料の不完全燃焼により，発生する。浮遊粒子状物質（SPM）は大気を漂う物質のうち粒径が10μm（100分の1mm）以下の粒子の総称で，ガス状物質と同じように長時間大気中を浮遊している。SPMには，ディーゼル車などの排気管から出る黒煙，自動車走行によって舞い上が

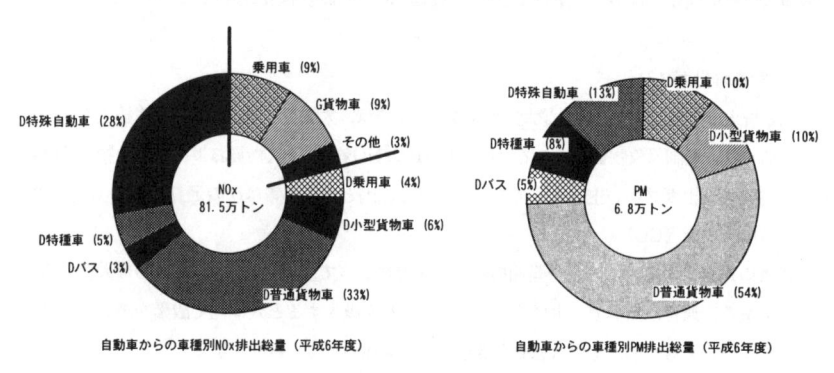

自動車からの車種別NOx排出総量（平成6年度）　　　　自動車からの車種別PM排出総量（平成6年度）

図1　自動車排出ガスの車種別排出総量[8]

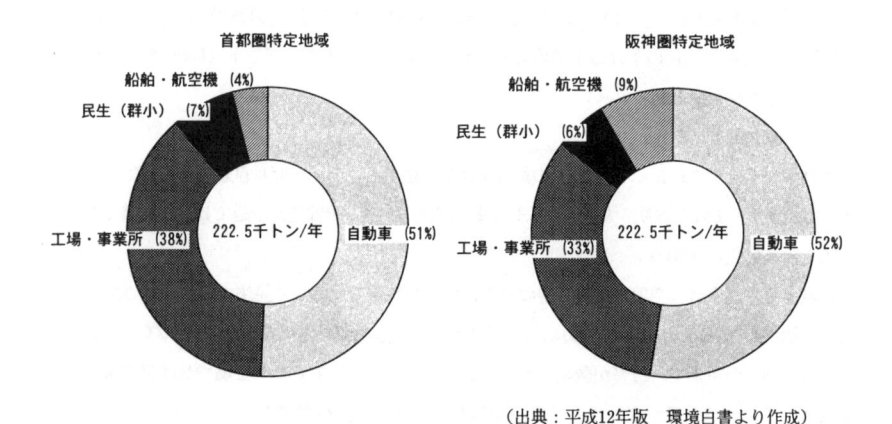

首都圏特定地域　　　　　　　　　　　阪神圏特定地域

（出典：平成12年版　環境白書より作成）

図2　自動車NOx法特定地域排出源別排出量[8]

る細かい粒子，ガス状物質から光化学反応で生成する二次生成粒子など人為的な発生源によるものが多く含まれる。

3 今後のガソリン自動車の排出ガス規制

3.1 排出ガス規制の動向

自動車排出ガス低減対策として可能な限り早急に実施すべきものについて検討した自動車排出ガス専門委員会の答申に基づき，平成8年10月18日に有害大気汚染物質対策の重要性・緊急性に鑑み，以下の諸施策がまとめられた。
- ガソリン・LPG自動車についてHC等の排出削減
- 自動車燃料品質についてはガソリンの低ベンゼン化（5体積％→1体積％）

これらの施策について，排出ガス規制は平成10年に，燃料品質については平成12年1月に実施された。

平成9年11月に，ガソリン・LPGの自動車の排出ガス低減対策の強化が検討され，中央環境審議会（第二次答申）がとりまとめられた。その内容は以下に記す。
- ガソリン・LPG自動車について，平成12年（2000年）から14年にかけてNOxとHCの排出削減に重点を置き対策を強化し（ガソリン新短期目標），さらに平成17年（2005年）頃を目途に新短期目標の2分の1を目標に技術開発を進めること（ガソリン新長期目標）。
- ガソリン自動車の燃料蒸発ガス試験法を改定し，ガソリン新短期目標と同時に燃料蒸発ガス低減対策を強化する。

4 ディーゼル自動車の排出ガス規制

4.1 現状のディーゼル自動車排出ガス規制

自動車排出ガス規制の強化や種々の大気汚染防止対策が講じられてきたが，東京や大阪等の大都市地域を中心にNO₂，SPM等による大気汚染は依然として厳しい状況にある。特に，沿道における大気環境中のNO₂，SPMについてはディーゼル自動車から排出されるNOx，PMの寄与が高く，ディーゼル自動車のNOx，PMの排出抑制が重要な課題となっている。

4.2 今後のディーゼル自動車排出ガス規制

ディーゼル新長期目標については，当初，平成19年（2007年頃）を目途に達成するとされていたが，新しい排気後処理装置の開発が急速に進んでいることから，設計，開発，生産準備等を効

果的に行うことにより,平成19年(2005年)までに達成を図ることが適当であると,中央環境審議会は答申している。ディーゼル新短期目標に基づく規制への対応状況,技術開発の進展の可能性,各種試験結果および対策の効果を見極め,具体的な目標値等について可能な限り早期に設定すると報告されている。

規制値に関しては,これまでディーゼル新短期目標の2分の1程度とされていたが,今後の技術開発の動向を踏まえ,現行の排出ガス試験方法を見直す場合にはそれを基に,平成13年(2001年度)末を目途に決定することが適当であると答申されている。同時に,粒子状物質(PM)を新短期目標の2分の1程度よりもさらに低減した目標値とすることについて検討する必要があると明記されている。

4.3 燃料品質対策[9〜13]

ディーゼル新長期目標達成のために有望な排気後処理を十分に機能させるためには軽油中の硫黄分の低減が必要である。現状では50ppmレベルが技術的な限界であるため,当面,軽油中の硫黄分許容限度設定目標値を50ppmとすることが適当であるとされている。なお,硫酸塩(サルフェート)の低減に加え,有望な排気後処理装置の一つである窒素酸化物還元触媒がその機能を十分に発揮するために,将来的にはそれ以上の低硫黄化が望まれる。併せて,軽油中の硫黄分に被毒されにくい触媒の開発も望まれる。

軽油中の硫黄分を50ppmとする許容限度設定目標値については,燃料生産者において設備設計および改造工事等を効率的に行うことにより,平成16年(2004年)末までに達成を図ることが望まれている。

5 主要国の排出ガス規制

5.1 アメリカ[14]

米国における環境大気質の保全は,大気清浄法(Clean Air Act, CAA)により図られている。大気清浄法は米国の大気質を改善し,国民の健康と福祉を守ることを目的として,1967年に初めて制定された。その後,1970年代に3回の改正が行われたが,1990年に大改正が行われ,大幅に規制が強化された。1990年改正大気清浄法では,国家環境大気質基準(NAAQS)そのものに関する改定は行われなかった。しかし,国家環境大気質基準の未達成の地域が多いため,オゾン,CO,粒子状物質(PM_{10})について,その達成のための方策と期限が規定された。

また,未達成地域に対する制裁措置や罰則規定の具体的な内容が新たに規定された。国家環境大気質基準には,健康保護を目的とする一次基準と,福祉保護を目的とする二次基準がある。現

在，米国では改正大気清浄法のもとで，有害大気汚染物質対策に関連する様々な規制や，有害大気汚染物質排出基準の策定作業が活発に進められている。

5.2 EU[15, 16)]

EUが加盟国に対して拘束力を持ちうる法律には規則（Regulation），指令（Directive），決定（Decision）がある。「規則」はその全体が拘束力を持つものであり，全ての加盟国に直接適用される。「指令」は達成されるべき成果を求められる特定の加盟国にのみ拘束力を持つものであり，その実施形態と方式については，加盟国の選択に任されている。また「決定」はこれが適用される国，企業，個人に対して拘束力を持つものである。

EUにおいては，1970年から排出ガス規制が制定され，その後，何度も強化されてきたが，1980年から1992年にかけて，二酸化硫黄，浮遊粒子状物質，鉛，二酸化窒素，オゾンに対して環境大気質基準に対する指令が採択された。しかしこれらの規制は米国ほど厳しい内容ではなかったため，1990年代から規制の強化が段階的に進められており，現在ではSTEP3が適用され，2005年からはSTEP4が施行される（表1）。

表1　主要国の排出ガス規制動向

	1999	2000	2001	2002	2003	2004	2005	2006	2007	2008	2009	2010
日本		ガソリン新短期規制					ガソリン新長期規制			(約7割の排出量削減)		
				ディーゼル新短期			ディーゼル新長期					
米国		RFG Phase Ⅱ				米連邦 Tier Ⅱ						
							米加州 LEV Ⅱ					
					米加州 ZEV							
欧州乗用車		EUROⅢ(D,G)					EUROⅣ(D,G)			EUROⅤ(D,G)		
		STEP3					STEP4					
中型トラック			STEP3					STEP4				
		加鉛ガソリン販売禁止										

注）D：ディーゼル車　G：ガソリン車

6　燃料性状の改善

自動車排出ガス規制を進める上で，対策として触媒が用いられるようになったが，まず問題と

51

新エネルギー自動車の開発と材料

表2 主要国の有鉛ガソリン全廃時期[17]

	1980	1990	1991	1992	1993	1994	1995	1996	2001
日本	1980								
オーストリア					1993				
カナダ					1993				
スロバキア						1994			
スウェーデン							1995		
デンマーク							1995		
ドイツ								1996	
米国								1996	

(出典：UN, OECD Phasing Lead out of Gasoline (1999))

なった燃料成分は鉛であり，燃料中の鉛成分は触媒を被毒し触媒性能を大幅に劣化させる。このため各国で無鉛ガソリンの普及が進められ，わが国では1975年からガソリン無鉛化がスタートした（表2）。鉛同様に問題となる成分として硫黄分が挙げられる。硫黄分は，ガソリン・軽油ともに自動車排出ガスに悪影響を及ぼし，ガソリン中の硫黄分については，触媒被毒による性能劣化の原因とされており，軽油中の硫黄分については，PM増加の一因とされている。

自動車燃料問題は鉛の除去や硫黄分の低減化であり，たび重なる排出ガス規制への対応のため，燃焼改善技術や排気後処理技術を始めとして三元触媒，リーンNOx触媒等の環境技術が開発された。しかし，大都市地域における環境基準の達成状況が依然として改善されていないことを踏まえ，新たな排出ガス低減技術の導入に当たっては，エンジン・排気系対策と燃料品質対策の両面からの取り組みが必要不可欠とされ，硫黄分の低減をはじめとする燃料品質の規制も同時に検討されている。

大気汚染改善に向けて厳しい排出ガス規制が施行されるのを受けて，1998年に日米欧の自動車工業会は，低エミッション化には自動車単体改善だけでなく，燃料に関しても国際統一品質基準を設けることを提案した（「The World-Wide Fuel Charter」（世界規模の燃料品質に関する提言））。これは自動車単体と燃料の両面から低エミッション化を図ることを目的として，排出ガス規制の程度に応じて地域を4つのカテゴリーに分類しカテゴリー別（表3）に品質基準を示している。

現在，問題となっているのはガソリンエンジンと同等の浄化率を達成できるディーゼルエンジン用触媒の開発である。ガソリン車と比較してディーゼル車は，現在の技術の延長ではNOxを大幅に低減することは困難である。また，2.5マイクロメータ以下の超微粒子（PM2.5）は健康に影響を及ぼすと言われており，早急な対策が要求されている。

第4章 自動車の環境規制

表3 自動車業界の燃料品質に対する提言[18]

		単 位	カテゴリー1	カテゴリー2	カテゴリー3	カテゴリー4
ガソリン	オクタン価	(Min)	91	91	91	91
	硫黄分	ppm (Max)	1000	200	30	5〜10以下
軽 油	セタン指数	(Min)	45	50	52	52
	硫黄分	ppm (Max)	1000	200	30	5〜10以下

カテゴリー1：排出ガス規制があまり厳しくない発展途上国向け燃料
カテゴリー2：現状の排出ガス規制（日欧米レベル）に対応するために必要な燃料
カテゴリー3：現状の排出ガス規制（日欧米レベル）がさらに厳しくなった場合に必要な燃料
カテゴリー4：将来規格への要望

　高機能触媒の実現には，燃料に含まれる硫黄をゼロレベルまで近づけることが重要である．わが国の産学官で構成される自動車産業技術戦略検討会は，2005年に低硫黄軽油の導入，2010年には普及および更なる超低硫黄化あるいは合成燃料の導入を目標に石油業界との連帯，燃料規格の設定，海外との連携を強力に推進することを戦略の一つとして掲げている．

7　おわりに

　自動車および自動車産業は100年の歴史の中で，現今の10年間において大きな変化を遂げてきた．特に，自動車技術の進歩は目覚ましく，これから10数年後には，燃料電池自動車が街並みを走行しており，自動車の環境への負荷が大幅に低減されていることは確実である．いまや環境への貢献や取り組みが企業活動に大きな比重を占めるようになり，環境対策で後塵を拝した企業は存続できないと言われている．自動車が21世紀においても輸送機関の主役としてあり続けるためにも，技術向上に向けた不断の努力と環境への配慮は必要条件である．

文　　献

1）　日本自動車工業会，「日本自動車産業史」(1988)
2）　トヨタ自動車，「世界への歩み」(1980)
3）　井口雅一，「自動車の歴史」，自動車技術，54-1, 2000.1
4）　自動車産業技術戦略検討会，自動車産業技術戦略，2000.4

5) 柴田徳衛他，クルマ依存社会，実教出版 (1995)
6) 荒井久治，自動車の発達史 (上，下)，山海堂 (1995)
7) 東京都公害局大気保全部，自動車公害ハンドブック (1970)
8) 環境庁，環境白書 (平成12年度版)，(2001)
9) 斉藤 猛，自動車の燃料，潤滑油，山海堂 (1970)
10) 幾島賢治，自動車用燃料の変遷，自動車技術，Vol.54, No.1 (2000)
11) 赤間弘他，自動車排気浄化触媒技術の現状と将来，自動車技術，Vol.54, No.1 (2000)
12) 仁科恒彦，自動車燃料の動向，Vol.54, No.5 (2000)
13) 小田恵介，日米欧自工会による燃料品質に関する提言，自動車技術，Vol.54, No.5 (2000)
14) Michael P. Walsh, Final Tier 2 Rule (1999)
15) OECD, ECMT, Low Suphur Auto Fuels, CEMT (2000)
16) M.Janicke, H.Weidner, Successful Environmental Policy (1995)
17) UN, OECD, Phasing Lead out of Gasoline (1999)
18) AAM, ACEA, EMA and JAMA, Proposed World-Wide Fuel Charter, January (2000)

第4章 自動車の環境規制

〔添付資料〕

1 わが国の自動車排出ガス規制

1.1 ガソリン自動車排出ガス規制値

車種			試験モード	成分	現行規制値		次期規制値		備考
					規制年	規制値	規制年	規制値	
ガソリン・LPG車	乗用車	4サイクル及び2サイクル	10・15M (g/km)	CO	平成12年	1.27 (0.67)			2サイクル車は現在生産されていない。
				HC	平成12年	0.17 (0.08)			
				NOx	平成12年	0.17 (0.08)			
			11M (g/test)	CO	平成12年	31.1 (19.0)			
				HC	平成12年	4.42 (2.20)			
				NOx	平成12年	2.50 (1.40)			
	トラック・バス	4サイクル軽自動車	10・15M (g/km)	CO	平成10年	8.42 (6.50)	平成14年	5.11 (3.30)	規制開始時期 平成14.10.1
				HC	平成10年	0.39 (0.25)	平成14年	0.25 (0.13)	
				NOx	平成10年	0.48 (0.25)	平成14年	0.25 (0.13)	
			11M (g/test)	CO	平成10年	104 (76)	平成14年	58.9 (38.0)	
				HC	平成10年	9.50 (7.00)	平成14年	6.40 (3.50)	
				NOx	平成10年	6.00 (4.40)	平成14年	3.63 (2.20)	
		軽量車 (GVW≦1.7t)	10・15M (g/km)	CO	平成12年	1.27 (0.67)			
				HC	平成12年	0.17 (0.08)			
				NOx	平成12年	0.17 (0.08)			
			11M (g/test)	CO	平成12年	31.1 (19.0)			
				HC	平成12年	4.42 (2.20)			
				NOx	平成12年	2.50 (1.40)			
		中量車 (1.7t<GVW≦2.5t)	10・15M (g/km)	CO	平成10年	8.42 (6.50)	平成13年	3.36 (2.10)	13年規制からは、重量区分を変更 ・中量車 1.7t<GVW≦3.5t ・重量車 3.5t<GVW
				HC	平成10年	0.39 (0.25)	平成13年	0.17 (0.08)	
				NOx	平成6年	0.63 (0.40)	平成13年	0.25 (0.13)	
			11M (g/test)	CO	平成10年	104 (76)	平成13年	38.5 (24.0)	
				HC	平成10年	9.50 (7.00)	平成13年	4.42 (2.20)	
				NOx	平成6年	6.60 (5.00)	平成13年	2.78 (1.60)	
		重量車 (2.5t<GVW)	G13M (g/kWh)	CO	平成10年	68.0 (51.0)	平成13年	26.0 (16.0)	規制開始時期 平成13.10.1 (中量車も同じ)
				HC	平成10年	2.29 (1.80)	平成13年	0.99 (0.58)	
				NOx	平成7年	5.90 (4.50)	平成13年	2.03 (1.40)	

1.2 ディーゼル自動車排出ガス規制値

車種			試験モード	成分	現行規制値		次期規制値		備考
					規制年	規制値	規制年	規制値	
ディーゼル車	乗用車		10・15M (g/km)	CO	昭和61年	2.70 (2.10)	平成14年	0.98 (0.63)	
				HC	昭和61年	0.62 (0.40)	平成14年	0.24 (0.12)	
				NOx 小型	平成9年	0.55 (0.40)	平成14年	0.43 (0.28)	
				中型	平成10年	0.55 (0.40)	平成14年	0.45 (0.30)	
				PM 小型	平成9年	0.14 (0.08)	平成14年	0.11 (0.052)	
				中型	平成10年	0.14 (0.08)	平成14年	0.11 (0.056)	
	トラック・バス	軽量車 (GVW≦1.7t)	10・15M (g/km)	CO	昭和63年	2.70 (2.10)	平成14年	0.98 (0.63)	
				HC	昭和63年	0.62 (0.40)	平成14年	0.24 (0.12)	
				NOx	平成9年	0.55 (0.40)	平成14年	0.43 (0.28)	
				PM	平成9年	0.14 (0.08)	平成14年	0.11 (0.052)	
		中量車 (1.7t<GVW≦2.5t)	10・15M (g/km)	CO	平成5年	2.70 (2.10)	平成15年	0.98 (0.63)	9年 手動変速機付車 10年 自動変速機付車
				HC	平成5年	0.62 (0.40)	平成15年	0.24 (0.12)	
				NOx	平成9,10年	0.97 (0.70)	平成15年	0.68 (0.49)	
				PM	平成9,10年	0.18 (0.09)	平成15年	0.12 (0.06)	
		重量車 (2.5t<GVW)	D13M (g/kWh)	CO	平成6年	9.20 (7.40)	平成15,16年	3.46 (2.22)	GVW≦3.5t 9年 3.5t<GVW≦12t 10年 12t<GVW 11年 3.5t<GVW≦12t 15年 12t<GVW 16年
				HC	平成6年	3.80 (2.90)	平成15,16年	1.47 (0.87)	
				NOx 直噴	平成9〜11年	5.80 (4.50)	平成15,16年	4.22 (3.38)	
				副室					
				PM	平成9〜11年	0.49 (0.25)	平成15,16年	0.35 (0.18)	

55

2 主要国のディーゼル自動車排出ガス規制

ディーゼル重量トラック・バス

単位：g/km		窒素酸化物 NOx	炭化水素 HC	非メタン炭化水素NMHC	一酸化炭素 CO	粒子状物質 PM
日本（車両総重量2.5t超）						
長期規制（1997,98,99）		4.50	2.90	−	7.40	0.25
新短期目標（2003,4）		3.38	0.87	−	2.22	0.18
新長期目標（2005）		新短期目標の1/2程度を目標に技術開発を推進				
米連邦（車両総重量3.88t超）						
1998年基準		5.364	1.743	−	20.786	0.134
2004年基準		メーカーは規制物質を(1),(2)から選択 (1) NOx+NMHC 3.218 (2) NOx+NMHC 3.353 かつNM 0.671			20.786	0.134
2007 EPA案		0.27	0.19	−	−	0.013
欧州（車両総重量3.5t超）						
EURO2（1995）		7.0	1.1	−	4.0	0.15
EURO3	定常モード	5.0	0.66	−	2.1	0.10
（2000）	過渡モード	5.0	−	0.78	5.45	0.16
EURO4	定常モード	3.5	0.46	−	1.5	0.02
（2005）	過渡モード	3.5	−	0.55	4.0	0.03
EURO5	定常モード	2.0	0.46	−	1.5	0.02
（2008）	過渡モード	2.0	−	0.55	4.0	0.03
EEV	定常モード	2.0	0.25	−	1.5	0.02
	過渡モード	2.0	−	0.40	3.0	0.02

（注1）各国・地域で最も重量が大きい区分の規制値を比較
（注2）非メタン炭化水素とは，炭化水素からメタンを除いたもの

ディーゼル乗用車

単位：g/km		耐久距離	窒素酸化物 NOx	炭化水素 HC	非メタン炭化水素NMHC	一酸化炭素 CO	粒子状物質 PM
日本							
長期規制（1997,98）		3万km	0.40	0.40	−	2.10	0.08
新短期目標	EIW≦1.2t	8万km	0.28	0.12	−	0.63	0.052
（2000）	EIW>1.25t		0.30	0.12	−	0.63	0.056
新長期目標（2005年目途）		新短期目標の1/2程度を目標に技術開発を推進					
米連邦							
Tier1（1996）		8万km	0.25	0.256	0.156	2.125	0.050
		16万km	0.375	−	0.194	2.625	0.063
Tier2		8万km	0.0875	−	0.0625	2.125	0.0125
（2004年から段階適用）		19.2万km	0.125	−	0.078	2.625	0.0125
欧州							
EURO2（1996）	直噴式	8万km	NOx+HC	0.9	−	1.0	0.1
	副室式		NOx+HC	0.7		1.0	0.08
EURO3（2000）		8万km	NOx+HC かつNOx	0.56 0.50	−	0.64	0.05
EURO4（2005）		10万km	NOx+HC かつNOx	0.30 0.25	−	0.50	0.025

（注1）非メタン炭化水素とは，炭化水素からメタンを除いたもの
（注2）米国Tier2は，燃料によらず同一の数値を提案中
（注3）試験方法の特徴

第5章 自動車と健康

大川裕子*

1 はじめに

現代は文化の発展に伴ってクルマ社会となり，クルマに依存した交通社会と化している。自動車という交通手段そのものが自由競争，能率重視，個人主義を重視する現代社会のライフスタイルと大変相性がよいという証拠であろう。

好きなときに，荷物を持つことなく，目的地まで乗り換えもせず，自由に行動できるクルマは魅力的で便利な乗り物である。しかし，それを運転し利用するのは人間であり，限られたスペースで体を動かさずに長時間座っている状態を強いられることも少なからずある。

どう考えても生身の人間の体には，肉体的にも精神的にも多かれ少なかれストレスが加わってくるのは当然のことである。クルマ社会をうまく利用していく意味でも，クルマ社会が及ぼす人体への影響について様々な角度から分析し考察する必要がある。

2 自動車と健康との関連

2.1 「エコノミー症候群」に見る肺塞栓症

最近，「エコノミー症候群」という言葉が定着してきた。飛行機の狭い座席に長時間座っていることにより，脚の静脈の血液が固まって血栓となり，それが血流によって肺静脈へと運ばれたところで血管を閉塞させ，ついには呼吸困難，心拍数増加，胸痛，意識消失，心肺停止に及ぶ症状のことをいう。

肺塞栓症（Pulmonary Thromboembolism）の血栓源として，下肢の深部静脈が50〜80％を占める。このため最近では，肺塞栓症と深部静脈血栓症（DVT：Deep Vein Throm-bosis）をまとめて，静脈血栓塞栓症（Venous Thromboembolism）と呼ぶこともある。このような血栓のできる仕組みを図1に示す。

最初に報告されたのは1968年のことであるが，飛行機のエコノミークラスの乗客に多いことからこのような名前が付けられた。英国の医師が「空港や機内での突然死の18％が肺塞栓症だっ

---

* Yuko Okawa　㈳東京都薬剤師会会員　薬剤師

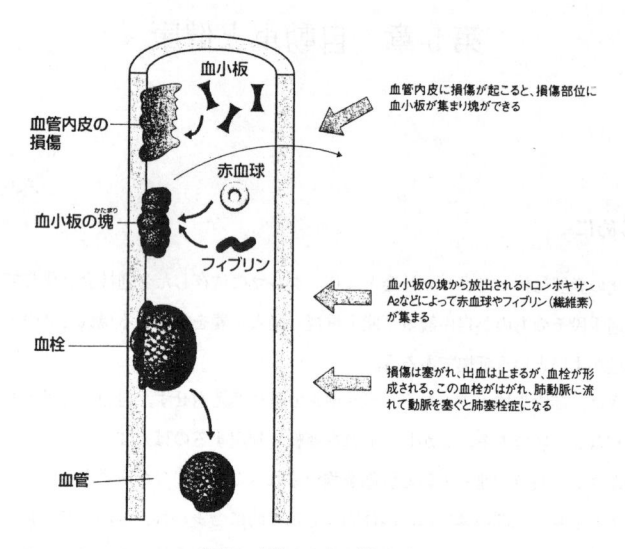

図1　血栓のできる仕組み[3]

た」と報告したことで，1980年ごろから注目されるようになった。

　ここ8年間の成田空港利用客を母数にすると，この症候群で死亡したケースが25人にのぼっていることが明らかになった。死に至らなくても入院が必要と判断され，日本医科大付属千葉北総合病院などに搬送される重症患者は年間50～60人にのぼり，比較的症状の軽い患者を含めると症例数は年間100～150人になるという[1]。

　また英国の空港利用者のうち，推定で年間2000人以上の人が同症候群により死亡している疑いがあるという研究結果が発表された[2]。危険の度合は，ビジネスクラスやファーストクラスでも同様である。飛行機だけでなく電車，バス，クルマ，長時間のデスクワークなどのときにでも起こっている。要は一定姿勢のままで長時間動かないときに，起こる恐れのあることを意味している。

　例えば，今まで元気でいた人がいきなりばったり倒れるということもあり得る。帰省ラッシュで新幹線に詰めこみ状態になったり，高速道路の渋滞により何時間も身動きがとれないこともある。こんなとき，同症候群で命を落とすことにもなりかねないということである。

　2000年9月，シドニーオリンピックに出場するため，オーストラリアに向かっていたイギリスのオリンピック選手3人が同症候群にかかり，到着後に治療を受けていた例もある。すなわち，誰にでもかかりうる危険性があることを認識する必要がある。

第5章　自動車と健康

「まだそんな歳ではない」「体が健康だから」と自分を過信することは禁物である。確かに肺塞栓症のリスクを完全になくすことはできないが、いくつかの方法で軽減することはできる。その予防法と注意点は以下のようにまとめられる。

(1) 下肢の運動

血液の流れをよくしておくためにも、1時間に3度は下肢の運動をするなど、何らかの形で体を動かすこと。とくに座った状態では、太ももを上げて足首を曲げ伸ばす運動をするとよい。座り続けていると足がむくむことがある。国際線飛行機に長時間乗っているとこの症状がでる。これは血液中の水分が血管の外にしみ出てくるため水分を失った血液は濃度が上がり、血栓ができるのを助長する。

慈恵医大の一杉正仁医師らは、20から22歳の健康な男性9人に、足先がちょうど心臓から1メートル下になるような高さのイスに座らせ、足首を固定したうえで2時間、同じ姿勢で座り続けてもらう実験を行った。9人の脚と腕の静脈での血液の粘度が実験の前後でどう変化しているかを調べた結果、前腕部ではほとんど変化がなかったが、脚ではふくらはぎの血液の粘度が17％も増加したという。すなわち肺塞栓症を引き起こす血栓が生じるリスクが高まったといえる。

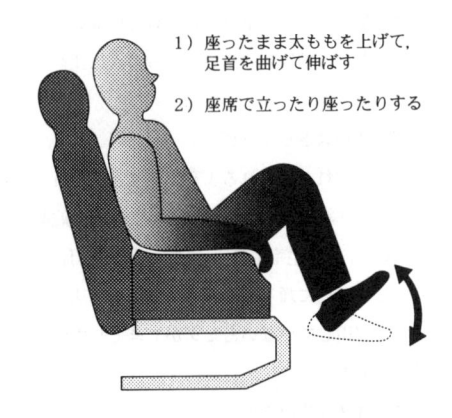

1) 座ったまま太ももを上げて、足首を曲げて伸ばす
2) 座席で立ったり座ったりする

(2) 水分補給

体から水分が失われ脱水症状になると血液が濃い状態になって固まりやすくなるため、まずは十分に水分を補給すること。ただし、ビールなどのお酒やコーヒーなどのカフェインは利尿作用があり、かえって脱水症状を助長するのでほどほどにした方がよい。

(3) 適量の飲食

軽めの食事をとることにより体内と脳内の酸素濃度を、それぞれ21％と48％まで高める。この酸素濃度の上昇によって血液量が増すため、血液循環を促進し凝結予防が可能となる。逆に食べ過ぎは血液の流れが消化管に集中するため、適量の飲食が妥当になる。納豆に含まれるナットウキナーゼは血栓を予防できる唯一の食品なので、納豆を食べるのも血栓予防の点では有効と思われる。

(4) 危険因子をもつ人

脚の静脈が圧迫されやすい「太っている人」、血管が硬くなっている40歳以上の「中高年の

人」，血管を収縮させるタバコを吸う「喫煙者」は特に注意が必要である。また，「糖尿病，高脂血症，悪性腫瘍，ピル服用，妊娠中，出産後，下肢静脈瘤，下肢の手術，ケガ」などの危険因子がある人は事前に主治医と相談し，血液が固まるのを防ぐ薬を処方してもらうという手段もある。

例えば，「アスピリン」（アセチルサリチル酸）は血が固まるのを防ぐ働きがあるので，少量服用すると予防効果が期待できる。アスピリンといえば，昔から解熱，鎮痛，抗炎症作用の方がよく知られているが，この他に血小板凝集阻害作用を有しているので，血栓・塞栓形成の抑制にも効果がある。

(5) 糖尿病患者

現代病といわれ，最近増えつづけている糖尿病の患者は特に気をつける必要がある。糖尿病の人は血糖がよくコントロールされていないため血管の内側が傷んでおり，普通の人より血液のめぐりが悪い。糖尿病の患者は一般の人に比べて深部静脈血栓症にかかりやすいという報告もなされている[4]。

(6) 圧迫ストッキング

血液の流れが保たれるようにデザインされた下肢用の圧迫ストッキングをはいていると，静脈がわずかに細くなって血流が速くなり，血液凝固がおこりにくくなる。このため深部静脈血栓症（DVT）の発生率も低下する。しかし，圧迫ストッキングによって得られる効果はわずかであり，これだけに頼り，さらに有効な予防法が行われなくなる恐れもあるので注意したい。また，正しく着用していないとヒダができてしまい，脚の血流を妨げるため，かえって症状を悪化させることもある。

(7) 肺塞栓症の徴候

ふくらはぎに痛みや熱いような感じがしたり，腫れたり赤くなっているような時は血栓ができている可能性があるので注意が必要である。その場合には脚に触れてはいけない。というのも血栓が上に移動してしまう危険があるからだ。

また，呼吸困難や胸痛がある場合には肺塞栓症が起きている可能性がある。徴候がみえてからの処置では手遅れになることがあるので，その前に予防策をとることが大切である。発症した人の約半数は全く症状がない。このような人では，肺塞栓症によって生じた胸痛が異常の存在を示す最初の徴候になることもある。肺塞栓症の臨床症状を図2に示す。

クルマの運転中は，最大2時間ごとに1回の休憩が望ましいとされる。無理せず，こまめに休み，トイレ，水分補給の励行が大切であるが，以上の理由からこれは合理的な予防法である。

2.2 呼吸器疾患に注意

呼吸器疾患が空気汚染によって起こることはよく知られている。タバコは室内の汚染源の代表

第 5 章 自動車と健康

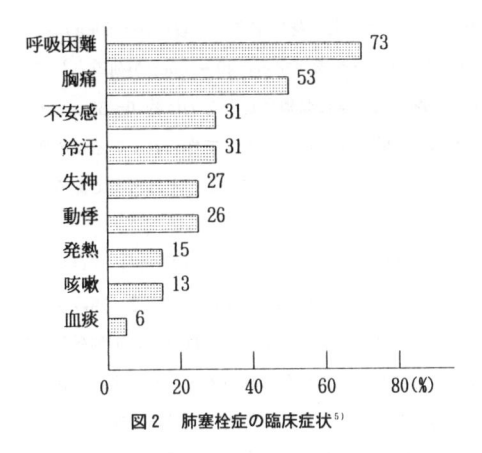

症状	%
呼吸困難	73
胸痛	53
不安感	31
冷汗	31
失神	27
動悸	26
発熱	15
咳嗽	13
血痰	6

図 2　肺塞栓症の臨床症状[5]

のひとつであるが，室外の汚染源として原因となるのはクルマの排気ガスである。

　タバコと肺がんの関連性については実証済みだが，排ガスが人体にどれくらい影響を及ぼしているかという厳密なデータはまだ得られていないのが実情である。しかし排気ガス成分による発ガン実験は成功し，特にカーボンブラックやディーゼルからの浮遊粒状物質による肺がんの発生機構は証明され，程度の差はあるにせよ排気ガスが人体に害を与えていることには変わりない。

　タバコに関していえば，日本ではまだ「禁煙」という意識が薄い。飲食店においても，禁煙と喫煙のコーナーが別になっているところはまだわずかである。新幹線においても禁煙車両たるものがあるが，全体から言えばまだ少ない。その点，米国での徹底した制度，例えば公共施設やレストランなどでの全面禁煙（州により異なるが）は感心させられる。

　ともあれ，タバコの煙に関しては避けようと思えばなんとかなるが，排気ガスに関しては自分の意志に関係なく半強制的に吸わされることが多いだけに，自分自身において自己防衛するほかはない。そのためには，車内の内部循環を積極的に活用するのも防衛策のひとつである。しかしそれよりも，自動車産業が排ガスの徹底的な軽減を早期に確立し普及させることが非常に重要なことである。

2.3　「腰痛」の恐怖

　腰痛を訴える人のほとんどは，クルマによく乗る人やデスクワークをしている人に偏っている。イスやクルマの座席に長時間座りっぱなしでいると，体全体で支えるべき体重を腰の 1 箇所に集めてしまう。それによって腰部の椎間板というクッションに負担がかかり，神経が圧迫され痛みを感じるようになる。

椎間板にかかる荷重の大きさは，上半身の重さ（一般に20〜50kg）に，上下振動の加速度を掛算したもので，バネの硬いシートを考慮すると40〜100kgが荷重としてかかる計算になる。クラッチ，ブレーキペダルを踏んだときに骨盤にかかる力は約10〜50kgになる。

最近のクルマのシートは，人間工学的によく考えて作られているため疲れにくくなっているとはいえ，椎間板に負担が多かれ少なかれかかっていることは事実である。座ったときの椎間板の状態を図3に示す。

また血液の循環が悪くなれば体に凝りが生じ，血管の周りにはプロスタクダランジン，ブラジキニンという発痛物質が発生し，腰痛をひきおこすこともある。痛みを感じるメカニズムとして，プロスタクダランジン，ブラジキニンが発生するとそれが神経を刺激し，その結果，カルシウムイオン濃度が高くなって，電位として脊髄から脳へと伝わり，痛みを感じる。

ブラジキニンには，発痛作用の他，血管拡張作用，血管透過性亢進作用があって急性炎症症状，すなわち発赤，腫脹，発熱，疼痛を生じる。現在では，プロスタクダランジン，ブラジキニンが炎症による痛みの主要起因物質であると考えられている。予防方法としてはとにかく長時間の運転は避け，クルマの座席を傾斜させず腰深く座ることである。

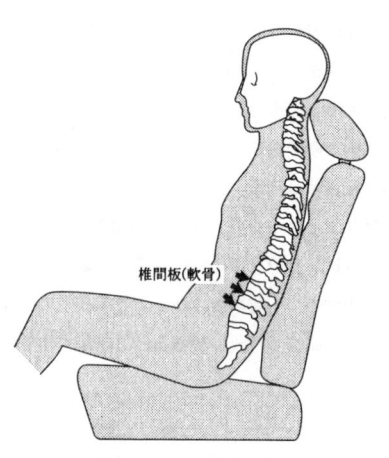

軟骨の椎間板は前側で高圧になり低圧の後へ移動しようとして神経系統が傷み腰痛をひきおこす。

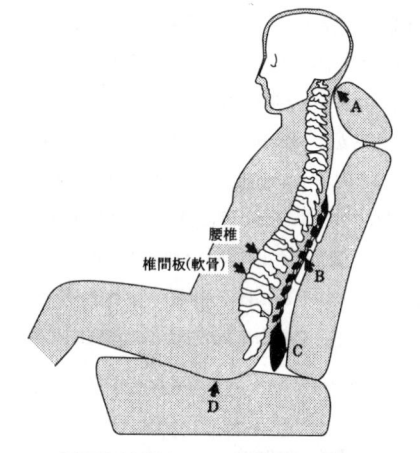

腰痛防止対策として，骨盤近くの軟骨である椎間板の圧力を減少させるためA，B，Cが十分機能すればDの体重，すなわち椎間板にかかる力は半減する。

図3　座ったときの椎間板の状態[6]

2.4 精神的ストレス

　健全な体は健全な精神に宿るというが，安全な運転は健全なドライバーの精神により支えられている。クルマの運転は一方では常に周囲の状況に注意し，不測の事態に備えるという不断の緊張も強いられる。渋滞による精神的ストレスも極めて大きい。

　また運転中は眼の酷使により，眼の神経や周囲の筋肉が極度の緊張状態におかれ，眼球運動が激しくなり眼精疲労が起こりやすくなる。こういったストレスを軽減させるためにも，最低2時間に1回は休息をとり，心身の緊張をほぐすことが大切である。

3　おわりに

　クルマは「一度持ったらやめられない」とよく言われる。自由自在に移動できる利便性が快感となって，クルマを安易に使用してしまう。またクルマに乗り慣れているうちに，脚力が低下し，呼吸循環機能までも弱りクルマなしでは暮らせない体になる場合もあり得る。そうならないためにも運動不足を解消し，クルマに過度に依存することなく，自分自身の脚で歩いたり動くことも必要である。それが本来の人間のあるべき姿であるから。

　「クルマは健康を奪う最大の原因」などとうたわれているところもあるが，そうならないように，人間とクルマ，うまく付き合っていく研究も必要である。

文　献

1)　読売新聞，2000年12月28日付
2)　Telegraph, 2000年1月10日付
3)　野口實，岡島重孝，「クスリのしくみ事典」，日本実業出版社，p.113 (1999)
4)　Diabetes UK（イギリス糖尿病協会）発行，"Balance", 2001年1, 2月号
5)　中村真潮，肺塞栓症研究会・共同研究作業部会，"Ther Res 19", 1998年号
6)　㈲シトロ総業 homepage

第2編　エネルギー技術の展望

第3編　エネルギー・核の安全

第1章　20世紀までのエネルギー技術

山田興一*

1　はじめに

　石炭の化学エネルギーを仕事に変換する蒸気機関の発明に始まった18世紀末の産業革命から100年余りを経た20世紀はそれまでに蓄積された技術を利用し，人間活動が活発になった世紀である。人間活動の源となるエネルギーとして，古来，自然エネルギーである薪が主に使われていた。この薪と石炭の地位が逆転したのが20世紀に入る10年ほど前である。

　20世紀にはエネルギー供給面では，エネルギー源が薪や石炭のような固体燃料から運搬に便利な石油・天然ガスなど液体・気体燃料へ転換されたり，電気供給網が整備された。またエネルギー需要側の使用技術に関連して，電気光熱機器，家庭電化製品，コンピューター関連製品の開発，さらには運輸製品に結びつく内燃機関などの発展があった。

　このようなエネルギー供給，需要両面での技術革新により，20世紀後半にエネルギー使用量が急増し，化石燃料資源枯渇，環境問題が顕在化してきた。今後の持続性のある社会を目指すためのエネルギーシステムがどうなるか見通すためには，20世紀のエネルギー技術を明らかにする必要がある。ここではエネルギー消費量，資源量，エネルギー変換技術，環境技術などについて述べる。

2　人口，エネルギー消費量の推移と一次エネルギー源

　世界人口の増え方は産業革命前はゆっくりしたもので，西暦初年の3億人から18世紀初頭の6億人程度への増加であった。図1[1~4)]に示すように産業革命以後，人口は急上昇し，特に20世紀後半の上昇は顕著である。人口上昇と同じ傾向でエネルギー消費量も増加している。

　これはエネルギー供給，消費技術の進歩により，人口増を賄うに足るエネルギー供給ができるようになったためである。消費量が増大するエネルギーの供給源が19世紀後半から現在に至るまでどのように変化してきたかを図2[5)]に示す。

　人間が火を使い始めて以来のエネルギー源であった薪炭のエネルギー源に占める割合は産業革

---

*　Koichi Yamada　信州大学　繊維学部　教授

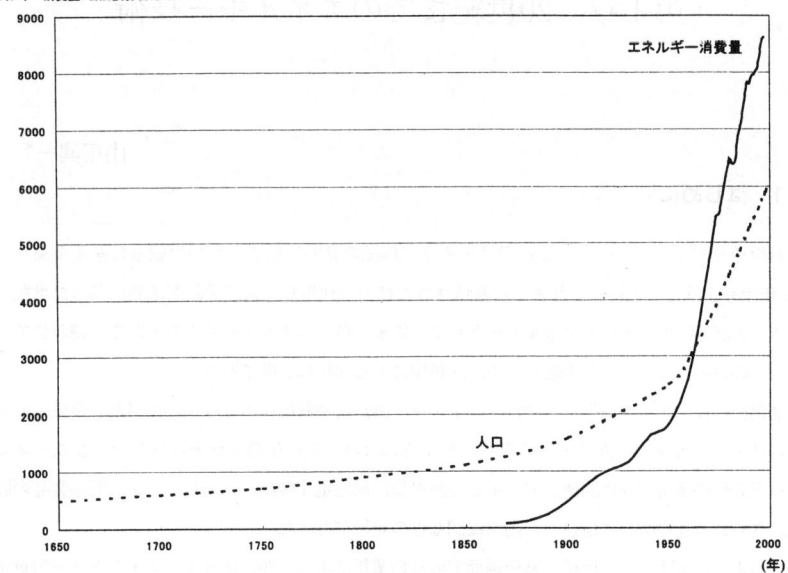

図1 人口とエネルギー消費の推移（世界）[1~4]

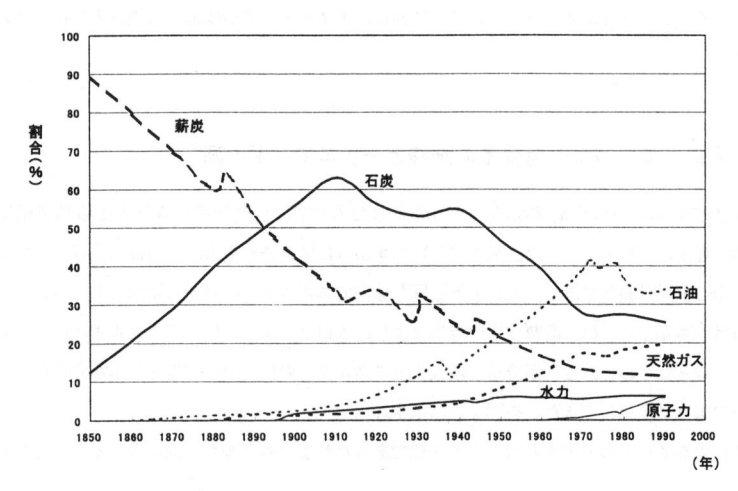

図2 世界の一次エネルギー源の割合推移（1850～1990年）[5]

第1章 20世紀までのエネルギー技術

命以後減少し続け，19世紀末に石炭とその主力の座が入れ替わった。この石炭の使用割合も1910年にはピークに達し，その後減少し続けている。20世紀に入り，石油，天然ガスの使用割合は徐々に増加し，1960年代に石炭と石油の使用割合は逆転し，現在に至っている。

20世紀は化石燃料の時代であったとともに，原子力幕明けの世紀でもあった。核分裂反応エネルギーが実験的に確かめられてから，わずか25年後の1954年にはアメリカで商業的な原子力発電が開始された。操業の安全性，使用済み燃料など廃棄物処理などについて多くの議論はあるが，図3[4]に示すように現在，世界全エネルギー供給の7％は原子力によるもので，この値は水力発電と同じ比率である。電力に占める原子力の割合は，世界平均で20％（図4[4]）日本では32％（1998年）にもなっている。このように20世紀はエネルギー消費量増大に対応して，次々と新しいエネルギー源が出現した時代であった。

エネルギー消費は経済成長により増大するが，その関係がどうなっていたかを見るため，世界，

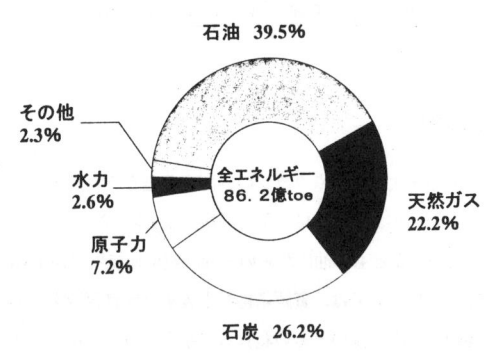

石油 39.5％
その他 2.3％
水力 2.6％
全エネルギー 86.2億toe
天然ガス 22.2％
原子力 7.2％
石炭 26.2％

図3 世界のエネルギー源（1997）[4]

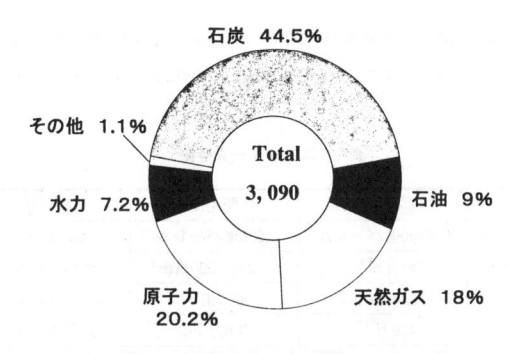

石炭 44.5％
その他 1.1％
Total 3,090
水力 7.2％
石油 9％
原子力 20.2％
天然ガス 18％

図4 世界の電源構成（1997）（単位：百万toe）[4]

OECD, 非OECD, 日本の弾性値（一次エネルギー消費伸び年率／国内総生産（GDP）伸び年率）を表1[4]に示す。1971年から1997年の26年間の世界平均の弾性値は0.73と1より小さく，経済成長よりエネルギー消費の伸びは小さく，エネルギー有効利用技術の進歩，高付加価値産業への転換などの影響が現れている。

OECDと非OECDの弾性値を比較すると先進国が多い前者の方が低い値となっている。日本の弾性値はOECD平均より高く，世界平均とほぼ同じで，これは1990年以後経済成長は停滞したが，生活スタイルはバブル期のエネルギー多消費型から脱却しなかったためである。1971～1990年の日本の弾性値は0.62と低かった。

表1　世界各地域のエネルギー消費のGDP弾性値[4]
（1971年から1997年度の平均値）

世界	OECD	非OECD	日本
0.73	0.56	0.84	0.71

3　エネルギー資源量

主な，エネルギー源である化石燃料やウランの確認埋蔵量とそれを年間生産量で割った可採年数を表2[17]に示す。可採年数は石油の43年から石炭の231年となっている。可採年数の短い石油については，探索技術革新とともに油田からの石油回収増加技術（Enhanced Oil Recovery）の進歩があった。可採年数については，資源価格が上昇すれば資源探索が進み確認埋蔵量が増加するので，当分可採年数は減少しないともいわれる。事実この数十年，石油の可採年数は30～40年と一定であった。しかし，現在は探索技術も進んでおり，未発見資源量はそう多くないとの見方もある。

石油については確定埋蔵量（1998年）8690億バーレルに対して20世紀で8040億バーレルも使用してしまった[6]。天然ガスについては確定埋葬量（1998年末）5145兆ft^{3}に対し，20世紀での使

表2　エネルギー資源量[17]

	確認可採埋蔵量	年間生産量	可採年数
石油	1兆200億バーレル	239億バーレル	43年（1997）
天然ガス	144兆m^3	2兆3,000億m^3	63年（1997）
石炭	1兆300億トン	44.7億トン	231年（1993）
ウラン	436万トン	3.6万トン	72年（1996）

用比率は石油より低いが約50％の2513兆 ft³ も使用した[7]。

1970年代の石油ショックによる石油価格急高騰があり，また長年資源枯渇が論じられてはきたが，総じて20世紀は化石資源を大らかに使用した時代であった。資源枯渇に加えて，環境問題の制約を受け，今後のエネルギー源がどのように変化していくか，資源量の見通しはどうであるかについては，次章の「21世紀のエネルギー」で述べる。

4 エネルギー変換技術

エネルギー変換技術の対象分野は広いが，特に発電と運輸分野が重要である。1997年での世界一次エネルギーの36％（日本：40％）が発電に用いられ，また19％が交通部門で消費された。これらの値は1971年にはそれぞれ24％，17％であり，特に使用に便利で安全な電気の需要割合が大幅に増加した。

このように一次エネルギー消費割合の高い発電，交通部門での発電効率や，動力への変換効率を高めることは資源，環境，経済など多くの面から見て非常に重要なことであり，実際にも高効率化が進められてきた。ここでは発電部門の効率化について述べる。

4.1 火力発電熱効率

1997年の日本の火力発電所の発電端熱効率は39％（HHV, Higher Heat Value）で世界の平均値33％より20％近く変換効率が高く，省エネルギー技術水準の高さを示している。日本の発電端効率と送配電損失の推移を東京電力㈱の例を取り，図5[8]に示す。この50年間で平均熱効率は2倍以上の41％近くまで上昇し，また送配電損失は約1/5の5％に低下している。蒸気タービンによる火力発電高効率化は単体機器の大型化（55MW→1000MW）や，超臨界蒸気条件の運転（566℃, 246atg以上）によって進められた。しかし，これ以上の高温，高圧化はボイラーでの伝熱管材料の選択が困難になっており，熱効率は上限値に近づいている。

ボイラー伝熱管を使わず，より高温運転に耐える材料選択が可能なガスタービンを用いる技術の応用として，ガスタービンと蒸気タービンの組み合わせであるコンバインドサイクルと呼ばれる複合発電が実用化されている。このシステムでは高温燃焼ガスのエネルギーの一部をガスタービンで電力に変換し（トッピング），さらにガスタービン排ガスエネルギーを蒸気タービンで電力に変換する（ボトミング）。ガスタービン入口ガス温度を高くすることがシステム全体の熱効率の向上に結びつく。入口ガス温度は年々高くなり，1980年には1000℃程度であったが1997年には1500℃にまで高くなった。複合発電システムでのガスタービンと蒸気タービンの発電割合は約2：1となっている。

図5 発電端効率と送配電損失率の推移[8]

ただし，

$$\text{熱効率} = \frac{\text{発電電力} \times 1\,\text{kWh当りの換算熱量}}{\text{投入総熱量}} \times 100\,(\%)$$

送配電ロス率＝（1－B/A）×100（％）
A＝発受電電力量－自社発電所所内電力量（送電端供給力）
B＝需要電力量＋変電所所内電力量（需要端供給力）

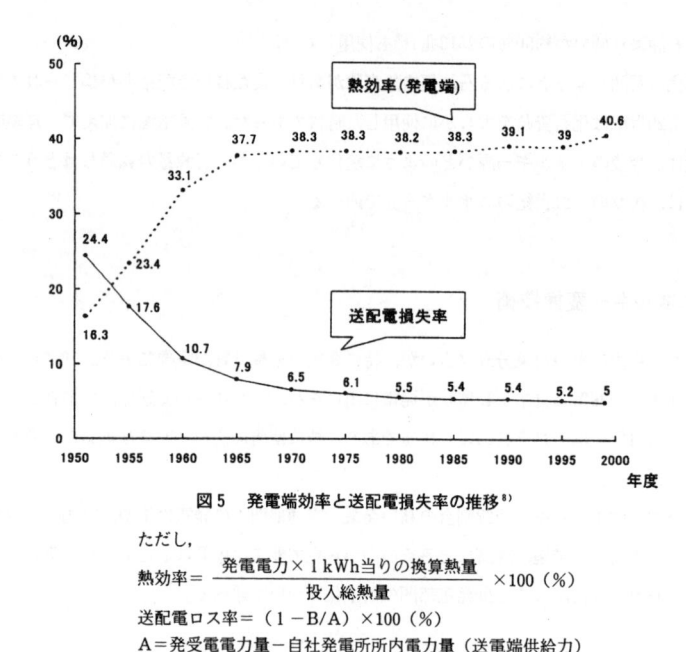

　図6[8]に複合発電システムの熱効率の推移を示す。最新発電所（東北電力）ではガスタービン温度1450℃で50.6％の実績も報告されており[9]，数年内に53％と高い効率も期待される状況になった。なお，ガスタービン材料として耐熱性の高いセラミックガスタービンが期待されて研究開発が1980年代に始められ，成果も得られた。しかし，冷却式で金属材料を1500℃という高温で使用するガスタービンが実用化されてしまい，高効率化が進み，20世紀のタービン材料は金属のままであった。

　上記複合発電は天然ガスを燃料としたものであるが，将来のことを考えると，資源量の多い石炭を燃料とする高効率発電技術の確立が必要である。そのため石炭ガス化複合発電（IGCC）が開発されている[10]。IGCCは石炭の部分酸化により得られるCO，H_2を主成分とするガスをガスタービン燃料とする方式である。250～330MW級のIGCC実証プラントがオランダ，スペイン，アメリカなどですでに稼動している。

4.2 燃料電池発電システム

　燃料電池は燃料のもつ化学エネルギーを直接電気エネルギーに変換できるので，カルノーサイ

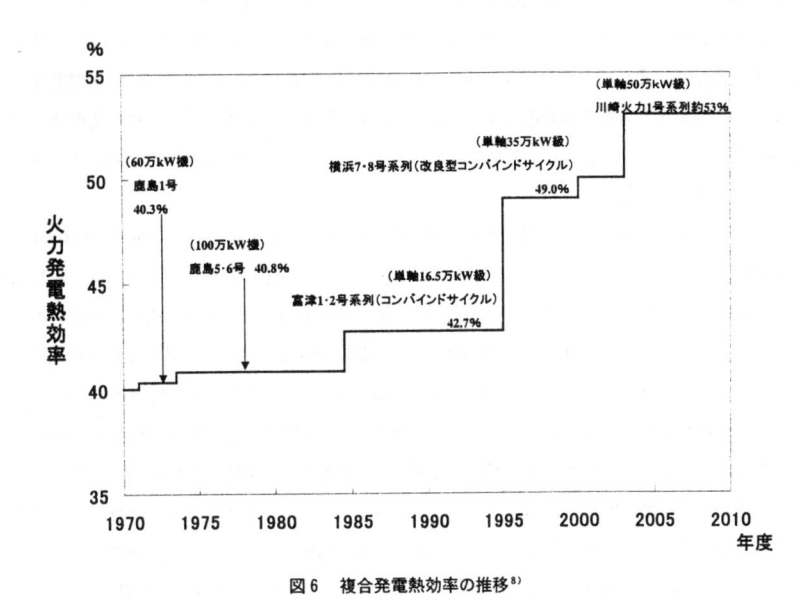

第1章 20世紀までのエネルギー技術

図6 複合発電熱効率の推移[8]

クルの制約を受ける火力発電システムより高い変換効率が期待されてきた。燃料電池の原理はイギリスで19世紀初めに見出されていたが，その実用化は1965年のアメリカの宇宙船ジェミニへの搭載である。その後各国で民生用への開発が進められた。

燃料電池はそれに使用される電解質により，表3に示すように分類される。表3に発電効率の

表3 燃料電池の種類

燃料電池の種類	固体高分子形 (PEFC)	リン酸形 (PAFC)	溶融炭酸塩形 (MCFC)	固体酸化物形 (SOFC)
温度（℃）	60〜80	160〜210	600〜700	800〜1000
燃料	水素	水素	天然ガス，石炭など	天然ガス，石炭など
酸化剤	空気	空気	空気	空気
電解質	陽イオン交換膜	H_3PO_4水溶液	Li_2CO_3/K_2CO_3 Li_2CO_3/Na_2CO_3	YSZ (Y_2O_3-ZrO_2)
電荷担体	H^+	H^+	CO_3^{2-}	O^{2-}
電極材料	Pt/C	Pt/C	Ni NiO	Ni/YSZ
発電効率（%）	50	40	45	50

例を示したが、これらの値は電流密度を低くすれば、電気抵抗損失、過電圧が下がるので高くすることは可能である。しかし、それでは設備費が高くなるので、0.3〜0.5A/cm²程度の電流密度の値を使っている。これらの値は、水素燃料の場合の値である。4.1項で述べた火力複合発電熱効率50%は天然ガス基準の発電効率であるので、未だ燃料電池単独では火力複合発電効率を超えるには至っていない。しかし、分散電源として用いる場合、排熱利用することにより総合熱効率としては高くできる。

燃料電池としての開発はリン酸形燃料電池（PAFC）が最も進んでいる。日本では1999年末で180機、容量で46,260kWの導入実績があり、全世界の70%以上の割合となっている。最大の能力のPAFCは11MWもあり、発電効率40%、総合熱効率は70%以上のデータも出されている。

固体高分子形燃料電池（PEFC）は低温作動で、発電効率も高いので、家庭用や自動車用として開発に力が入れられてきた。しかし水素燃料の場合はインフラ整備や水素貯蔵法の確立問題があり、また他燃料から改質水素を製造する場合はエネルギー効率低下、触媒劣化などの問題がありコスト低減も必要とされている。本格的な実用化にはもう少し時間がかかるという状況である。

高温作動の固体酸化物形燃料電池（SOFC）は、ガスタービンとの複合発電により70%（LHV）に近い発電効率も達成可能である[11]。Siemens-Westinghouse社の円筒型SOFCは100kW級の長期試験にも成功し、250kW級の試験をする水準になった。しかし実用化のためには更なる信頼性向上、高効率化、コストの大幅低減という課題が残っている。そのため、燃料電池の原理が発明されてから150年以上経ったが、大規模な利用という面では、燃料電池は21世紀のエネルギー技術に位置付けられる。

5 環境技術

火力発電所で化石燃料を燃焼した時に生ずる硫黄酸化物（SOx）、窒素酸化物（NOx）は人間の健康に直接害を与えたり、酸性雨をもたらす。火力発電所の大型化が進み、その役割である発電の高効率化だけでなく、排出物による汚染対策をする必要が出てきた。そのための技術が開発され、実用化が進んだのは20世紀後半であった。従来このような環境対策技術は費用もかかるし、エネルギー効率も下げるので仕方なく実用化するとの考えが強かった。しかし、最近は環境影響評価手法が進歩し、対策技術の重要性が認識され、環境技術への取り組みが将来技術確立のために必要不可欠であるとの考えに変わってきた。

1940年代にロンドンの火力発電所で石灰法によりSOxを除去する方法が世界で初めて実施された[12]が普及はしなかった。1960年代に入り、SOx、NOxによる汚染が顕著になり、火力発電での脱硫、脱硝装置の使用、普及が始まった。排煙脱硫法はSOx吸収剤として$CaCO_3$、CaO、

第1章 20世紀までのエネルギー技術

MgOなどの種々のアルカリ物質が用いられているが主な方法は$CaCO_3$を用いた石灰石膏法であり，式 (5.1), (5.2) の吸収，酸化反応によりSOxは$CaSO_4・2H_2O$（石膏）として固定される。

$$SO_2 + CaCO_3 + 1/2\ H_2O \rightarrow CaSO_3・1/2\ H_2O + CO_2 \tag{5.1}$$

$$CaSO_3・1/2\ H_2O + 1/2 O_2 + 3/2\ H_2O \rightarrow CaSO_4・2H_2O \tag{5.2}$$

SOxは燃料中に含有されるS成分の燃焼により生ずるが，NOxは燃焼中N成分からの生成以外に燃焼用空気中窒素の酸化によっても生成する。そのため排煙脱硝法による以外に，低空気過剰率燃焼，二段燃焼，水噴射燃焼など燃焼法の改善によってもNOx生成を削減している。排煙脱硝法の主流は選択接触還元法で，300～400℃で排煙にアンモニアを加えV_2O_5やMoO_3を担持したチタニア触媒上で，式 (5.3) によりNOxをN_2とH_2Oに分解する方法である。

$$4NO + 4NH_3 + O_2 \rightarrow 4N_2 + 6H_2O \tag{5.3}$$

これらの方法により，SOx，NOxを除去するためにはそれぞれ1トン当り数万円以上のコストがかかるといわれている[12]。図7[13]に主要国火力発電所のSOx，NOx排出量を示す。日本は他国に比べて単位発電電力当りSOx排出量が1/20，NOx排出量が1/7と極めて低い水準になっている。

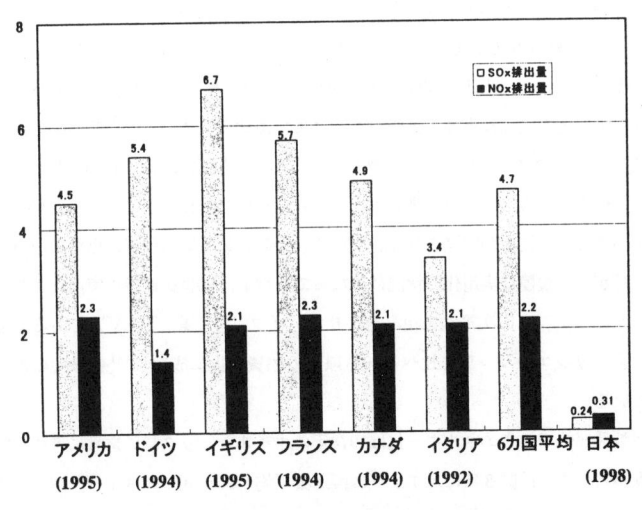

```
                           □ SOx排出量
                           ■ NOx排出量

アメリカ    4.5 / 2.3
ドイツ      5.4 / 1.4
イギリス    6.7 / 2.1
フランス    5.7 / 2.3
カナダ      4.9 / 2.1
イタリア    3.4 / 2.1
6カ国平均   4.7 / 2.2
日本        0.24 / 0.31
```

アメリカ (1995)，ドイツ (1994)，イギリス (1995)，フランス (1994)，カナダ (1994)，イタリア (1992)，日本 (1998)

* アメリカ、イギリス、カナダ、イタリア、日本は電気事業のみ。
ドイツ、フランスは自家発電を含む。

図7　主要国火力発電所のSOx，NOx排出量（発電電力量当り）[13]

このようにSOx, NOxに対する対策技術は排煙処理という形で落ちついた。化石燃料大量使用の最大の問題点であるCO_2による地球温暖化問題が特に1990年以後注目を浴びている。脱硫, 脱硝と同じ考えで, 排煙脱炭技術の研究が進められた。しかしCO_2はSOx, NOxに比べて単位発電電力当り排出量が10倍以上も多く, 電力コストも現状の2倍以上になると計算されている[13,14]。コスト以外に, 発電所エネルギー消費量が10％以上増加したり, 排煙から分離したCO_2をどうやって地中や海洋に貯留するかなど大きな問題があり, 21世紀に検討すべき課題として残された。

6 その他

4・5節で火力発電技術を中心に述べたが,
① 自動車エンジンの燃費改善, 排ガス対策技術の進展
② 鉄鋼業, 化学工業など製造部門でのエネルギー原単位の向上
③ 家庭電化製品, 電子機器など民生部門使用製品の省エネルギー化

などが進んだ。

①のガソリンエンジンのエネルギー効率は例えば, ホンダの1500cm^3クラスの車で60km/h走行の場合, 1974年から1999年で19.2から23％へ20％も向上している。ディーゼルエンジンでも同様の高効率化が進められている。ガソリンエンジン車の排ガス対策技術の進歩は非常に大きく, 3元触媒とO_2センサを用いた燃焼条件の理論空燃比近傍での制御が組み合わされ, 暖機運転中の排ガス中炭化水素は都市部の大気レベルにまで浄化されている。燃費向上のため最近導入された直噴エンジンでは, 広い範囲の空燃比変動に耐える吸蔵還元型NOx触媒が開発された[15]。

このように排ガス対策, エンジン高効率化, さらに車体軽量化などにより, 自動車使用による環境影響を小さくする技術が開発された。更なる改善のため電気自動車, 燃料電池自動車などの開発も進んだが, 大規模な実用化の状況にはなっていない。20世紀最後に実用化された高効率化車がガソリンエンジンと二次電池を組み合わせたハイブリッド車（HEV）である。都市部での走行では, ガソリンエンジン車に比べて30％以上の燃費向上に成功し[16]将来性のある車として期待されている。

②の各程製造部門での省エネルギー化は1973年のオイルショック時に急激に進められた。特に日本での進歩は大きく, 図8[4]に示すように製造業平均で20年間でエネルギー消費原単位は60％に向上した。20世紀という長期での製造エネルギー消費エネルギー原単位は, 世界平均で例えば鉄鋼では30％, アンモニアでは10％以下に低減した[5]。このように製造業ではこれ以上エネルギー原単位を大幅に下げることは難しいほどの高い技術水準になっている。

第1章　20世紀までのエネルギー技術

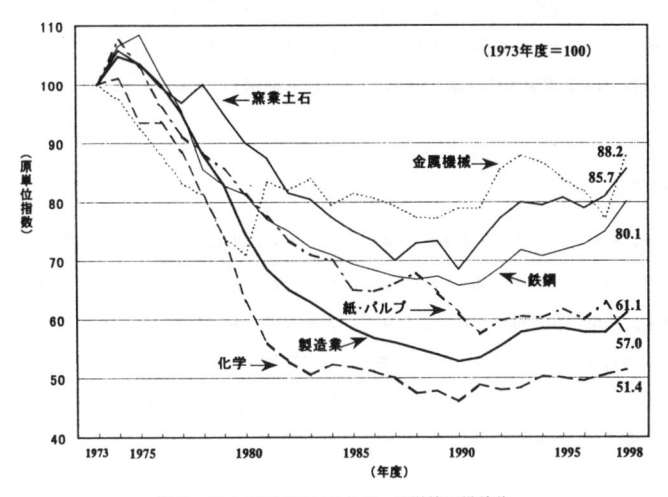

図8　日本の業種別エネルギー原単位の推移[4]

　③の民生部門では，使用機器のエアコンを例に取ると，図9に示すように1995年から1999年で40％もの省エネルギー化が進められた。電気をどれだけの冷暖房熱に変えられたかを示す値COP（Coefficient of Performance）は，冷房の場合（外気温35℃，室内27℃とする）現在5.0程度の商品もある。しかし，火力発電所，自動車エンジン，さらに鉄やアルミニウム製錬など発電効

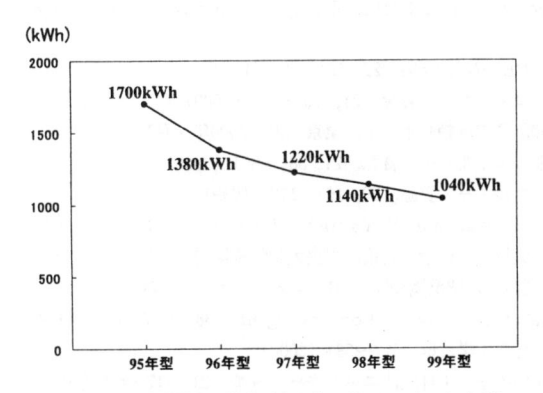

図9　エアコン消費電力の推移（省エネルギーセンターによる）
　　＊冷暖房の省エネルギー比率は，冷房：暖房＝8.4：2

率や製造エネルギー原単位が熱力学的な限界値にかなり近づいている部門と異なり，これらエアコンや冷蔵庫の場合はまだまだ限界値より低く，省エネルギー化の余地は大きい。例えばエアコンで上記の条件でのCOP限界値は38（300K／（308K－300K））である。

7 おわりに

20世紀は化石燃料の時代で，われわれはそのエネルギーを大量に使い生活を豊かにしてきた。そのため環境問題，資源枯渇問題を招いてしまった。それに対処するため，エネルギーを有効に利用する技術，環境技術が進展した。また新しいエネルギー源として原子力を利用する技術も開発され世の中に普及した。クリーンエネルギーとして期待される太陽電池も発明された。しかし，太陽光発電の全電力に対する割合は10,000分の1程度にしかならず，化石燃料からの再生可能エネルギーへの変換は21世紀への課題として残された。

文　献

1) 茅陽一編，地球工学ハンドブック，オーム社（1991）
2) 世界国勢図会200/2001，国勢社（2001）
3) 電力中研，次世代エネルギー構想，電力新報社（1998）
4) EDMC，エネルギー・経済統計要覧2000年版，省エネルギーセンター（2000）
5) N.Nakicenovic *et al.*, Global Energy perspectives（Cambridge Univ. Press, 1998）
6) 野村眞介，*PETRUTECH*, 22, 531〜537（1999）
7) 藤田和男，エネルギー・資源，21, 248〜258（2000）
8) 東京電力㈱，環境行動レポート，東京電力（2000年7月）
9) 葛本晶樹他，エネルギー・資源，21, 386〜391（2000）
10) 寺田斉，エネルギー・資源，20, 167〜172（1999）
11) K.Tanaka, C.Wen and K.Yamada, *Fuel*, 79, 1493〜1507（2000）
12) 安藤淳平，21世紀の環境と対策，中央大学学術図書（1995）
13) 平岩外四（監），地球環境2000－'01，ミオシン出版（2000）
14) Y.Fujioka *et al.*, *Energy Consers.Mgmt.*, 38, s273〜s277（1992）
15) 柴田芳昭，化学工学，64, 577〜581（2000）
16) 石谷久，馬場康子，小林紀，エネルギー・資源，21, 417〜425（2000）
17) 日本原子力産業会議，原子力ポケットブック2000年版

第2章 21世紀のエネルギー技術

山田興一*

1 はじめに

 人間活動にエネルギーが必要であり，その消費量は人口増，社会や経済の発展とともに増加の一方をたどっている。この傾向は当面大きく変わることはないであろう。環境問題，資源枯渇の制約の中で，地球は人間が生活できる場を提供し続けることが可能であろうか。この可能性を解く鍵が21世紀のエネルギー技術である。
 20世紀に発明，発見されたり，改善の進んだエネルギー技術が21世紀にどのように発展するのか，またどのような形で社会に適用されるか見通しを立てることが，21世紀の社会存続のために重要なことである。化石燃焼から排出される二酸化炭素（CO_2）による地球温暖化に対処するためCO_2削減対策が検討されている。対策を立てるためには，長期的にCO_2排出量がどう変化するかシナリオを描かねばならない。それらのシナリオがエネルギー技術と密接に関連している。
 この章ではIPCC (Intergovernmental Panel on Climate Change) や日本のRITE（地球環境産業技術研究機構）で検討されているシナリオの説明をし，再生可能エネルギーが実用化されるには何をせねばならないかなどについて述べる。

2 21世紀の温室効果ガス排出シナリオ

 21世紀のエネルギー技術を展望するためには，エネルギー消費量が今後どう変化するか知る必要がある。そのためには，世界の人口，経済成長，社会状態，技術水準などがどうなるか明らかにせねばならない。しかし，それらの因子は互いに関係し合い，仮定の置き方で，結果はどうにでも変わってしまう。IPCCが各国からの専門家を集めてまとめたSpecial Report on Emissions Scenarios (SRES)[1] が，エネルギー技術を考える上で大変参考になる。ここでその概要を紹介する。

2.1 SRESシナリオ分類

 数多くのシナリオが検討されているが大きくはA1, A2, B1, B2の4つに分類される。そ

---

* Koichi Yamada 信州大学 繊維学部 教授

の概要は次の通りである。

- A1： 経済は成長し，世界人口は急激に増加するが，それらは2050年にピークとなり，その後低下する。新技術は急速に世の中に取り入れられる。そのため1人当り収入の地域格差も小さくなる。
- A2： 地域各々に不均質な世界を想定している。各地域の特長が保たれたままの世界が続くため，世界人口は増加し続け，経済成長も地域によって異なる。新技術の世界各地への応用も進展が遅い。
- B1： 経済成長，人口変化のパターンはA1に似ている。しかし経済構造は急激にサービス，情報分野の方向へ変化していく。そのため，脱物質化が進み，クリーンな省資源技術の導入が進む。経済，社会，環境持続性などの問題解決には地球規模で対処する。
- B2： 経済，社会，環境持続性問題の解決は地域別に図られる。人口は成長し続けるがA1よりは低い値である。経済成長は中位で，技術変化速度はA1，B1より遅いが，技術の拡散は進む。

2.2　21世紀の人口

60億人を超えて21世紀に突入した人口は，21世紀末にどの程度になるかは仮定の置き方が大きく変わる。国連統計でも2100年時の人口推定値は60～160億人の幅がある。種々の推計の中間値を取ってIPCCが作成した値を図1[1]に示す。これら中間値は100年にわたり良く一致している。この値を中心にシナリオの描き方で数値は異なる。4つのSRESシナリオで人口がどう変化しているかを図2[1]に示す。2100年時の人口はA1，B1の72億人からA2の150億人と2倍以上の開きがある。

2.3　21世紀の経済成長率

各シナリオに対応する1990～2100年までの各地域，世界の経済成長率変化を表1[1]に示す。1950～1990年の世界平均年率4.0％の経済成長率に比べると低い値であるが，21世紀も世界平均で年率2.2～2.9％の成長が見込まれている。

2.4　21世紀の一次エネルギー消費量

各シナリオに対する2050年，2100年の各地域，世界の年間一次エネルギー消費量を表2[1]に示す。2100年の世界の年間消費量は514～2,226EJ（EJ＝10^{18}ジュール）と1997年の1.4～6.2倍にも増加することになる。

第2章　21世紀のエネルギー技術

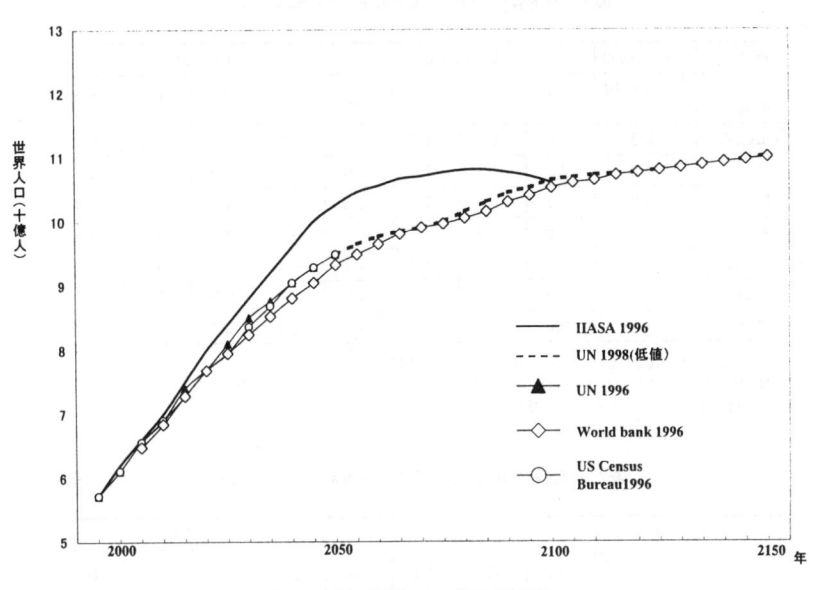

図1　各研究機関の人口推定中間値[1]

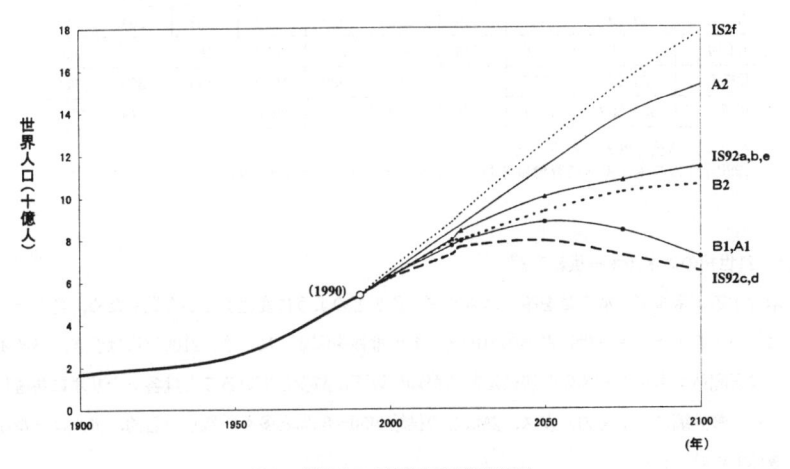

図2　世界人口の推移および予測値[1]
（A1，B1など右欄外の文字はIPCCのシナリオ名）

表1　世界各地の過去・未来の経済成長年率（％）

年度	1950-1990	1990-2050				1990-2100			
地域	シナリオ	A1	A2	B1	B2	A1	A2	B1	B2
OECD90	3.9	2.0	1.6	1.8	1.4	1.8	1.6	1.5	1.1
REF	4.8	4.1	2.3	3.1	3.0	3.1	2.5	2.7	2.3
IND	3.9	2.2	1.6	1.9	1.6	2.0	1.7	1.6	1.3
ASIA	6.4	6.2	3.9	5.5	5.5	4.5	3.3	3.9	3.8
ALM	4.0	5.5	3.8	5.0	4.1	4.1	3.2	3.7	3.2
DEV	4.8	5.9	3.8	5.2	4.9	4.3	3.3	3.8	3.5
世界	4.0	3.6	2.3	3.1	2.8	2.9	2.3	2.5	2.2

ただし，A1，A2，B1，B2はSRESのシナリオ群
REF：中，東欧と旧ソ連の新独立国，IND：工業国，ASIA：中東を除くアジア
ALM：アフリカ，ラテンアメリカ，中東，DEV：開発途上国

表2　21世紀の年間一次エネルギー消費（10^{18} J＝EJ）

年度	1990	2050				2100			
地域	シナリオ	A1	A2	B1	B2	A1	A2	B1	B2
OECD90	151-182	267	266	166	236	397	418	126	274
REF	69-95	103	93	64	97	139	155	39	125
IND	277-252	370	359	230	334	536	573	164	399
ASIA	49-79	440	335	272	319	838	581	154	521
ALM	35-49	538	278	312	217	852	563	196	437
DEV	84-123	977	612	583	536	1639	1144	350	959
世界	326-368	1347	971	813	869	2226	1717	514	1357

ただし，略記号は表1の注と同一。
1990年度のエネルギー消費量は非商業エネルギーの含，不含により幅が生じている。

2.5　21世紀のエネルギー供給形態

　増大するエネルギー消費量を賄うエネルギー源がどのように変化するかを見るため，各シナリオについてのエネルギー供給形態の2100年までの推移を図3[1]に示す。2100年には石炭，バイオマスなど固体エネルギー源の直接使用割合が10％以下に減少していることは各シナリオに共通している。敷設網による電力，ガス，熱などの供給が50～85％と多く，残りが石油，アルコールなど液体で供給される。

第2章　21世紀のエネルギー技術

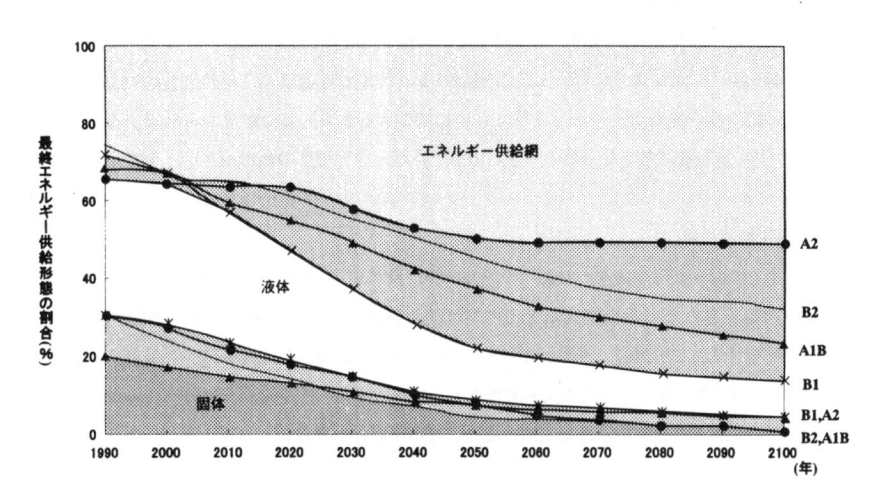

図3　各シナリオの世界最終エネルギー供給形式の推移

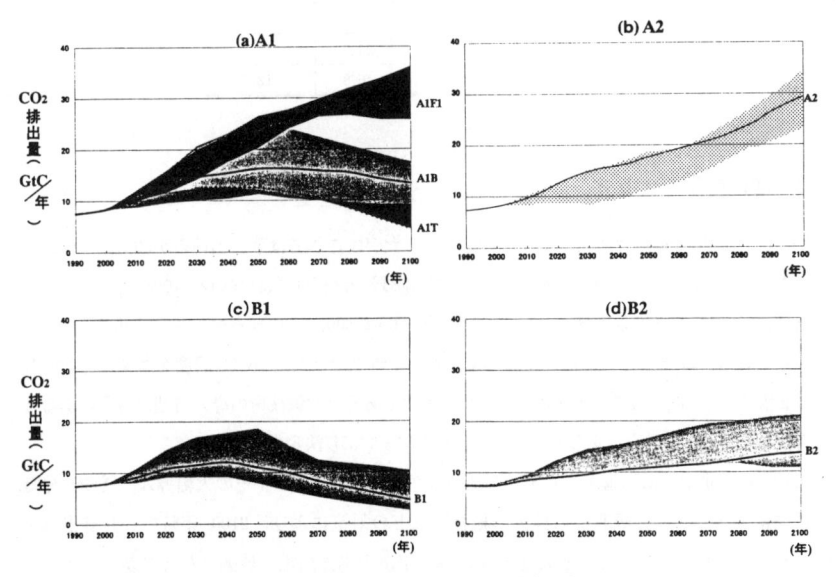

図4　SRES各シナリオの全CO_2排出量[1]

2.6 21世紀のCO₂排出量

人口変化，経済成長，エネルギー消費量などから推定したCO₂排出量は同一シナリオの中でも図4-(1)～(4)[1]に示すようにどうしても幅がでる。2100年時点でのCO₂排出量は1990年排出量60億t-Cより減少するケースから5倍くらいに増加するケースまでが考えられている。今後100年間のCO₂排出量がどうなるかの予想は困難であり，この程度の幅は小さいとも考えられる。

2.7 化石燃料使用量

各シナリオに従った時の1990～2100年の間の石油，天然ガス，石炭の累積使用量は表3[1]のようになると報告されている。1994年までの累積使用量に対して，1990～2100年の間で石油が約4倍，天然ガスが7～20倍，石炭が3～8倍も使用される計算となっている。このために必要な石油資源量は技術革新を考慮した究極資源量[2]と同程度となっている。天然ガス資源量は，非在来型の天然ガス資源が開発されれば[3]枯渇はしない可能性もある。

表3 1900～2100年の世界炭化水素燃料累積使用量（1,000EJ）

年度	1800-1994	1990-2100			
燃料	シナリオ	A1B	A2	B1	B2
石　油	4.6	20.8	17.2	19.6	19.5
天然ガス	2.0	42.2	24.6	14.7	26.9
石　炭	5.6	15.9	46.8	13.2	12.6

3 地球再生シナリオ

2節ではIPCCで検討されたシナリオの説明をしたが，ここでは茅，山地らがCO₂削減のために作成した地球再生シナリオ[4]を紹介する。CO₂削減対策を取り入れないと2100年時点でのCO₂排出量は225億t-C（炭素換算トン），大気中CO₂濃度が800ppmになるケースを基準の破局ケースとしている。破局ケースを避けるために，2100年時点での大気中CO₂濃度を産業革命前の濃度の2倍である550ppmで安定化させるというものである。対策技術の導入時期，導入の割合はエネルギーコストを最小化するモデルシミュレーションより決定されている。

図5[4]に示すように①省エネルギーの促進，②クリーンエネルギーの大幅導入，③CO₂分離，貯留技術導入，④CO₂吸収源の拡大（植林）などの対策により，2100年時のCO₂排出量が51億t-Cに削減されている。また①～④以外に宇宙太陽光発電や核融合など革新的なエネルギー関連技術導入のケースも検討されている（図7）。図6に2100年までの一次エネルギー

第2章　21世紀のエネルギー技術

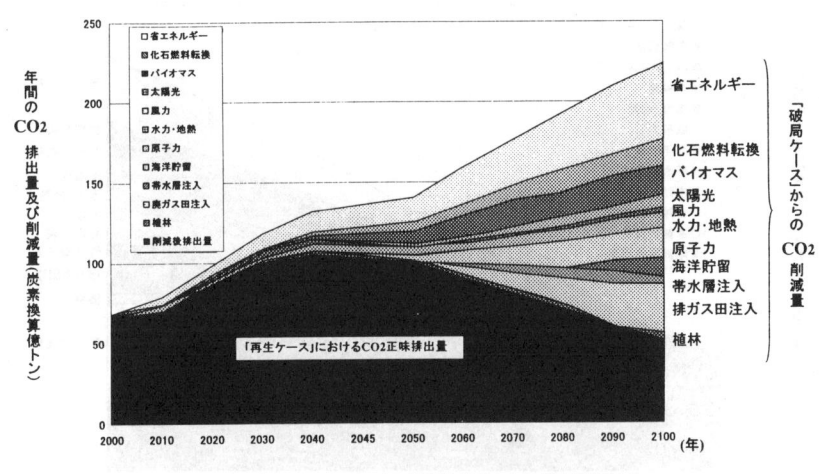

図5　再生シナリオにおける対策技術別のCO_2排出削減量[4]

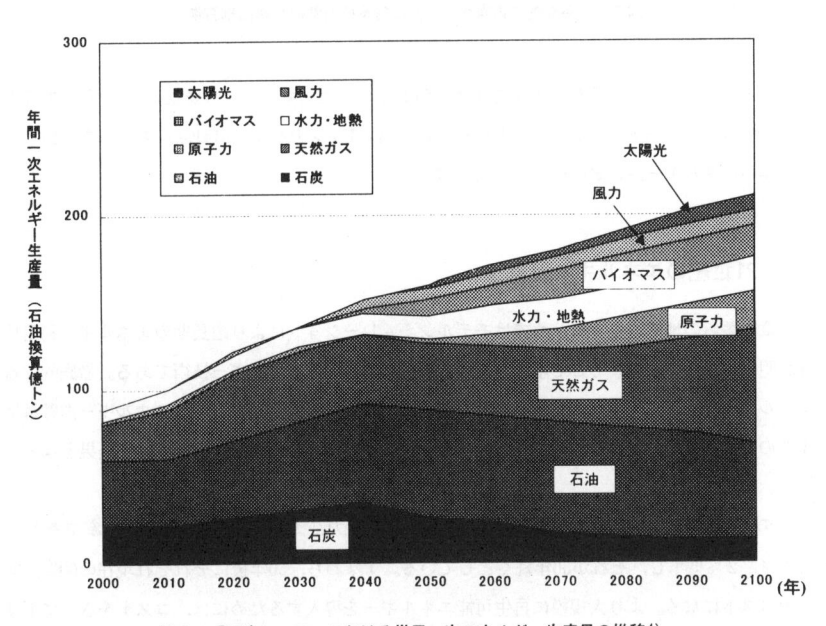

図6　「再生ケース」における世界一次エネルギー生産量の推移[4]

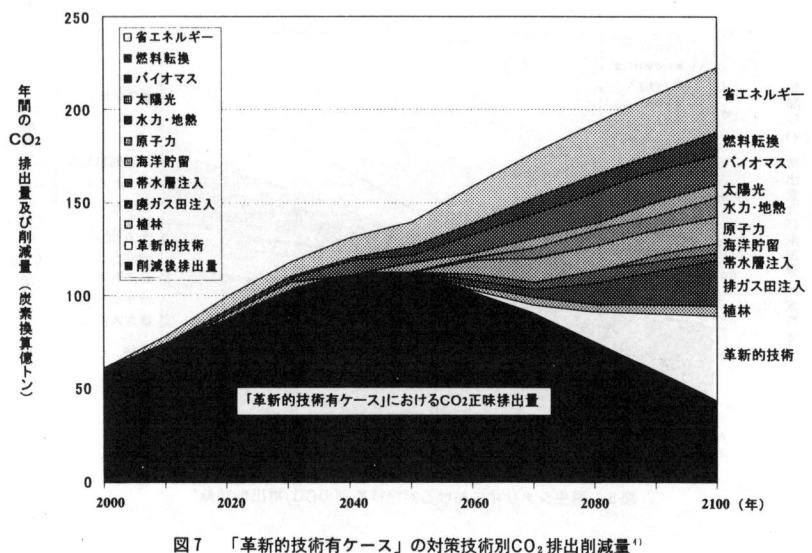

図7 「革新的技術有ケース」の対策技術別CO_2排出削減量[4]

生産量とエネルギー供給形態の推移を示す。2100年の一次エネルギー消費量は213億石油換算トン（890EJ）でSRESのエネルギー消費量が最も低いB1シナリオ（514EJ）よりは高い値で，1997年のエネルギー消費量の約2.5倍になっている。

4 21世紀のエネルギー技術

3章の茅らの地球再生シナリオではモデルシミュレーションにより超長期のエネルギー利用状況が明確になっており，そこで示されている技術が21世紀のエネルギー技術である。徹底的な省エネルギー化，再生可能エネルギーの導入を進めても，2100年時点での一次エネルギー消費量は現在の2倍以上の213億石油換算トンで，そのうち60％は化石燃料に依存している結果となっている。

この計算に当って，再生可能エネルギーの中の風力，太陽光発電コストは年率でそれぞれ1％，2％低下し，それが50年続くとしている。すなわち，50年後にそれぞれ現在の60％，36％のコストになる。より大規模に再生可能エネルギーを導入するためには，コストをさらに下げる必要がある。再生可能エネルギーにはその他，地熱発電，バイオマス発電などもあるが，ここでは太陽電池，燃料電池，省材料化の将来技術を展望する。

第2章 21世紀のエネルギー技術

4.1 太陽電池

われわれは化学工学会CO_2研究会で太陽光発電システムの将来技術の評価を行った[5,6]。大量生産時の多結晶シリコン（poly-Si）太陽電池モジュールを住宅に使用した場合の計算結果の一例を表4に示す。CO_2排出量は非常に低いが，コストが高いことがわかる。またSi系の太陽電池といってもモジュールにすると，重量の95％はガラス，アルミ枠などSi以外の材料が占めている。

電力コスト20円/kWhが1/2以下になれば普及のための経済的問題は解消される。①光電変換効率を理論値の25％に上げる，②モジュール材料の高強度化，長寿命化，リサイクルにより実質使用量を1/4以下にする，③材料製造プロセスの合理化，④モジュール組み立てプロセスの合理化などにより将来10円/kWh以下にすることはそう困難ではない。これら対策により住宅用システムの普及は急速に進む可能性がある。

表4-(1) 多結晶シリコン太陽電池モジュールの重量（1kW当り）

poly-Si太陽電池（光電変換効率17％）	
表面ガラス	29.4kg
太陽電池	2.5kg
（Si重量）	(2.4kg)
充填材	6.4kg
裏面シート	1.3kg
周辺シール	0.6kg
アルミ枠	7.1kg

表4-(2) 住宅用太陽電池システムのCO_2排出量と発電コスト

CO_2排出原単位 [g-C/kWh]	8
発電コスト [円/kWh]	20

しかし，このモジュールは系統運用面で制約を受けるシステムである。系統運用面の制約を避け，太陽光発電の導入割合を高めるためには蓄電池の追加が必要となる。これまでの概念の延長線上の蓄電池ではコストが高くて，大規模な実用化は困難である。

蓄電池は太陽発電システム以外への用途も多く，その導入によりエネルギー有効利用が可能になるので，高効率，低コスト，高環境適合性の蓄電池の開発は将来技術として重要である。例えば，新しいナノテクノロジーを用いて，分子レベルで誘電層と導電層を制御したキャパシターの

開発など革新的な技術を応用した小型,低コスト蓄電池の開発と,上述した太陽電池本体改良,周辺材料開発などと組み合わせることにより,大規模な太陽光発電システムの普及が進み,脱化石燃料にこれまで考えられている以上に有効になると思われる。

その他,宇宙太陽光発電システムが未来のエネルギーシステムとして期待されている。このシステムでは,地球上での単位太陽電池面積当り年間発電量の数倍の電力が得られる可能性がある。また月面で太陽電池を製造し,それを月面から衛星軌道に打ち上げることにより打ち上げエネルギーを地球上からの1/6にする提案もある[7]。これらシステムを確立するポイントは宇宙への輸送コスト低減である。その他マイクロ波送電技術,月面資源利用プロセスの開発もせねばならない。いずれの技術も確立には長時間を要し,21世紀中に大規模に実現するのはそう簡単ではない。

4.2 燃料電池システム

高温作動の固体酸化物燃料電池(SOFC)とガスタービンの加圧型複合発電により,現状の技術水準が少し改良されるだけでも,70%(LHV)の発電効率が得られる[8]。高活性電極触媒,高酸素イオン伝導セラミックス,高耐熱衝撃性セラミックスの開発,セラミックス製造技術の高度化が進み,現状900℃付近で得られている水準の発電効率,電力密度などが650℃以下でも得られるようになると,80%(LHV)を超える発電効率の分散型複合発電も可能になる。化石燃料を使用しての発電効率は80%を目指しての開発が進められるであろう。

エネルギー効率面での将来性はあるが,現在の見通しではコストが非常に高い。まずは使用材料重量を数分の1にすることを目標に材料開発,プロセス開発を進めれば,経済的な競争力が出てくるであろう。

4.3 材料高機能化

発電部門での発電効率や自動車エンジンの動力への転換効率など,エネルギー転換効率を高めることは省エネルギー化に有効である。しかし,それ以上に今後有効になるであろう方法として,材料高機能化による材料使用量の削減がある。材料削減分の製造エネルギーだけでなく,材料使用製品の軽量化に伴う運用エネルギーや物流エネルギーの削減など社会全体の省エネルギー効果が相乗的に大きくなる。

例えば,構造用鉄鋼材の強度を5倍にすることにより使用量を1/5に削減すると,高機能化のためのエネルギー消費は低いので無視でき,鉄鋼生産エネルギーが1/5になるだけでなく,物流のためのエネルギー低減,自動車の軽量化による走行燃費向上,建物鉄鋼材使用量減による建築エネルギー削減など多方面での波及効果が出てくる。

現在使用している材料の量を削減する観点から高機能化を進めると,全エネルギー消費量は数10%というオーダーで削減することが可能になる。エネルギー技術の一環として,全ての材料の見直しをすることが必要である。

また21世紀の燃料として水素が使用されるようになるであろう。わが国でもWE-NETプロジェクトとして再生可能エネルギーを用いて水素に転換し,発電,自動車等の各分野で利用する開発が1993年より始まっている[9〜11]。水素燃料を自動車に利用するには開発課題は多くあるが,貯蔵容器の小型化技術確立が重要である。ここでも小型,軽量容器に結びつく高強度材料開発が望まれる。

5 おわりに

環境問題の制約を中心に置くと21世紀は化石燃料から脱却せねばならない時代であるが,社会,経済技術水準の状況を考慮すると,そうはならないのが現状である。しかし,超長期のエネルギーモデル研究も進展し,将来どのような世の中になるか把握できるようになってきた。それらシミュレーション結果を基礎にどうしたら持続性のある社会を築けるか考え,シミュレーションで考えられている水準以上の技術を考え出すのが,これからの科学技術者の義務であろう。新しい社会創造に有効であると考え,ここでは21世紀のエネルギー状況がどうなるかの現在の代表的なシミュレーション結果を紹介した。

文　献

1) IPCC, Emissions scenarios, Cambridge Univ. press (2000)
2) 野村眞介, *PETRUTECH*, 22, 531〜537 (1999)
3) 藤田和男, エネルギー・資源, 21, 248〜258 (2000)
4) 茅陽一監修, CO_2削減戦略, 日刊工業新聞社 (2000)
5) 稲葉敦, 小宮山宏, 山田興一他, 化学工学論文集, 19, 809〜817 (1993)
6) 加藤和彦, 小宮山宏, 山田興一他, 化学工学論文集, 20, 261〜267 (1994)
7) 穴澤孝夫, 小宮山宏他, 化学工学論文集, 55, 932〜934 (1991)
8) K.Tanaka, C.Wen and K.Yamada, *Fuel*, 79, 1493〜1507 (2000)
9) 福田健二, エネルギー・資源, 21, 26〜32 (2000)
10) 蓮池宏, エネルギー・資源, 21, 68〜72 (2000)
11) 上松一雄, エネルギー・資源, 21, 73〜77 (2000)

第3編　自動車産業における総合技術戦略

自動車産業における総合技術戦略[1)]

佐藤　登*

　世界経済のボーダレス化に伴い，企業の事業活動も急激な勢いでグローバル化が進展している。また世界規模での課題の顕在化により，時代に求められる技術もますますグローバル化している。こうしたことを背景に，従来の国と企業の関係は大きく変化しており，企業が高レベルの裾野産業，質の高い技術者・労働者等の最適な環境を求めて国を選ぶ時代になっている。

　さらに急激な少子・高齢化の進展により，労働力の減少が懸念されるほか，エネルギー問題や地球環境保全問題などが大きくクローズアップされてきている。こうした課題に取り組んでいく上で，経済基盤を確固たるものとするため，事業環境の整備や良質な雇用機会の確保が必要とされている。

　翻って自動車産業に目を向ければ，自動車を巡る環境がダイナミックに変化している。すなわち，地球温暖化防止やリサイクル問題といった環境・エネルギー問題の顕在化，燃料電池自動車やITSなどの自動車と自動車に必要とされる基幹技術の抜本的変化，国境を越えた企業の合従連衡による世界規模での自動車産業構造の転換など，自動車のもつ様々な側面（産業，技術，商品，社会インフラ）において大きな転換期にある。

　この時期を乗り切り，かつ課題を解決するには，技術により克服するウェイトが高まっている。したがってわが国が国力を維持するためには，自動車産業においても産業技術のあり方を明確化し，そのために必要な研究開発環境の整備等を進めることが不可欠である。

　本総合技術戦略を策定するに当たっては，わが国の技術開発の方向性が明確化され，大学や企業などが技術開発を行いやすい環境を整備するという観点から検討を行った。わが国で今後解決すべき課題は，地球環境問題など世界規模な課題から，急速に進展する少子・高齢化問題や若者の理科離れ，製造業離れ問題といったわが国特有の課題まで，多様な課題が同時期に存在している。

　本検討においては，現在の技術的な枠にとらわれずに取り組むべき技術の重点化を行うとの観点から，2025年の自動車社会で想定される社会的要請やユーザーニーズを基に，まずは重点技術分野および野心的なベンチマークを設定した上で，必要とされる重点技術を抽出した。

＊　Noboru Sato　㈱本田技術研究所　栃木研究所　主任研究員

さらにこれらの技術について，2010年までのロードマップを作成するとともに，技術開発を進める上で必要となる制度的整備，産学官の役割の明確化についても検討することにより，2010年に向けた総合的な産業技術戦略としてとりまとめた。

文　　献

1） 自動車産業技術戦略検討会,「自動車産業技術戦略報告書」，平成12年4月10日発行からの抜粋

第1章　今後の自動車産業を巡る状況と課題

佐藤　登*

1　2025年の自動車を巡る社会環境

2025年の時点では，世界の人口の大幅な増加（図1）によるエネルギー消費の増大に伴い，石油燃料の枯渇傾向が顕在化し，原油価格が上昇することは避けられない。これに加えて，自動車の保有台数は，主にアジア諸国においては経済的発展を背景に大きな増加率となることが予想されており，世界の保有台数は20億台に達するとの予測（図2）もある。

自動車の燃料消費が現状の技術水準のままであれば，地球全体で自動車から排出されるCO_2は現状の3～4倍程度になる。したがって，CO_2排出規制強化が避けられないであろう。こうした変化に伴って，天然ガス・水素など多様な代替燃料が広く使われているほか，再生可能なエネルギーも使われているであろう。

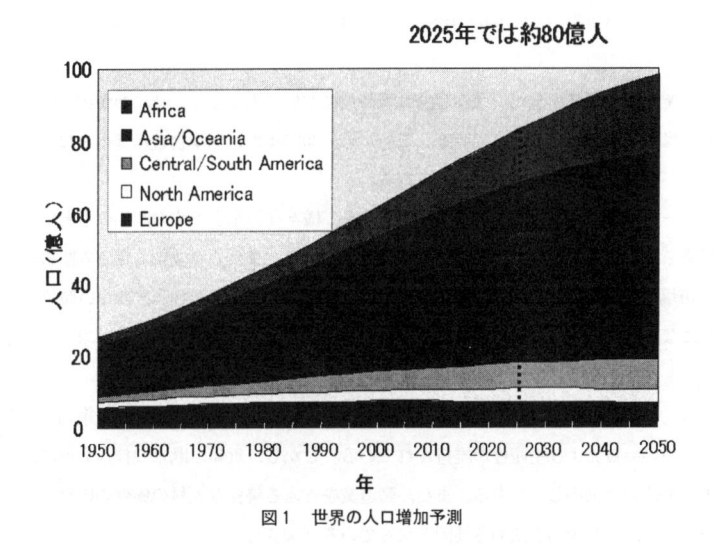

図1　世界の人口増加予測

---

*　Noboru Sato　㈱本田技術研究所　栃木研究所　主任研究員

新エネルギー自動車の開発と材料

2025年では15-20億台

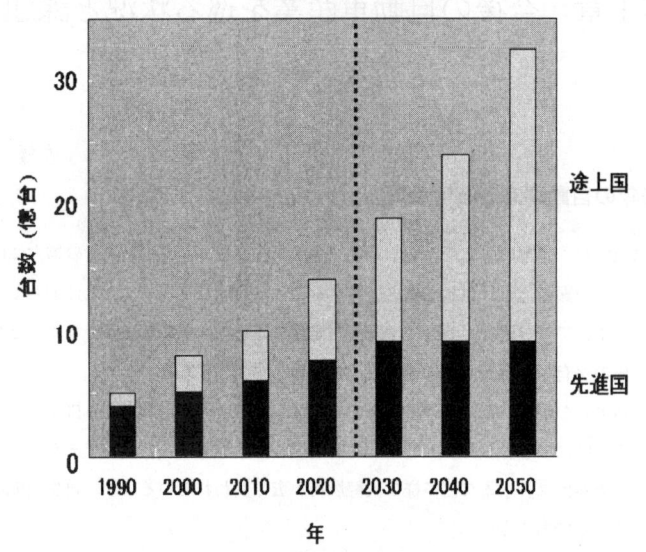

図2 世界の自動車保有台数（四輪車）

（出典：Calculated from World Bank and other data sources）

　また，産業廃棄物最終処分場の残存容量は現時点においても少なく，特にわが国では3年程度（首都圏では1年程度）といわれている。このため，2025年には廃棄物をほぼ出さない循環型社会システムが確立されているものと見込まれる。

　自動車メーカーは，燃料電池やITSなどの開発を，様々な企業との協力関係のもとで推進し，新しい産業・新しい雇用を生み出していくものと思われる。また，企業における判断のみならず，変化する市場ニーズへの迅速な対応が求められる中で，多くの競争相手と厳しい競争を繰り広げることになる。このような競争環境に適応した生産システムを構築することが求められるであろう。

　幸いにも，わが国自動車産業に携わる従業員の高い質に支えられた欠陥ゼロ，余剰在庫ゼロ運動によって高い品質および生産性が維持されている。しかし，近年，欧米の技術発展により，欧米に対する優位差は縮小しつつある。また，製造業を支える優秀な人材の確保の困難さ等に対する対応が今後の産業競争力を決める要因となっている（図3）。

　一方，わが国では少子・高齢化社会を迎え（図4），移動制約者の安全性・利便性などへの対応が必要になる。さらに労働人口の減少に伴い，外国人労働者が増加する等，労働環境・雇用形

第1章　今後の自動車産業を巡る状況と課題

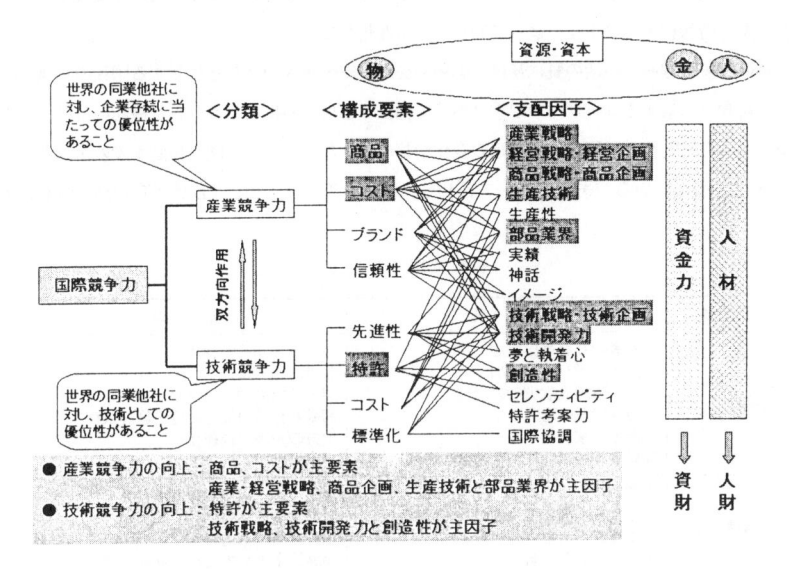

図3　自動車産業技術の国際競争力

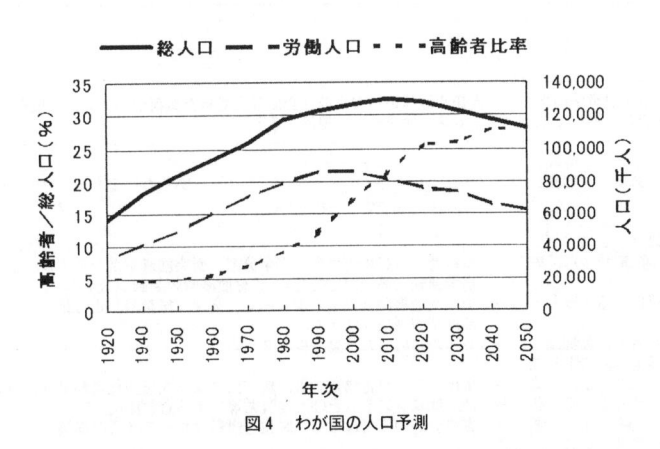

図4　わが国の人口予測

（出典：総務庁統計局「国勢調査報告」「人口推計資料」および
人口問題研究所「日本の将来推計人口」より作成）

態が大きく変化すると予想され，社会システムもこれに応じて変わらざるを得なくなるであろう。また産業の情報化・ソフト化によって勤務形態も変化している。

地域の環境が健康や生活の質に及ぼす影響や交通の安全・快適性などに対する国民の意識が高まり，自動車に対するユーザーの要求は極めて幅広く強いものになろう。首都機能の分散，自由裁量労働や在宅勤務の進展による通勤の変化や都市間・都市内・生活圏の移動手段の区別とシームレス化が進んでいるであろう。一方，ITSが普及するとともに，TDM（Traffic Demand

表1 2025年の社会像

社会問題	状況	結果
人口問題	高齢者の社会進出増加 高齢ドライバーの増加 高齢・外国人就労者の増加 社会保障費の増大 一層の核家族化 高齢者の生活に便利な都会への人口集中	バリアフリーの普及 雇用形態・賃金システム変化 国民負担の増大・財政圧迫 高齢者介護の公的制度・施設依存 地方の一層の過疎化
社会機構	産業の情報化・ソフト化 国立大学，国立研究所の民営化 首都機能の分散 アジア経済の影響大	情報社会，環境ビジネス社会 産学官の連携強化 地方自治の活力増大 発展途上国への支援，共存，共栄
ライフスタイル	終身雇用・年功序列社会の崩壊 人材の流動化，実力主義が主流 所得は年齢に関わりなく幅広く分布 「中流」概念消滅 産業の情報化・ソフト化	価値観の多様化 仕事より家庭生活，所得より趣味や余暇 サテライトオフィスや在宅勤務 従来型産業の従事者を吸収

自動車が21世紀前半まで，人類や地球環境および社会に与えてきた負荷やストレスを積極的に解除し，逆にマイナスストレス（快適感）を提供する。

＜ストレス要素＞　　　⇩　　　＜ありたい姿＞

・人へのストレス
　・交通事故の不安　→　歩行者・自転車と車道の完全分離，衝突回避制御システム，
　　　　　　　　　　　　自動運転（高速限定でも），注意散漫時の制御システム
　・渋滞によるイライラ　→　公共交通機関（電車）より速く，高速（無制限）走行路，
　　　　　　　　　　　　　高度情報通信システム
　・高齢者の行動抑制　→　レベルに応じた行動支援システム
・地球環境へのストレス
　・大　気　汚　染　→　排出ガス・有害物質制御，新技術による大気浄化自動車（都市部）
　・地　球　温　暖　化　→　CO_2低減システムとCO_2物質循環による資源活用
　・資　源　枯　渇　→　資源節約のみではなく，脱化石燃料プロセス社会の構築
・社会へのストレス
　・渋滞による生産性の低下→レジャー・輸送等目的別道路網，高速（無制限）走行路

図5　2025年の自動車社会

Management：交通需要管理）施策が進展することによって都市部の交通渋滞が緩和され，CO_2・自動車排出ガスの減少，交通事故の防止に大きな効果を発揮するであろう．とともに，自動車の中にいながら様々な情報が自由にやりとりされ，例えば，安全性を配慮しつつオフィスとしての機能，家（部屋）としての機能を持った自動車など，自動車の持つ機能や自動車に対する概念が変わっていると予測される．

またITSの導入により，自動車に求められるニーズも人や物の移動手段と，運転の楽しみの二極化が可能となり，自動車の役割も大きな変化が求められると予想される（表1，図5）．

2 2025年の自動車に対するユーザーニーズ

2025年時点における自動車技術の予測ならびにその時の製品に対するユーザーの要望等についてアンケート調査を行った．調査方法は，
① 自動車技術会のホームページ上に専用のアンケート記入スペースを設け，複数のいくつかの質問に対し自由記述で意見を記入してもらった．
② 同じ質問を自動車技術会の技術会議に所属する各委員会の委員長に送り，回答してもらった．
この2つで行い，およそ80件の回答を得た．そのうちの2025年時点におけるユーザーとしての要望事項の主な項目を挙げると次のようになる．

1) 地球環境保全・エネルギー有効利用
    電気自動車，燃料電池自動車，ハイブリッド車，1リッターカー，超小型車など
2) 代替エネルギー開発
    電気，水素，バイオマス，再生可能エネルギーなど
3) 大気汚染防止
    排出ガス 1/10，ZEV，大気よりきれいな排気など
4) リサイクル推進
    廃車処理，素材別分解など
5) 交通安全
    事故自動回避，衝突ゼロ車など
6) 高齢者対応
    運転能力補助システム，自動運転など
7) 知能化・情報化
    双方向情報受発信，メディアの一元化，意志を持つ車，運転支援誘導など

8）交通効率化

　　パーソナルモビリティ，コミュータ，ITSなど
9）利便性

　　新しい所有形態（個人所有からレンタルへ），オフィス機能を備えた車，空飛ぶ車，横にも移動できる車など
10）快適性

　　長距離乗っても疲れない車，乗っていて楽しい車など

　これら2025年の社会的要請ならびにユーザーニーズを踏まえ，今後の自動車産業の競争力強化を見据えて検討した結果，重点化すべき技術分野を，
・環境とエネルギー
・安全
・高度情報化
の3分野と，これを支えるものづくり（生産システム）に絞り込んだ。

第2章　重点技術分野と技術課題

佐藤　登*

　前章で自動車産業の競争力強化を見据えた重点化分野を絞り込んだが，さらに2025年における社会予測結果と技術トレンドを加味して，2025年における重点技術分野のベンチマークを設定した。このベンチマークを達成するために必要な技術について検討し，現状の技術レベルを考慮して2010年に向けて重点的に取り組むべき技術を抽出し，その技術戦略を策定した。

1　地球環境保全とエネルギーの有効利用

　21世紀における自動車技術に関する最大の課題の一つは，自動車が生産から廃棄されるまでに不可避的に発生する環境負荷の軽減である。すなわち地球温暖化問題，自動車排出ガス問題，使用済み自動車の処理問題といった地域および地球環境保全についての取り組みと，主なエネルギー源である石油燃料の枯渇に対応するための石油代替エネルギーへの転換に向けた取り組みが重要となっている。

1.1　地球温暖化防止
＜2025年のベンチマーク＞

> 2リッターカー（100kmをガソリン2リットル（換算）の燃料で走行可能な自動車）の実現

　エネルギー問題と環境問題を両立するためには，超低燃費でしかも超低公害な自動車技術が要求されるとした。現時点では3リッターカー（100kmをガソリン3リットル（換算）の燃料で走行可能な自動車）がようやく実用化・市販されるレベルに達したものの，2リッターカーを実現する技術は非常にハードルが高いものであるといえる。
　燃費向上に向けた取り組みは，通常，動力源の効率化，空力を考慮したデザイン，車体の軽量

---

*　Noboru Sato　㈱本田技術研究所　栃木研究所　主任研究員

化などで決まるが，動力源については従来のガソリン，ディーゼルエンジンもすでに高水準にあることから，新たな技術の開発により，これを克服することが必要である。

　ガソリンやディーゼルエンジンに代わる動力源として，現在最も有望視されているのは燃料電池である。これを自動車用として実用化するためには，小型・軽量・高出力密度の燃料電池の技術開発のほか，高密度水素貯蔵技術，水素製造技術などの燃料供給技術が重要となる。

　燃料電池自動車の実用化に向けて，これら燃料電池本体に関する課題のほか，改質技術などシステムとしてみたときにも克服すべき課題が存在している。さらに燃料の種類，インフラ等のあり方についても検討が必要である。今後の研究開発に当たっては，上記に加えて自動車の製造から廃棄に至るまでのトータルエネルギー効率についても十分配慮するとともに，国際標準を念頭におきつつ研究を進めることが重要である。

　なお，クリーンエネルギー自動車・低公害車の実用化開発は地球温暖化防止の観点からも重要である。また，超低燃費自動車を実現するためには車両重量の軽減も必須であるが，単純な軽量化は安全性とのトレードオフになる。そこで例えば，超軽量でしかも高強度を維持できる低コストのスーパーアロイ（新合金素材），スーパーポリマーアロイ（新世代プラスチック）の開発や，その成形技術が必要とされる。このような観点から，ベンチマークを達成するために以下の戦略を展開する。

戦略1　新しい動力源として自動車用燃料電池の開発推進

　CO_2排出がない動力源として，現在最も注目を浴びているのが水素を燃料とする燃料電池であり，自動車用として小型，軽量，高性能の燃料電池の技術開発を最優先で進めるべきである。もちろん水素燃料電池スタックのみでなく，メタノール直接型燃料電池や自動車の用途を考慮すると，燃料タンクに相当する高密度水素貯蔵技術，大容量・超高性能二次電池も含めなければならない。

　究極の燃料として水素を設定した場合，一般のユーザーが現在と同様に不便なく使用できるためには，現在のガソリンと同様な供給スタンドが必要であり，そのための水素製造・供給技術の開発を，燃料電池開発と並行して進めるべきである。2005年までに最初の燃料電池自動車が市場に登場し，燃料スペックが確定し，2010年までには市場での種々の使われ方に耐える自動車が，燃料供給インフラと同時に一部普及することを目標として開発を進める。

　これらの技術開発は主に民間主体で進めるが，産学官連携して開発を進めなければならない技術分野もある。例えば水素製造技術は自動車というよりも化学の分野であり，他業界を巻き込み産学官連携して推進すべきである。特に官の役割としては，国際標準の獲得や燃料，インフラの整備を推進せねばならない。また開発を促進するために，従来にない燃料が設定された場合の実走行試験時の燃料取り扱いについての事前の検討が重要である。

第2章　重点技術分野と技術課題

戦略2　クリーンエネルギー自動車・低公害車の更なる開発・普及

　地球温暖化防止のために，天然ガスを燃料とした車両やハイブリッド自動車の改良，普及を推進せねばならない。特にハイブリッドについては現在すでに市場に投入されているが，原動機の高効率化，電池の改良，制御システムの簡素化，低コスト化など，民間主体で開発を継続的に進めるべきである。

　2010年には，市場への普及が大幅に進んでいる状態を目指して開発を進める。官の役割としては，これらのクリーンエネルギー自動車などの普及拡大に向けた施策が必要である。

戦略3　車両軽量化

　燃費を飛躍的に向上させるための鍵となる軽量化については，今までにない超軽量・高強度材料の開発を，産学官連携して推進すべきである。

　以上の戦略から，2010年に向け重点的に取り組むべき技術およびロードマップは以下のとおりである。

＜重点技術＞
・小型，軽量，高性能燃料電池技術
・高密度水素貯蔵技術
・水素製造供給技術
・メタノール直接投入型燃料電池技術
・大容量，超高性能二次電池

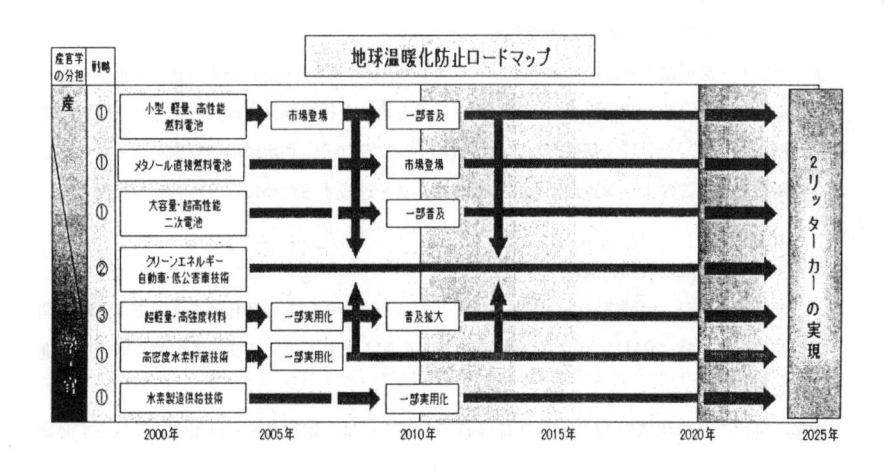

- 超軽量，高強度材料（低コストのスーパーアロイ）技術
- クリーンエネルギー自動車・低公害車技術

1.2 大気汚染防止

<2025年のベンチマーク>

> 2000年規制値に比べ，1/10の排出ガスレベルの達成

　現在のガソリン車の排出ガス対策は，エンジン等の改良を行っていくことが必要なのはいうまでもないが，これらに加えて触媒の開発によるところが大きく，触媒の耐久性を確保するために，石油業界においては燃料中の鉛や硫黄の軽減に努めてきた。今後も一層の排出ガス対策を進めていくためには，超高機能触媒とクリーン燃料の組み合わせでの取り組みが必須になる。

　また地球温暖化対策としての燃費向上に向けて，今後筒内直接噴射方式のエンジンの採用も多くなることが予想されるが，こうした燃費向上策と両立させていくためには，例えば，より高性能な第二世代のリーンNOx触媒の開発が必要となる。

　ディーゼルエンジンは各種内燃機関の中で最も熱効率が高く，エネルギー使用の合理化の観点からは優れたエンジンである。現状ではガソリン車に採用されている三元触媒を使用できないことから，ガソリン車と比較してNOxとPMを多く排出している。現在の技術の延長ではNOxを大幅に低減することは困難で，革新的な技術の開発が必要である。

　またディーゼルエンジンは黒煙，微粒子を排出するために，これが特に最近大きな社会的問題になっている。とりわけ，2.5マイクロメータ以下の超微粒子（PM2.5）は健康に影響を及ぼすといわれており，早急な対策が必要である。

　また排出ガスを低減するためには，クリーンエネルギー自動車・低公害車の普及の推進も重要であることから，今後，産業界においてコスト低減を含めた技術開発を行うとともに，産官での役割分担に応じて，その普及基盤となる燃料供給インフラなど，利用環境の整備を行っていくことも重要である。このような観点から，ベンチマークを達成するために以下の戦略を展開する。

戦略1　超高機能触媒の開発推進

　ディーゼルエンジン用触媒については，ガソリンエンジンと同等の浄化率を達成できる触媒開発が重要であり，特にPMについては健康影響への心配もあり，フィルターも含めて開発を推進すべきである。

　また，排出ガスを現状の1/10レベルに低減するためには，始動直後の排出ガスを減らす必要

があり，低温活性触媒の開発が重要である。2005年にはディーゼル関係の触媒が市場に登場し，2010年には触媒の活性化までの時間を半減することを目標に開発を進める。これら触媒開発は物性等基礎的な研究をベースとしているので，産学連携で進めるのが効率的である。

戦略2　クリーン燃料の設定・普及

高機能触媒の実現のためには，燃料に含まれる硫黄（触媒の耐久性を著しく低下させる）をゼロレベルまで近づけることが重要である。また，本来硫黄が含まれていない合成燃料の開発を推進すべきである。2005年には低硫黄軽油の導入，2010年にはその普及およびさらなる超低硫黄化，あるいは合成燃料の一部導入を目標とした活動が必要である。このためには，産学官が石油業界との連携，燃料規格の設定，海外との連携を強力に推進せねばならない。

戦略3　エンジン燃焼制御技術の継続的改良

エンジン燃焼制御技術は，今まで民間で継続して改良されてきた。以前は大学の研究室等が高いレベルにあったが，現在は大学の寄与が減少している。今後は，例えば最新のマイクロプロセッサーによる制御技術などを推進しなければならず，大学，国研の活躍を期待したい分野である。

以上の戦略から，2010年に向け重点的に取り組むべき技術およびロードマップは以下のとおりである。

＜重点技術＞
・エンジン燃焼制御方式
・低温活性触媒
・ディーゼルエンジン用NOx触媒
・PM低減触媒（マイクロスート除去フィルター）

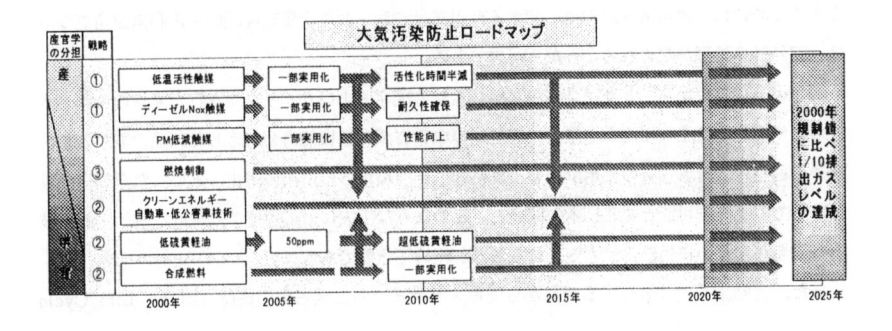

・超低硫黄燃料
・合成燃料
・クリーンエネルギー自動車，低公害車の研究開発

1.3 リサイクルの推進

＜2025年のベンチマーク＞

> 使用済み自動車リサイクルの実効率ほぼ100％の達成

　自動車に係る環境問題の一つに，自動車の廃棄物・リサイクル問題がある。自動車は鉄を始めとする有用な資源を多く含むとともに，排出量も大きいことから，自動車のリサイクルを促進することは資源の有効利用の観点から非常に有意義である。また自動車には鉛等の重金属といった環境負荷物質が用いられていることから，使用済み自動車の処理に当たっては，これらが排出されないような配慮が必要となる。

　他方，自動車は運行の用に供されなくなった場合には，ユーザーから使用済み自動車として販売事業者や整備事業者を経て排出され，解体事業者・シュレッダー業者により解体・破砕等の処理がなされるとともに，有用部品や鉄・非鉄金属等の回収・再利用がなされ，残りがシュレッダーダストとして埋立処分されることになる。

　自動車リサイクルの一層の高度化のためには，リサイクルシステム全体の実効性・効率性の最大化の観点から，このような自動車の製品としての特性と多岐にわたる流通過程を考慮して，個々の革新技術を適切に組み合わせていくことが必要で，技術開発に当たってはこの点が鍵となる。

　旧通商産業省では多岐にわたる関係者の参画のもと，平成9年に産業構造審議会において「使用済み自動車リサイクルイニシアティブ」を策定しているが，同イニシアティブでは2015年において，自動車のリサイクル実効率を関係者の努力により95％とすることとしている。これを実現するためには，使用済み自動車に関する有用部品や鉄・非鉄金属等の回収・再利用が可能な解体・破砕等の処理がなされることが不可欠である。

　このような観点から，リサイクルが容易な素材の開発およびリサイクルされた素材の使用，素材選択や構造上の工夫による小型化・軽量化等の省資源化，機能寿命に応じた部品の取り外し・交換の容易化，有害物質の使用削減および処理に伴う環境への排出の防止，といった自動車の設計段階での工夫を可能とする技術の開発と，このような工夫に対応可能で効率的な解体・処理技術の開発が，互いに相俟って実施されることが極めて重要である。

　また，自動車を設計製作する時点から廃車・リサイクルに至る環境負荷（LCA：Life Cycle

第2章 重点技術分野と技術課題

Assessment) を考えると上記に加えて，そのまま再利用できる部品については極力利用する努力が引き続き必要である．部品の再利用については，部品の自己診断機能等の技術開発を用いてこれを支援・促進する必要がある．このような観点から，ベンチマークを達成するために以下の戦略を展開する．

戦略1　リサイクル容易化技術の開発推進

　樹脂・ガラスの分別については，これらを容易にする部品設計を早期に確立する．原料としての再利用についてはガラスでは一部実用化がされており，これを徹底させる．樹脂については物質により難易の差が大きいが，2010年には熱可塑性樹脂以外についても再利用可能化を目指す．

　金属の不純物除去は分別可能な設計の徹底を早期に実施するとともに，シュレッダーダストからの分別や溶融状態からの分離については，すでに一部実用化の目処が立っているのでこれを促進する．金属・樹脂の非劣化技術は，同じ原料について数回のリサイクルを可能にする重要な技術であり，その技術開発を積極的に進める．

　また，樹脂をその原料となる物質に戻す樹脂の分離再重合は一部試験的に行われているが，この技術も将来のリサイクル技術の基盤となるものである．非劣化技術と樹脂の分離再重合は基礎的な部分が多いことから，これを進めるには企業の努力とともに大学・国研の活用が不可欠であり，産学官の共同研究主体で進める．

戦略2　再利用（リユース）技術の開発推進

　リユース品の活用を広げることは，環境負荷低減の観点から非常に効率的である．これを推進するにはリユース品を品質等が確保できる形で供給することが求められる．そのためには寿命検査技術を確立するとともに，材料自身も寿命についての自己診断機能を備えたスマート材料であることが望ましい．

　これらの分野には基礎的な研究が多く存在し，企業で技術を促進するとともに大学・国研を活用して進めるのが効率的である．また，オーバースペックではないが寿命の長い部品，自己修復機能を持った部品などについても地道な開発努力が必要である．

戦略3　リサイクル社会システムの確立

　使用済み自動車は回収，解体・分別，シュレッディング，シュレッダーダストからの分別，材料として再利用，サーマルリサイクルなどさまざまな過程を経てリサイクルされる．このように自動車のリサイクルには多数の関連業界が介在しており，社会システムとしての体制整備がリサイクル実効率を向上させるためには不可欠である．

　そのためには産官の役割分担を明確にすることが重要であり，関連する業界の横断的な取り組み

と，官による適切な規制等の導入と運用が必要である．すなわち，自動車関連業界の努力や自動車関連業界の範囲を超えた企業間協力のみならず，官としての技術開発への支援や社会システム整備に向けた積極的な取り組みが不可欠である．サーマルリサイクルについても，高効率・低公害燃焼など，産学官が共同で技術開発を推進するとともに，適切な規制設定などを推進する必要がある．

以上の戦略から，2010年に向けて重点的に取り組むべき技術およびロードマップは以下のとおりである．

<重点技術>
【再利用技術】
・スマート（知能）材料
・寿命検査技術
【分別技術・マテリアルリサイクル技術】
・樹脂，ガラス類の分別再利用技術
・金属の不純物除去，非劣化技術
・樹脂の非劣化技術
【ケミカルリサイクル技術】
・樹脂の分解再重合技術

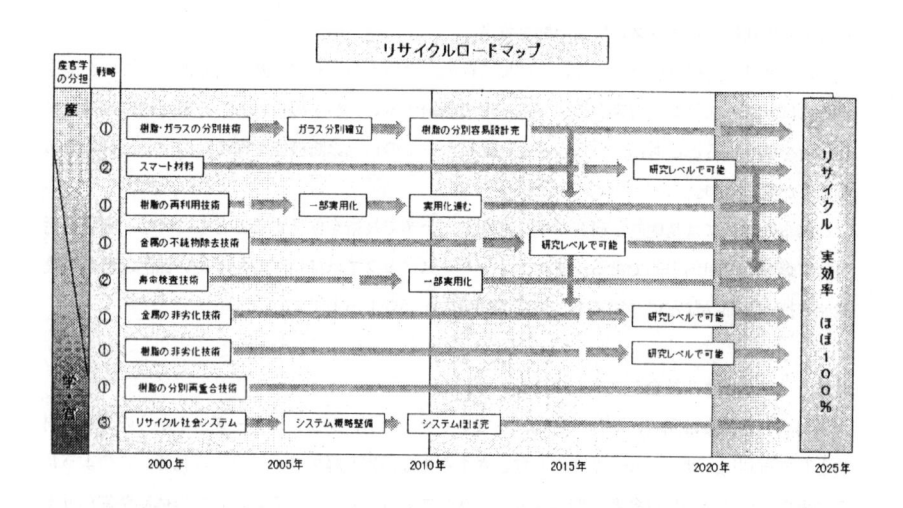

第2章 重点技術分野と技術課題

1.4 自動車騒音の低減

＜2025年のベンチマーク＞

> 2000年規制値に比べ1/2の騒音エネルギーレベルの達成

　過去数回の騒音規制に対応してすでに多くの対策が実施されているが，エンジンシリンダーブロック，ピストンスラップ，冷却系・吸気系等については，一層の改良に向けた取り組みが期待される。これまでに，大型車を対象としたエンジンエンクロージャーやエンジンアンダーカバーの取り付けによる対策が実施されているが，今後，これらの更なる徹底とノイズリデューサーの開発やアクティブ制御による対策が考えられる。

　またパワーユニット系騒音対策の中で，今後最も必要とされるのは排気系騒音の対策であり，排気系表面放射音の低減やサイレンサーの容量増大等による対策を積極的に進めていくことが重要である。

　一方，タイヤによる騒音についてはトレッドパターンの改良，タイヤ構造の改良等によってさらに騒音低減を図ることとなる。また道路環境対策によって大幅な騒音低減が可能であり，2層構造の排水性舗装などの舗装構造にすることにより大幅な騒音低減が見込まれる。

　さらに，現在有料道路等に高層型遮音壁が採用され騒音低減が達成されているが，今後先端改良型遮音壁や分岐型遮音壁等の開発で更なる騒音低減が見込まれる。このように騒音対策においては，車両とインフラの両面で対策することにより，道路沿道における自動車走行時の騒音の2〜3dB低減が可能と考えられる。以上のように，騒音低減の努力を継続的に推進していくことが重要である。取り組む対策および技術は以下のとおりである。

＜対策・技術＞
【車両対策】
・エンジン騒音低減技術
・排気系騒音低減技術（排気系表面放射音）
・低騒音タイヤ技術
・エンクロージャー技術
【インフラ関連】
・排水性舗装による対策（タイヤ／路面騒音対策）
・遮音壁による対策

第3章 技術戦略を推進するための制度的課題

佐藤 登*

　2010年に向けて設定した重点技術を具現化するためには，技術的戦略のみならず，これを実現するために障害となる制度や社会的制約を取り除く必要がある。国家プロジェクトとして産学官の共同研究を推進する際の契約上の制約や，海外との特許制度の相違から生ずる不利益を改善する必要がある。

　また，人材育成や産学官の人事・技術交流においては社会的制約が多く，これを改善するために取り組むべき課題は多い。一方，適切な規制が技術開発を促進することもある。そこで，以下に技術開発を推進するための制度的な課題について検討する。

1 技術革新のための制度と機能

　技術革新を促進するために，国として研究開発に取り組む際には以下に示す事項を明らかにすべきである。
- 産業競争力強化のための戦略的な取り組み
- 産学官の役割分担の明確化
- 関係機関における情報共有化による重複投資の防止
- 研究開発事業の明確な目標，効率的な運用と適正な評価

　国費を投入して実施する国家プロジェクトにおいて，費用対効果の高い産業競争力強化を図るためには，国内外の技術開発状況とわが国の現状，強み，弱み，国際的な戦略性の有無などの的確な分析に基づいた国家戦略の策定と，それに基づく適切な課題を選定し，産学官の役割分担を明らかにした上で，そうした課題への重点投資が必要である。

＜提　言＞
- 省庁横断的，業種横断的プロジェクトの推進
- 省庁を超えた協調的取り組みの拡大
- 民間で行うにはリスクの大きい革新的技術開発プロジェクトの産学官による推進

＊　Noboru Sato　㈱本田技術研究所　栃木研究所　主任研究員

第3章 技術戦略を推進するための制度的課題

・研究開発プロジェクト事務処理の簡素化と計画変更等の柔軟な対応
・研究開発プロジェクトの適正な評価システムの確立
・民間等への複数年研究委託制度の導入

2 知的財産権制度

　特許制度に関して米国は日欧と制度が異なり，早期公開制度を採用していないことなどから，いわゆるサブマリン特許が生じやすい。また先発明主義など米国特有な制度に対応するため，余分の労力，費用を発生させる。このような制度間のずれをなくし，「世界特許制度」の実現を強力に推進すべきであり，このような取り組みについて関係省庁のみならず産業界も強力にサポートすべきである。

　産業活力再生特別措置法（日本版バイドール法）によって，国が民間に委託した業務の成果として得られた特許権等については，その成果の事業活動への効率的活用の促進の観点より，国は受託者に成果を帰属させることが可能となった。民間企業が国立大学に研究を委託した場合の成果（特許権等）は国に帰属することになっているが，これも民間に帰属もしくは共同出願させることが重要である。さらに，日本版バイドール法の適用範囲の拡大が望まれる。

　また特許の出願・登録に関してわが国では電子化が進んでいるが，海外では未実施の国が多く，調査・出願に多大の労力が必要になっている。したがって，海外における特許関係資料の電子化について早期に普及するようサポートすることが有効である。さらに，運用面では審査基準が国によって異なっている。

　現在特許庁が欧米の特許制度に関する調査・検討を行っているが，海外での申請時に不利となっている部分もあり，わが国の産業界の特許戦略を有利に進めるためにも世界標準化を図ることが有効である。

＜提　言＞
・「世界特許制度」実現のための戦略的な取り組み
・日本版バイドール法の適用範囲の拡大
・海外における特許管理の電子化普及のための積極的な支援

3 人材育成

　わが国における労働力は従来より均一かつ高レベルであるといわれており，これが他国に見られない強みとして製品の品質の安定，高効率な生産を実現してきた。しかし，先端技術開発など

個人の専門的な創造能力やリーダーシップが問われる場においては，これだけでは国際的な競争力を維持・強化していくことは困難である。また，専門分野を超えた境界・共通領域の重要性がますます拡大している現代の自動車開発においては，他分野も含めた最新技術を扱う総合力も必要である。

このような状況では，いわゆるOJT（On the Job Training）などの企業内教育では限界に達しており，大学などにおける未就職学生の教育が重視されるのはもちろんのこと，社会人を対象とした継続教育の場としての大学など教育機関の役割も大きくなってきている。

今後は，自動車産業においても「ものづくり」の本質を理解した創造型の人材が渇望され，これまでの平準化集合教育のみならず豊かな創造性および理科系基礎知識を育成する教育が重要である。また，より実践的な教育によって技能取得能力や起業家精神を育てる等の施策が必要になる。そしてこのような人材が自動車産業に携わるためには，自動車産業そのものが魅力あるものとなることが必要であり，例えば情報産業との融合などにより魅力のある事業を増やさねばならない。

さらに，企業においても自閉的な技術開発から脱却した活動をしなければ産業競争で優位に立てず，日本の技術者がグローバルな技術開発活動をすべき状況になっている。そのために欧米のような第三者機関による技術者資格認定制度によって，国際的に技術者の資質の同等性を保証する必要がある。

技術者認定の第三者認定機関としては，米国にはABET（Accreditation Board for Engineering and Technology：科学技術者教育認定制度）が存在し，そこで資格認定されたPE（Professional Engineer）は，認定制度を相互承認した国において専門職業人として通用する。欧州でも同様にEur Ing（European Engineer），英連邦ではCEng（Chartered Engineer）があり，それらの制度は相互承認され，多国連合プロジェクトの推進に寄与している。

日本では遅ればせながら，国際的に相互承認を受けることができる日本版のABETとして，日本工学会と日本工学教育協会の主導で，JABEE（Japan Accreditation Board for Engineering Education：日本技術者教育認定機構）が1999年11月に設立された。同時に技術士制度の見直しも作業中であり，日本の技術者が制度的に資格が保証されて国際的に活動できる準備が進められている。産学官でこうした動きを支援していくことが重要である。

また人材を活かすためでなく，さらに広い見識を養う人材育成のためにも，産学官の共同プロジェクトや異業種間の横断プロジェクトなどにおいて人材交流を促進すべきである。産業競争力の基盤となる生産システムや開発プロセスの専門領域において，文書での伝承が困難であるような卓越した技能・技術が必需な場合は，適切な後継者を育成すべきである。

<提　言>
・初等教育における理科教育重視と「ものづくり」への関心強化

第3章 技術戦略を推進するための制度的課題

・独創的人材の育成を目指した個性重視教育の展開
・問題解決法だけでなく問題発見や創意工夫および倫理に重点を置いた教育の導入
・国際的な開発プロジェクトを先導するグローバルエンジニアの育成
・産学官の人材交流の促進
・専門分野における特殊技能・技術を継承する人材の育成

4 産学官の人事・技術交流

　近年，自動車技術分野における産学官の協力体制は希薄になってきている。これは1980年代に日本車の輸出が大幅に伸びた時，外貨を大量に稼ぐ日本に対し，海外から日本株式会社と呼ばれ，国ぐるみでの産業振興活動を指摘されて以来，産学官が距離をおいた活動を行っていることが原因の一つと考えられる。

　しかし昨今の燃料電池技術などのように，従来の自動車技術では大きく扱われていなかったものが急速にクローズアップされ，自動車産業界だけの研究開発だけでは十分ではなくなりつつある。バイオ技術の自動車への活用やIT技術など，今後想定される技術の広がり，急速な進歩，また研究開発のリスク分散という視点で，産学官あるいは他産業と協力して研究開発活動を行うことが産業技術力向上の観点から重要と考える。

　そのためには，まず現時点では独自の目的で行っている産学官の研究開発において，共通の目的意識を持てるような仕組み作りが必要である。例えば，産業技術に貢献の大きい研究については，高い評価を与える技術奨励賞を設け，産学官の研究開発者の共通の目標となるようなものを設定する方策も考えられる。

　次に産学官の研究開発組織がお互いに人事・技術交流したくなる環境整備が必要である。例えば，産学官の共同研究を条件とした大型プロジェクトの立ち上げや税制上の優遇措置などである。また大学の設備の老朽化への対応や，大学自体も生き残りのためより魅力的，個性的な研究を行っていく必要がある。

　産学官がお互いに関心を持ち合い，お互いのニーズ・シーズを理解しあうことから交流・協力の第一歩がはじまる。自動車産業，関連部品産業の再編，省庁の分離・統合，大学の独立行政法人化といった大きな変革の中で今まさに産学官の交流・協力が求められ，その中から新たな効率的な日本式の科学技術力強化システムを作ることが求められている。

＜提　言＞
・国家予算による研究成果の事業への移転を促進するためのリエゾンオフィスの増設
・国家プロジェクト，大型プロジェクトの産学官共同研究の推進

- 産学官共同研究に対する税制上，人事上の優遇措置
- 学会による産学官共同研究のPR
- 産学官共同研究契約の内容の柔軟化，明確化および契約部署の充実
- 大学設備の重点的整備
- 大学における研究のより魅力的，個性的なものへの変革

5 規制との調和

　規制は社会的要請を反映させ公共の福祉を増進させるため，明確な目的のもとに実施されているもので，適正な規制等により技術革新が促進されることがある。しかし社会情勢が急速に変化する中で，技術革新や技術普及を直接的，間接的に阻害する場合も存在しており，制度間の調整が必要になる場合もある。

　技術革新や技術普及を阻害するものの一つに，新規技術が異なった目的のために制定された既存規制の制約を受けることがある。この場合には技術の進展に応じて，適正な規制に向けての見直しが迅速に行われることが必要となる。

　新規に規制を制定する場合には，例えば定量的データ等に基づく科学的根拠を明確にする等により，合理的で効果の高い規制内容とすることが求められるが，規制に対応するための企業側の負担とユーザーを含む社会側の負担，および行政上のコストを総合的に検証していくことも今までにもまして必要である。また社会からも認知される規制とするために，規制の論拠に関する情報公開を行うことも必要である。

　近年，自動車産業のみならず技術の面でもボーダレス化・グローバル化が進展している。このような状況のもと，規制の国際ハーモナイゼーションには今まで以上に積極的に取り組むことも重要であり，発展途上国を始めとする海外への技術支援・移転の容易化にもつながると考えられる。

　今後目指すべき規制・制度のあり方については，1998年3月に閣議決定された「規制緩和推進3カ年計画」においても，「自己責任原則と市場原理に立つ自由で公正な経済社会」の実現に向けて，行政のあり方についても，いわゆる「事前規制型の行政から事後チェック型の行政に転換」していくべきと謳われている。

　このためには経済的規制は自由，社会的規制は必要最小限という原則に基づき，規制内容の明確化・簡素化，手続きの迅速化，制定手続きの透明化が重視されるべきとしている。

第 3 章　技術戦略を推進するための制度的課題

5.1　規制等が定める目標への対応により結果として技術革新が進展する例

　規制は一般的に，その内容が技術の進展，社会状況の変化などに対応していない場合には事業活動の制約となりうるが，一方ではその規制が提示した目標に向かって技術開発を行うことにより，技術的ブレークスルーが生じたり飛躍的な進化につながることもある。

　例えば，昭和53年排出ガス規制や米国マスキー法の発効に対し，わが国自動車各社は対応技術の研究開発を推進した。その結果，三元触媒，電子制御，ガソリンの無鉛化等の技術が生み出され，社会的にも技術的にも価値の高い技術が確立されその後の競争力強化に寄与した。

　また最近の事例では，1990年に制定された米国カリフォルニア州におけるZEV（Zero Emission Vehicle：有害排出ガスゼロ自動車）規制は，モーター技術や電池技術など電気自動車の主要コンポーネントの技術革新をもたらしている。

　これは欧米自動車メーカーに対しても課されたものであるが，わが国自動車メーカーにおいては，先端技術をいち早く確立し製品に搭載することにより，高い技術力をアピールしている。これら電池やモーター等の技術は，電気自動車にとどまらず，ハイブリッド自動車や燃料電池自動車のコンポーネント開発にも十分に応用され，将来的な進化や発展が一層期待されている。

　一方では，リサイクルイニシアティブの提唱が日本自動車工業会の自主的活動をもたらしている。現在検討段階にある材料規制案も同様で，すでに鉛フリー材料の開発（半田，塗料，燃料タンク等）や 6 価クロムフリー技術の開発と実用化がスタートしている。

5.2　技術革新を促進する観点から既存の制度との調整が必要な例

　新規技術の出現に対して，その普及を妨げる原因の一つに既存の規制・制度の存在が挙げられる。すなわち，既存制度が従来の社会システムを前提とした形となっているため，新規技術の開発や新規事業の推進が，ユーザーに多様な便益を提供することができるようにしていくという点からは必ずしも適切な形となっていない場合もある。

　天然ガス自動車や燃料電池自動車を開発する上で燃料の取り扱いを巡り，高圧ガス保安規制との関係が生ずることとなり，研究段階から認可を得る必要がある。またこれら規制への対応を行う場合に，事務的な手続きが煩雑であったり許認可を得るために要する期間が長期にわたる場合がある。

　技術がグローバル化し，また，技術の発展が加速化する中，国間での規制の有無，差異や規制の定義の違いなどが新技術の発展や世界規模での普及を進めていく上で対応が複雑化している場合もある。

<提 言>
・技術の進展に応じた既存規制見直しのための手続き簡素化
・規制のベースとなる科学的根拠の明確化
・規制の論拠に関する情報公開
・規制のグローバル化への一層積極的な取り組み

第4章　技術戦略を推進するための産学官の役割と連携

佐藤　登*

　ユーザーニーズや社会ニーズの多様化・高度化ならびに産業構造や社会構造のグローバル化，ボーダレス化が進む中で，自動車産業が競争力を維持し持続的に発展を続けていくためには，産学官がそれぞれの役割に応じた取り組みを行うことが重要である。

　一方，産学官がそれぞれ独自に取り組むよりも，連携して対応することにより資源（ひと・もの・金）の効果的な活用が図られる場合もある。このような場合においても，それぞれの役割分担と責任を明確にすることは不可欠であるが，こうした前提の下，産学官で積極的に連携することも意義あることである。

　また環境問題や安全問題などの社会的課題への取り組みや，発展途上国への技術支援による国際貢献活動など，産学官での協力が不可欠なものについても産学官で連携を図り対応していくことが必要である。

1　産学官の役割

1.1　産業界の役割

　産業界においては，何よりもまず関連産業も含め持続的な発展と総合的競争力の確保に向けた取り組みが不可欠である。そのため，国際的な視野に立って産業競争力の源泉である技術の開発や確保，より高いレベルでの生産性の維持，品質管理の徹底が重要となる。

　特に自動車関連技術は燃料電池自動車やITSをはじめとして，国内外の様々な業種における革新的かつ総合的な知見・技術が必要とされてきており，サプライヤーを含む他産業との競争が激化しつつある。したがって国際的に受け入れられる商品の供給競争に加えて，新技術に係る知的財産権や国際標準の取得と戦略的活用が今にもまして重要となっている。

　これらについては，企業における戦略に明示的に位置づけられていくことが必要である。開発スピードが目まぐるしく加速化する中で企業内，企業間も含めた研究開発マネジメントも大きく

---

*　Noboru Sato　㈱本田技術研究所　栃木研究所　主任研究員

変化させ，時代に呼応していくことが望まれる。さらに，情報化の推進等の流れもある中，新規の技術，アイディア等がニュービジネスを生むチャンスも増加することが予想される。こうした観点からも，ベンチャービジネスの活用も企業戦略に大きく位置づけていくことが必要である。

また，自動車産業の国民経済および国民生活に与える影響の大きさに鑑みれば，今後ともわが国の基幹産業として一層の社会的責任を果たしていくことが必要である。さらには国際貢献を視野に入れた発展途上国への技術移転や，地球環境保全に貢献できる新技術の発信などへの積極的な取り組みも必要である。さらに大学，国研等へ技術ニーズを発信すること，大学等に対して産業界が求める人材についてのニーズを伝えることも重要である。

- 基幹産業として基本的な戦略構想の学官への情報開示
- 学官への産業界としてのニーズの発信および積極的なアプローチ
- 国際標準取得への戦略構想の構築と国際社会への積極的提案
- 機動的な研究開発マネジメントの体制整備
- ベンチャービジネスの積極的活用
- 規制，制度の改革に向けた積極的な提案
- 技術移転等，国際貢献活動への積極的な取り組み
- 戦略的知的財産権等の活用
- わが国産業界の強みである生産技術（技能）の高度化と継承への取り組み

1.2 学界の役割

学界に求められる機能として，将来的な課題への先行的な取り組みがあり，産業技術戦略を推進する上での重要な柱の一つである。学界は研究機関としての機能と人材教育の機関としての機能があり，国際的活動を進めるための人材の創出，基礎技術分野の充実なども含め，それぞれについて重要な役割を担っている。また将来的な課題への先行的な取り組みがあり，産業技術戦略を推進する上での重要な柱の一つである。

特に研究機関としての側面についていえば，今後，大学，国研においては企業からの受託研究の比率が増大すると，産業競争力の維持・強化に資するための研究活動にも重点を置いて実施していくことが必要となる。

米国において，1980年代に大学の研究が国家戦略の上で産業の再活性化に大きく寄与した事例にみられるように，産業界から発信されるニーズを受け止めるアンテナを高くすることにより時宜を得た研究を実施し，こうして得られた成果を積極的に市場に移転していくための体制整備が必要となる。

一方で社会的要請に応えるための基礎的，融合的な研究への対応も引き続き重要である。欧米

第4章 技術戦略を推進するための産学官の役割と連携

においては大学，研究機関等でも多くの人材，資本を投入することにより，研究開発面でもリーダーシップを取るに足るレベルの研究環境を有しているが，わが国においてはこれらが備わっていないことから，こうした側面の整備を行うことにより，産業界からも成果が期待される環境を作っていくことが必要である。

また大学は人材育成の中枢の場でもあることから，グローバル化・ボーダレス化する国際社会に対応できる人材の育成に加え，産業界のニーズにも的確に呼応し，将来の産業技術を支える人材の育成をしっかり行っていくことも重要な役割であり，そのためのカリキュラムの設定，産業界から教育現場への人材の派遣，教官の企業への受入れ等の対応も必要である。

・社会的要請に応えるための基礎研究，境界領域の研究の推進
・産官へのシーズ発信，産官からのニーズ受信体制の充実
・産官との共同研究，受託研究を円滑に行えるようにするための制度の見直し
・環境分野等に係る合理的規制構築に向けたテストベッドの提供
・研究成果の産業界への移転の促進のためのリエゾン機能等の強化
・産業競争力を支える人材教育
・国際協力事業への柔軟な対応（人材派遣，共同研究等）

1.3 政府の役割

政府においては，産業競争力の維持・強化や地球環境保全や技術支援などの国際貢献の観点から，先進的技術開発または戦略的技術開発への支援に加え，国際標準化の推進や知的財産権に係る制度整備など，研究開発環境の整備に努めることが重要である。そのためにも研究開発制度の柔軟かつ迅速な見直しが必要である。

また，自動車の安全等に係る世界規模での基準調和や発展途上国への技術移転などについて，政府レベルでの調整も重要な役割である。したがって，技術戦略に示された環境・エネルギー・安全問題や情報化分野などの研究開発へ資源を重点配分するとともに，適正な評価を実施することにより効果的な研究開発を推進することも重要である。

さらに，国際標準を取得するために資源（ひと・もの・金）を効果的・集中的に投入するなどの取り組みも重要である。規制などにより安全・環境に関する具体的な達成目標の的確な設定やその性能および効果に関するユーザーへの情報提供の充実などにより，新技術の開発・普及の適切な促進を図ることも役割の一つである。

【産業技術等の基盤整備】
・特許競争力確保のための戦略的システム構築
・国際標準取得可能な自動車技術力向上のための戦略的取り組み

- 研究開発国家プロジェクト審査等の効率化，厳密な事前事後評価の実施
- 社会的要請の強い，リスクの大きい課題への積極的な支援
- 従来規制と技術開発環境との調整
- 安全等に関する合理的な規制値策定と運用
- 新技術の普及促進のための社会的仕組みの整備

【国際貢献の体制整備】
- 国際的なニーズの受信体制の強化
- 発展途上国への技術移転等の国際協力体制の整備
- 国際共同研究実施体制の強化
- 規制，基準等にかかる国際調和活動の強化

【生産技術（ものづくり）関係】
- 加工技術に関するデータベースの構築等知的基盤の強化
- 国立研究所を始めとする公的研究機関の機能の強化
- 大学等公的機関と中小企業との連携円滑化

【その他】
- 省庁横断的な共同プロジェクトに対する取り組みの強化
- 環境，安全の新技術および新技術搭載自動車の性能およびその効果に関するユーザーへの情報提供の充実
- 新技術搭載自動車を購入するユーザーの負担軽減措置等

2 産学官の連携

　産学連携や産官連携なども含め，産学官が連携して取り組むことにより，それぞれが個別に取り組むより時間的・経済的に大きな効果が得られ，資源（ひと・もの・金）が効果的に利用できる場合には産学官での連携した取り組みが必要である。この場合，その効果として産学官で連携した研究開発のシナジー効果や連鎖的な波及効果により，世界最高水準の研究成果が生み出され，これを基にして自動車産業の国際競争力強化や新産業の創出が図られ雇用の確保につながる。

　例えば，わが国の弱みの一つである国際標準化および取得に向けた取り組みについても，人材の育成や相互交流（産学共同のカリキュラムの設定等），データベースの整備，データの共有化と相互活用，学会活動，産業界の国際交流，政府レベルでの協議などを産学官がそれぞれの役割分担に応じて連携・協力し，共通認識を醸成していくことにより効果的かつ戦略的な知的財産権の獲得が図られる。また多様な研究文化，背景等に基づき，研究・開発環境が競争的となる効果

第4章 技術戦略を推進するための産学官の役割と連携

も期待できる。

社会から要請される課題への対応については,例えば交通事故の低減に対しては人・道・車の総合的な取り組みや運転者や歩行者などへの安全教育など,産学官が役割を分担しつつ,連携・協力することにより効果的に対応することができる。環境対応は今後の自動車技術の中で大きなウェイトを占めることとなるのは前述のとおりであるが,環境に与える影響等の評価,活動の基盤となる研究成果の共有化等,世界に対して先導的な取り組みを世の中に示していくための環境整備についても連携協力した対応が有効である。

したがって,産学官連携により世界最高水準の研究成果や社会的課題,技術移転などの国際協力などへの効果的な取り組みが可能となることから,今後,様々な課題に対し産学官のそれぞれが役割分担を踏まえつつ,互いに連携・協力していくことが極めて重要である(図1)。

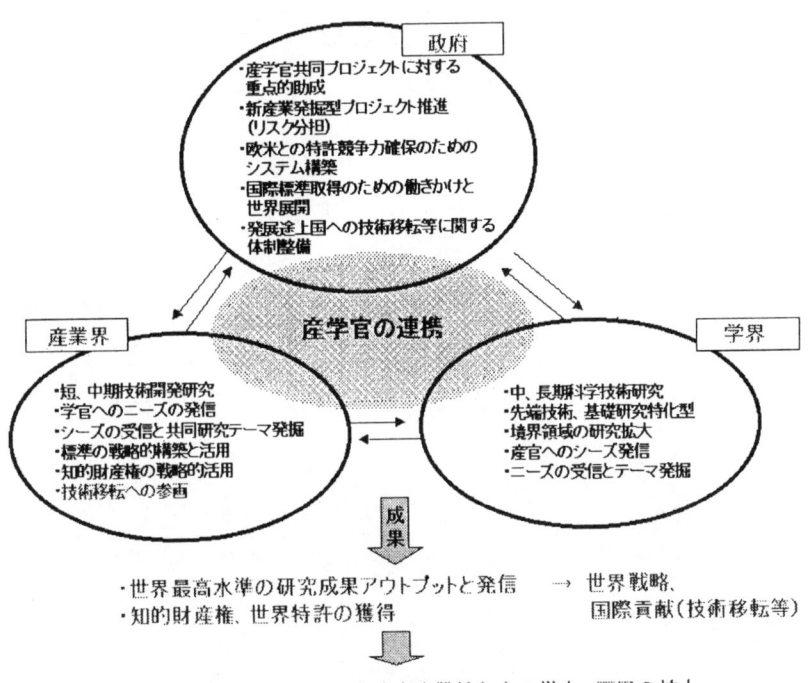

政府
・産学官共同プロジェクトに対する重点的助成
・新産業発掘型プロジェクト推進(リスク分担)
・欧米との特許競争力確保のためのシステム構築
・国際標準取得のための働きかけと世界展開
・発展途上国への技術移転等に関する体制整備

産学官の連携

産業界
・短,中期技術開発研究
・学官へのニーズの発信
・シーズの受信と共同研究テーマ発掘
・標準の戦略的構築と活用
・知的財産権の戦略的活用
・技術移転への参画

学界
・中,長期科学技術研究
・先端技術,基礎研究特化型
・境界領域の研究拡大
・産官へのシーズ発信
・ニーズの受信とテーマ発掘

成果
・世界最高水準の研究成果アウトプットと発信 → 世界戦略、
・知的財産権、世界特許の獲得　　　　　　　　　国際貢献(技術移転等)

世界での調和を礎に → 自動車産業競争力の増大、雇用の拡大

図1　産学官連携の領域別役割と狙い

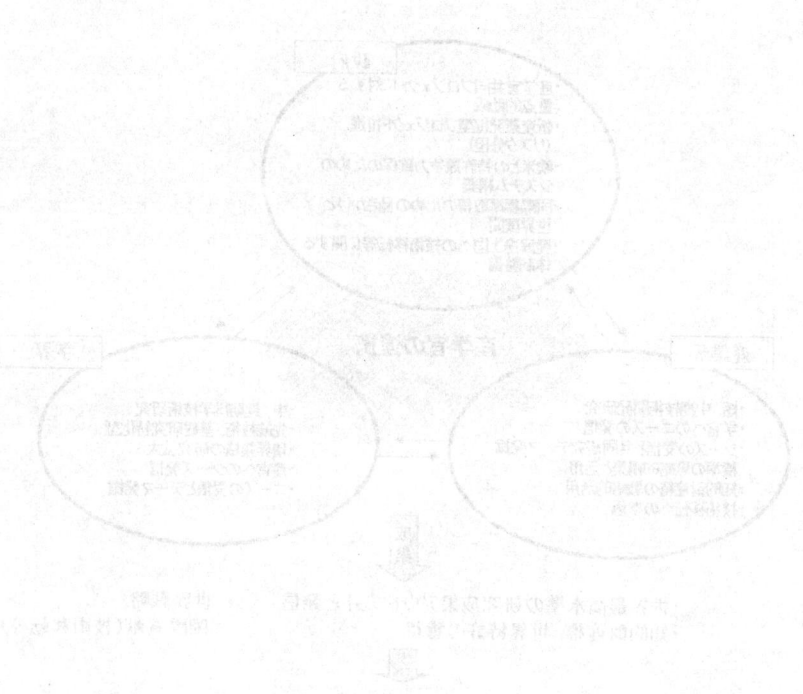

第4編　新エネルギー自動車の開発動向

第1章　電気自動車の開発動向

堀江英明*

1　はじめに

電気自動車（EV）は環境維持の観点から，大変有力な手段と期待されているが，いくつかの大きな課題が指摘されている。その第一としては，EV自体の価格が高いこと，第二は一充電走行距離が短いことであろう。また，車両性能や車内空間確保が十分でない点，あるいは電池の信頼性が十分とは言えず電池寿命が想定より短い場合があること，さらには充電が煩雑で時間が長いこと，充電設備の設置がごく限られていること等の問題点が挙げられる。

ガソリン燃焼により取り出し得るエネルギーは約 450×10^5 J/kg であり，鉛酸電池のエネルギー密度は約 1.26×10^5 J/kg である。内燃機関での燃焼時の平均熱変換効率を14％としても約50倍の開きがある。従って長い距離を走ろうとすれば大量の電池を積む必要があるが，重量増で動力性能が悪化し，車室内空間が減少し，しかも電池のコストが増えるという悪循環を招くことになる。

以上の課題克服のため，基本的には更なるエネルギー効率向上を目指し，モーター，パワー素子／コントローラー，高性能電池，冷暖房等補器ユニットの改良など多岐にわたるが，EVの研究開発が1990年代を通して精力的に行われたのである。

本項ではまずEVの動力性能確保の観点から考察を行う。続いてEV構成にあたっての要件である電池システムの熱的側面と信頼性確保に触れた後，リチウムイオン電池を搭載したEVに関し簡単に触れたい。

2　走行に要求される出力

走行に関して考えてみると，抵抗成分は次のようになるであろう。

$$F_{resist} = \mu_r \cdot g \cdot M + \frac{1}{2} \rho \cdot C_D \cdot A \cdot V^2 + g \cdot M \cdot \sin\theta$$

ここでMは車両重量 [kg] である。Vは車速であり，例えば時速60km/hならばMKS単位で考えるなら，$16.7 \text{m} \cdot \text{s}^{-1}$ を代入することになる。上式右辺の第1項は，タイヤを含めて自動車の

＊　Hideaki Horie　日産自動車㈱　総合研究所　材料研究所　主任研究員

転がり摩擦抵抗で，典型的にμは0.025程度である。gは重力定数で9.8m・s^{-2}である。例えば車両重量を1500kgとするなら，0.025×9.8×1500＝367.5Nとなる（あるいは0.025×1500＝37.5kg-f）。

第2項は空気抵抗であり，車両前後方向に対し垂直な面の断面積Am^{2}に比例するとともに，速度の2乗に比例する。ρは空気密度で1.2kg・m^{-3}，空気抵抗係数は，通常の自動車では例えば0.35程度の値である。例えば投影面積を2m^{2}とし，速度を上と同じ16.7m・s^{-1}とするならば，0.5×1.2×0.35×2×(16.7×16.7)＝117N（[kg-f]に単位を直せば117N÷9.8＝11.9kg-f）である。

なお第3項は，車両が角度θの坂を上っているとした時の，登坂での車両重量に対する抗力である。なお第1・2項は散逸項であるのに対して，第3項は位置エネルギーとして保存されることになる。これらを足すと車全体の全抗力F_{resist}（単位[N]）を得ることができる。ここで$F_{powertrain}$を動力源から投入された力とすると，$F_{powertrain}$から車両の全抗力F_{resist}を引いた差引きが，実質的に加減速に費やされる力であると考えることができる。もし，この値が正であれば車両は加速され，負であれば減速を示す。

$$\frac{dV}{dt} = \frac{F_{accel}}{M} = \frac{F_{powertrain} - F_{resist}}{M}$$

$$= \frac{F_{powertrain} - (\mu_r \cdot g \cdot M + \frac{1}{2}\rho \cdot C_D \cdot A \cdot V^2 + g \cdot M \cdot \sin\theta)}{M}$$

動力源が投入したエネルギー（[Joule]）は，力Fの方向に動いた距離をLとすればその積であったから，出力つまり単位時間当りのエネルギーは，

$$P = \int F_{powertrain} \cdot dL = \int F_{powertrain} \cdot \left(\frac{dL}{dt}\right) dt$$
$$= \int F_{powertrain} \cdot V dt = \overline{F_{powertrain} \cdot V}$$

$$\therefore P = V \cdot (\mu_r \cdot g \cdot M + \frac{1}{2}\rho \cdot C_D \cdot A \cdot V^2$$
$$+ g \cdot M \cdot \sin\theta + M \cdot \frac{dV}{dt})$$

である。速度パターンV(t)が定まっていれば加速度も求まるから，上式に代入すればそのまま必要な出力が得られる。先ほどの例で考えれば，

第1章　電気自動車の開発動向

① 転がり摩擦に消費される出力：
   $367.5\text{N} \times 16.7\text{m/s} = 6137\text{W} = 6.1\text{kW}$
② 空気抵抗に消費される出力：
   $117\text{N} \times 16.7\text{m/s} = 1954\text{W} = 1.9\text{kW}$

となり，60km/h一定速で走行すると，約8kW程度の出力となる．1時間走行すると走行にて

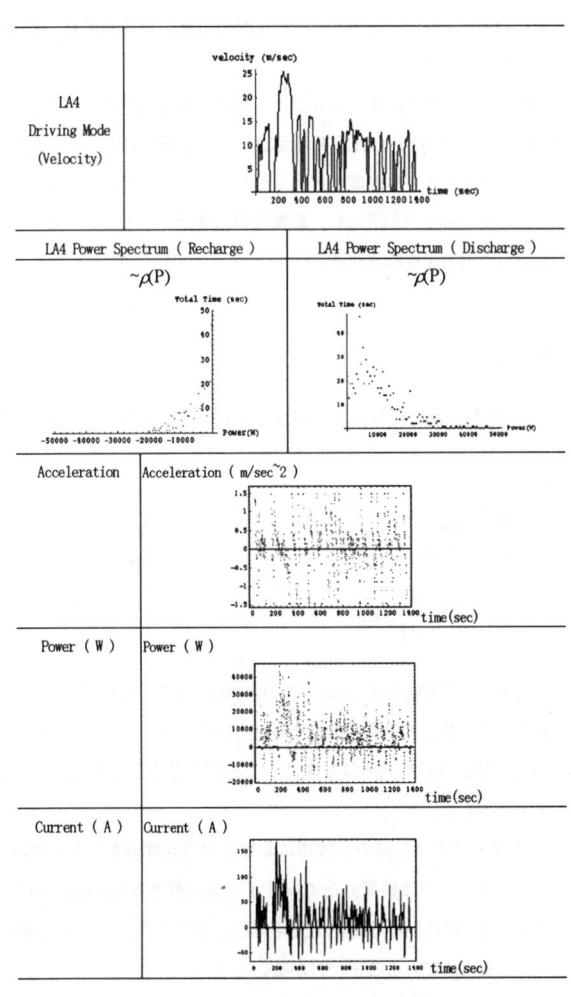

図1　LA4走行モードとその出力

消費されるエネルギーは8kWh（＝8000×3600J＝28.8MJ）となり，この間に60km走行するというのだから，

　　8000Wh÷60＝133Wh/km

が，単位距離1kmを走行する間の車両のエネルギー損失として計算されるのである．電池から取り出されるエネルギーは，これにさらに駆動系伝達とモーターコントローラ系，電池充放電での損失を考慮する必要がある．出力の観点からみれば，転がり摩擦抵抗は速度Vに比例し，空気抵抗は速度Vの3乗に比例するから，低速では転がり摩擦抵抗が主要因子で，高速になると空気抵抗の割合が増加することがわかる．

　時間差分の総和を積算することで，トータルのエネルギーが算出される．ここでは走行モードの例としてLA4を考え，走行時の出力計算を考えてみよう．図1に走行時の諸量の変化を示す．先ほども述べた通り走行モードとして速度が与えられていれば，時間に関する微分を行うことで加速度が得られる．加速度から出力が得られ，駆動系の伝達効率，モーターコントローラー系の効率を除して，電池からの出力が求められる．

3　電池の発熱計算

ここではEV用電池の発熱挙動を計算する．電池の発熱はジュール発熱によるものと，電池反応に伴う反応熱に分けられる．

$$\omega = \left\lfloor W_{joule} + W_{react} \right\rfloor_{T=const}$$
$$= \int R_{direct} \cdot I^2 dt + \int T dS \bigg|_{T=const}$$
$$= \int R_{direct} \cdot I^2 dt - \int T \frac{dV}{dT} dq$$

準静的な極限では充電時と放電時で値は同じで符号は逆になり，充放電サイクルでは原理的には打ち消しあう．要求出力に対して内部抵抗値と電流とからジュール発熱が求まり，また電流値から単位時間当りの反応量が導かれ発熱量を求めることができる．図2に，LA4走行モードでの発熱挙動のプロフィールを示した．

　図3にLA4モード1サイクル走行時の，放電における発熱頻度分布と各出力値に対する発熱量の算出値を示す．このモードでは頻度分布でみれば電池内部での3kW程度の発熱がほとんどを占める．電池出力30〜50kWにおける電池発熱も無視できないが，電池出力域0〜30kWまでで電池内発生熱量の80％を占めていることがわかる．

　電池発熱量を熱伝導方程式に組み合わせることで，各種走行モードでの電池内部温度上昇を計

第1章 電気自動車の開発動向

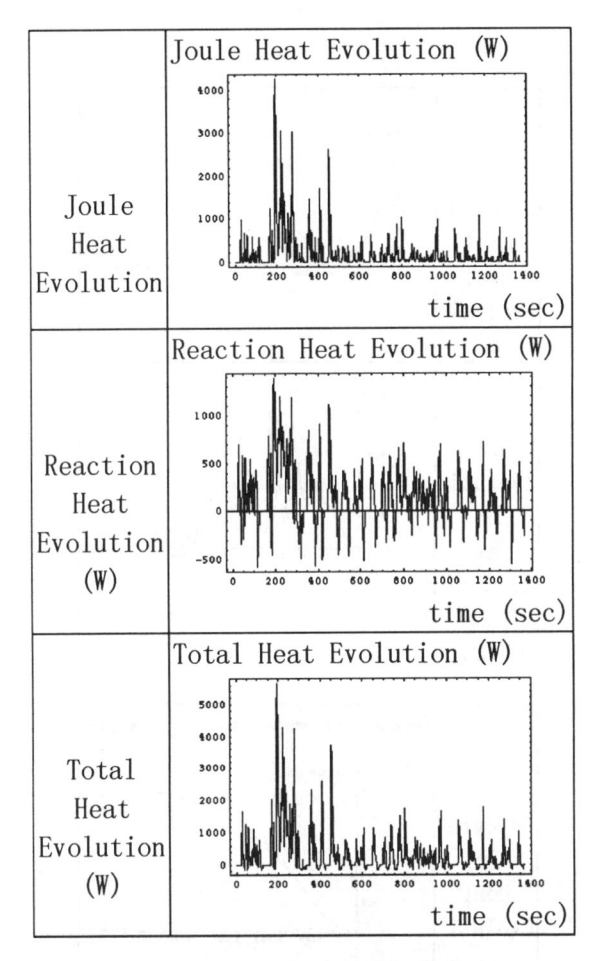

図2 ジュール発熱と電池反応熱の検討

算することができる。図4に電池内部温度の時間変化を示す。120kmを走行した時点で電池温度は最高で約6度上昇した。電池内部の温度差も約2度以内に留まっている。これからLA4モードでは適切な冷却を行っていれば，電池内部の温度差はそれほど広がらないことがわかる。

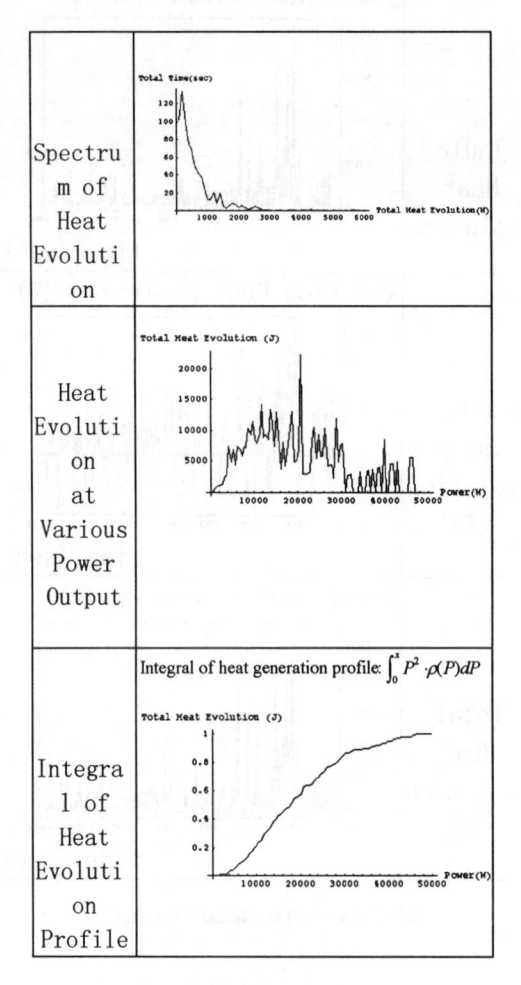

Spectrum of Heat Evolution	(graph: Total Time(sec) vs Total Heat Evolution(W))
Heat Evolution at Various Power Output	(graph: Total Heat Evolution (J) vs Power(W))
Integral of Heat Evolution Profile	Integral of heat generation profile: $\int_0^x P^2 \cdot \rho(P) dP$ (graph: Total Heat Evolution (J) vs Power(W))

図3　電池内部での発熱パターン

第1章　電気自動車の開発動向

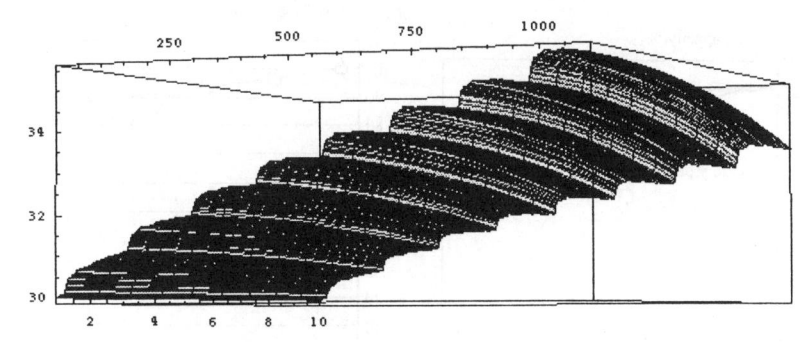

図4　LA4モードにおけるセル内部温度上昇

4　組電池の信頼性確保

　電池をEVに適用するには，さらに信頼性の確保が必須である。サイクルを重ねた時，単セルと組電池との間で寿命に開きが生じる場合があり，組電池において十分な寿命を確保できず交換が必要となる場合もあり得る。充放電を行っている間，セル間に種々のばらつきが生じ劣化が進行する等の可能性が懸念される。

　単電池と組電池の，サイクル耐久実験による容量維持率の計測例を図5 (a) に示す。この実験例においては，単セルでは，初期容量の80％に容量が達するのは600〜800サイクル充放電を経た後であるのに対して，組電池では300サイクル程度で初期の80％程度まで容量が低下している。これはあくまでこの実験例での結果ではあるが，組電池において劣化が促進される可能性もあり得ることを示すものと考えられる。

　例えば単セル実験では温度管理が常に適切に行われるのに対し，組電池ではセル間で温度に差があり，場合により10℃近くまでに達することもある。あるいは各セルの容量，充電状態，内部抵抗等の差がばらつくことにより，特定セルに集中的に劣化が進むことも考えられる。ここでは一考察例であるが，充電不足と過放電劣化を考慮した組電池寿命シミュレーション例を図5 (b) に示した。

　計算機上でサイクル耐久を模擬して充放電の繰り返しを行ったものである。一定割合で容量が低下するが，しかしある回数を重ねたところから，組電池の放電容量の顕著な減少が発生する。計算の途中過程を追うならば，サイクルを重ねるにつれ，特定のセルにダメージが集中し始め，結果として劣化を加速させることとなった。以上の通り，各種電池の特性を明らかにしつつ，組電池としてどのように性能信頼性を確保するかが求められるのである。

131

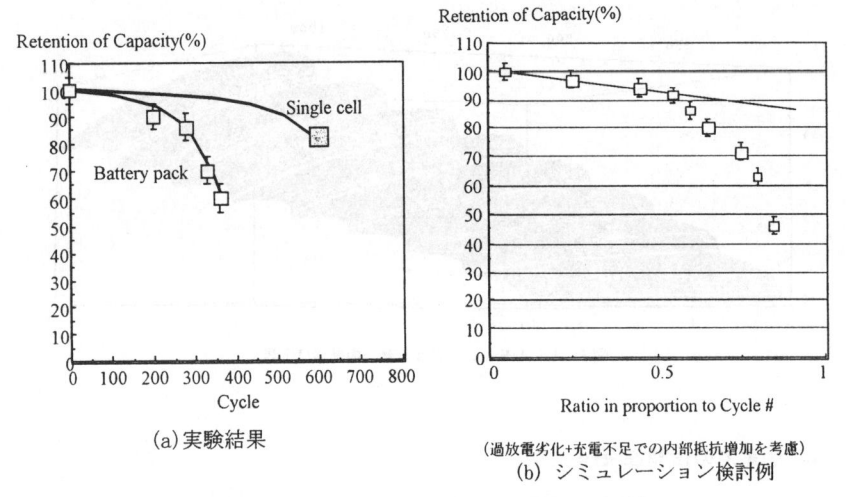

図5 単電池と組電池での耐久による容量維持率（鉛酸電池）
(a) 実験結果
(b) シミュレーション検討例（過放電劣化＋充電不足での内部抵抗増加を考慮）

5 EV用高エネルギー密度型リチウムイオン電池

車両・走行条件にもよるが，平均的に走行に必要なエネルギーを120～140Wh/km程度とすれば，200km以上を純EVで保証するには30kWh程度の容量を要することになる。もし50Wh/kgの電池であれば約600kgの電池を搭載する必要がある。このとおり電池に対して従来からエネルギー密度の一層の向上が求められてきた。

図6 EV用リチウムイオン電池（組）写真

第1章 電気自動車の開発動向

今まで述べてきた観点をもとに，高エネルギー型リチウムイオン電池のEVへの適用検討評価を通し，組電池システム構築を図った。エネルギー密度は100Wh/kg，パワー密度は300W/kg（DOD 80％），エネルギー効率も90％以上を達成した。これは例えば鉛酸電池と比較して約3倍，アルカリ系電池に対し約2〜1.5倍のエネルギー密度である（図6写真参照）。

組電池構築に際しトータルの信頼性確保の観点から，各セルの状態を検知して過充電・過放電

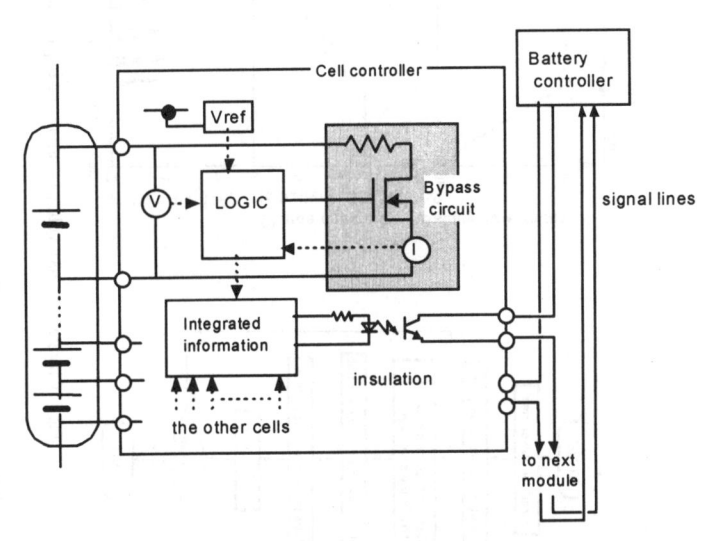

図7　セルコントローラの構成図

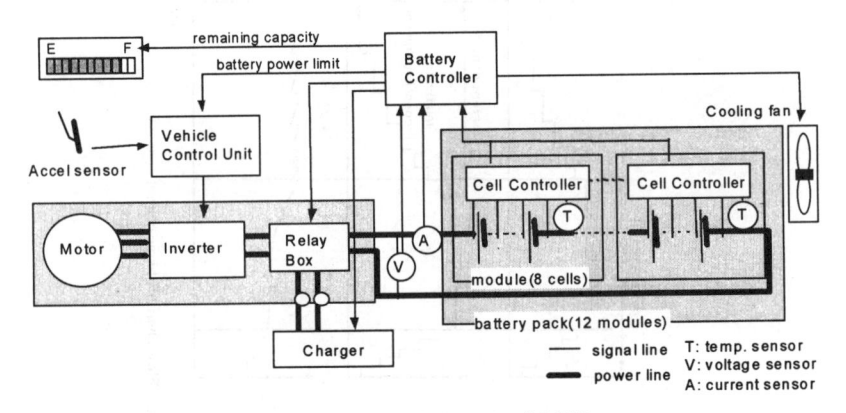

図8　バッテリーコントローラによる制御

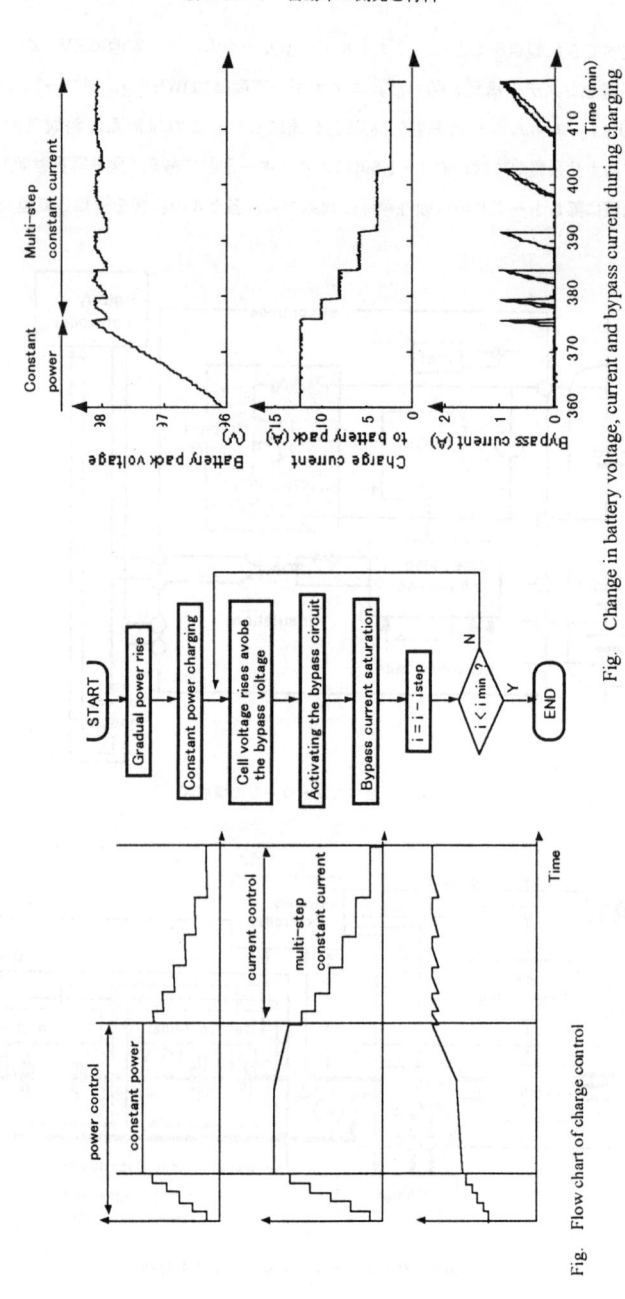

新エネルギー自動車の開発と材料

Fig. Change in battery voltage, current and bypass current during charging

図 9 充電制御とバイパス回路電流

Fig. Flow chart of charge control

第1章 電気自動車の開発動向

を防止するとともに,セル間にばらつきが発生した場合を想定して,容量バランスを調整するためのバイパス回路を設置した(図7参照)。さらにセルコントローラで検出された各セル状態は,バスを通して車両側制御系に送られる(図8参照)。これらデータをもとに,最大出力・回生の受け入れ,残存容量の確認と表示等を行うことになる。

充電時の組電池における制御法に関して図9に示す。規定の最高電圧に達した後,定電圧充電に移行し充電電流を絞るが,この時各セルに搭載されたバイパス回路は,その端子電圧に応じ放電を進め,組電池内での均等化が自動的に行われる。図10には出力特性を示す。幅広いSOC域で大きな出力を保証している。

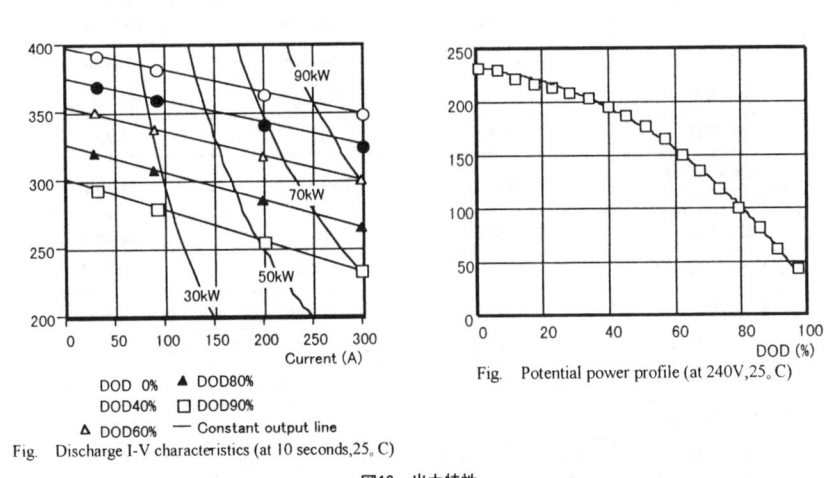

Fig. Discharge I-V characteristics (at 10 seconds, 25°C)

Fig. Potential power profile (at 240V, 25°C)

図10 出力特性

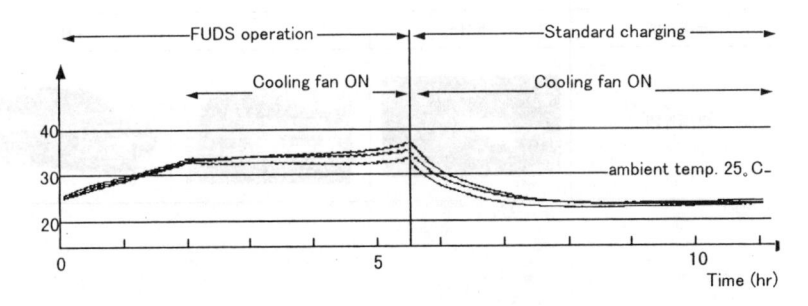

Fig. Change in battery temperature during FUDS operation and standard charging

図11 温度挙動

図11には充放電を行ったときの，車両搭載状態での組電池温度変化を示す。走行時においても温度上昇は低く抑えられており，また充電時の冷却も速やかに行われることがわかる。以上の電池に関する研究開発を経て，リチウムイオン電池を搭載したEVの開発を行った。表1にこれらのEVの仕様を示す。

表1 車両諸元

	FEV Ⅱ	プレリージョイEV	ルネッサEV
全 長	4080mm	4545mm	4770mm
全 幅	1720mm	1690mm	1765mm
全 高	1535mm	1695mm	1680mm
車両重量	1415kg	1700kg	1730kg
乗車定員	2＋2人	4人	5人
1充電走行距離（10-15モード）	200km以上	200km以上	230km
最高速度	120km/h	120km/h	120km/h
登坂能力（$\tan\theta$）	－	0.38	0.38
最小回転半径	－	5.6m	5.4m
モーター種類	三相交流誘導式	ネオジウム磁石同期式	ネオジウム磁石同期式
モーター最大出力・電圧	55kW・345V	62kW・345V	62kW・345V
モーター最大トルク	－	166Nm	159Nm
電池種類	リチウムイオン電池	リチウムイオン電池	リチウムイオン電池
モジュール電圧・容量	28.8V・100Ah	28.8V・100Ah	28.8V・94Ah
モジュール搭載数（セル）	12（96）	12（96）	12（96）
充電時間	5Hr	5Hr	5Hr
車両外観			

第1章　電気自動車の開発動向

文　　献

1) 西　美緒, リチウムイオン電池の話, 裳華房
2) T.Miyamoto, M.Tohda, K.Katayama, "Advanced Battery System for Electric Vehicle (FEV-Ⅱ)", Electric Vehicle Symposium13 (EVS13) (13-16, Sept.1996, Osaka)
3) Y.Nishi, K.Katayama, J.Shigetomi, and H.Horie, "The Development of Lithium-Ion Secondary Battery Systems for EV and HEV", 13th Annual Battery Conference (Jan.1998, Long Beach CA)
4) 堀江, EV及びHEV用リチウムイオン二次電池, バッテリ技術シンポ (1999年4月, 幕張) ; 堀江, 電気自動車, 及びハイブリッド電気自動車用電池システムの熱検討, 「熱物性」, 13巻4号 (1999年10月号)

第2章 ハイブリッド電気自動車の開発動向

堀江英明*

1 はじめに

 ハイブリッドEV(HEV)に対して大きな期待が寄せられている。HEVはモーター・コントローラ,エネルギー蓄電システムと共に,発電パワーユニットを搭載するシステムである。EVが電池のエネルギー密度の低さから,限られた距離しか走行できないのに対して,HEVは発電によりエネルギーを供給されることから,より少ない電池搭載で走行できる。そしてモーターと電池のエンジンのバランスによって,様々なシステム構成の可能性があると考えられる。

 ところで1980年代のEVは,エネルギー効率に関して期待に反しやや低い結果が報告されたこともあった。理由はいくつか考えられるが,モーターの総合効率の低さ,あるいは電池の充電効率の低さが,その原因と考えられた。振り返ってみれば1990年代を通してEVの研究開発が精力的に行われたが,より高い動力性能の確保を目指し,高出力ユニットの研究開発が進められたと言ってよいであろう。

 ところでこの高出力ユニットにおいて,もしそのエネルギー変換効率が低ければ,それは膨大な熱発生を意味し,ユニットそのものの成立性に大きく係わる。つまり高出力を目指すということは,同時に高効率ユニットを目指したとも言えるのである。そして確かにエレクトロニクスおよび材料技術の進歩と相まって,モーターコントローラあるいはエネルギー蓄積デバイスに関し,高出力かつ高効率なユニットが開発されてきたのである。

 例えばコントローラに関しては,十分な効率あるいは信頼性を有する大電力制御の技術構築が行われてきた。モーターは小型軽量化と同時に電流損失を抑える技術の構築が図られ,また磁性体材料とその適用技術の構築・製造技術の高精度化等により,小型化した磁石式同期モーターの開発も大きく進展した。

 図1(a)[1]にはEV用モーターのパワー密度の変遷を示す。直流モーターから交流誘導モーターを経て交流同期モーターへと開発が進むことにより,回転数を上げかつエネルギー変換効率を大幅に向上し,コンパクトなモーターが実現できるようになった。1970年代後半はパワー密度として0.15kW/kg程度であり,200kgのEV用モータ出力は最大30〜35kW程度であった。それが1995年

---

* Hideaki Horie 日産自動車㈱ 総合研究所 材料研究所 主任研究員

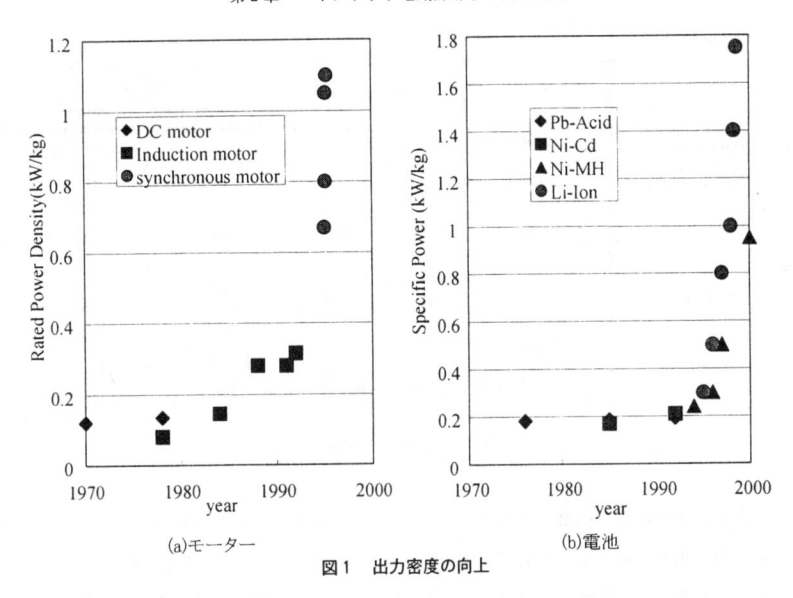

第2章 ハイブリッド電気自動車の開発動向

図1　出力密度の向上
(a)モーター　(b)電池

頃にはパワー密度として1.2kW/kg，つまり50kg程度で約60kWを出力できるまでになったのである。これらの改良を通し，効率に関しては約75％から90％程度まで向上してきた。

そして奇しくも電池系においても，リチウムイオン電池やニッケル水素電池等の先進型電池の登場と共に，一層の高出力密度化が可能となったのである（図1（b）参照）。内部抵抗を大幅に下げることで出力密度を向上させ，それは抵抗成分による散逸エネルギー低減を意味するから，変換効率の向上に直結する。25kWの出力を電池のみで供給する場合，出力密度が0.2kW/kgの電池であれば約125kgもの電池を要するが，1kW/kgの電池であれば25kg搭載と大幅に削減できる。

かつて1990年代初めまでHEVは，複数の動力ユニットを搭載するが故に重複が大きく，車両として現実解ではないと考えられていた。しかし，モーター・コントローラ系と蓄電池系の大幅な高出力密度化・高効率化により，別の観点からすれば現在の自動車エンジンのパワー密度約0.7〜0.8kW/kgをついには超えるまでとなり，これを待って初めてHEVの可能が大きく開かれることになったとも言えるのである。

2　HEVの構成

図2にHEV構成例を示す。SHEV（シリーズ型ハイブリッドEV）は基本的にはEVに発電装置をそのまま載せたもので，タイヤへの動力伝達はモーターのみが行う。モーター出力が車両動

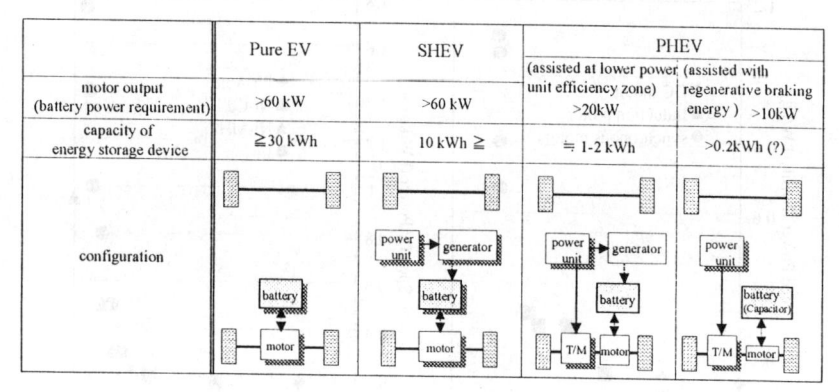

	Pure EV	SHEV	PHEV	
			(assisted at lower power unit efficiency zone)	(assisted with regenerative braking energy)
motor output (battery power requirement)	>60 kW	>60 kW	>20kW	>10kW
capacity of energy storage device	≧30 kWh	10 kWh ≧	≒ 1-2 kWh	>0.2kWh (?)
configuration	battery → motor	power unit → generator, battery → motor	power unit → generator, battery → T/M → motor	power unit, battery (Capacitor) → T/M → motor

図2　EV/HEVの構成図

力性能を規定するから，搭載すべきモーターはEVと同レベルの出力が要求される。SHEV用電池の容量は狙う車両によって異なるが，例えば都市の限られたエリア内で電気のみのEV走行が求められるのであれば，この走行に見合ったエネルギーを蓄積可能な電池を搭載する必要がある。

　PHEVとしては，エンジンとタイヤは機械的な結合・分離が可能で力学的エネルギーが直接伝達されると共に，モーターを併設し走行時にパワーアシストするタイプを考える。これよりタイヤへの駆動力供給はガソリンエンジン等のパワーユニットと，モーター出力の合計となる。駆動力分担は車両コンセプトによって異なってくると考えられ，この点からシステム構成の考え方，ユニット性能の要求値にも違いが出てくることになる。

　PHEV欄の右側は，小型モーターと電池を接続したもので，減速時，モーターを発電機として用い運動エネルギーを電気エネルギーに変換・電池に蓄積し，発進時に利用するものである。PHEV欄の左側は，低速域ではモーターのみによる走行が行え，エンジン効率の低い領域を主にモーター駆動でカバーする形式で，トータルのエネルギー効率を高めることができる[2]。モーター出力も大きくなり，また電池のエネルギー蓄積容量もさらに大きいものが要求され，エネルギー量の出入りバランスから，エンジン軸出力の一部を利用して発電を行う形式である。

3　車両性能とエネルギー効率

3.1　各種車両での効率比較[3]

　走行エネルギーを供給する駆動系において，エネルギー効率は，モーター，コントローラー，

第2章　ハイブリッド電気自動車の開発動向

ギア，電池等各ユニットのエネルギー効率の積になるであろう。

total efficiency : $\eta_{total} = \prod_{i=1}^{N} \eta_i$

efficiency of each unit : η_i

ここで，簡単な概算を行ってみよう（表1[4]，図3）。

表1　各種車両の効率計算例

<ガソリン自動車>	(効率)	<EV>	(効率)	<HEV>	(効率)		
採掘	0.99	採掘	0.99	採掘	0.99		
タンカー輸送	0.99	タンカー輸送	0.99	タンカー輸送	0.99		
精製	0.94	精製	0.94	精製	0.94		
輸送・給油	0.95	発電	0.38	輸送・給油	0.95		
エンジン効率	0.225	変送電	0.94	車載エンジン発電機	0.30		
車両走行時損失	0.80	充電器効率	0.90	電池充放電効率	0.90		
		電池充放電効率	0.90	モータコントローラ効率	0.90	0.90	
		モータコントローラ効率	0.90	車両走行時損失	0.80	0.80	0.80
		車両走行時損失	0.80				
総合効率	0.158	総合効率	0.192	総合効率	0.170	0.189	0.21
					S(P)HEV 発電機出力を電池に蓄積	S(P)HEV 発電機出力でそのまま走行	PHEV エンジン軸出力で走行

<ガソリン自動車>　　　　　　　<EV>　　　　　　　<HEV>

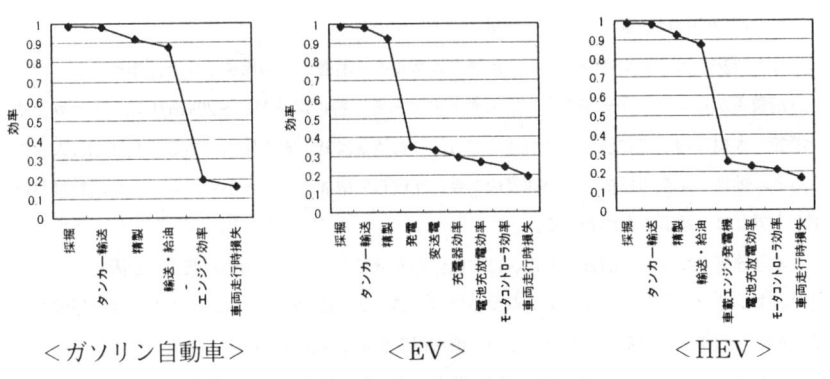

図3　各種車両の効率計算例（グラフ）

燃料の燃焼熱から，力学的エネルギーあるいは電気的エネルギーを取り出すが，熱機関部分は熱力学に則りエネルギー変換効率の上限が定まってくる。ガソリン自動車ではエンジン部分において，またEVにおいては発電所部分において，この変換に規定されるエネルギー効率低下を生じている。またEVでは（発電所の）発電効率は比較的高いが，電気系のユニットを介するごとに効率が低下してゆくことになる。なお表1は理想に近い定数を用い概算を示したが，常に一定値に留まるわけではなく，後述の通り例えばエンジンのエネルギー効率は負荷により有意に変動する。

これに対してHEVでは，効率の良い領域を選択し組み合わせることでさらに効率向上を目指すシステムである。

- 発電機からの電気エネルギーを電池に蓄えモーターで利用
- 発電機からの電気エネルギーを電池に蓄えずそのままモーターで利用
- 効率の良い領域でエンジンからの軸力をそのままタイヤに伝達

に分けて簡単ではあるが概算例を示した。

このようにHEVにおいて，複数の動力機構と，エネルギー発生と消費に時間差を許すエネルギー蓄積部を設置することで，いくつかのエネルギーパスが利用でき，総合効率の高いところを選択し作動させることが可能と考えられる。効率を落とすユニットの介在を極力減らすと共に，各ユニット自身の効率向上が一層求められるのである。

3.2 パワーユニット（エンジン）のエネルギー効率

先ほどの例では，エンジンのエネルギー変換効率を22.5％として計算したが，実際には走行条件によって変わってくる。車両走行の力学からすれば，平地を低速度で走行した場合には，抵抗の主成分は転がり摩擦抵抗である。これをほぼ一定値とすれば，単位距離の走行に必要なエネルギーは，原理的には速度によらず一定値になるはずである。

ところで図4は，ガソリン自動車の車速とエネルギー消費との関係を示す計測事例[5]で，ガソリン消費量からエネルギー消費を算定したものである。特に車速が15～20km/h以下ではガソリン消費が大幅に増しており，車速が速くなるにつれ消費は低下する傾向にある。高速域に入ってくると，前述した空気抵抗成分が速度の2乗に比例して増加することから，ガソリン消費量がわずか上昇しはじめることがわかる。

この低速側のガソリン消費の大きさは，低出力領域でのエンジン効率の低さに起因していると言われている。図5にガソリンエンジンの出力と熱効率の概念図を示す。出力が小さい領域では効率が低く留まっていることがわかるが，機械損失やポンプ損失が原因と考えられる。

つまりエンジンのエネルギー効率と言っても，走行条件によってかなり異なってくることにな

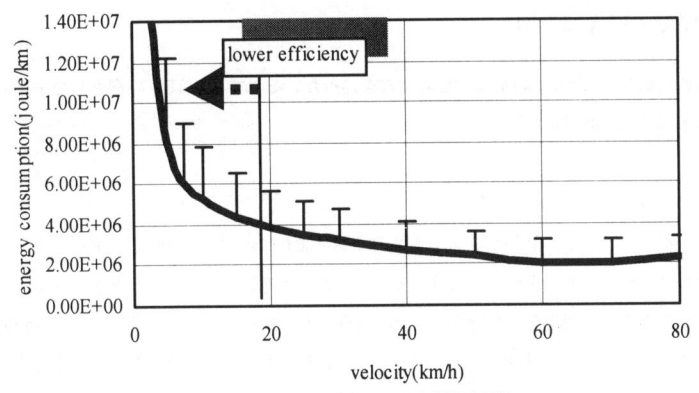

第2章　ハイブリッド電気自動車の開発動向

図4　ガソリン自動車における燃料消費例

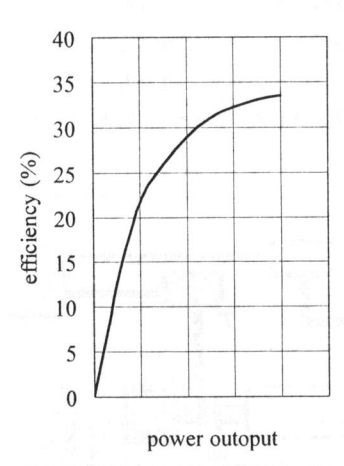

図5　ガソリンエンジンの熱効率の一例

る。効率の良い領域で連続的に走行すれば効率は上がるし，市街地で低速でストップアンドゴーを頻繁に繰り返せば，効率は下がってしまう。走行モードを決めるのは乗り手であるが，HEVにおいては，モーターコントローラと蓄電池の組み合わせにより，電気素子特有の高い効率を維持しつつパワーの「タイムシフト」を実現することで，このようにエンジン効率に大きな幅があるにもかかわらず，広い範囲で高い効率の確保を狙っているのである。

4 HEVの研究開発例

以上HEV構築にあたっての基本的な考え方を述べた。それではPHEVの例としてティーノハイブリッドに関して簡単に触れる。

4.1 ティーノハイブリッドの概要

ティーノハイブリッドの駆動系システム[8]の概要を図6に示す。2つのモーターとバッテリーを組み合わせ、一方のモーター（③）は、モーター走行時の動力源となるとともに、減速時には発電機として作用し、回生発電を行う。また、もう一方のモーター（④）は、エンジン始動を行うとともに、バッテリー充電量が一定レベルより下がるとエンジンの動力を受け、発電機として作用する。

同システムでは、エンジン効率の悪い発進時や低速走行時はモーター③の動力のみで走行し、中高速走行時はエンジンの動力のみで走行し、急加速時等にはモーター③からも動力が伝達されることになる。また、減速時にはモーター③が回生発電を行い、バッテリーを充電する。車両停止時にはエンジンは自動的に停止される。このように低速時、中高速時、急加速時等の走行状況

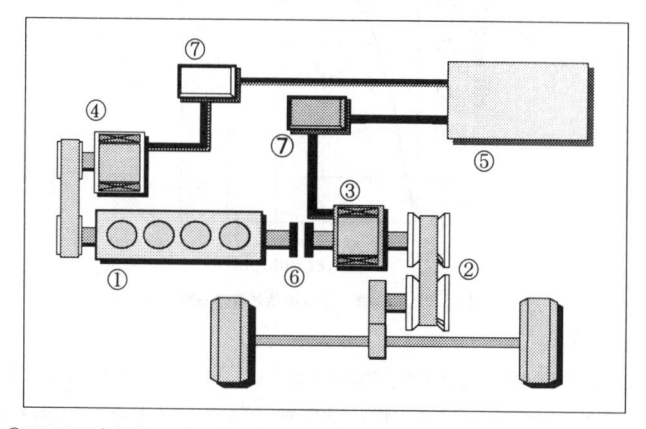

①QG18DE改良型エンジン（1.8リットル、ガソリン4気筒）
②HYPER CVT改良型（金属ベルト式無段変速機、モーター／電磁クラッチ内蔵）
③永久磁石型交流同期モーター（駆動／回生用）
④永久磁石型交流同期モーター（発電／始動用）
⑤リチウムイオン電池（マンガン系正極型）
⑥電磁クラッチ
⑦インバーター（交流直流交換装置）

図6 ティーノ・ハイブリッド駆動システム

に応じて，動力源を最適に使い分ける高効率な動力伝達システムにより，燃費が向上するとともに，クリーンな排気を実現する。

さらにエンジンでの連続可変バルブタイミングコントロール採用による大幅な燃費向上，ハイパーCVTによる動力性能と低燃費との両立，PHEV用高出力型リチウムイオンバッテリーの採用による搭載性と出力性能の向上を図った。またハイブリッド用高速電子制御システムにより，エンジン，モーター，CVT，バッテリー等の高性能ユニットを全運転域で最適に制御し，滑らかで力強い運転と省エネルギーを両立させている。

4.2 電源システム

最後にHEVを支える電池システムに関して述べたい。表2にモジュールの仕様と写真を示す。図7[7]にSOC (State of Charge：残存容量) に対する入出力特性を示す。SOC20%以上

表2 HEV用モジュール仕様

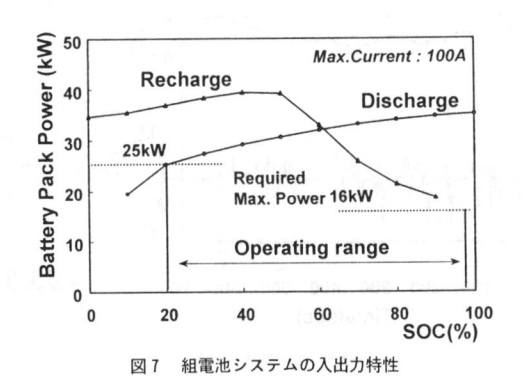

	Module For PHEV
Cell shape	Cylindrical
Dimensions	W260 × L540 × H160 (mm)
Weight	21kg
Voltage	120〜199V
Rated capacity	3Ah
Max.Power (at DOD80%,25℃)	12.5kW
Cell controller	Integrated

図7 組電池システムの入出力特性

2 modules are mounted under the floor

Battery Modules

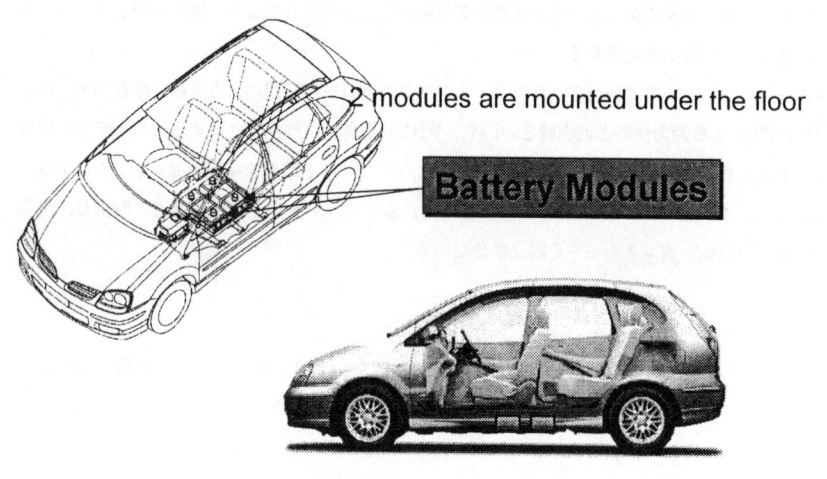

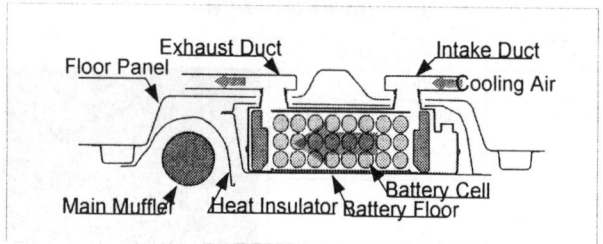

Exhaust Duct Intake Duct
Floor Panel Cooling Air
Main Muffler Heat Insulator Battery Cell
Battery Floor

図8 車両と電源システム配置

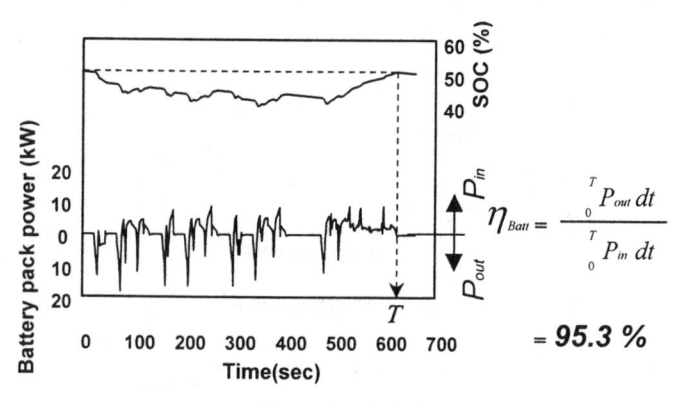

$$\eta_{Batt} = \frac{\int_0^T P_{out}\, dt}{\int_0^T P_{in}\, dt} = 95.3\,\%$$

図9 エネルギー効率

で25kWが放電でき，またSOCの広い範囲で16kWの充電受入能力がある。

図8に車両と電源システム配置を示す。電池システムは，排気管の近くに配置され熱的にはより厳しい環境にあるが，リチウムイオン電池自身は高温でもクーロン効率は100％であり熱的な不安定挙動はなく，このようにアンダーフロアへの搭載が可能となった。図9には実走行での充放電効率を示す。この例では電池の充放電におけるエネルギー効率は95.3％となっており，期待した通りの高い効率を確保している。

文　献

1) 任田，丹下，電気自動車技術の現状と将来，自動車技術，51，No.1，p.52-57（1997）
2) 阿部，佐々木，松井，久保，乗用車用量産型ハイブリッドシステムの開発，自動車技術会秋季学術講演会前刷集，9739543（1997）；伊藤，中尾，曽我，小木曽，低燃費コンセプトカー搭載のパワートレーンシステム，自動車技術，51，No.9（1997）
3) 佐藤登編，『電気自動車の開発と材料』，シーエムシー，堀江，ハイブリッド電気自動車の研究開発（1999）
4) 武石，小林，資源性，環境性，経済性を考慮した将来の自動車用エネルギーの展望，自動車技術，49，No.1（1995）
5) 谷口，山口，大口，交通流の視点からの燃料消費の考察，自動車技術，50，No.12（1996）
6) 北田，青山，服部，前田，松尾，CVTを利用したハイブリッドEVの開発，自動車技術会秋季学術講演会前刷集，9838589（1998）；日産自動車広報資料（「ティーノ・ハイブリッド」1999年3月）
7) T.Miyamoto, "Development of a Lithium-ion Battery System for HEVs", First Annual Advanced Automotive Battery conference（8th February 2001）

第3章　燃料電池自動車の開発動向

本間琢也*

1　はじめに

　燃料電池自動車を実用化するための問題点，すなわち固体高分子形燃料電池の小型・軽量化，コスト条件等に従って，現在の開発状況を実例を挙げて説明し，最後に最近公開された本田技研工業のFCX-V3の性能やトヨタ，マツダ，DaimlerChrysler，GM等の開発状況を紹介する。

　自動車等移動体用動力源としての燃料電池で最も期待されているのは，固体高分子形燃料電池（PEFC）である。PEFCは常温において動作可能であり，また他の燃料電池に比べて高出力密度である点において，自動車用エンジンとしての利用が期待されている。しかし，PEFCは低温動作であるが故に，極めてデリケートな性質を持っており，それが実用化への道を険しいものにしているとも考えることができる。

　PEFC以外に注目されているのはアルカリ形（AFC）および固体酸化物形燃料電池（SOFC）である。AFCはコストが低くなりえる可能性があるが，化石燃料の改質では発生が避けられないCO_2に対して弱いという欠点があり，現在これを自動車に採用しようとする動きは少数の会社に限られている。SOFCは動作温度が1000℃と高い点に問題はあるが，COが燃料として使えること，改質器が不要であるなどの長所を持っている。主流とはいえないが，BMWなど世界のいくつかの自動車会社はこの種の燃料電池に熱い眼差しを注いでいるように思われる。

　本稿では燃料電池自動車（FCV）の実用化のための問題点を挙げ，それに沿ってFCV用燃料電池に関する開発動向について説明する。

2　小型化，コンパクト化への挑戦

　燃料電池自動車（FCV）を実用化しそれを商業ベースに乗せるためには，いくつかのハードルを越えなければならない。その第1は高出力密度による小型化，軽量化の実現が挙げられる。
　PEFCの開発において世界のトップを走るBallard社は，1989年に水素と加圧空気による出力5kWのPEFCスタックを開発したが，その容積は30リットル，重量は45kgであった。その後

---

*　Takuya Homma　燃料電池開発情報センター　常任理事　筑波大学名誉教授

第3章 燃料電池自動車の開発動向

　研究開発に努力を傾注した結果，95年までに著しく性能を向上させ，96年にはバスのエンジンルームにすっぽりと入ることができるようなレベルにまでPEFCの小型化に成功した。この成果は燃料電池エンジンの実用化に対する人々の期待を大きく膨らます結果となった。

　Ballard社は，2004年までに社会に登場する予定になっている第1世代FCVエンジン用の新型PEFC"Mark 900"スタックのパッケイジ化を完成した。この模型は99年秋，StuttgartにあるDaimlerChryslerの研究施設においてすでに公開された。メタノール改質ガスで出力75kW，市販の水素で80kWの連続発電が可能なこの新しいMark 900スタックは，先のMark 700に比べて出力密度において約30％は向上した。

　純水素燃料に対してはその容積出力密度は1,310W/lit.，メタノール改質ガスに対しては1.23kW/lit.となっている。より具体的には，スタックのみの容積は61 lit.，これにマニホールド，空気加湿器，およびセンサーを加えたモジュールの容積は77 lit.であり，Mark 700モジュール（出力66kW）の131 lit.と比較して半分強にまで小さくなっていることがわかる。したがってモジュールで計算した出力密度は，改質ガスで0.97kW/lit.，純水素で1.04kW/lit.となる。

　GMは"Stack 2000"と呼ばれる新しい燃料電池スタックについてその詳細を披露した。古いスタックに比べて改革された基本的ないくつかの特徴は，独自の加湿器を導入した結果，外部から加湿する必要がなくなった点，および部品の個数が約10減少した点である。なお，FCV最前線で紹介するFCV"HydroGen 1"には，以前のスタック"1999 Stack"が用いられている。

　アメリカおよびドイツにおけるGMのFC開発グループ"GM's Alternative Propulsion Center（GAPC）"のスタック設計責任者Martin Woehr氏は「新しいスタックはほぼ大気圧で動作するよう設計された」と述べている。大気圧下での動作により，システムの構造は簡単化され，補機動力が小さくなり，したがって運転時での騒音は低く抑えられる。

　"Stack 2000"の性能を，GM/Opedlが今回実証運転試験を行った"HydroGen 1"に用いられた"Stack 1999"との比較において示すと，以下のようになる。ただし括弧内にはStack 1999の性能を示す。

　定格出力；94kW（80kW），最大出力；129kW（120kW）
　体積出力密度；1.6kW/lit.（1.1kW/lit.）
　重力出力密度；0.94kW/kg（0.47kW/kg）

　以上のデータから，重力出力密度が著しく向上していることがわかる。事実Stack 2000の重量は100kgで，前のモデルに比べて約半分の重さである。

3 短い起動時間と負荷変動に対する応答性

第2のハードルは、短い起動時間と速い応答性の実現である。PEFCは常温での起動が可能である点がエンジンとして最も適しており、反応速度も速いので、スタック自身の起動性および応答性についてほとんど問題は指摘されていない。

水素燃料を自動車に積み込むのではなく、メタノールやガソリンを燃料とする場合には、この改質器の起動性、応答性が問題点を提起する。メタノールの水蒸気改質を採用することになれば、300℃レベルの温度まで昇温する必要があり、それだけ起動時間は長くならざるを得ないからである。従来のメタノール水蒸気改質には、起動時間は20分にも達していたが、部分酸化改質法（POX）を適用することによって、最近では数分のオーダーでの起動が可能になりつつある。さらに高温での反応を要するガソリン改質の場合には、水蒸気改質ではなく一般にPOXが使われるが、水蒸気改質に比べて起動時間は短いものの、改質効率を若干犠牲にせざるを得ないという問題が発生する。

アメリカ連邦政府による次世代自動車の開発プロジェクトPNGV（Partnership for a New Generation of Vehicles）は、ガソリン改質プロセッサのターゲットとして、起動時間については2分、応答性については定格出力の10％から90％まで20秒と定めている。水素燃料を直接用いる場合には、改質プロセスは不要であるが、水素の自動車への貯蔵積載方法と燃料電池への燃料供給系における応答性が考慮されなければならない。

4 信頼性と耐久性

現在PEFCに関しては、PAFCやSOFCに比べて長期間にわたる実証経験が乏しいのが現状である。もともと自動車用エンジンに求められる耐久性のターゲットは、5千時間のレベルとされており、定置式発電プラントにおける数万時間に比べれば短くなっている。しかし、今後実証経験を経ることによって、空気中における不純物が耐久性や信頼性に与える影響等、今まで予想していなかったような問題が発生してくるものと思われる。

このような問題を把握するためには、公道における実証実験が必要であり、それを実施しようとしているのがCalifornia Fuel Cell Partership（CFCP）である。CFCPはアメリカCarlifornia州主導のもと、自動車メーカーや石油会社が参加して99年4月に設立された。2000年11月にCFCPによる燃料供給インフラがオープンし、実証試験が開始されたが、2003年までには、約50台のFCVによる走行実験のほか、水素やメタノール等代替燃料の供給インフラ技術に関する実証実験も行うことになっている。

第3章 燃料電池自動車の開発動向

わが国における初めてのFCV公道公開走行テストが，2001年3月3日横浜・みなとみらい21地区で行われた。当日は約2kmの距離を時速30kmのスピードで走った。これは石油産業活性化センターの技術開発共同プロジェクトの一環として実施されたもので，ダイムラー・クライスラー日本ホールディング社提供の"NECAR 5"とマツダ製の"プレマシーFC-EV"の2台を使用，燃料のメタノールは日石三菱が供給した。

同プロジェクトではすでに2001年2月15日から日石三菱精製・横浜製油所内などで走行試験に入っており，今回の公道試験を含めて実用化に向けた走行性能，燃費，排ガス性能などのデータ収拾を図っている。なお，01年夏までに横浜のほか東京や広島でも走行試験を行う予定である。

また，WE-NET計画のもとで，大阪および四国において水素供給スタンドを設置し，2001年から02年にかけてFCVの公道実証運転実験を実施することが予定されている。

5 コスト

コストの低減は最も高いハードルであると同時に，商業化の成否を決定する最も総合的な指標と言うことができよう。現存の内燃機関に対抗し得る燃料電池スタックのコスト目標は，$50/kWと想定されている。現在のPEFCの生産価格は，このターゲットに比べて2桁高い値を示しており，例え大量生産体制が採られたとしても，この目標値を満足することは難しく，なお材料や制作面においてコスト削減のための努力が求められている。

コスト削減に係わる砦の第1は，電極に使用される白金触媒によるコスト負担を軽くすることである。PEFCは低温で動作するため，電極触媒に白金または白金合金が使われる。しかもこの白金は，COに対して被毒を受けるので，改質ガスからCOを除去することが要求される。少なくとも燃料と共にCOが流入するアノードにはCO被毒に比較的強い白金－ルテニウムが触媒として有力な材料であるが，それでも現段階で少なくとも改質ガス中のCO濃度は100ppm以下にすることが求められている。

白金触媒の必要量は，研究開発の努力によって減少してきており，最近の研究情報によれば，アノードでの白金ルテニウム触媒の保持量は0.2mg/sq.cm，カソードでの白金触媒のそれは0.4mg/sq.cmと報告されている。

1999年に，Arthur D.Littleは，自動車用50kW PEFCシステムのコスト分析を行った。このコスト解析は，以下の2項目を前提として計算されている。その第1は，2000年時点で適用可能な技術を用いること，第2は年間50万ユニットの生産量を仮定する，である。さらにシステムの仕様および性能については，総合効率は35ないし40％，水は自給が可能であることが仮定されている。その他のシステムパラメータを，表1に示す。

151

表1 コスト解析の前提となるシステムパラメータ

システムの条件	PEFCモジュール	PEFCセル・スタック
多種燃料（ガソリン） システム効率；35〜40％ 水分自給 動作圧力；3気圧 Turbocompressor/expander	正味出力；50kW 電圧；300V 動作温度；80℃ 改質ガスで動作	セル電圧；0.8V 電流密度；310mA/cm² 冷却板／セル 総出力；56kW 水素利用率；85％
PNGVによるDOE仕様	技術評価の結果設定された仕様	

　コスト解析モデルによる解析結果は，出力50kWシステムの総コストが$14,700，単位出力当たり$294/kWであった。PEFCサブシステムがそのうちの60％，燃料改質プロセッサーが30％を占め，残り10％がBOPおよび組み立て費用である。スタックのコストは$7,050であるが，そのうちの76％（$5,355）を膜電極一体構造（MEA）が占めている。またMEAコストのうちの47％が触媒のそれであり，触媒の使用量は，Ptが180g，Ruが45g（アノードではRu/Pt；0.2/0.4mg/cm²，カソードではPt；0.4mg/cm²）である。

6　普及の時期と燃料の選択

　資源エネルギー庁長官の私的研究会である燃料電池実用化戦略研究会（座長・茅陽一慶応大学教授）は，現時点から本格普及が見込まれる2010年度以降までを3段階に分けてシナリオを描き，それぞれの期間に行うべき技術開発や施策を提案，燃料選択についての見通しにも触れている。

　燃料電池の実用化・普及を図る上での課題としては，①燃料電池の基本性能の向上，②経済性の向上，③燃料開発とインフラの整備，④基準・標準および規制整備，その他を挙げ，3段階に分けたシナリオでは，2000〜05年頃を"技術実証段階"，05〜10年頃を商品の"導入段階"，10年頃以降を"普及段階"と位置付けている。

　燃料電池自動車（FCV）の燃料選択に関する見通しでは，当面，初期導入が可能であるのは圧縮水素やメタノールであるが，その場合でも特定地点間をフリート走行する自動車に限定される。近未来においては，硫黄などの不純物を除去した"クリーンガソリン"，天然ガスから生成される液体合成燃料（GTL）などが選択される可能性が高い。長期的将来については水素が有力であり，その場合車載貯蔵技術の確立や水素供給インフラの構築が前提になると述べている。

　こうした技術の進展により，普及の規模としては，2010年にはFCVで5万台，定置型で210万kW，2020年にはFCVは500万台，定置型で1,000万kWの導入が期待されると提言している。

7 燃料電池自動車（FCV）の最前線

本項では主要自動車各社の最近の動きについて，それらの一部を紹介する。

① 本田技研工業

本田技研工業は，新しい燃料電池自動車FCX-V3を製作し，California Fuel Cell Partnershipに出品することになった。これは過去に製作発表したFCX-V1およびFCX-V2（メタノール車）に続くものであり，また同社が過去に開発した電気自動車，CNG車，ハイブリッド車等の次世代車に採用されたそれぞれの最新技術を適用している点に特徴がある。FCX-V3のいくつかの具体的な特徴をまとめると次のようになる。

燃料は水素であり，その点ではFCX-V1に続くものであるが，V1が水素吸蔵合金を用いたのに対して，V3では250気圧の高圧水素ガスが用いられた。その結果燃料貯蔵タンクの重量は4分の1となり，車体重量もV1の2,000kgからV3は1,750kgまで12％軽量化されている。さらに特筆すべき特徴は，起動時間が前回の車種が10分を要したのに比べてV3はわずか10秒にまで短縮され，さらに燃料（水素）補給時間も20分から5分へと大幅に減少したことであろう。

動力源については，FCX-V1では自社製のPEFCが搭載されたが，V3は自社製以外にBallard製の出力62kW PEFCも採用した。研究者は"Ballard is very advanced"と語っている。さらに動力システムの負荷応答性を向上させるため，ウルトラキャパシターが装備された。

第3の特徴は，各種コンポーネントがコンパクトにまとめられている点であり，その結果燃料電池動力システムは，床下にサンドウィッチ構造の間に格納された。客席は前後各2席ずつ合計4席が配備されている。

最高速度は81mph（130km/h），走行距離は112mileとV1に比べて差はないが，同社は2002年までに重量を1,650kgまで減少し，走行距離を125mileまで延長，コストは30％は減少させたいと述べている。このような技術上の成果にもかかわらず，FCVの本格的な普及は10年から20年の年月を要すると研究者達は考えているようである。

② トヨタ

トヨタ自動車は"第4回トヨタ環境フォーラム"にて，FCHV（燃料電池ハイブリッド車）を2003年半ばに商品化すると発表した。また，試作車を開発し公道走行試験を開始した。今回発表した"FCHV-4"は，出力90kWのPEFCおよびニッケル水素電池を搭載し，FC用燃料は水素ガスで高圧タンク方式を採用している。ベース車両は"クルーガーV"，最高速度が時速150km，航続距離が250km以上である。

公道試験では車両5台を用意し高速道路などを含めた走行データを3年間にわたって収集するとともに，7月からはカリフォルニア州の公道テストプロジェクトにも車両2台で参加すること

にしている。商品化時代の価格について張富士夫社長は「1,000万円は切りたい」とその抱負を語っている。　同時に、日野自動車と共同開発した燃料電池搭載バス"CHV-BUS1"を発表した。これは床下に高圧水素タンクを格納した63人乗りのバスで、最高速度時速80km、航続距離300kmである。

③　マツダ

マツダは、ミニバンの"プレマシー"をベースとしたFCV"プレマシーFC-EV"による公道での走行試験を、広島市などで本格的にスタートさせることにした。01年7月まで広島市での市街地走行を中心にデータを収集し、その後は実用化に向けての基礎的な研究を続ける予定になっている。

"プレマシーFC-EV"は、メタノール改質方式で、親会社フォード・モーターがバラードのスタックを使って開発した駆動システムを、マツダがプレマシー用に仕上げたFCVである。なお、マツダは3月にダイムラークライスラーと一緒に公道走行を公開する予定であったが、走行直前にシステムに不具合が発生、走行を取り止めた経緯がある。

④　BMW

BMWは、茨城県つくば市の日本自動車研究所で水素エンジン（HE）車の"BMW750hL"を公開した。FCVと異なり、従来のガソリン車と同様、内燃機関で水素を燃焼させてパワーを得る。1回の燃料補給で約350km走行でき、最高速度は時速225kmとガソリン車並みの性能を実現している。

トヨタやホンダなどの主要メーカーはハイブリッド車やFCEV（燃料電池電気自動車）に軸足を置いており、BMWはいわば技術的に"孤立"している格好であるが、ブルクハルト・ゲッシュル技術開発担当取締役は「FCに比べてシステムがコンパクトなのでスタイリングでも有利。バス・トラックといった大型車なら燃料電池を積むスペースはあるが、乗用車では難しい。車体も軽量化できるので、総合的な燃費では差は出ない」と自信をみせている。

BMWおよびDelphi Automotive Systemsは、ガソリンを燃料とする小容量のSOFCを補助電源（APU；auxiliary power unit）として装備した第1号プロトタイプ自動車を発表した。補助電源からの電力は、エンジンの制御、空調、窓の自動開閉、リアウインドウデフロスター、安全装置（ABS）、カーフォンを動作させるのに使われる。

このような補助電力の需要は、過去30年間に出力で5倍、蓄電池容量で2倍にまで増えており、今後ますます増加するものと予想されている。BMWはすでに2年前からこのような構想を実現するプロジェクト計画を発表していたが、今回SOFC電源を同社の主力機種（flagship）である750iモデルに搭載した。開発の責任者であるDr.Burkhard Goeschel氏は、5年以内に商用化が可能であると述べているが、価格については言及されていない。

このSOFCの電解質はYSZであり，800℃の動作温度でガソリンを改質する。SOFCから排出された未利用成分を燃焼して得られた熱は，空気の予熱に使われている。したがって効率は従来の発電機に比べて2倍の大きさであり，100kmの走行に消費されるガソリンの量は，従来方式の1.5lit.に対して0.7lit.に過ぎない。同社の説明によると，このプロトタイプは，動作温度に達するまでに10分を要するが，将来の出力5kWバージョンでは3分で起動することができるとのことである。

⑤ GM/Opel

GM/Opel製バン"Zafira"をベースに製作されたFCV"HydroGen 1"による過酷な走行試験運転の記録が，ジャーナリストに公開された。それはアリゾナ州にあるGMの砂漠運転試験センター（GM's desert proving ground）での運転試験結果であり，気温35℃の酷暑の中で，"HydroGen 1"は24時間に1,386.9kmの距離を走行した。平均速度は67.8km/hになる。空調がなく，窓を大きく開けない状態では，中の気温は65℃まで上昇し，焼けるような暑さ（sizzling）になったと伝えられている。

走行試験通路は，6マイルの環状トラックで，24時間のうち，真の走行時間が16時間であったことを考えると，現実のスピードは86.68km/hを記録したことになる。24時間から実際の走行時間16時間を差し引いた残りは，燃料（水素）の補給，メンテナンス，および乗員の交代に当てられた模様である。助走区間での速度計測は，最高速度として140.1km/hを記録（FIA公認）している。なお燃料には液体水素が用いられた。

2回目の走行試験では，コンプレッサーの加熱によって12時間で走行試験は打ち切られたが，それでも走行距離は1,100kmに達したと報告されている。次世代車"HydroGen 2"は，空調を設備するなど，多くの点を改良して，試験運転に入る準備が進められている。

8 おわりに

現在燃料電池に対して極めて大きな期待が寄せられているように思われる。この原動力は第1に，広大な市場を持つ自動車用燃料電池の実現に対する社会の期待に求められよう。しかし多くの専門家はこれを実現するための道はそれほど平坦ではないと述べている。燃料電池を社会に定着させるためには，今後各分野の専門家による一層の努力と協力が求められている。また燃料の選択とそれによるインフラの整備，公道実証基地の提供，技術基準や標準の設定等，国家機関が主導権をとるべき問題点も存在する。官民一体となった努力が期待されている所以である。

PEFCによる家庭用あるいは可搬式小型PEFCの実用化と市場展開に対しても，世間の注目が集められている。今後自動車エンジン用FCとの関連においても，この方面での技術と商品化へ

の努力が加速されるものと期待される。

文　献

1) NEDO・FCDIC, 新エネルギー技術開発関係データ集作成調査（燃料電池）, 平成12年3月
2) 本間, 燃料電池の開発と商用化戦略, 電気学会誌119巻7号, pp.432-435, 1999
3) Hydrogen & Fuel cell Letter, November 2000 Vol.XV/No.11, pp.1-2
4) P.Devlin, et al., Challenges for Transportation Fuel Cells – Fuel Processing and Cost, 2000 Fuel Cell Seminar, Portland, Oregon, Oct.30~Nov.2, 2000
5) Hydrogen & Fuel Cell Letter, March 2001, Vol.XVI/No.3, p.6
6) 日刊自動車新聞01年6月16日
7) 日刊工業, 日刊自動車新聞01年6月1日
8) Hydrogen & Fuel Cell Letter, June 2001, VolXVI/No.6, pp.1-3
9) 資源エネルギー庁, 燃料電池戦略研究会の報告について, 平成13年4月
10) 日本経済, 毎日, 読売新聞01年3月3日, 東京, 産経新聞3月4日, 日経産業新聞3月5日, 化学工業日報3月6日

第4章　天然ガス自動車の開発動向

原　昌浩*

1　はじめに

　天然ガスは環境負荷の少ない優れたエネルギーで，都市ガス原料の約80％を占めており，都市ガス業界では天然ガスの一層の導入拡大に努めている。その導入拡大の手段として天然ガス利用の多角化，新用途の開発を行っており，その一環として輸送分野への活用を図るため，天然ガス自動車の調査，研究を進めてきた。特に1990年の総合エネルギー調査会石油代替エネルギー部会において，石油代替性および低公害性の観点から天然ガスは輸送用代替燃料の一つとして位置付けられ，天然ガス自動車の普及を図ることも目標とされたことから，天然ガス自動車の導入，普及に官民上げての積極的な取り組みが開始された。

　通商産業省資源エネルギー庁（当時）は，このような背景のもとで天然ガス自動車の実用化，導入促進を目的とし，1990年度より補助事業として「天然ガス自動車の実用化調査事業」を開始し，㈳日本ガス協会が補助金の交付を受けて実施した。この補助事業がベースとなり，2000年度末の天然ガス自動車普及台数は約7,800台となっており，今後ますますの普及が見込まれている。天然ガス自動車普及の推移を図1に示す。

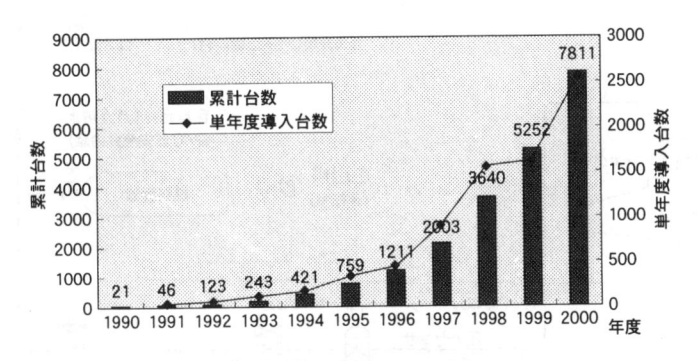

図1　天然ガス自動車普及の推移

*　Masahiro Hara　㈳日本ガス協会　天然ガス自動車プロジェクト部　課長

2 天然ガス自動車の現状

2.1 天然ガス自動車の種類

現在走行している天然ガス自動車は燃料である天然ガスを20MPaに圧縮し，高圧容器に充填して車載しているため圧縮天然ガス（Compressed Natural Gas : CNG）自動車と呼ばれている。このCNG自動車は，以下のように大きく3つに分類される。

①CNG専焼車
圧縮天然ガスのみを燃料とする。
②バイフューエル車
2つの燃料（天然ガス／ガソリン等）を切り替えて燃料とする。
③デュアルフューエル車
軽油を着火元として使用し，圧縮天然ガスを燃料とする。
日本では排気ガス基準のレベルが高いことからCNG専焼車がほとんどである。

2.2 CNG自動車の現状

CNG自動車の燃料供給系統図を図2に示す。燃料容器は高圧であるため高圧ガス保安法の適用を受け，現在日本で使用されている容器は継ぎ目なし鋼製容器（溶接されていない鋼製容器で他の容器と比較して安価であるが重い），アルミライナー製複合容器（アルミに樹脂を巻き付けた容器で軽量であるが高価），プラスチックライナー製複合容器（プラスチックに樹脂を巻き付

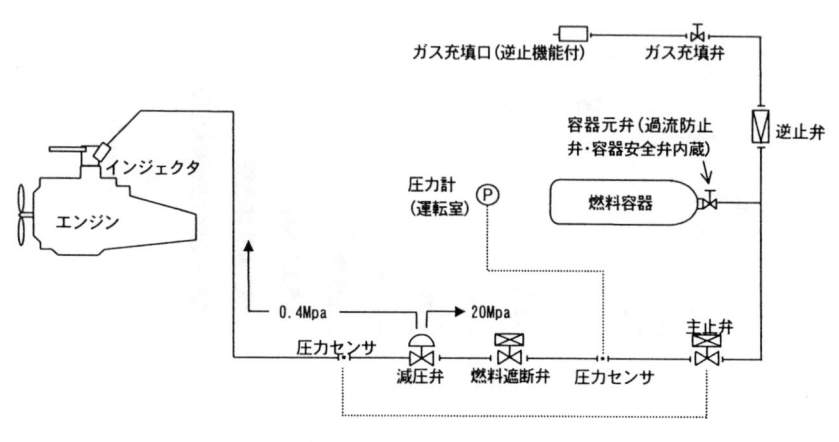

図2　CNG自動車の燃料装置フロー

けた容器で軽量であるが高価）の3種類である。容器に関しては重量と価格が反比例しており，軽量でしかも価格が安い容器が必要とされている。

　天然ガスはセタン価が低く自着火は困難なため，火花点火方式を採用している。また，エンジンへの燃料供給方式は導入当初にはミキサー方式がほとんどであったが，最近，乗用車タイプには効率向上のためインジェクション方式が取り入れられている。

　排出ガスに関しては，ここで言うまでもなく非常にクリーンである。ディーゼル自動車と比較すると光化学スモッグ，酸性雨などの環境汚染を招くNOx，CO，HCの排出量が極めて少なくSOx，PMはほとんど排出しない。また，地球温暖化物質であるCO_2の排出量はガソリンと比べ，天然ガスの単位発熱量あたりのCが少ないため，20％以上の低減が可能である。

　この低公害なCNG自動車のディーゼル代替としての価値を高めるためには，主な技術的課題が2つ存在している。1つは気体を圧縮して高圧容器に充填し車載するため，ガソリンや軽油などの液体燃料と比較し体積当たりの燃料密度が低く，長距離トラックなどの代替車としての利用が難しいこと。もう1つはディーゼル自動車と比較すると，エンジンの熱効率が低いため，天然ガスの単位熱量当たりのCO_2発生量が軽油よりも少ないという燃料としての特性を生かし切れていないことである。

　そこで，天然ガス自動車実用化調査事業の一環として1996年度から1999年度まで液化天然ガス（Liquefied Natural Gas：LNG）自動車およびLNG充填設備の実用化調査を，1998年度から2000年度まで高効率天然ガス自動車の実用化調査を実施した。また，LNG自動車に関しては，実用化調査で得られた知見をもとに2000年度より㈳日本ガス協会にてLNG自動車の車載燃料供給装置に改良を加え走行試験を行うこととなっている。以下に，LNG自動車および高効率天然ガス自動車の状況について述べる。

3　液化天然ガス（LNG）自動車

　LNGのエネルギー密度はCNGの約3倍であり，燃料容器の容積が同じであれば，LNG自動車はCNG自動車の約3倍の航続距離が得られる。LNG，CNG，軽油のエネルギー密度比較表を表1に示す。もともと，わが国の天然ガスの大部分はLNGとして輸入されており，一般にはこれを気化して都市ガスとして供給している。

　LNG自動車はLNGを直接充填することから，気化や導管輸送する費用が不要となるとともに，ガソリンをローリーで運搬するのと同様に，天然ガスのパイプラインが敷設されていない地域であっても燃料充填設備を設置できるという利点もある。CNG自動車が路線バスや塵芥車といった特定のエリアを走行する車両へ導入されているのに対し，LNG自動車は主として都市間輸送

表1 LNG，CNGおよび軽油のエネルギー密度比較

物性 \ 燃料種類	LNG （ブルネイ産）	CNG*1 （代表的13A）	軽 油 （JIS 2号）
密　度	0.465kg/L	0.168kg/L	0.830kg/L
低位発熱量	49,300kJ/kg	49,200kJ/kg	43,100kJ/kg
体積あたりのエネルギー密度 （軽油を1とした場合の相対比）	0.64	0.23	1

＊1：燃料容器に20MPaにて充てんした場合

トラックのような長距離運行車両の低公害・代替エネルギー車として期待されている。

3.1　LNGの特性

　わが国は消費する天然ガスの約96％を輸入しており，そのすべてはLNGとして輸入されている。国内に輸入されている代表的なLNGの標準組成を表2に示す。大気圧下のLNGの沸点は－160℃前後，液密度は465kg/m³前後である。また，LNGは常温では加圧したとしても液体状態を保てない。そこで液体状態での貯蔵には断熱された超低温容器が必要となる。LNGの主な成分の沸点を表2に示す。沸点は各成分ごとに違い，メタンが最も低い。したがって超低温容器はメタンの沸点以下に保持する必要がある。

　LNGは断熱構造の貯蔵容器に貯蔵するが，大気とLNGの温度差によりわずかではあるが，貯蔵容器の断熱性能に応じた入熱によってLNGが温度上昇する。この際，LNGの成分中で最も沸点が低いメタンがBOG（Boil-Off Gas）として優先的に気化し，容器内の液相のメタン割合は時間とともに低下する。この現象をウェザリングという。LNG自動車は米国において1,000台以上走行しているが，自動車用燃料としてのLNGの組成はメタンがほぼ100％に近いため，ウェザリングはほとんど問題にならない。しかし，わが国ではメタン割合が90％前後であり，ウェザリングによる組成および物性の変化を十分に考慮する必要がある。

表2　代表的LNG標準組成と沸点

	ブルネイ	マレーシア	アラスカ	沸点℃（1気圧）
メタン	89.8%	91.6%	99.7%	－162
エタン	5.0%	4.0%	0.1%	－88
プロパン	3.4%	2.8%	0%	－42
その他	1.8%	1.6%	0.2%	－

第4章 天然ガス自動車の開発動向

3.2 LNG自動車の実用化調査
3.2.1 LNG自動車の技術的課題
LNGを自動車用燃料として使用するための課題を整理すると以下のようになる。

① わが国のLNGはメタン割合が90％前後であるため，燃料であるLNGの組成が変化するウェザリング現象への対応。

② LNG燃料容器は，CNGのように高圧で充塡する必要はない（1MPa未満）が，メタンの沸点（-162℃）以下の超低温に保持するため，断熱容器が必要。またこの容器は車の振動に耐えうる構造を持たねばならない。

③ 断熱容器へのわずかな侵入熱によって，液化メタンが気化して発生するBOGの処理。

3.2.2 LNG自動車の開発
そこでLNG自動車を試作し，その評価を行った。試作車両の概略仕様を表3に，外観を写真1に示す。

LNGのウェザリングによる組成変化は，エンジンの排出ガスや出力に影響を与えるほか，オクタン価低下に伴うノッキングによってエンジンを破損する可能性もある。したがって，LNGのメタン濃度が70～100％の燃料で対応できるLNGエンジンが開発された。

表3 試作したLNG自動車の概略仕様

項 目		概 略 仕 様
車 両	種 別	長距離輸送用トラック
	総重量	20トン
	使用燃料	LNGを気化させてエンジンに供給
	排出ガス	ガソリン・LPG重量車平成10年度規制値以下
	航続距離	700～800km（高速道路巡航）
エンジン	気筒配置	直列6気筒
	総排気量	12.5L
	燃焼方式	予混合（シングルポイント噴射）火花点火 希薄燃焼
	吸気方式	インタークーラ付きターボ過給
	最高出力	206kW（280PS）／1,900rpm
燃料供給システム	供給方式	自己加圧式
	燃料容器	二重殻真空断熱構造，有効搭載量 207L×2基
	蒸発器	エンジン冷却水による熱交換

写真1 試作したLNG自動車の外観

　また，燃料容器はBOG発生量を低減するために，既存の液化窒素容器や米国のLNG容器等を参考にして，外槽と内槽の間に真空層をもつ二重殻真空断熱構造の円筒横型容器としている。さらに平成11年3月に高圧ガス保安法の容器保安規則に「液化天然ガス自動車燃料装置用容器」が新たに定められ，自動車搭載用として振動耐久性能が求められた。そこで内槽を支持するための構造を新たに開発し，LNGの自然蒸発量3wt%/day以下でこの振動耐久性能基準を満足する断熱容器が開発された。

　エンジンの燃料供給方式は吸気管シングルポイント噴射方式であり，インジェクタの圧力調整弁の1次側圧力を要求圧力の範囲内に保つ必要がある。このため燃料容器内圧力が要求圧力範囲以上になると圧力を下げるためBOGを優先的にエンジンに供給し，逆に要求圧力範囲以下になると容器内圧力を上昇させるため，加圧蒸発器を設けLNGの気化を促進させる機構としている。

3.2.3　LNG自動車の性能評価
(1)　運行上の問題点確認
・燃料供給の応答追従性
　燃料供給配管，LNG蒸発器はバッファータンクの効用もありエンジンの燃料使用量の急激な変動に対して，大きな圧力変動もなく燃料を安定して供給できている。
・加圧蒸発器の性能
　自動車の連続高速走行時，燃料容器内圧力が次第に低下し，エンジンへの供給圧力が保持できないことが確認されたが，これは加圧蒸発器の性能の問題ではなく，加圧機構の蒸発能力が液ヘッドに依存しており，容器内の液面が低くなると十分な加圧能力が発揮できなくなるためであ

第4章 天然ガス自動車の開発動向

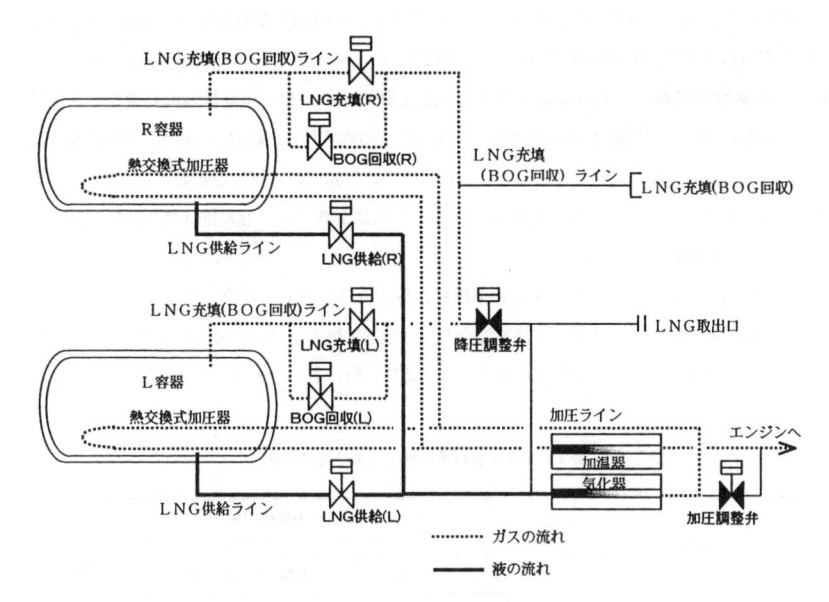

図3 燃料設備の系統図

る。そこで現在は燃料容器内に熱交換式加圧器を設け，気化器によって気化した燃料ガスの一部を戻すことにより燃料容器内の圧力を加圧する機構に改良している。改良後の燃料供給系統を図3に示す。

・放置時の容器圧力上昇およびウェザリング進行状況確認

　燃料容器に充填後，自動車を放置したままで圧力が上昇してから安全弁がBOGを放出するまでの時間を調査した。調査はLNG量が満液状態（容器体積比約75～90％）と少ない状態（容器体積比約12％）で行い，夏期と冬期に行った。結果は外気温の影響はほとんど見られず，満液状態で約5～7日，液が少ない状態で約3日である。

　また，ウェザリング進行状況は，満充填にある場合，10日程度でメタン濃度が81％から70％に変化し，少ない状態の場合，2日程度で80％から70％へ変化する。したがってウェザリングの進行は，容器内液量の影響を大きく受けることが確認されたことになる。

(2) 排出ガス性能および燃料消費率

　車両を製作後，LNGを燃料として約13,000kmのテスト走行を半積載にて行い，テスト走行後のデータを測定した。なお，等価慣性重量はLNG自動車，ディーゼル自動車共に15,000kg（半積載相当）とした。テスト走行後の各試験モードでの排出ガス排出率の結果を表4に示す。

試験の結果，排出ガス性能は目標としていたガソリン・LPG重量車の平成10年規制平均値を満足している。また，航続距離については高速道路モードでLNG自動車が約800km，ディーゼル車（軽油200L搭載）が約900kmであり，1回充填あたりの航続距離は12％程度短い。現在は1充填あたりの走行距離を延ばすため，1基あたりの内容積を230Lから260Lに増加している。これは燃料容器内の加圧機構を改良したことにより，燃料容器の外槽径を変更することなく内槽径を大きくすることが可能となったためである。これによりディーゼル車（軽油200L搭載）とほぼ同等の航続距離になっている。

この断熱容器は，「液化天然ガス自動車燃料装置用容器」として開発した溶接固定型後部サポートを持つ新燃料容器で高圧ガス保安協会の設計確認試験および組試験をクリアし，日本で初めての液化天然ガス自動車燃料装置用容器として認められたものである。

表4 テスト走行後の排出ガス平均排出率

試験モード	平均排出率			
	CO	THC	NMHC（参考値）*1	NOx
ガソリン13モード g/kWh	0.08	1.23	—	2.15
ディーゼル13モード g/kWh	0.08	1.18	0.08	1.92
M15モード g/km	0.21	6.19	0.77	2.60
高速道路モード g/km	0.07	1.80	0.21	1.44
ガソリン・LPG重量車（GVW＞2.5t）平成10年規制平均値	51	1.8	—	4.8

＊1：NMHC＝THC-CH4

3.3 今後の計画

LNG自動車は燃料容器内でメタン割合が変化するウェザリングやBOG処理などのため，どのような自動車にも適用可能な燃料搭載方法はなく，今まで述べた課題を考慮すると燃料消費量が多い走行を毎日継続して行う車への適用に限られることがわかる。しかしながら，今まで石油代替燃料がないと言われてきた都市間輸送長距離トラックには充分適用できる車と考えられ，期待が高まるところである。

㈳日本ガス協会は今後，このLNG自動車の大臣認定を取得し，路上走行試験を行い都市間移動が可能な長距離トラックの代替車としての調査を引き続き行う予定である。また調査結果については，国土交通省の「天然ガス自動車技術評価検討会」にて評価を行い，さらに実用化に向け

第4章 天然ガス自動車の開発動向

て技術指針や構造要件についても検討を行うこととなっている。

4 高効率天然ガス自動車

天然ガスは，図4のように発熱量あたりのCO_2排出量がガソリンおよび軽油に比較して20％以上少ない。従来の天然ガスエンジンはガソリンエンジンと同じ予混合火花点火方式で，熱効率も同等であることから，天然ガスエンジンのCO_2排出量はガソリンエンジンよりも20％以上少なくなる。しかし，近年，筒内直接噴射方式のガソリンエンジンが実用化され，CO_2排出量は天然ガスエンジンに近づきつつある。

一方，ディーゼルエンジンと比較した場合には，天然ガスと軽油のCO_2排出量の差はエンジンの熱効率の差によって相殺され，天然ガスエンジンのCO_2排出量はディーゼルエンジンとほぼ同等となっている。地球温暖化を抑制する観点から，天然ガス自動車においてもCO_2排出量の低減は必要不可欠である。そこで，熱効率をディーゼルエンジンに近づけた高効率天然ガスエンジンの実用化への可能性を調査している。

天然ガス自動車の効率向上のための技術として直接噴射方式の天然ガスエンジンを開発し，同エンジンを搭載するための車両を試作して性能を評価している。エンジンは，運転領域によって成層燃焼と直噴予混合燃焼を切り替えて運転を行っている。

燃料はCNG容器から減圧弁を介して供給し，大きな駆動損失が見込まれる昇圧装置は使用しない。搭載する燃料を有効に利用するために，エンジンの燃料噴射圧力をできる限り低減している。開発したエンジンを搭載する車両は，中短距離の貨物輸送に使用されてエンジンの部分負荷領域を多用している，車両総重量が8トン未満の中型トラックである。

エンジンの開発目標は最大出力，最大トルクが開発のベースとなるディーゼルエンジンと同等でCO_2排出量がガソリン13モード平均排出率で700g/kWh以下としている。なお，排出ガスの目標値は特に定めていない。

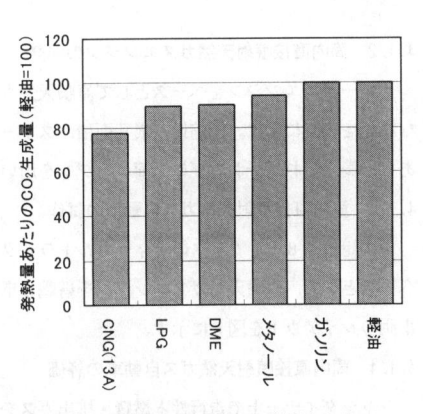

図4 各種自動車用燃料の発熱量あたりCO_2生成量の比較

4.1 筒内直接噴射天然ガス自動車の開発

4.1.1 筒内直接噴射天然ガスエンジンの技術的課題

天然ガスの組成はメタンが90％前後であり気体燃料であるため，ガソリンや軽油などの液体燃料と比較すると体積あたりの燃料密度が小さいことは先に述べたとおりである。また，自然発火温度は約540℃でガソリンと比較して高い温度である。表5に各種燃料の物性比較を示すが，次に掲げる課題がある。

① 単位体積あたりの燃料密度が小さいため，燃料インジェクタの噴口面積をガソリン車などに比べ拡大する必要がある。
② 自然発火温度が高いため，燃料への着火技術を確立する必要がある。
③ 超希薄燃焼を行うため，点火プラグ近傍へ気体燃料による可燃混合気を確実に形成する必要がある。

表5 各種燃料の物性値比較

	メタン	ガソリン	軽油
比重（体空気）	0.555	3.4	4.0
自然発火温度（℃）	540	228	260
可燃範囲（空気中体積比）	5.3〜15.0	1.0〜7.6	0.5〜4.1
総発熱量（kcal/l）	2,000	8,400	9,200
オクタン価	130	90〜98	—

4.1.2 筒内直接噴射天然ガスエンジンの開発

ディーゼルエンジンをベースとして直噴天然ガスエンジンを開発した。開発したエンジンの主な諸元を表6に示す。圧縮比，噴孔面積，スワール比については燃焼を行う上での重要な要素であり，筒内流れ解析および単気筒エンジンを用いた実験などを行い決定している。

4.1.3 筒内直接噴射天然ガス自動車の試作

車両総重量8トンクラスのディーゼルトラック（日産ディーゼル工業㈱製，MK212HB型）をベースとして，直噴天然ガスエンジンを搭載し車両を試作し，性能評価を行っている。試作した車両のレイアウトを図5に示す。

4.1.4 筒内直接噴射天然ガス自動車の評価

シャシダイナモ上で走行性と燃費・排出ガスを評価した。走行性については，平均車速8.6km/hから45.0km/hまでの過渡走行モードの車速パターンに追従することが可能であった。燃費お

第4章 天然ガス自動車の開発動向

表6 開発エンジンの主な諸元

型　式	FD46TA改
気筒配列, 弁形式	直列4気筒, OHV, 2バルブ
ボア×ストローク	$\phi 108 \times 126$
排気量	4.617L
吸気方式	インタークーラ付きターボ過給
バルブタイミング　吸気弁	開：21degBTDC, 閉：49degABDC
バルブタイミング　排気弁	開：56degBBDC, 閉：14degATDC
燃料供給方式	天然ガス筒内直接噴射
燃料噴射圧力	5MPa
点火方式	火花点火
最大出力	136kW［185PS］/3,100rpm
最大トルク	410Nm［47kgfm］/1,800rpm
燃焼室形状	楕円型
圧縮比	12
ガスインジェクタ噴孔面積	$2.99 \mathrm{mm}^2$
スワール比	0.5
アイドリング回転速度	800rpm程度
排出ガス浄化装置	酸化触媒

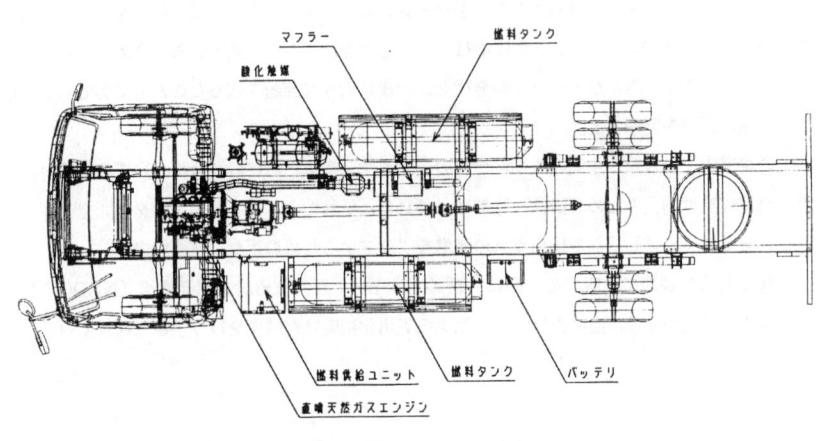

図5　試作車両のレイアウト

よび排出ガスについては、ガソリン13モードではCO_2排出率は700g/kWh以下であったがTHCはガソリン・LPGの平成10年規制値の約40倍、NOxは約2.5倍と非常に高かった。試験の結果を表7に示す。

THCが高い理由は、点火プラグ周辺に可燃混合気を形成する際に、可燃混合気の周囲に可燃限界以下の混合気が多量に存在し、これらが未燃のまま排出されるためと考えられる。したがって、COとTHCをCO_2に換算した完全燃焼換算を考えた場合、CO_2排出率はさらに増加するものと考えられる。

この結果から直噴天然ガスエンジンの熱効率を向上し、可燃限界以下の混合気を削減して未燃HCの排出量を低減するためには、燃料の過度の拡散を抑制する必要があり、そのためには燃焼室内に吸入した空気の流動、燃料の噴射方法、空気と燃料の混合について再検討する必要がある。また、PMの排出率はディーゼルエンジンに比べて一桁低いレベルである。

表7 試験の結果

	酸化触媒	平均排出率（g/kWh）					燃料消費率 (g/kWh)	エネルギー消費率 (kJ/kWh)
		CO	THC	NOx	PM	CO_2		
G-13モード	なし	10.8	72.7	11.6	—	691	337	16,500
D-13モード	なし	10.0	66.9	12.8	(0.02)[*1]	712	338	16,600

＊1　粒子補集量が規定の1mgに達していないため参考値とする。

今回のエンジンはディーゼルエンジンをベースにガソリンの筒内直接噴射技術を応用し、試作を試みたもので実際に4tトラックに車載して走行できたことは評価できると考えている。しかしながら開発途中で様々なトラブルが発生し、今後に大きな課題を残したことも事実である。以下に今後の課題を整理する。

① 燃焼室内に吸入した空気の流動、燃料の噴射方法、空気と燃料の混合についての再検討
② 燃焼安定性向上のため潤滑性、冷却性に優れた、信頼性のあるインジェクタの開発
③ 今後ますます厳しくなる排出ガスの基準をクリアするための新たな技術開発

今後これらの課題を克服するために、新エネルギー・産業技術総合開発機構（NEDO）が経済産業省の補助を受け、直噴天然ガス自動車の実用化に向けた開発を行う予定となっている。

第4章　天然ガス自動車の開発動向

5　その他の開発動向

　今回紹介した技術開発は㈳日本ガス協会が中心となり取り組んできたものであるが，天然ガス自動車に関してはその他にも様々な取り組みがなされている。天然ガス自動車のハイブリット化は経済産業省・NEDOによるプロジェクトで㈶日本自動車研究所が受託している「高効率クリーンエネルギー自動車の研究開発」で取り組まれており，デュアルフューエル車に関しては，国土交通省の「天然ガス自動車技術評価検討会」にて実用化に向けての検討がなされている。また，燃料容器に関しては軽量で安価な容器の開発として，㈳日本高圧力技術協会にて新たな複合容器の研究も行われており，他に吸着剤を利用した天然ガスの貯蔵方法の研究も行われている。

6　おわりに

　現在，クリーンエネルギー自動車（Clean Energy Vehicle：CEV）と言われているものは電気自動車，メタノール自動車，ハイブリット自動車，ディーゼル代替LPG自動車そして天然ガス自動車であり，将来はこれに燃料電池自動車も加わることになる。その中で将来の自動車の姿がどのようになるのかは，自動車メーカーでさえ捉え切れていないようである。

　現在のガソリンや軽油がそのまま燃料として選択されるのか，先に述べたCEVがその牙城を崩すのか，予測することは困難である。その中で，天然ガス自動車はインフラの整備が進んでいないといった課題はあるが，昨今のディーゼルNO作戦や尼崎公害訴訟などのディーゼル車に対する逆風を天然ガス自動車の追い風とし，排気ガスがクリーンでディーゼル車並の出力が出せる長所を生かして，ある特定の分野を中心に普及していくのではないかと考える。

　間違いなく言えることは将来の自動車は，供給する側もユーザーも「環境」といったキーワードを抜きには考えられないことである。天然ガス自動車に関しても「環境に優しい」をキーワードに，より一層の普及に取り組んでいきたいと考える。情報提供にあたり，㈶日本自動車研究所エンジン環境部には絶大なるご支援をいただき，厚くお礼申し上げます。

第5章　LPG自動車の開発動向

若狭良治*

1　はじめに

　ディーゼル排ガスによる大気汚染とそれによる健康被害が指摘される中で，1993年にトヨタ自動車㈱（以下トヨタ）によって，2トンクラスと1.5トンクラスのLPG（液化石油ガス）を燃料として，かつ，三元触媒が装着された低NOxを実現した低公害性の高いトラックが試作され，翌年から量産が開始された。

　当時，トヨタは東京都が清掃事業の車両として開発を要望したことを受け，2トンクラスの開発を2700cc 3RZエンジンをベースで行った。そのLPGトラックの販売ベースの拡大を目指し，LPG業界のボンベ配送車をターゲットに置いた。

　一方，有志の生活協同組合（生協）がコープ電動車両開発㈱を設立（1990年7月）し，ディーゼル排ガスを排除するために電気トラックの開発を進めていたが，その実現にメドがたたない中で次善の策を模索していた。そこに，トヨタはこの2トンクラスの利用を働きかけた。しかし，生協では電気トラックの第二次試作車までつくる中で実態調査を行い，生協における配達業務をしている車両の75％以上が1.5トン車かそれ以下のトラックであり，2トンクラスは15％しか占めていない状況になっていることが判明していたために，1～1.5トンクラスのLPGトラックの開発を求めた。

　しかしLPG業界には，このような小型の需要が期待できないこともあり，トヨタとしてはその要望にこたえる姿勢を示さなかった。そのような中でコープ電動車両開発㈱は，出資参加生協の実務担当者と共にトヨタと折衝し，1993年1月にモニター車の共同開発で合意した。

　1993年11月に資源エネルギー庁の肝いりで「LPガス自動車普及促進協議会」が発足したが，それと相前後して，2トンクラスのごみ収集車とボンベ配送車，1.5トンクラスのLPG車トラックのモニター車が完成した。ごみ収集車は東京都で排ガス測定等が行われ，東京都清掃局に採用が決まった。ボンベ配送車はLPG業界に販売されることになった。一方，1.5トンクラスは，1993年11月にモニター車が完成し，それから6ヵ月間全国30ヵ所で展示説明会と実際の配達コースでの試走が行われた。改良点が搾り出され，1994年6月から2トン，1.5トンクラスの生産が

---

　*　Ryoji Wakasa　コープ低公害車開発㈱　代表取締役専務

第5章 LPG自動車の開発動向

始まった。

　当時までLPG自動車への改造は，メーカーの作ったガソリン車をLPG改造事業者が行うことが一般的であり，自動車メーカーが初めからLPG自動車を生産することはなかった。しかし，それと前後して日産自動車がLPG燃料によるタクシー専用車クルーを生産し，その後，トヨタのクラウンコンフォートやコンフォートが生産されるに至った。これは国土交通省の指導で改造はメーカーがやるべきことではなかったが，メタノール自動車や電気自動車などの生産をメーカーに指導してきた経過の中で，その不文律が崩されてきたものである。

　そのことは，同時に三元触媒の進化という状況のもとで，トラックが一躍低公害車の仲間入りができたことと時期を同じにしている。LPG車はガソリン車やディーゼル車よりも黒煙や悪臭もなく，騒音振動も少ないという優れた低公害性をもっていたが，燃焼温度が高いためにNOxの発生が多いという欠陥をもっていた。そのためにLPG車自動車が，低公害車とは言いがたい状態にあった。

　しかし，このトラックの生産で画期的なことは，三元触媒の装着とO_2センサーよるフィードバックを行うことにより，NOxの排出量を大幅に削減したことである。その後，LPGトラックは清掃車やLPG車ボンベ配送車として普及する一方，全国の生協で確実に導入が進み，1994年7月以来丸7年間で3,198台（22.32％の転換率）[1]という数字をつくるに至った。また，くろねこヤマト便では1,000台，日通ペリカン便で600台のLPG車トラックが導入されるようになり，全国で16,000台のトラック[2]が活躍するようになっている。

　さらに，オランダの電子制御液状LPG加圧噴射システム（LPiシステム）が本邦に紹介され，ネックであった高圧ガス保安法における規制も適用除外となって，大幅なLPG車の技術革新の目が出てきて，普及の兆しを示している。

　この間，燃料ボンベの再検査期間が4年から6年に延長されるなどのLPG自動車が普及される要素が付加されてきたが，さらに，国連ECE規定のLPG車自動車改造キットに絡む第67規定の認証などの作業が積み残されており，世界中に650万台が普及しているLPG車の日本国内での本格的な普及への条件は未だ整っていない。

　しかし，LPG燃料の供給スタンド設備は，1962年8月からタクシーにLPGが採用され[3]，現在23万台のLPG車タクシーが走行し，1963年6月のLPGスタンドの設置以来，全国に1900カ所が存在している。実質的な低公害車であるLPG車が普及する素地は高く，技術的な改善が図られ，コスト面からも普及が期待されている。しかし，一部にLPG車に対する正しい認識が醸成されず，むしろLPG燃料が不等な評価を受けている面がある。

　代表的な意見はLPGは大型エンジンには不向きであるという見解である。LPG燃料は常温では気体だが，比較的低圧（7気圧以下）で液体化することから，液状噴射が可能であり，また，

ガソリンよりもオクタン価が高く,圧縮比を高めることが可能である[4]。そのため,欧州ではすでに大型トラック(7.5トンクラス)や大型公共バスなどに8500ccクラスのディーゼル改造の液状加圧噴射のエンジンが採用されている。また,韓国では同様なシステムによる大型エンジンの開発が進んでいる。

ところが日本において,LPG車がタクシーなどで40年にわたり使われてきたことやLPG業界がボンベ配送用トラックの燃料として利用してきた歴史からすでに実用域にある自動車であり,かつ経済性のみが強調されてきたこともあり,新たに多額の開発費を投入するという意欲が自動車メーカーに少ないことや,都市ガス業界のような自らの努力を含めてCNG車の開発普及に熱心なところと異なり,LPG自動車の開発と普及のためにかける意欲がLPG業界に少ないというのも,LPG自動車が今ひとつ飛躍しない理由でもある。

コープ低公害車開発㈱は,有志生協が創立したコープ電動車両開発㈱が電気トラックからLPGトラックへ開発研究の主力をシフトして,社名を1994年6月に改称したユーザーの作った研究開発及び普及を目指す組織であり,あくまでもユーザーの立場からLPG車両の可能性を追求している。2001年7月6日現在で,山梨県甲府市の生活協同組合コープやまなしは33台をすべてLPGトラックにするという100%を達成したような事例が生まれてきている。

2 LPG燃料の基礎知識

2.1 資源論[5]

東京ガス㈱のR&D本部の兼子弘部長の担当報告によれば,石油精製から得られるLPGは約7千万トン(31%),随伴ガスと非随伴ガスを併せた天然ガスのガス・プロセシングから得られるLPGは約1億1千万トン(61%)とガス・プロセシングの方がずっと多い。

また,LPGの原料であるNGLは油田より天然ガス田に多く含まれ,その比率は「天然ガス田からのNGL」対「油田からのNGL」は137対100となっている。LPGは天然ガス資源と同じだけの資源寿命がある。一頃言われた「LPGはガソリンと共に消える運命」というのはあてはまらない状況となっている。むしろ「LPGは天然ガスと同じ寿命」というのが正しい表現である。

探査・生産技術の進歩は目覚ましく,NGLの資源量は1994年対比で2.8倍となっており,LPG採掘はLNG採掘プロジェクトと相乗りして,中東から東南アジア環太平洋一帯に広がっている。また,LPGの天然ガスからの直接合成技術は可能であり,現状でも260ドルレベルで合成できる。今後,触媒の研究が進めばプロパンガスの収量が増し採算性も向上する。

天然ガス田には,LPGをより多く含む湿式(ウエット)田と乾式(ドライ)田があり,ウエット田では,メタン56.6%,エタン22.2%,プロパン12.2%,ブタン5.0%のLPGを多く含む

第5章 LPG自動車の開発動向

ものから，メタン96.0%，エタン2.0%，プロパン0.6%，ブタン0.18%というようなメタンがほとんどのドライ田まで様々であるが，世界的にはウエット田の採掘が増加している。

　日常的には10気圧以下の圧力を加えると容易に液化するため，液体状態で輸送や保管をする。そのため，通常「液化石油ガス=LPガス」という。代表的なものは，プロパン［C_3H_8］，ブタン［C_4H_{10}］の2つをいう。共に無色無臭で，空気よりも重く漏れた場合に下層にたまりやすい。その意味では取り扱いに注意が必要である。しかし，これは家庭用として利用されているプロパンガスのみならず，都市ガス13A規格のガスも88%のメタン以外はプロパンガスであり，漏れた場合に下層に滞留するガス成分は存在しており，安全性に絶対安心はないことを明記すべきである。

　プロパンは，-42℃，ブタンは-0.5℃で液化する。常温では，プロパンは7～8気圧，ブタンは2～3気圧で液化し，気体の250分の1となる。家庭用の燃料はプロパンガスと呼ばれているが，一般的に「純プロパン」が主体となっている。自動車用の燃料は，プロパン70～80%，ブタンが30～20%程度の混合ガスが利用されている[6]。

2.2 燃料の低公害性

　LPGを燃料とする以上，燃料自身の低公害性は重要な要素である。LPGはメタンを除く低級炭化水素で，一般的には炭素数が5のペンタン以下の炭化水素を総称してLPGと呼称している（表1）。実際はLPGを気化させて吸入して燃料させるキャブレター方式を採用してきたことから，タール分となって燃料管にたまるペンタンやゴムを溶解するブタジエンなどを含んでおり，LPG自動車の利用をしてくる中で，オートガスとしての適正化が図られてきた。

　表2は，日本において販売されている一般的なプロパンガスとブタンガスの製品の成分分析表である。この中で，ブタジエンやペンタンなどは0.0 MOL%である。プロパンガスは，沸点が-42.1℃と低く，日本において，自然界で液化することはまずない。ブタンガスはノルマルブタンで-0.5℃，イソブタンで-11.7℃と比較的高く，家庭用燃料として使うには冬期に気化しにくく，利用するのに不便である。しかし，プロパンガスと混ぜて使用するように冬期間対策が行われる。特に自動車用燃料としては，表3のような混合率が示されている。実際の組成は，表4のようにプロパンが多めに配合されている。

　オートガス（LPガス）の低公害性は，ディーゼル代替燃料のクリーンエネルギーとして認められ，環境省でもディーゼル代替貨物車を低公害車に準じた推奨すべき車両として，「低公害車

＊LPG=LPガス。Liquefied Petroleum Gas［液化石油ガス］。
＊NGL=ナチュラル・ガス・リキッド。天然ガス生産に付随する精製工程で得られる液体および液化炭化水素の総称とされる。

173

新エネルギー自動車の開発と材料

表1　LPガスの物性一覧表（抜粋）

成分名称	エタン	プロパン	i-ブタン	n-ブタン	i-ペンタン
分子式	C_2H_6	C_3H_8	$i\text{-}C_4H_{10}$	$n\text{-}C_4H_{10}$	$i\text{-}C_5H_{12}$
分子量	30.1	44.1	58.1	58.1	72.2
沸点（latom）（℃）	-88.6	-42.1	-11.7	-0.5	27.8
液密度（-15℃）	0.358	0.508	0.563	0.585	0.625
蒸気圧（37.8℃）(kg/A)	49.9 (32.4℃)	13.4	5.1	3.6	1.4
膨張率（15.6℃）(Gas/Liq)	562.6	267.2	225.5	230.9	194.3
着火温度（℃）	472	493	408	408	290
総発熱量（25℃）(kcal/kg)	12,400	12,030	11,800	11,830	11,690
総発熱量（15.6℃）(kcal/kg)	15,890	22,830	29,850	30,050	37,570
真発熱量（25℃）(kcal/kg)	11,350	11,080	10,890	10,930	10,810
真発熱量（15.6℃）(kcal/kg)	14,530	21,000	27,540	27,730	34,730

（出典：API TECHNICAL DATA BOOK）

表2　一般に販売されているプロパンガスとブタンガスの成分分析の事例

成分＼商品名	エタン C_2H_6	プロパン C_3H_8	i-ブタン $i\text{-}C_4H_{10}$	n-ブタン $n\text{-}C_4H_{10}$	i-ペンタン $i\text{-}C_5H_{12}$	
プロパンガス	0.8 MOL%	97.2 MOL%	1.8 MOL%	0.4 MOL%	－	100%
ブタンガス	－	0.9 MOL%	24.2 MOL%	74.3 MOL%	0.6 MOL%	100%

品質試験成績表（平成12年12月1日）

表3　自動車用LPガスの最低必要プロパンガス含有率

	1月	2月	3月	4月	5月	6月	7月	8月	9月	10月	11月	12月
北海道	70	70	70	30	30	20	20	20	20	30	30	70
東北・山岳地帯	30	30	30	10	10	10	10	10	10	30	30	30
その他本州・九州	20	20	20	10	10	10	10	10	10	10	20	20
沖縄	0	0	0	0	0	0	0	0	0	0	0	0

（日本LPガス協会，LPガスの品質に関するガイドライン，平成9年2月）

第5章　LPG自動車の開発動向

表4　一般的なオートガス組成

	夏場		冬場	
	ブタンガス	プロパンガス	ブタンガス	プロパンガス
北海道	70	30	0	100
東北・山岳地帯	80	20	70	30
その他本州・九州	80	20	70	30
沖縄	100	0	100	0

（コープ低公害車開発㈱調査）

ガイドブック」に記載されている。

　また，地球温暖化の視点でLPガスを評価すると，表5を基にして燃料消費量から炭素の消費量が計算できる。炭素の消費量が炭酸ガスになるとして実際の走行距離で計算すると，ガソリン車よりも10％以上の炭酸ガスの消費量が少ないことが分かり，ディーゼル車との比較でも状況によってはLPガスのほうが少ないこともある。地球環境の面から見ても，LPガスは十分に低公害性を有していることが分かる。

表5　燃料別性状比較

	都市ガス（13A）	オートLPガス	ガソリン	（灯油＝参考）	軽油
炭素分子数	1〜3	3〜4	4〜11	9〜15	11〜32
密度（kg/ℓ）	0.280	0.560	0.750	0.800	0.850
炭素重量（g）	625.6	466.7	653.4	684.5	734.0
水素重量	192.1	98.4	99.0	110.4	116.5

都市ガス（東京ガス13A）は天然ガス自動車の燃料。オートLPガスはプロパンガス20％，ブタンガス80％

（コープ低公害車開発㈱が試算）

3　LPG自動車の技術発展の段階

3.1　燃料供給方法の進化

　LPG自動車の日本における歴史は，戦前・戦時中・戦後直後のガソリン代替，1962年からタクシーで本格的に始まったガソリン代替の経済性重視の燃料という利用の歴史が，今日的にも経済性のみで評価されるという不幸な状況が続いている。しかし，その中でも，欧州におけるLPG自動車改造技術の進化は，日本にも遅まきながら影響を与え始めている。エンジンへの燃料供給は大きく分けて次のように分類することができる。

① 気体で使用するか液体で使用するか
② 無加圧供給か加圧供給か

　液体で使用するには，加圧状態で液体になっているという性質上，開放系では燃料を供給できず，キャブレター方式では気体の状態でしか利用できない。「無加圧か，加圧か」では，1999年9月30日の高圧ガス保安法適用除外の規制緩和を受けるまでは実質的に道路を走行するLPG車を作ることができなかった。

　現在のガソリン・ディーゼル車で一般的になっている「インジェクション方式」「燃料加圧噴射」の技術が，日本国内では「法規制の壁」によって開発されないままになっていたのである。この間，欧州では，自圧利用ミキサー方式からガス・インジェクション方式（ガス噴射），さらに液体状態加圧インジェクション方式（液状噴射）に進歩してきている[7]。

　これはミキサー方式による弊害（バックファイヤ・燃費向上・OBDへの対応）を解消するため，特にTNO（オランダ応用科学研究機構）・自動車研究所によって「ガス燃料の燃料噴射方式」の開発がオランダ政府出資のもと行われ商業化されてきたものが現状では技術開発のトップを走っている。LPGエンジンを燃料供給面から分類すると表6のようになる。ここでの噴射方式は，筒内直接噴射を除いて全てインテークマニホールド内に噴射するマルチポイント，シングルポイント方式を採用している。

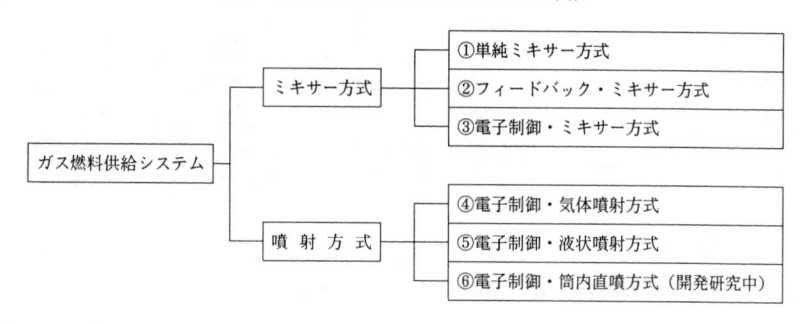

表6　LPガス自動車の燃料供給システムの変化

ガス燃料供給システム	ミキサー方式	①単純ミキサー方式
		②フィードバック・ミキサー方式
		③電子制御・ミキサー方式
	噴射方式	④電子制御・気体噴射方式
		⑤電子制御・液状噴射方式
		⑥電子制御・筒内直噴方式（開発研究中）

3.2　LPG自動車の開発動向

　特に日本においては，諸外国から見ると，タクシー需要という専門的な分野で利用されてきたがゆえに，「低公害車」として評価されてこなかった。そのために，「低公害車」としての手厚い助成策がとられてきたわけではなく，タクシーという年間10万km，4年間で40万kmを走行するという中で，オートLPガスとガソリン価格の差によって，ガソリン車のLPガス車への改造コ

第5章 LPG自動車の開発動向

ストを補って余りがある状況で推移してきた。

　そのことと一般へは普及しないという方策が長くとられてきたために，LPガス業界自体がLPガス自動車の導入・普及に熱心でなかったことなどから，自動車メーカーはLPガス自動車の生産を始めたり中止したり再開したりを繰り返し，最近もほとんどの自動車メーカーが開発を中止したり，生産車種を絞り込むような状況に置かれていた。

　そのような状況の中で，生協やヤマト運輸や日本通運などが宅配の1.5トン，2トン積載トラックをLPガストラックにする動き[8]と東京都の「ディーゼル車NO作戦」でLPガス車が評価された。また，LGV研究会（日本石油ガス・コープ低公害車開発・中央精機・片倉チッカリン・門倉商店）がオランダのVialle社（フィアーレ）のLPガス液状噴射システム（LPiシステム）を導入するために高圧ガス保安法の規制緩和を働きかけて実現してきたこと[9]などの諸活動の結果，LPガス自動車に対する認識が高まり，LPガス自動車の導入台数が増加しつつある。

　しかし，特にオランダのフィアーレ社のLPiシステムに象徴されるように日本でのLPガス自動車の開発は，高圧ガス保安法による規制とタクシー中心の経済性のみが強調されるような環境の中で大幅に遅れてしまった。今後のLPガス自動車の開発に向けて，流れを整理することが必要である。

3.3　諸外国におけるLPG自動車の開発状況

　LPG自動車は，常に改造の元車であるガソリン車の発展に対応して，どのようにLPGの燃料供給方式を対応させていくかという歴史でもある（表7，8）。しかも，改造コストが，ガソリンとLPGとの価格差によるメリットを享受することが可能な範囲内であることが常に求められている。ここに紹介するのは欧州における気噴と液噴の代表例で，共に電子制御を行っている。

表7　ガソリン車の開発動向とLPガス自動車の対応

	日本におけるガソリン車の動向	日本におけるLPガス車の研究開発の状態
①	キャブレター方式の車両が少なくなってきた	LPガス車のほとんどがミキサー方式である。
②	電子制御燃料噴射方式の車が多くなった	対応する国産技術はまだできていない。ガス状での噴射方式は生まれつつある。液状での噴射技術は生まれつつあるが，完成のメドはまだ立たない。
③	筒内直噴エンジンが増えてきている	対応する国産技術はまだできていない。財団法人LPガス振興協会が，資源エネルギー庁の助成金で研究開発中。

表8 LPガス車を造る上で，ガソリンとLPガスの燃料の性質の差

	ガソリン	LPガス
①	常温で液体	常温で気体
②	硫黄分を含んでいる	硫黄分がなく，液体状態でも潤滑性が低い
③	加圧噴射になってきている	現状では国内では加圧噴射をしていない
④	筒内噴射も増加している	世界的にも筒内噴射は完成していない

(1) 気体噴射方式，オランダ製，NECAM社MEGAシステム[10]

　MEGAシステムそのものは欧州で「第4世代システム」と呼ばれLPG車向けに普及した。システムはガス燃料の持つ自圧を利用し，減圧して各気筒ごとにステップモーターを使用したディストリビューター（分配器）で供給，供給量は専用のECUで制御する方式である（図1）。
　インジェクターそのものは電子制御ではなく，分配器が実際のガス量を決定する。ガス気化時のアイシング予防やガソリンシステムのチェックのため，始動時は必ずガソリンで始動し，自動的にガスに切り替わる。基本的なエンジン温度・吸気量などはバイフューエル方式のためベースエンジンのECUからもらう方式になっている。加圧量は吸入圧力＋1.9バールであり，エンジン稼動状況に応じて圧力可変が可能な方式である。

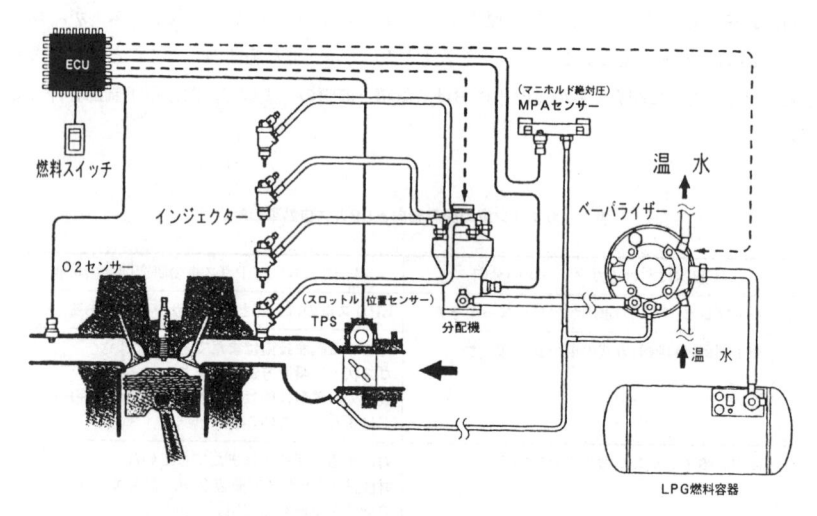

図1 NECAM/KOLTEC MEGAシステム

第5章 LPG自動車の開発動向

このシステムの特長は，構造が簡単であること，気体制御のための専用ECUを持つため独立制御が可能であることなどであり，逆に弱点として気体噴射ゆえの吸入損失によりベースエンジンより出力が低下することがあげられる。しかし，ECU制御で出力差を解消する努力が行われた。電気式の自動バルブを使用しているため，日本のガス車に見られるような充填バルブ操作は不要である。

(2) 液状噴射システム，オランダ製，Vialle社LPiシステム[10]

最近話題になりつつあるのが，液状ガス噴射システム（商品名：LPiシステム）である。このシステムは加圧液状ガスを液体状態のまま噴射するシステムで，TNOがオランダ政府の出資のもと開発を行い，商品としてオランダ・フィアーレ社が生産・販売を行っている。

LPGはCNGと異なり2～8バールで液化し体積が250分の1になる性質があり，その性質を利用したLPG（液化石油ガス）を液体のまま利用するインジェクションシステムである。「LPi」とは，液状石油ガス噴射システムの略で，Vialle社の商標である。

このシステムを図2に示すが，ガソリン車と同様に燃料容器内に「液中燃料ポンプ」を持ち，エンジン負荷条件に応じてポンプ回転数が5段階で可変し，常時5バールの加圧供給を行う。噴射もガソリンエンジン同様に専用インジェクターにより気筒ごとの噴射制御が行われ，制御は

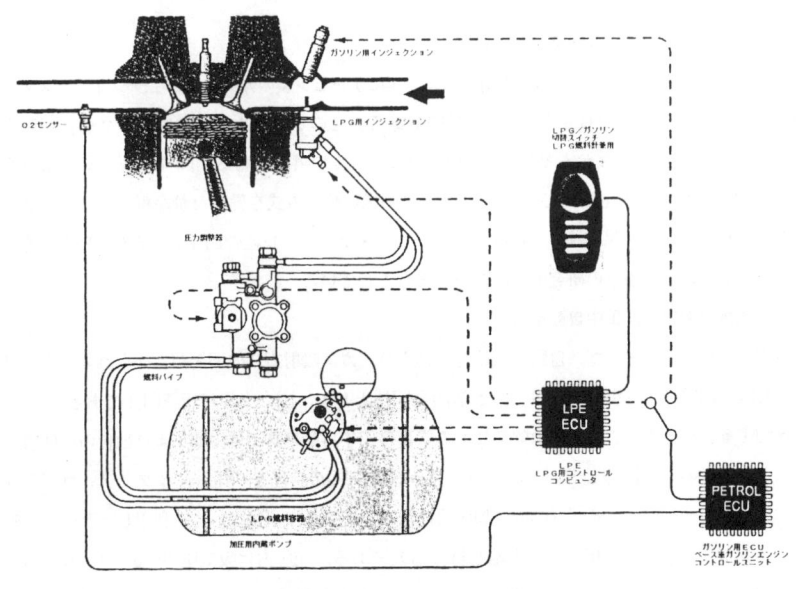

図2　VIALLE LPiシステム

ベースエンジンのECUと連動して，専用のサブECUでLPG向けの噴射量の読み替えが行われる。基本的にLPiシステムはMEGAシステムと異なり，独立制御が不可能でベースエンジンのECUから噴射信号などをもらい，LPG向けに読み替え制御を行うシステムになっている。

信号は，ベースECUの出力信号を取りこみ読み替えをする方式であり，OBDの動作など基本的なエンジン制御を一切阻害しない。始動時にはMEGAシステムと同じく，アイシング防止とガソリンシステムのチェックのためガソリンで始動し，水温監視により自動的にLPGに切り替わる。

ガソリンとLPG1リットル当りでは燃料カロリーが異なる（ガソリン約8,400kcal，LPG約6,720kcal）にも関わらず同一出力・トルクを得られるのは，気化時の膨張圧力による燃焼室圧力上昇と蒸発潜熱による冷却が有効に働くためである。

ECUなどは外部からの調整は不可能で，車種ごとに専用ECUとしてソフトをインストールしており，LPGの燃料成分の違い（ブタン：LPG比率）の差や，アイドリング・排ガスなど全て自動的に調整される。

オランダ国内では，欧州日産，マツダ，三菱，ボルボ・カーズ・ネザーランドなどが国内で純正LPGキットとして指定し，一般ディーラーで市販すると同時にアフターマーケットでのLPG改造キットとしてトヨタ，フォルクスワーゲン，BMWなどにも装着され流通している。

3.4 日本におけるLPG自動車の開発状況

純国産のガス燃料噴射システムの実用化は，97年にケーヒン製のガスインジェクションシステムを採用した「ホンダ・シビックGX」が最初である。このシステムは本格的なガス燃料噴射をガソリン車と同様なシステムで行うもので，8.5バールで噴射される。同様なシステムは日産ADバンCNG車でも利用されているが，LPGで同様な噴射方式を備えた量産車は現在のところ存在しない。高圧ガス保安法の適用除外とオランダ・フィアーレ社のLPiシステムが日本に導入されたのを受けて，独自の研究開発が開花しようとしている。

(1) 気体噴射方式，田中自動車方式[11]

日本でもガス事業者，ガス自動車改造企業により，ガス噴射方式の開発が進められている。日本のLPG改造事業者団体でLPG車の改造開発団体として，国土交通省認証団体であるLPG内燃機関工業会がある。この団体の幹部である東京の田中自動車㈱では，98年より独自の気体噴射システムを開発して試作している。このシステムはLPGの自圧を利用し，イタリア・ロバト社の加圧可能なベーパーライザ（国内に加圧可能なベーパーライザはない）を利用し，ケーヒン製ガスインジェクターを使用し燃料供給を行うものである。加圧力は吸気圧力＋0.6バールであり比較的低圧で供給し，エンジン制御はLPiシステムなどと同様にベースエンジンECUの出力信

号を専用ECUで読み替え制御している.

(2) 液状噴射方式，アイサン・MPI方式[11]

トヨタ系の部品メーカー，愛三工業㈱でもマルチポイントLPG液状噴射システムの開発が進められている.パーツのサンプルは2000年の東京モーターショウ（商用車）部品ブースでも「次世代のLPG燃料供給システム」として公開された.基本的なシステムはLPiシステムなど第5世代システムと変わらず，インジェクター・燃料ポンプなどが全て自社開発となっている.

車両としては一般公開されている車両はないが，恐らくトヨタのLPGエンジン用の燃料供給装置として採用される可能性が高い.ただ日本ではほとんどのLPG車が欧州とは異なり，LPG専用車としてモノフューエルになるために，自動車として構築した場合，始動時のアイシングをどう防ぐかが大きな課題となる.

(3) 気体噴射方式，日産ディーゼルSPI方式[12]

92〜97年まで通産省（現・経済産業省）でリーンバーンLPGエンジンの開発が，LPガス産業の振興を図る㈶エルピーガス振興センターと日産ディーゼル㈱との共同開発で進められた.これは自圧を利用したSPI方式（シングルポイントインジェクション）で開発された.加圧力が低く，出力を補うためにインタークーラーターボを併用している.現在は試験販売として1台が4トン積載クラスの塵芥車として利用されている.

(4) 筒内直噴方式，日産ディーゼルLPG直噴方式[12]

経済産業省は前記方式の後，99年よりLPG筒内直接噴射方式エンジンを㈶エルピーガス振興センターと日産ディーゼル㈱との共同開発で進めている.現在，基礎研究段階が終了し，2001年度は実験エンジンを製作する段階にあり，最終的に2002年に車両として完成する予定である.

しかし，筒内直接噴射のため燃焼室近隣にインジェクターをつけなくてはならず，エンジン熱によるベーパーの発生を抑えることが最大の課題とされる.完成時には4トン積載クラスのLPGトラックとして販売されることが期待される.同様な筒内直接噴射システムは，TNOで三菱GDIエンジン用の改造キット用として開発されていたが，現在は資金面から中断されている.

4 おわりに

全世界ではLPG車が約650万台，CNG車が約130万台普及しているが，そのほとんどはバイフューエル車である.しかし，日本ではタクシー・トラックでのLPG車約29万台・CNG車約6000台のほとんどがモノフューエルのガス専用車である.日本ではタクシーなど，プロドライバーの使用する車としてLPG車は普及してきており，燃料は専用で十分だという認識がある.

海外の自動車メーカー，ガス燃料転換キットの製造メーカー，TNO等の開発者は1エンジ

ン2燃料切り替えの非効率さを克服するためにガスインジェクションを開発し，ガソリン車と変わらない利便性を追求した技術開発を行っている。

　LPG車を，低排出ガス・コスト・インフラの整備状況など現実的なディーゼル代替車ユーザーとして推進する立場からすると，より高性能で，より低排出ガスで，より低燃費である方式が必要であり，利便性を損なわない自動車が登場することを期待する。今後，規制緩和を受け，日本国内でもこうした自動車開発・システム開発がより積極的に進められることを切に望む。

文　　献

1) CO-OP・EVプログレス，第127号，コープ低公害車開発㈱
2) LPG自動車の普及に向けての提言，LPガス自動車普及促進協議会（2000.7）
3) わが国のオートガスの歩み，㈳全国エルピーガススタンド協会15年史，㈳全国エルピーガススタンド協会
4) NISSEKI GAS LP GAS POCKET BOOK，日本石油ガス㈱
5) 兼子　弘，プロパン産業新聞「2001LPガス夏季セミナー講演資料集」，石油産業新聞社
6) NISSEKI GAS LP GAS POCKET BOOK，日本石油ガス㈱
7) クリーンカーとしてのLPG車の国際的動向，財団法人エルピーガス振興センター
8) LPG車ハンドブック，㈳全国エルピーガススタンド協会
9) LPi System，日本石油ガス㈱
10) 自動車用LPガス—クリーンな未来への今日的燃料　第3版，　世界LPガス協会（WLPGA）編　翻訳：コープ低公害車開発㈱
11) 若狭良治，日本でのLPGなどガス燃料自動車の技術開発動向，CO-OP・EVプログレス，122号，コープ低公害車開発㈱
12) 高効率LPガスガスエンジンの開発調査報告書，㈶エルピーガス振興センター，後藤新一等，LPG燃料エンジンシステムの研究開発動向，自動車技術，Vol.55（2001.5）

以上のほか，下記の資料を参照した。
1. LPG自動車の普及に向けての提言，LPガス自動車普及促進協議会（LPG先進型エンジン普及促進検討委員会　編）
2. 低公害車の現状とLPガス車の普及拡大に向けて，㈳全国エルピーガススタンド協会
3. LPG-V GUIDE BOOK（LPG車の導入のご案内），日本LPガス協会
4. 21世紀をになうクリーンエネルギー，LPガス読本，日本LPガス団体協議会
5. エネルギー環境ハンドブック，地球環境とエネルギー，エネルギー環境教育情報センター

第5編　新エネルギー自動車の要素技術と材料

第1章　燃料改質技術

後藤新一[*1]，金野　満[*2]，古谷博秀[*3]

1　GTL

1.1　概　要

GTL（Gas to Liquid）は天然ガスなどからの合成燃料[1]であり，近年下記の理由から注目を浴びている。既存の燃料との対比では，DMEがLPGに対応し，GTLはガソリンや軽油に対応する。その特質をまとめると以下の通りである。

① 需要地から遠隔の中小規模ガス資源を有効に活用可能
② 経済的なGTLは油田の発見と同等の価値があるといわれ，石油資源の枯渇に対応
③ 製造される液体のうち特に合成軽油はクリーンな軽油基材として期待
④ 原油の設備が利用可能
⑤ 近年低コスト化が図られ商業ベース化可能
⑥ 油田の随伴ガスの処理にも適用可能

1.2　GTL製造プロセスと燃料性状

GTLは通常次の4段階から成る。

① 原料の天然ガスから不純物を除去
② 合成ガス（$CO+H_2$）の製造
③ FT法などにより，合成ガスから液体燃料を製造
④ 製品の分離

GTL製造の基礎であるフイッシャートロプシュ（Fisher Tropsch）法はCOの水素化反応によって合成する方法で，1923年にドイツで発明された。第2次大戦以前にドイツで，また戦後南

---

*1　Shinichi Goto　独立行政法人　産業技術総合研究所　エネルギー利用研究部門
　　　　クリーン動力研究グループ　グループ長
*2　Mitsuru Konno　茨城大学　工学部　機械工学科　助教授
*3　Hirohide Furutani　独立行政法人　産業技術総合研究所　エネルギー利用研究部門
　　　　循環システム研究グループ　主任研究員

アフリカで商業化されているが，いずれも石炭を原料としたものである。
　その後，製造プロセスは現在に至るまで多くの改良が進められ，経済ベースに近づいている。製造に関して，間接液化についてはすでに商業生産プラントが稼働中である。直接液化では，石炭の場合には実験プラントレベル，天然ガスの場合には研究レベルにある。GTL燃料合成技術の比較（表1）および合成燃料の製造プロセス（図1）を示す[2]。

表1　GTL燃料合成技術の比較

メーカ or 研究機関	Sasol (南ア)		Mossgas (南ア)	Shell (マレーシア)	Exxon Mobil (米国)	Syntroleum (米国)	DOE (米国)
プロセス	SSPD[*1]	SAS[*2]	Sasol	SMDS[*3]	AGC-21[*4]	Syntroleum	Slurry Bubble Column Reactor
原料	石炭	石炭	天然ガス	天然ガス	天然ガス	天然ガス	疑似合成ガス (石炭 or 天然ガス)
合成ガス製造法	部分酸化	部分酸化	部分酸化	部分酸化	部分酸化	オートサーマル水蒸気改質	部分酸化
改質酸化剤	酸素	酸素	酸素	酸素	酸素	空気	酸素
炭化水素合成法	FT合成	FT合成	FT合成	FT合成	FT合成	FT合成	FT合成
反応器形式	スラリー床	流動床	流動床	固定床	スラリー床	固定床	スラリー床
開発段階	商業化	商業化	商業化	商業化	実証	実証	パイロット

*1 : Sasol Slurry Phase Distillation　　*3 : Shell Middle Distillate Synthesis
*2 : Sasol Advanced Synthol　　*4 : Advanced Gas Conversion for the 21'' Century

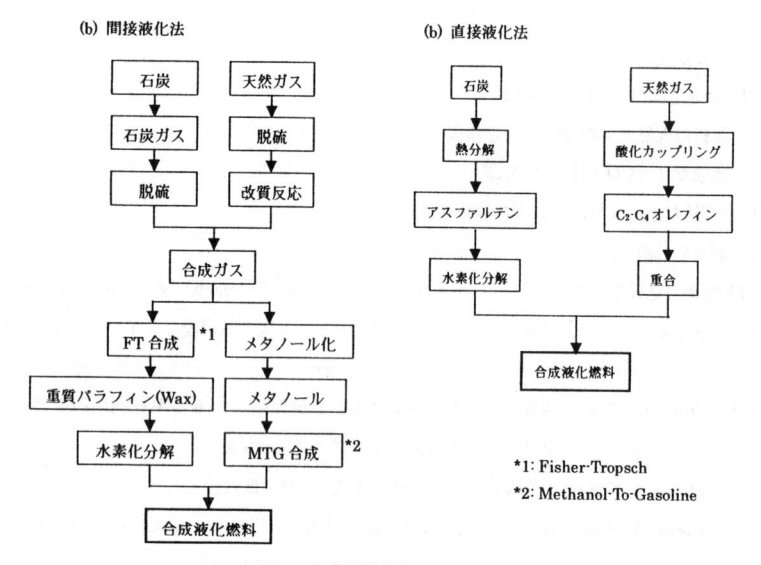

(b) 間接液化法

石炭 → 石炭ガス → 脱硫
天然ガス → 脱硫 → 改質反応
→ 合成ガス
→ FT合成 [*1] → 重質パラフィン(Wax) → 水素化分解
→ メタノール化 → メタノール → MTG合成 [*2]
→ 合成液化燃料

(b) 直接液化法

石炭 → 熱分解 → アスファルテン → 水素化分解
天然ガス → 酸化カップリング → C_2-C_4オレフィン → 重合
→ 合成液化燃料

*1: Fisher-Tropsch
*2: Methanol-To-Gasoline

図1　合成燃料の製造プロセス

第1章 燃料改質技術

　GTL燃料プラントはすでに世界に8カ所あり，一部は商業化されている。商業化の状況を表2に示す。例えば，Sasol社は，1955年から生産を開始し，石炭を原料として，17万バレル／日以上の合成油と120種類以上の化学製品を製造しており，化学製品は80カ国以上に輸出している。さまざまな種類の製品に対応できるメリットは大きい。

表2　世界各国のGTLプラントの現状

	Owner/Developer	Location	Type of product	Capacity (BPD)	Base Feedstock	Process	Status
Existing	SASOL 1,2,3	South Africa	Fuels/Speciality Products	170000	Coal	Sasol	1955
	Laporte Alternative Fuels Development Unit	USA	Unrefined FT Products(pilot)	35	Simulated Syngas	Slurry Bubble Column Reactor	1984
	Syntroleum Tulsa	USA	Fuels/Speciality Products(pilot)	2	Natural gas	Syntroleum	1990
	Exxon Baton Rouge	USA	Fuels/Speciality Products	200	Natural gas	Exxon AGC-21	1990
	Mossgas South Africa	South Africa	Fuels/Speciality Products	30000	Natural gas	Sasol	1992
	Shell Bintulu	Sarawak	Fuels/Speciality Products	12500	Natural gas	Shell-SMDS	1993
	Arco Syntroleum Cherry Point	USA	Syncrude(pilot)	70	Natural gas	Syntroleum	1999
	Synergy Canada	Canada	Syncrude and Fuels(pilot)	4	Natural gas	Synergy	May 2000
Under Development	Synfuels Texas A&M	USA	Fuels(pilot)	10～12	Natural gas	Synfuels International	Oct.2000
	Rentech Sandcreek	USA	Fuels/Speciality Products	800+	Natural gas	Rentech	Target 2001
	Conoco Ponca City	USA	Fuels/Speciality Products(pilot)	350～400	Natural gas	Conoco	Target 2002
	BP Amoco	Alaska	Fuels(pilot)	300	Natural gas	BP-Kvaermer	Target 2002
	Chevron Sasol Escravos	Nigeria	Fuels	30000	Natural gas	Sasol	Target 2003
	Sweetwater Australia	Australia	Speciality Products	10000	Natural gas	Syntroleum	Target 2003
Under Discussion	PDVSA	Venezuela	Syncrude and Fuels	15000～50000	Natural gas	N/A	Target 2004
	Sasol/Qatar	Qatar	Fuels	30000	Natural gas	Sasol	Target 2005
	Indonesia Pertamina	Indonesia	Syncrude and Fuels	70000	Natural gas	Shell-SMDS	Target 2005/2006
	ANGTL Prudhoe Bay	Alaska	Syncrude and Fuels	50000	Natural gas	N/A	Target 2006
	Exxon Mobil Alaska	Alaska	Syncrude	100000	Natural gas	Exxon AGC-21	N/A
	Trinidad Reema	Trinidad	Fuels	10000	Natural gas	Exxon AGC-21	N/A
	Forest Oil, South Africa	South Africa	N/A	10000	Natural gas	Rentech	N/A
	Exxon Qatar	Qatar	N/A	100000	Natural gas	Exxon AGC-21	N/A

表3 FT法によるGTL性状の一例

項　目		供試合成軽油	JIS 2号軽油
密度　@15℃	(g/cm³)	0.7826	0.8330
動粘度　@30℃	(mm²/s)	4.145	3.496
セタン指数（新JIS）		93.2	56
セタン価		87.8	
硫黄分	(mass%)	<0.0001	0.035
アロマ分	(vol.%)	0	26.7
蒸留温度			
初留点	(℃)	170.5	174.0
50%	(℃)	292.0	277.0
90%	(℃)	327.5	333.0
終点	(℃)	338.5	360.0
流動点	(℃)	0	−7.5
引火点	(℃)	106	73
真発熱量	(MJ/kg)	43.52	42.95

　GTLの性状の一例を表3に示す。常温では比重0.78の液体である。セタン価が74と高くサルファや芳香族をほとんど含まない。セタン価が非常に高くいわゆる将来型の軽油の代替燃料といえる。他は現行の軽油とほぼ同じである。

　ガス田によってはガス中にCO_2を大量に含むものが存在する。このようなガス田は特に東南アジアに多く見られるが，20〜50％程度のCO_2を含むものでも，GTLの製造には十分対応が可能[3]といわれており，ガス田のCO_2を単純に放出しないという面からも興味深い。

1.3　日本における製造の取り組み

　石油公団では平成10年度から平成15年度までの6年間の予定で，メタンから合成ガスを製造し，FT合成・水素化分解により灯軽油を製造するGTL技術に係る触媒調査・研究，製造プロセスの検討[4]を行っている。GTL技術で最も重要な点はいかに優れた触媒を開発するかということであり，現在はそれに主眼を置き，実験室レベルの研究・開発を行っている。平成13年度からは天然ガスを実際に生産しているガス田の近傍にパイロットプラントを建設し，触媒性能，触媒寿命の検証を行うと共に，将来商業プラントを建設する際に必要なデータを取得する予定である。

2 ジメチルエーテル（DME）およびメタノール

2.1 概 要

ジメチルエーテルは，2つのメチル基が酸素原子を仲立ちとして結合した最も単純なエーテルである。人体に無害で，比較的簡単に分解してオゾン層を破壊しないことから，CFCに替わるスプレーの推進剤として広く用いられている。近年，このDMEが軽油に替わるクリーンなディーゼルエンジン用燃料として注目されている。

表4にDMEの性状を軽油と比較して示す。DMEは無色透明でかすかな芳香性を持ち，標準状態では気体である。蒸気圧はLPGに近く，運搬・貯蔵等のハンドリングはLPGと同等と考えて良い。エンジンに用いる場合には数気圧程度に加圧し，液化させて燃焼室に直接噴射するか，吸気管へ供給して予混合圧縮着火する方法が採られる。

DMEの特徴は，無煙特性と良好な着火特性にある。分子中に酸素を含み，しかも炭素－炭素結合を持たないため，高当量比で燃焼させてもすすを全く発生しない。セタン価は正確に測定されていないが，実機における着火遅れのデータから判断して軽油と同等以上と見積もられている。従来の軽油ディーゼルエンジンでの自着火運転が可能であり，排気も清浄である[5~7]。ただし，潤滑性に乏しいため，潤滑性向上剤の添加が必要である。

表4 ジメチルエーテル（DME）の燃料性状

燃 料	DME	軽油
分子構造	CH_3-O-CH_3	－
理論空燃比	9.0	≒14.6
低発熱量（kJ/kg）	28430	42700
沸点 @0.101MPa（℃）	－24.9	180-370
密度 @20℃（kg/m^3）	668	840
セタン価	≫55	～60

2.2 メタノール脱水反応

スプレーの推進剤として用いられているDMEは，一般にアルミナ触媒を用いて式（1）に示すメタノールの脱水反応によって製造されている。

$$2CH_3OH \Longleftrightarrow CH_3OCH_3 + H_2O \tag{1}$$

この方法ではメタノールを介してDMEを製造するため，コストが上昇し，安価で大量の供給が要求される自動車用燃料の製造には適さない[8]。

2.3 合成ガスからの直接製造

低コストで大量にDMEを製造する方法として,合成ガスから直接製造するプロセスがある。このプロセスは以下に示すメタノール合成反応式(2),(3),水性ガスシフト反応式(4)およびメタノール脱水によるDME合成反応式(1)から成る。

$$2CO + 4H_2 \Leftrightarrow 2CH_3OH \tag{2}$$

$$CO_2 + 3H_2 \Leftrightarrow CH_3OH + H_2O \tag{3}$$

$$H_2O + CO \Leftrightarrow H_2 + CO_2 \tag{4}$$

$$2CH_3OH \Leftrightarrow CH_3OCH_3 + H_2O \tag{1}$$

式(2)~(4)の反応は,合成ガスからのメタノール合成プロセスである。このプロセスで合成ガスのメタノール変換効率を上げるためには8~12MPaの高圧が必要であるが,DME合成反応式(1)を組み合わせると,生成したH_2Oが水性ガスシフト反応を促進し,これがメタノール合成反応に寄与するため,合成ガスの変換効率を低圧側にシフトすることができる。

DME合成の総括反応は,水性シフト反応の速度によって以下の二通りを取り得る。水性シフト反応が遅く,式(3,4)の寄与が小さい場合には,式(2)と(1)により,

$$2CO + 4H_2 \Leftrightarrow CH_3OCH_3 + H_2O \tag{5}$$

で反応が進行する。一方,水性シフト反応が十分速ければ,

$$3CO + 3H_2 \Leftrightarrow CH_3OCH_3 + CO_2 \tag{6}$$

となる。したがって,それぞれの総括反応において最適な合成ガスの$CO:H_2$は,式(5)では1:2,式(6)では1:1となる。$CO:H_2$は,合成ガス製造の起源と変換技術によって異なるので,最適な$CO:H_2$比となるように調整する必要がある。

天然ガス起源の場合,一般にスチームリフォーミングでは1:3に,オートサーマルリフォーミングでは1:2,また石炭起源の場合1:~1程度の組成となる。$CO:H_2$を調整する方法として,式(6)においてDME合成に伴って生成するCO_2を合成ガス製造プロセスに導入する方法がある式(7)[8]。

$$2CH_4 + O_2 + CO_2 \Leftrightarrow 3CO + 3H_2 + H_2O \tag{7}$$

Haldor Topsoe社では固定床反応器を用いたDME合成プロセスを提示しているが[9],反応熱の制御を多段階で行っているため装置の構成が複雑なものとなっている。また,DME合成の選択性が後述のNKKプロセスに比べて低く,DMEとともにメタノールと水が同時に生成するので蒸留によりこれらを分離する必要がある。図2にメタノールおよび水の混入率が着火性に及ぼす影響を示すが,水が質量割合で5%,メタノールが10%程度混入していても着火性に問題はない[9]。

NKKの開発した合成プロセス[8,10]は,反応床にスラリー床を用いて反応熱の制御を容易にしたこと,および水性ガスシフト反応を活性化した式(7)に基づくプロセスであることが特徴で

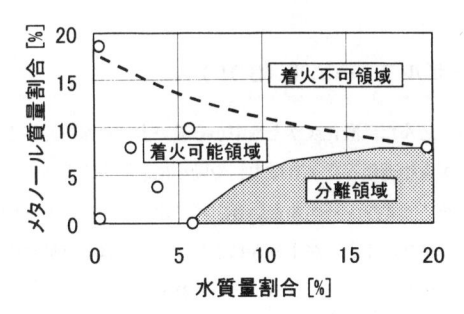

図2　DME中の水およびメタノール含有量が着火性に及ぼす影響[9]

ある。固定反応床ではヒートスポットが形成されやすく，副反応による重合成分の生成や触媒失活が問題となるが，スラリー反応床では媒体油の伝熱作用や気泡の撹乱作用により触媒と反応物の接触ならびに反応器内部の温度分布が均一となる。要求される$CO:H_2$は$1:1$であり，石炭起源の合成ガスに適した方法である。

　1997年から5カ年計画で5 t/dayの実証プラント試験を実施し，95％以上の転換効率を達成するとともに約2カ月の連続運転に成功した。図3に同プラントのDME合成プロセスを示す。2002年からは100 t/dayのプラントを立ち上げ，実用化に向けた実証試験を行うことになっている。

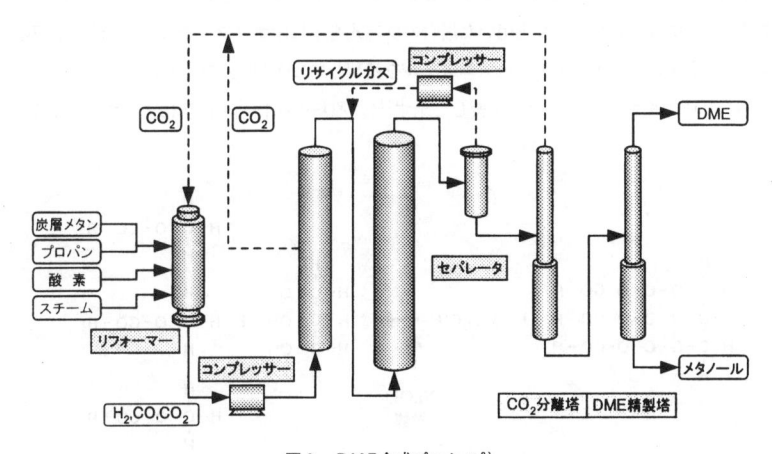

図3　DME合成プロセス[8]

3 バイオディーゼルフューエル (BDF)

植物が大気中から取り込んだ二酸化炭素と地中から吸い上げた水を原料として光合成により有機物質を合成し，これが食物連鎖等により微生物や動物に形態を変える。これらのバイオマス資源から取り出した燃料をバイオフューエルという。バイオフューエルから燃焼反応により熱エネルギーを取り出す際に二酸化炭素と水が生成されるが，これらは再び植物の光合成によって有機物に変換されるため，カーボンニュートラルが達成される。すなわち，バイオフューエルは太陽エネルギーの変換形態の一つであり，二酸化炭素，水←→有機物のサイクルにおける太陽エネルギーキャリアとみなすことができる。本節では，自動車用燃料として使用されているバイオディーゼルフューエル (BDF) の合成方法について述べる。

BDFは，菜種，ひまわり，大豆，コーン，パームなどの植物油，あるいはこれらの廃食油から作られる。植物油の主成分はオレイン酸やリノール酸のような高級不飽和脂肪酸のグリセリンエステルであり，常温で液体であるが，粘度が非常に高い。そのままではディーゼル燃料として用いることはできないので，アルカリ触媒のもとで水酸基をもつ化合物と反応させてモノエステル化することにより粘度を下げる。

最初に，植物油または廃食油を濾過して不純物を取り除いた後，前処理としてアルカリで遊離脂肪酸を除去する。その後，アルコール（通常メタノール）と水酸化ナトリウムや苛性カリ等の触媒を加えて，50〜60℃に加熱すると加水分解してグリセリンと脂肪酸メチルエステルができる。水酸化ナトリウムとメタノールを用いた場合の反応式を下に示す。グリセリンを除去し，不純物を濾過して生成した脂肪酸メチルモノエステルを精製してBDFとして用いる。

表5にBDFの燃料性状を軽油と比較して示す[11]。原料の植物油の性状によって多少異なるが，

$$\begin{array}{c} H \\ H-C-O-C-O-CO-R_1 \\ H-C-O-C-O-CO-R_2 \\ H-C-O-C-O-CO-R_3 \\ H \end{array} + 3CH_3OH \xrightarrow[\text{触媒}]{NaOH} \begin{array}{c} H \\ H-C-OH \\ H-C-OH \\ H-C-OH \\ H \end{array} + \begin{array}{c} H-C-O-CO-R_1 \\ H \\ H-C-O-CO-R_2 \\ H \\ H-C-O-CO-R_3 \\ H \end{array}$$

トリグリセリド　　　　メタノール　　　　グリセリン　　　脂肪酸メチルエステル (BDF)

第1章 燃料改質技術

表5 BDFの燃料性状[11]

	BDF	軽油（JIS-2号）
密度（kg/m³）	0.88〜0.90	≒0.82
動粘度（cSt@30℃）	6.2〜13.0	2.8
低発熱量（MJ/kg）	36.3〜42.3	42.7
セタン指数	47〜64	58
引火点（℃）	166〜198	59
炭素（wt%）	74〜77	87
水素（wt%）	12〜16	13
酸素（wt%）	9〜11	≒0

軽油と比較して，粘度は2〜5倍高く，低発熱量は10％程度低く，着火性は同等である。オレイン酸を多く含んでいるものほど着火性が良好な傾向がある[12]。酸素を質量割合で10％程度含んでいるのですすの排出量は少ない[13]。

4 水　素

4.1 概　要

　水素燃料については，第1次オイルショック時に代替燃料として取り上げられて以来，継続的に研究段階での検討が続けられ，現在では燃料電池が大きく注目されると共に，究極のクリーン燃料としてその重要性が盛んに議論されている。しかしながら，非常に軽い水素分子は地球の重力では地球上に留まり得ないため，自然に水素が水素分子の状態で多量に存在することは稀であり，その多くは水や炭化水素として存在する。これは，水素が電気等と同じ二次エネルギーであることを表している。

　水素を燃料として利用する利点は，その貯蔵性，可搬性とともに，多用なエネルギー源から得ることができる点にある。究極なエネルギーネットワークとしては，太陽，風力，水力，地熱，バイオマスなどの再生可能エネルギーを利用して，水から水素を製造する方法が考えられ，この考えに基づき，日本においても1993年からWE-NET第1期計画として国家プロジェクトとして技術開発が開始された[14]。

　しかしながら，再生可能エネルギーを利用し，水素を媒体とした大規模なエネルギーネットワークの構築は，2020年から2030年頃と考えられ，非常に超長期であること，自動車用を中心として，地球温暖化対策としての燃料電池の実用化が急がれることから，水素社会への掛け橋として，天然ガス，石油，石炭の改質による水素製造が注目されている。炭化水素の改質による水素の製造技術は，主として水蒸気および炭酸ガスによる改質と酸素による改質がある。

4.2 水蒸気改質

石油の脱硫のプロセス等に利用されている水素は，天然ガスを水蒸気改質して製造することが多く[15]，これに加え，LPGや，ナフサを原料として水素を製造するケースもある。触媒としては，RhやRuなどの貴金属触媒が有効であるが，実際のプロセスではアルミナに10～25％担持したNiを用いることが多い。

一般のプロセスでは，触媒の被毒を避けるため，燃料の予熱の後，硫黄成分を除去する必要があり，硫黄含有量の少ない燃料の改質に適している。また，多くのプロセスでは後続のガス精製

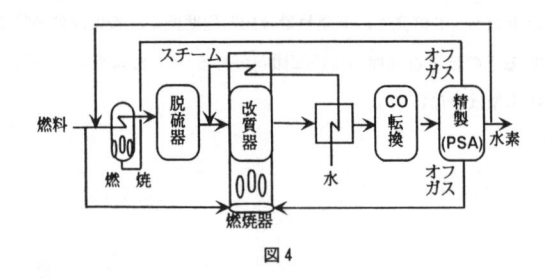

図4

部でPSA（Pressure Swing Adsorption）法により水素が高純度化される。

炭化水素の水蒸気改質反応は次式で表される。

$$CnHm + nH_2O \rightarrow nCO + (n+m/2)H_2$$

この反応に，次式で表される水性ガスシフト反応

$$CO + H_2O \rightarrow H_2 + CO_2$$

を随伴反応として利用して，結果として，

$(2n+m/2)H_2$を得る。

水蒸気改質の1つの特徴として，同じ燃料から多くの水素を得ることができ，水素製造に適している。例えば，メタンを燃料とした場合，メタン1モルから，水素を4モル得ることができ，高位発熱量換算で，1モル当り253kJの発熱量の増加が可能である。しかし，水蒸気反応は大きな吸熱反応であり，平衡が温度の上昇と共に急激に変化するため，反応温度は800から950℃と高温になる。この温度条件を得るために実際のプロセスにおいては，バーナーなどを利用して燃料の酸化によって熱を供給することが多く，改質によりエネルギーを消費している。

この反応温度を引き下げ，かつ，高い転換率を維持するため，Pd金属膜等の水素透過膜と組み合わせ，反応場から水素のみを選択的に除去し平衡をずらす手法[16]や，二酸化炭素を化学的

に吸着し,平衡をずらす方法[17]が研究されており,このような手法により反応に必要な熱を廃熱など未利用のエネルギーでまかなうことが可能であれば,本プロセスを用いて未利用エネルギーを有効活用することも可能であると考えられる。

燃料電池自動車用燃料としてメタノールが注目されている。これは,メタノールの水蒸気改質に必要な温度(520～570℃)が低く,かつ,脱硫過程が必要ない点であり,半導体精錬などの中小規模での水素製造技術として実績があるためである。改質に用いられる触媒は,その選択性の高さから,Cu系の触媒が多く用いられるが,熱安定性に欠けている。一方,Pdなどの遷移金属触媒では選択性の問題はあるが,反応活性,熱安定性も良いとの報告がある[18]。

4.3 炭酸ガス改質

基本的には水蒸気改質と同様のシステムでの改質技術であり,一酸化炭素と水素が1対1の割合で製造可能であり,一酸化炭素への改質に適している。この改質反応と水蒸気改質と併用することによって,発生する一酸化炭素と水素の割合を制御することができ,メタノール合成などの原料として,混合ガスを製造する場合に用いられる[15]。例としてメタンの炭酸ガス改質の反応を次式に示す。

$$CH_4 + CO_2 \rightarrow 2CO + 2H_2$$

水蒸気改質と同様,大きな吸熱反応であることから,平衡が温度の上昇と共に急激に変化するため,改質温度は高く,改質に多くのエネルギーを必要とする。水蒸気改質との併用による触媒としては,Niが使用される場合が多い。ただし,水素透過膜等を利用し低温で反応をずらした場合,CO濃度がCO_2濃度に対して増すため,Ni触媒では炭素析出を起こしやすく,この場合,Ptなど,COの解離吸着能が小さい貴金属触媒が有効との報告がある[17]。

4.4 酸素による改質

酸素による改質方法は,酸素による燃料の燃焼で改質に必要な水蒸気と二酸化炭素を供給し,触媒を利用しない部分酸化方式と,触媒により改質を行うオートサーマル手法がある[15]。前者は触媒を利用しないため改質前に脱硫プロセスが必要なく,石炭や重質油の改質プロセスに適している。ただし,反応温度は1300～1500℃と非常に高温となる。

また,後者は1つの反応器内で,酸化による熱とH_2O,CO_2の供給と,改質を行うことができ,比較的コンパクトにすることが可能で,自動車搭載型のガソリン用改質器など,この方法を利用することが多い。ただし,触媒を利用するため,脱硫プロセスを前段に設けるか,硫黄分の極端に少ない合成ガソリンを利用する必要がある。触媒としてはやはりNi触媒が有効であり,温度900～1100℃程度で改質反応を進めることができる。酸素を利用した改質反応を次式に示す。

$$CmHn + m/2 O_2 \rightarrow mCO_2 + n/2 H_2$$

改質に必要な熱エネルギーを燃料自身の酸化反応で供給できるため,システムをコンパクトにできる反面,生成される水素量は水蒸気改質よりも少ない特徴がある。

文　献

1) 仁科恒彦,自動車用代替燃料エネルギーの導入状況と今後の展望,自動車技術,Vol.53, No.5 (1999.5)
2) 塚崎之弘,GTL燃料利用技術の研究開発動向,自動車技術,Vol.55, No.5 (2001.5)
3) 石油資源開発㈱,http://www.japex.co.jp/
4) 石油公団,http://www.jnoc.go.jp/c_lng.html
5) Sorenson,S.C., Mikkelsen,S.E., "Performance and Emissions of a 0.273 Litter Direct Injection Diesel Engine Fueled with Neat Dimethyl Ether", SAE Paper 950064 (1995)
6) Kajitani,S., et al., "Engine Performance and Emission Characteristics of Direct-Injection Diesel Engine Operated with DME", SAE Paper 972973, 1997
7) M.Konno et al., "NO Emission Characteristics of a CI Engine Fueled with Neat Dimethyl Ether", SAE Paper 1999-01-1116, 1999
8) 大野陽太郎,DME製造意義術の現状と代替燃料の可能性,エンジンテクノロジー,第3巻第3号,23~28 (2001)
9) J.B.Hansen, et al., "Large scale manufacture of dimethyl ether-a new alternative diesel fuel from natural gas", SAE paper 950063 (1995)
10) DME 直接合成プロセスの開発,NKK技術開発本部資料
11) 山根浩二,バイオ燃料利用システムの研究開発動向,自動車技術,第55巻第5号,55~60 (2001)
12) K.Yamane et al., Influence of physical and chemical properties of biodiesel fuel on injection, combustion and exhaust emission characteristics in a DI-CI engine, Proc. of COMODIA2001 (2001)
13) 坂志郎,バイオマス変換技術の動向と代替燃料利用の可能性,エンジンテクノロジー,第3巻第3号,29~34 (2001)
14) 福田健三,触媒学会学会誌「触媒誌」,p.616-620, Vol.41, No.8 (1999)
15) 市川勝監修,天然ガス高度利用技術-開発研究の最前線-,NTS出版
16) 菊地英一,触媒学会学会誌「触媒誌」,p.341-346, Vol.37, No.5 (1995)
17) M.Specht, A.Bandi, F.Baumgart, T.Moellenstedt, O.Textor, T.Weimer, Hydrogen Energy Progress XIII, Vol.2, p.1203-1210 (2000)
18) 竹澤暢恒,触媒学会学会誌「触媒誌」,p.320-326, Vol.37, No.5 (1995)

第2章　エネルギー貯蔵技術と材料

1　二次電池概論

佐藤　登*

1.1　はじめに

　近年の二次電池技術の進歩には目覚ましいものがある。携帯電話やパーソナルコンピュータに代表される民生品機器の普及とともに，二次電池の性能向上とコスト低減の進化が相俟って社会に貢献してきた。取りも直さず，この技術の発展には世界の中でも日本が主導権を握ってきた。その証拠に，世界の電池生産の85％以上を日本が占有している。また，今後の技術開発にも日本の技術ブレークスルーが期待されている。

　図1には2000年における一次，二次電池の販売数量と金額を示す。販売個数では一次電池が70％を占めているものの，販売額では逆に二次電池が8割近い比率を有している。また最近の特徴は，二次電池でのニッケル・金属水素化物電池とリチウムイオン電池の急増である。数量的には前者が大きく，金額的には後者が圧倒している。

　さらに昨今，二次電池に対する新たな期待とニーズが高まっている。それは21世紀の主要な技術と予測される電動車輌技術における主動力エネルギーとしての役割である。電気自動車（以下，EV），ハイブリッド電気自動車（以下，HEV）および燃料電池自動車（以下，FCV）が社会ニーズとしてクローズアップされている昨今，これらの発展は二次電池の発展如何に関わっているといっても過言ではない[1]。

　しかし，このような自動車の主動力源となる電池の開発は，小型民生用電池の開発と大きく異なるところに課題が山積している。特に自動車が使用される環境は，温度的には低温から高温まで，走行や回生時の大電流化のニーズなど多岐にわたっており，しかも要求される寿命は民生品の比ではないほどの長寿命が必要となり，開発課題を大きくしている。

1.2　二次電池の技術動向

1.2.1　鉛（Pb-acid）電池

　図2には各電池の電池電圧を示すが，鉛電池はこれまで二次電池の主役を果たしてきた。その最大の理由は電池構成材料コストの低廉さにある。正極の酸化鉛と負極の鉛から構成されるこの

---

*　Noboru Sato　㈱本田技術研究所　栃木研究所　主任研究員

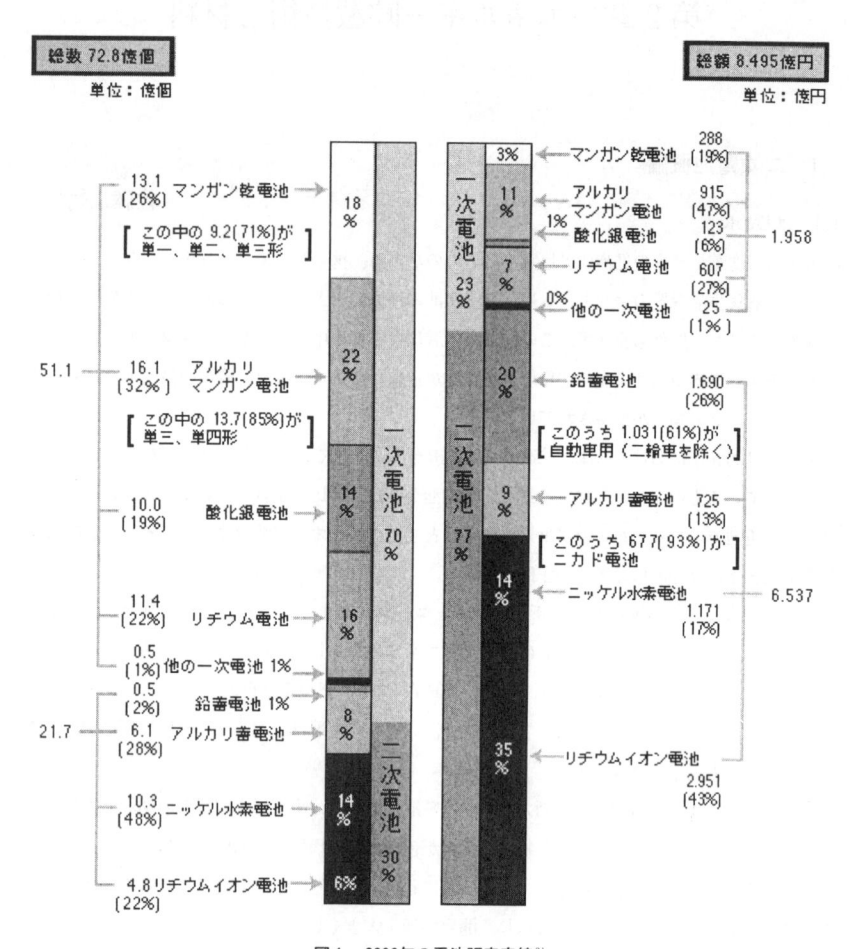

図1 2000年の電池販売実績[2]

電池は，酸素発生過電圧と水素発生過電圧の大きさが単セル当たり2.0Vという電池電圧を形成することも特徴である。

すなわち，負極活物質である鉛の電位は−0.39Vであり，水素を発生して溶解しても不自然ではない位置にあるが，負極活物質として機能し得る理由は，亜鉛や水銀と同様に鉛の水素過電圧が極めて大きい（水素発生が起こりにくい）ためである。ちなみに鉛，亜鉛および水銀は電池負

第2章　エネルギー貯蔵技術と材料

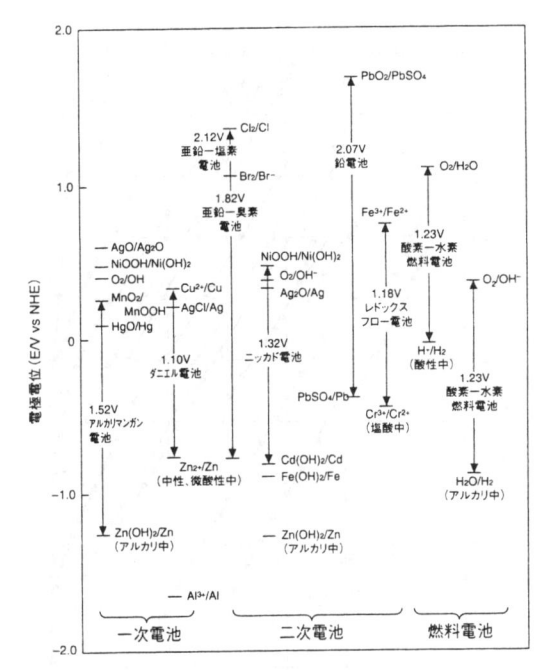

図2　各種電池の電池電圧[2]

極材料の御三家である。

図3には各種金属の水素過電圧の値を示すが，水素発生に伴う鉛や水銀の交換電流密度（反応が平衡にあるときの一方向の速度）は白金の$10^5 - 10^8$分の1レベルであり，それだけ水素発生を起こしにくいことになる。一方，酸化鉛の正極電位は1.68Vであり，水の分解電圧1.23Vを引き起こすのに十分な酸化物質であるが，酸性中の酸化鉛の酸素発生過電圧が特に大きいため，非常に重要な機能を果たしている。電池の放電反応を(1)〜(3)式に示す。

$$\text{正　極}: PbO_2 + H_2SO_4 + 2H^+ + 2e \longrightarrow PbSO_4 + 2H_2O \quad E_o = 1.68V \quad (1)$$

$$\text{負　極}: Pb + H_2SO_4 \longrightarrow PbSO_4 + 2H^+ + 2e \quad\quad\quad\quad E_o = -0.39V \quad (2)$$

$$\text{全反応}: PbO_2 + Pb + 2H_2SO_4 \longrightarrow 2PbSO_4 + 2H_2O \quad E_o = 2.07V \quad (3)$$

しかし一方ではこれらの式でわかるように，電池反応が電極活物質と電解液間での溶解析出反応を伴うため，硫酸鉛が酸化鉛や鉛に戻らないサルフェーションという現象を引き起こし，寿命が比較的短いという欠点を有している。最近の研究によれば，電極の溶解析出の現象を電気化学的原子間力顕微鏡により，その場 (*in situ*) 測定にて明瞭に把握できるようになってきた[3]。

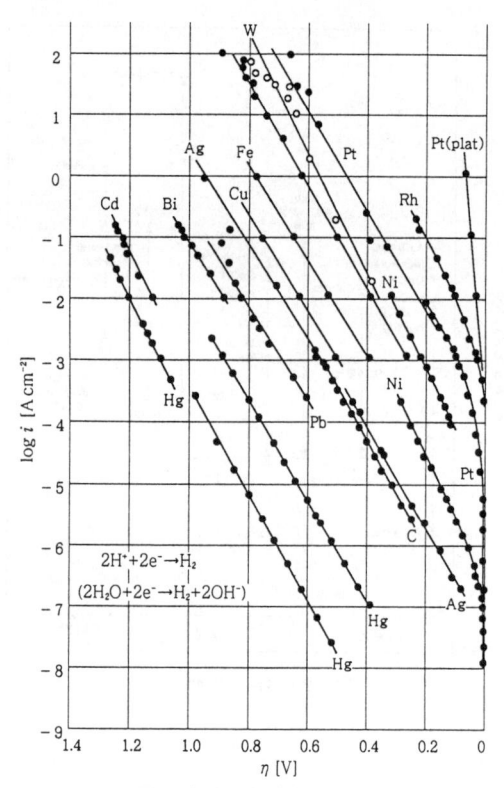

図3 各種金属の水素過電圧[4]

このような基礎的研究を基盤に,電池寿命も徐々に延びつつある。

用途としての最大の需要は自動車用スタータ電池であるが,最近の話題は自動車の高電圧化に対応するための技術,あるいはまた簡易ハイブリッドを目指した42V化対応で注目を集めている。

1.2.2 ニッケル・カドミウム (Ni-Cd) 電池

アルカリ電池の代表として君臨してきた本電池は,民生用では1990年代前半までその地位を維持し続けてきた。正極は水酸化ニッケル,負極はカドミウムから構成され,水酸化カリウムの電解液で反応が進行する。(4)〜(6)式にこの放電反応を示す。

正 極:$2\text{NiOOH} + 2\text{H}_2\text{O} + 2e \longrightarrow 2\text{Ni(OH)}_2 + 2\text{OH}^-$ $Eo=0.52\text{V}$ (4)

負 極:$\text{Cd} + 2\text{OH}^- \longrightarrow \text{Cd(OH)}_2 + 2e$ $Eo=-0.80\text{V}$ (5)

全反応:$2\text{NiOOH}+\text{Cd}+2\text{H}_2\text{O} \longrightarrow 2\text{Ni(OH)}_2+\text{Cd(OH)}_2$ $Eo=1.32\text{V}$ (6)

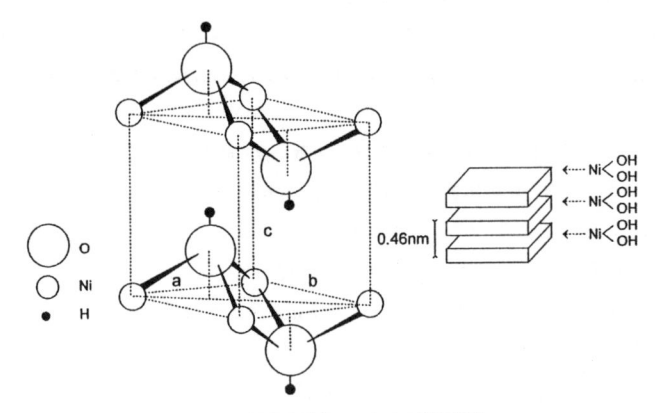

第2章　エネルギー貯蔵技術と材料

図4　正極用水酸化ニッケルの化学構造

正極の水酸化ニッケルの構造を図4に示す。正極活物質は充電時の酸素発生を制御するための重要な機能も持ち合わせている。酸素発生制御のためにカドミウムや亜鉛の添加技術の確立が図られた[5]。これらの技術も日本の独壇場である。

メモリー効果（サイクル経過に伴って放電電圧が低下し，見かけ上の容量低下や出力低下が起こる現象）については諸説あるものの，ニッケル正極に依存するものが支配的である。カドミウム負極の再結晶化による部分もあるが，後に述べるニッケル・金属水素物電池とほぼ同レベルであることを考慮すると，正極支配であることが確認できる。

しかし欧州ではスウェーデンを始め，本電池に関する規制が活発化しており，昨今の動きではフランスを中心として2008年には全廃というガイドラインが浮上している。いずれ，世界的にもニッケル・金属水素化物電池に淘汰されることになると予想される。

1.2.3　ニッケル・亜鉛（Ni-Zn）電池

Ni-Cd電池のカドミウム負極を亜鉛負極（電極電位：−1.24V）に置換した電池である。この電池の特徴は，他のニッケル系電池に比べ電池電圧が1.76Vと大きいことと，エネルギー密度が大きいことにある。電池電圧は図2に示したように，負極の亜鉛の水素発生過電圧が大きいことに由来する。エネルギー密度の高い理由は，亜鉛の比重（7.13）がカドミウム（8.65）や鉄（7.87）に比べて小さいことが，ひとつの因子になっている。

しかし一方では，充放電に伴う亜鉛のデンドライド析出が寿命を律速することで，自動車のような移動用主電源としては特段のメリットはない。

1.2.4 ニッケル・金属水素化物（Ni-MH）電池

水素吸蔵合金を負極とするNi-MH電池は，従来のNi-Cd電池のシェアを着実に奪いつつある。その理由としては，性能では完全にNi-Cdを凌駕したこと，およびカドミウムの公害的かつ資源的ハンディキャップの因子がある。

この電池は，1970年代のPhilipsのLaNi$_5$水素吸蔵合金の研究開発に端を発し発展してきた。このAB$_5$型希土類系合金に数年遅れて開発されてきたのがAB$_2$型のラーベス系合金である。一般的には後者の方が高容量化が図れる利点を有するものの，ラーベス系では水素平衡圧が高くなるため，民生用や大型電池では一部で使用されている程度である。

現在，民生用や大型電池で実用化されている希土類系合金は，MmNi$_{5-x-y-z}$Al$_x$Mn$_y$Co$_z$が主流となっている。電池の放電反応を(7)〜(9)式に示す。

$$\text{正　極}: \text{NiOOH} + \text{H}_2\text{O} + \text{e} \rightarrow \text{Ni(OH)}_2 + \text{OH}^- \qquad E_o = 0.52\text{V} \qquad (7)$$

$$\text{負　極}: \text{MH} + \text{OH}^- \rightarrow \text{M} + \text{H}_2\text{O} + \text{e} \qquad E_o \sim -0.83\text{V} \qquad (8)$$

$$\text{全反応}: \text{NiOOH} + \text{MH} \rightarrow \text{Ni(OH)}_2 + \text{M} \qquad E_o \sim 1.35\text{V} \qquad (9)$$

また水酸化ニッケルへの亜鉛やコバルトの添加は，充電時の酸素発生電位を上げ酸素発生を遅らせたり，酸化還元電位を低下させ充電効率を高める機能をもたらす作用があり，実用化されている。さらに近年の研究成果では，酸化イットリウム（Y$_2$O$_3$）や酸化イッテルビウム（Yb$_2$O$_3$）などが一層効果的であることが確認され，実用に供されている[6]。

セパレータはポリプロピレン系不織布が一般的で，さらにスルフォン酸やグラフト重合による表面改質などによって，自己放電の制御や親水性付与などが確立されている。というのも，Ni-Cd電池の場合では自己放電が割合小さかったために，ポリアミド系不織布でもよかったものが，Ni-MH電池では自己放電が本質的に大きいために，セパレータによる自己放電制御機能が必要になったためである[7]。

しかし課題もまだ少なからずある。実用化に至ったといいながらも，EVやHEV用ではコスト低減が必要なこと，高温側でのエネルギー効率の向上と寿命確保，大電流対応の技術開発が主な課題となっている。

1.2.5 リチウムイオン（Li-ion）電池

一般にリチウム電池というと現在ではリチウムイオン電池を意味するようになっているが，厳密には常温型から高温型，リチウム金属系からリチウムイオン系，非水系電解質から全固体型と数種類の組み合わせがある。

リチウムイオン電池の正極はLiCoO$_2$が実用化されてきたが，コバルトの資源性やコスト，あるいはコバルト酸化物系の安全性を勘案し，ニッケル酸化物系やマンガン酸化物系，あるいはこれらのハイブリッド材料の開発と実用化が活発になってきている[8]。

第2章 エネルギー貯蔵技術と材料

一方,負極には黒鉛やハードカーボンなどが適用されている。電解液はプロピレンカーボネート(PC)やエチレンカーボネート(EC)などの環状カーボネートとジメチルカーボネート(DMC),ジエチルカーボネート(DEC),メチルエチルカーボネート(MEC)などの鎖状カーボネートとの混合物を溶媒とし,溶質にはLiPF$_6$などが用いられている。PCは－20℃程度まで液体であるが,ECの場合は融点が37℃と高いことから単独では使用できないため,DMCやDECなどの第2成分との組み合わせで適用される。

図5には代表的なリチウムイオン電池の構成と反応モデルを示す。電池反応はリチウムイオンのインターカレーションによるソリッドステート反応である。黒鉛系負極とハードカーボン系負極では,前者が放電曲線が平坦であるのに対し,後者は放電深度が深くなるにつれ電位の低下が顕著である。ハードカーボン系のこの特徴をうまく利用すれば,充電状態の検知に使えることになるが,逆にいえば出力特性がそれに比例して低下することになるため,大きな出力特性が要求される電動車輌系の用途に対しては,全体として出力特性をそれだけ大きくすることが必要になる。

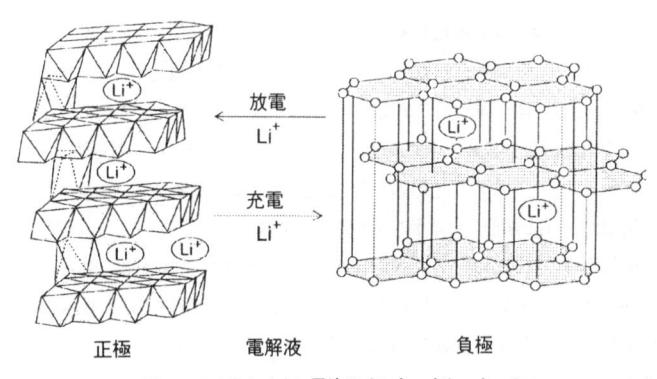

図5 リチウムイオン電池のインターカレーション

負極の機能は出発原料,反応温度,反応時間などの焼成条件などによって異なることが知られている。すなわち,焼成条件に依存する平均面間隔や結晶サイズ,マクロ構造や比表面積などが大きく変わることを意味している。

リチウムイオン電池では,安全性を考慮した電池設計がより重要となり,これに適したセパレータの実用化が図られてきた。融点範囲が120～140℃にあるポリエチレンや,180℃程度の融点を有するポリプロピレンが主流であるが,一般には電池が短絡し内部温度がセパレータの融点まで上昇すると,セパレータが溶融して孔が塞がり電池反応が停止する,いわゆるシャットダウ

ン機能をもたせている。

　さらに機械的強度の確保と出力特性のバランスから，セパレータの厚みは25～30μmの設計になっている。しかし電池が大型になればなるほど，この機能だけでは信頼性に乏しく，他の安全性制御機構や信頼性向上が課題になっている。

　EVやHEV用途を考慮した場合の性能面での課題は，高温環境下における寿命低下である。サイクル劣化とともにカレンダー寿命も加わり，トータルでの寿命確立が急務になっている。他にはコスト低減があげられるが，電池材料としては高価なものが多いために，今後は低廉電池材料の技術開発が注目されている。

1.2.6　リチウムポリマー（Li-polymer）電池

　Li-ion電池の電解液をゲル状の固体膜にした電池が，リチウムポリマー電池である。ただし，負極には金属リチウムが使われる場合もある。この電池の特徴は，電解質を固体にしたことで安全性の面でLi-ion電池よりも優位性が出てくるところにある。しかし一方では電極と電解質の界面が固体－固体となるため，電池の抵抗成分が大きくなることで高出力化が難しいことや，耐久性の面での課題も多く，リチウムイオン電池の次世代型という位置づけで研究されている。もっとも小型民生用では一部実用化も図られている。

1.2.7　ナトリウム・硫黄（Na-S）電池とナトリウム・ニッケル塩化物（Na-NiCl$_2$）電池

　Na-S電池の原理は，固体電解質の研究を行っていたFord社によって見出された画期的な電池である。この電池は負極にナトリウムが，正極にイオウが使われ，電解質にβ-アルミナが用いられる高温型システムである。また，この正極のイオウの代わりに，塩化ニッケルを用いたNa-NiCl$_2$電池はNa-Sと類似した挙動を示す電池である。

　双方にはそれぞれの特徴があるが，Na-NiCl$_2$電池の大きな違いはNa-S電池に比べて270～350℃と反応温度がやや低いこと，および放電電位が2.58VとNa-S電池の2.08Vに比べて0.5V大きいことにある。Na-NiCl$_2$電池の構造と反応モデルを図6に示す。ただし，これらの電池は機能を維持するために常時，温度を一定にしておくための熱マネージメントが不可欠である。

　この電池群における重要な機能材料が固体電解質のβ-アルミナである。Na$_2$O・11Al$_2$O$_3$で示されるβ-Al$_2$O$_3$やNa$_2$O・MgAl$_{10}$O$_{16}$で示されるβ''-Al$_2$O$_3$で構成される固体電解質は，電池の内部抵抗を大きく支配する。抵抗を小さくするために薄型化していくと，機械的強度が低下するために耐久性や信頼性が損なわれることから，適切なバランスが要求される。

　Na-S電池は定置型電源としてすでに実用化されているが，負荷変動の激しいEV用の電池としては適していない。1990年頃を境にFordやBMW社では，EV用としてNa-S電池の積極的な開発が続けられてきたが，1992年頃，立て続けにEV実験車輌での火災事故が起こり，これを契機にEV用電池としての開発が中止された経緯がある。

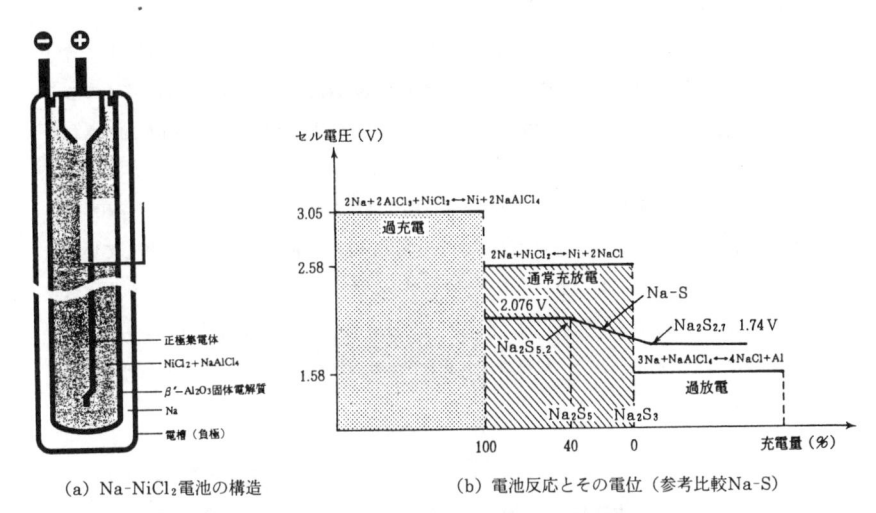

第2章　エネルギー貯蔵技術と材料

(a) Na-NiCl₂電池の構造　　(b) 電池反応とその電位（参考比較Na-S）

図6　ナトリウム・ニッケル塩化物電池の構造と反応モデル

　DaimlerChrysler社はNa-S電池の代わりにNa-NiCl₂電池を先駆的に開発し，EVの実車試験まで実行してNa-NiCl₂電池の応用の可能性を立証した。しかし，Ni-MH電池やLi-ion電池に比べてこの電池の優位性がほとんどないこと，あるいは日本を始めとして，ナトリウムの取り扱いに対する消防法の規制（特に10kg以上）があることなどを考えると，少なくともEV用電池としての普及は考えにくいことから，1998年に開発は中断された。

1.2.8　酸化銀・亜鉛（AgO-Zn）電池

　正極に酸化銀，負極に亜鉛，電解液に水酸化カリウムを適用する本電池は，アルカリ電池の一種で小型軽量かつ高率放電を行いやすい特徴を有す。銀酸化物は材料価格が高いこともあって，用途としては可搬用のほか，ロケット，ミサイル，人工衛星あるいは競技用ソーラーカーなどの特殊な推進動力源として使用されている。放電反応は(10)〜(14)式の通りである。

正　極： $2AgO + H_2O + 2e \longrightarrow Ag_2O + 2OH^-$　　　$E_o = 0.57V$　　(10)

　　　　$Ag_2O + H_2O + 2e \longrightarrow 2Ag + 2OH^-$　　　$E_o = 0.34V$　　(11)

負　極： $Zn + 2OH^- \longrightarrow Zn(OH)_2 + 2e$　　　$E_o = -1.24V$　(12)

全反応： $2AgO + H_2O + Zn \longrightarrow Ag_2O + Zn(OH)_2$　　　$E_o = 1.81V$　　(13)

　　　　$Ag_2O + H_2O + Zn \longrightarrow 2Ag + Zn(OH)_2$　　　$E_o = 1.58V$　　(14)

　すなわち，充放電反応は二段階プロセスで進行すること，および他のニッケル系のアルカリ電池に比べて放電電位が大きいなどの特徴がある。

1.2.9 電気二重層キャパシタ

1970年代の後半から,小型で信頼性の高いメモリーバックアップ電源のニーズに呼応して電気二重層キャパシタが実用化された。昨今では,急速充放電の負荷に追従しやすい特性をもつこのシステムが,電動車輛用としても出力アシストやエネルギー回生を目的として開発が加速されている。

図7にはキャパシタの原理を示す。電極には高比表面積と高導電性を有す活性炭が分極性電極として用いられ,従来型のコンデンサに比べて百万倍以上の大容量キャパシタが実現している。電解液は電解質を含むプロピレンカーボネートやエチレンカーボネートなどの有機溶媒系と硫酸水溶液系のものに大別される。一般には,前者の方が分解電圧が高いため耐電圧とエネルギー密度を上げるのに有利である。一方,材料コスト面と安全性の観点では後者の方に利点がある。

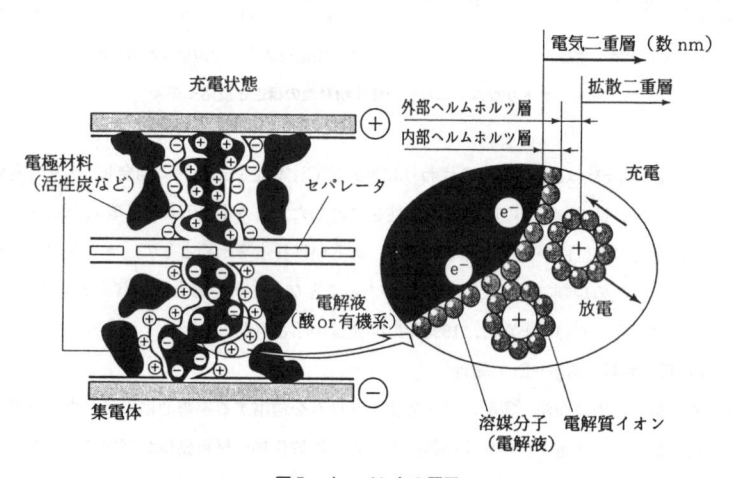

図7 キャパシタの原理

電極と電解液とが接触する界面では,わずかな距離を隔てて正と負の電荷が配列して電気二重層を形成する。ここに直流電流を流すと,(15)式に示される電気容量:Cが蓄積できる。

$$C = \int \varepsilon \cdot (4\pi\delta)^{-1} dS \tag{15}$$

ここで ε は電解液の誘電率,δ は電極表面とイオン中心間の距離,S は電極の接触表面積である。すなわち,高容量の電気二重層キャパシタを実現するためには,電極活性炭の比表面積が重要な因子である。キャパシタは二次電池と異なり,電気化学反応を伴わないため一般に反応抵抗が小さく,その分,高出力特性を確立しやすい特徴をもつ。

第2章 エネルギー貯蔵技術と材料

しかし,本来的にエネルギー密度は二次電池に比較して極端に小さいため,エネルギー密度の増大が今後の課題のひとつであると同時に,キャパシタの特性を最大限に駆使した応用が鍵になる。

文　献

1) 佐藤　登,「自動車と環境の化学」, p.93, 大成社 (1995)
2) 電池工業会ホームページ (2001)
3) 山口義彰ほか,「原子間力顕微鏡による鉛表面における電気化学反応の解析」, 第39回電池討論会講演要旨, p.191 (1998)
4) 増子　昇ほか,「電気化学」, p.53, アグネ技術センター (1993)
5) M.Oshitani et al., "Alkaline Battery with a Nickel Electrode", US Patent, 4,985,318 (1991)
6) M.Oshitani et al., "Development of Nickel Metal Hydride Battery for Electric Vehicles", Proceedings of The 13th International Electric Vehicle Symposium, p.51, Osaka (1996)
7) 草川紀久監修,「自動車用高分子材料II」, p.227, シーエムシー (1998)
8) シーエムシー編集部監修,「リチウムイオン電池材料の開発と市場」, p.1, シーエムシー (1997)

2 ニッケル水素電池における材料技術

押谷政彦*

2.1 自動車市場へのニッケル水素電池の進出

　ニッケル水素（金属水素化物）電池は，1990年代初頭に実用化され，それ以後主にポータブルエレクトロニクス機器の携帯電源として使用されてきた。そして，携帯電話やモバイル機器の急速な普及とともに，その生産量は日本国内の2次電池総生産量の48％にまで伸長したが，より高エネルギー密度で軽量なリチウム・イオン電池の出現によって，将来の市場の成長については極めて悲観的な観測がなされている。

　しかしながら，米国カリフォルニア州の無排気車規制（ZEV規制）が2003年の実施に向けて現実的に動き出し，欧州においても排気ガス規制の強化がなされるに伴って，ハイブリッド車（HEV）やISGシステム車（インテグレーティド・スターター・ジェネレータ：HEVの一種），電気自動車（EV）への関心が高まり，これら車に必須の電池として，実績，性能および価格などからニッケル水素電池が有力視され再注目されつつある。

　このように，ニッケル水素電池は，情報と環境の時代と言われる21世紀に入り，これまで鉛電池の独壇場であった自動車用電池の市場へと進出し，ニッケル水素電池の新たな巨大市場が開かれようとしている。

　本稿では，地球環境問題への貢献が期待される電気自動車関連用途のニッケル水素電池を中心にして，そこに使用されている材料技術を電池性能との関連において紹介する。

2.2 ニッケル水素電池の構成と反応[1, 2]

　ニッケル水素（金属水素化物）電池は，図1に示すように，正極であるニッケル電極，セパレータ（親水化ポリオレフィン繊維の不織布），負極である水素吸蔵合金電極から構成され，電解液には水酸化カリウム水溶液が用いられる。

　正極の活物質は水酸化ニッケルであり，その製法の違いによって，焼結式とペースト式（非焼結式）がある。焼結式正極は，穿孔鋼板の両面にニッケル微粉末を焼結した多孔体基板（ポロシティー：70〜80％，孔径：十数ミクロン）に硝酸ニッケル溶液を含浸させた後に水酸化物に変換させて作製されるもので，堅牢で大電流放電特性に優れるため，主にHEV用途に使用されている。ペースト式正極は，発泡ニッケル多孔体基板（ポロシティー：約95％，孔径：数百ミクロン）にペースト状の水酸化ニッケル粉末を直接に充填して作製されるもので，高エネルギー密度化が容易であり，高率放電も可能なために，EV用途やHEV用途にも使用される。

---

　*　Masahiko Oshitani　㈱ユアサコーポレーション　研究開発本部　基盤研究所　所長

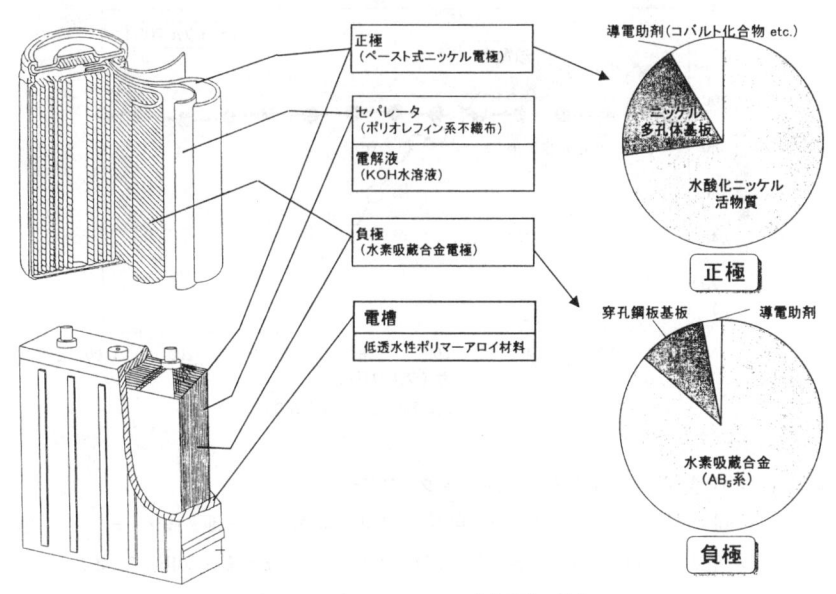

第2章 エネルギー貯蔵技術と材料

図1　EV/HEV用ニッケル水素電池の構成

　負極の活物質は水素であり，その保持体である水素吸蔵合金粉末を穿孔鋼板の両面に塗着して作製される。EV用途では樹脂電槽を用いた角形ペースト式ニッケル水素電池が，HEV用途では金属電槽を用いた円筒形焼結式と，角形ペースト式ニッケル水素電池の両形式が実用化されている。

　ニッケル水素電池がEV/HEV用途の電池として用いられる理由のひとつとして，次式に示す電極反応の特殊性がある。

　　正極：$H_2[NiO_2] + OH^- = H[NiO_2] + H_2O + e^-$
　　負極：$M + H_2O + e^- = MH + OH^-$
　　電池：$H_2[NiO_2] + M = H[NiO_2] + MH$ (1.2V)
　　　　（M：水素吸蔵合金，MH：水素を吸蔵した状態の合金）

　この電池反応の特徴は，正負極間でプロトンの交換のみが行われ，両電極においては大きな形態変化を伴わないために，サイクル耐久性に優れ，初期の性能を長期にわたり持続することであり，EV/HEV用途に非常に適した特性を備えている。一例として，充放電時に活物質の形態変化を伴う鉛電池（溶解析出反応系）とのサイクル寿命の比較を図2に示す。しかし一方で，その充電反応は本質的に発熱反応であることから，実使用時に解決しなければならない問題を生じる。

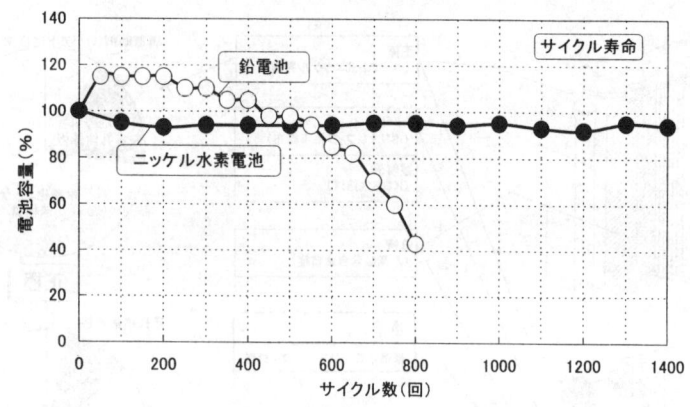

図2 ニッケル水素電池の鉛電池のサイクル寿命比較

2.3 EV／HEV用ニッケル水素電池とキーテクノロジー[3,4]

代表的な電気自動車用とハイブリッド車用のニッケル水素電池（単電池とモジュール）の外観とその諸元を図3に示す．これら電池には，図4に示すように，それぞれの用途で必要とされる

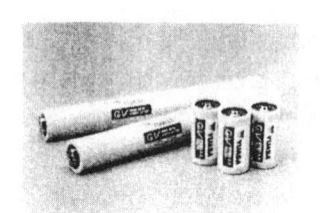

モデル 仕様	EV用		HEV用	
	角形100	角形50 （コミューターカー用）	円筒形	角形
質量(kg)	19	10.5	1.1	1
サイズ(mm)	L 388 × W 116 × H 175	L 388 × W 85 × H 138	φ36.3 × L 360	L 278 × W 21.5 × H 106
公称電圧(V)	12	12	7.2	7.2
容量(Ah)	95	50	6.5	6.5
出力密度 (W/kg at DOD50%)	270	330	1000	1000

図3 EV／HEV用ニッケル水素電池の諸元と外観

第2章 エネルギー貯蔵技術と材料

		EV	HEV	
電池技術	出力向上技術	△	◎	EVのキーテクノロジー ⇒ 高エネルギー密度化 高温特性向上 低コスト化
	容量向上技術	◎	△	
	高温向上技術	◎	◎	
	寿命向上技術	○	○	
	低コスト化技術	◎	◎	
制御技術	残存容量制御 (使用域)	○ (0〜100%)	◎ (20〜80%)	HEVのキーテクノロジー ⇒ 高出力化 高温特性向上 残存容量制御 低コスト化
	充電制御	◎	△	
	冷却	◎	◎	

図4 EV／HEV用ニッケル水素電池におけるキーテクノロジー

性能（キーテクノロジー）に対して，種々の最先端の材料技術の導入が計られ，高性能化と高信頼性を実現している[5〜8]。

EV用電池（30〜70KW）におけるキーテクノロジーは，電池によるモーター駆動のみで100〜200kmを自走する必要があるため，高容量化と高エネルギー密度化であるのに対して，HEV用電池（10〜30KW）やISG用電池（3〜5KW）では，電池はガソリン・エンジンの始動時と加速時のみに使用されて，その際に大電流が必要とされるため，大容量は必要とせず高出力化がキーテクノロジーとなる。また，共通のキーテクノロジーとして，高温特性の向上と低コスト化がある。特に，ニッケル水素電池においては，後述するように，高温特性の向上が実用化する上でキーポイントとなっている。

2.4 高温特性の向上[9, 10]

EV／HEV用途では，120〜240セルもの多数の電池が狭いボックス内に直列に接続された状態で搭載され使用される。そのために，充放電時に発生する熱によって電池温度が上昇し高温雰囲気になることが多く，熱管理（冷却システム）が不可欠となっている。特に，ニッケル水素電池の正極であるニッケル電極は，酸素過電圧が小さく，電池温度が40℃以上になると極端に充電効率の低下を生じて，蓄電することができなくなる。

しかしながら，冷却システムのみで完全に電池温度の上昇を防止し，電池間の温度分布を平滑化することには限界がある。もし，そのような状態で充電した場合，温度分布による充電効率の

211

差に起因して，電池間の容量がアンバランスになり，特定電池の過充電や過放電を引き起こして，パック電池全体の寿命低下の要因となる。したがって，電池自体の高温特性（ニッケル電極の高温時の充電効率特性）を高めるための材料技術の開発が最も重要なキーテクノロジーとなっている。そこで，EV／HEV用ニッケル水素電池の高温特性（充電効率，耐久性，自己放電）と材料技術の関わりの一端を以下に述べる。

2.4.1 高温時の充電効率

実例として，ニッケル水素電池（50Ah／288V系）を搭載した都市型コミューター・カーを，外気温35℃にて，実走行した時のパック電池電圧，電力消費および電池温度の挙動を図5に示す[11]。実際に，パック電池の温度は，強制空冷をしているにもかかわらず，50℃という高温にまで上昇しており，電池内部はさらに高温になっているものと推測される。このような状態で直充電されると，前述したような種々の問題を引き起こすことになる。

そこで，現在実用化されているEV／HEV用ニッケル水素電池には，ニッケル電極の酸素過電圧を高める種々の技術が導入されている。ここでは，重希土類酸化物を添加する技術について，その作用効果について紹介する[12,13]。

コミューター・カー　　　電池パック（50Ah）

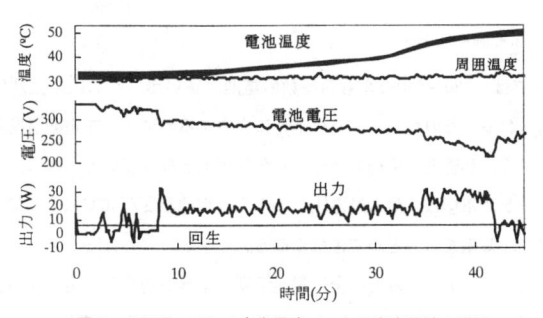

図5　EV用ニッケル水素電池パックの実走行時の挙動

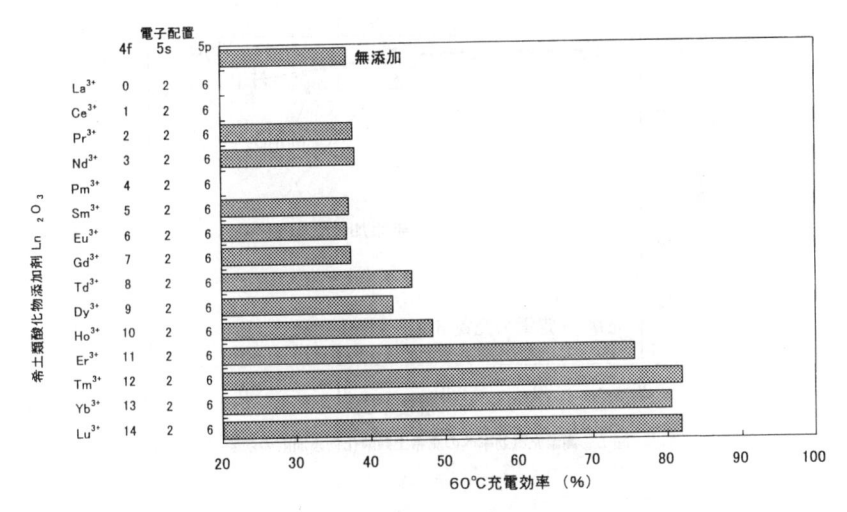

第2章 エネルギー貯蔵技術と材料

図6 ニッケル電極の充電効率への希土類酸化物添加剤の効果

希土類酸化物添加剤 Ln_2O_3	電子配置 4f	5s	5p
La^{3+}	0	2	6
Ce^{3+}	1	2	6
Pr^{3+}	2	2	6
Nd^{3+}	3	2	6
Pm^{3+}	4	2	6
Sm^{3+}	5	2	6
Eu^{3+}	6	2	6
Gd^{3+}	7	2	6
Td^{3+}	8	2	6
Dy^{3+}	9	2	6
Ho^{3+}	10	2	6
Er^{3+}	11	2	6
Tm^{3+}	12	2	6
Yb^{3+}	13	2	6
Lu^{3+}	14	2	6

　図6は，一連の希土類（ランタニド）の酸化物（Ln_2O_3）をニッケル電極に添加した時の60℃での充電効率を示したものである。希土類元素のf軌道への電子の充塡に伴い，充電効率は増加し，エルビウム（Er），ツリウム（Tm），イッテルビウム（Yb）とルテチウム（Lu）の重希土類の酸化物において最も高い充電効率を示す。これら重希土類酸化物は，ニッケル電極の酸素発生電位を貴にシフトさせて，酸素過電圧を顕著に増加させる特異な作用を持ち，その結果，高温時の充電効率を飛躍的に高めることを可能とする。また，単体酸化物よりも比較的に安価なYbを主成分とする重希土類元素のミッシュ酸化物（Mm_2O_3）も同様の効果を示す。

　実際に，これら重希土類酸化物を添加したニッケル電極を用いたニッケル水素電池モジュールを定電力充電した時の充電効率の温度依存性を図7に示す。従来のニッケル電極（添加剤なし）を用いた電池モジュールでは，40℃以上の高温領域に至ると急激な充電効率の低下を生じるのに対して，重希土類酸化物を添加したニッケル電極を用いることによって，60℃領域まで90％以上の高い充電効率が保持される。

　その派生効果として，電池を高温で充電した時の電池内圧の上昇が抑制されるという利点を生じる。特に，EV／HEV用角形電池では樹脂電槽を用いるために，安全弁の作動圧は低く設定されており，開弁による電池性能の劣化を避けるためにも，また電池内で発生する酸素や水素の系外への流出を避けて安全性を確保するためにも，電池内圧の上昇を抑制し密閉化を計ることは重要な課題となっている。

図7 高温充電効率への重希土類酸化物添加剤の効果

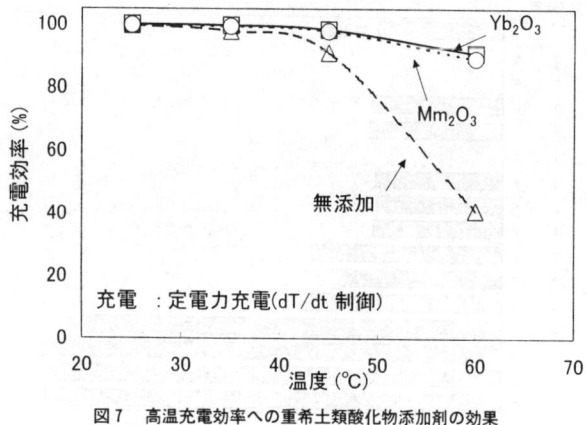

　図8は，EV用角形密閉式ニッケル水素電池モジュールを50℃雰囲気で充電した時の電池内圧挙動を示したものである。重希土類ミッシュ酸化物（Mm_2O_3）を添加した場合には，ニッケル電極の酸素過電圧が増大する結果，無添加の場合のように充電過程で酸素発生反応を随伴しないため，充電末期に至るまで内圧の上昇はなく，この点においてもこの添加剤は優れた効果をもたらす。
　以上のような技術的改良の結果として，従来では走行後の充電は，電池を充分に冷却した後でなければできなかったものを，走行直後の高温雰囲気下（50℃）でも，また電池間に10℃前後の

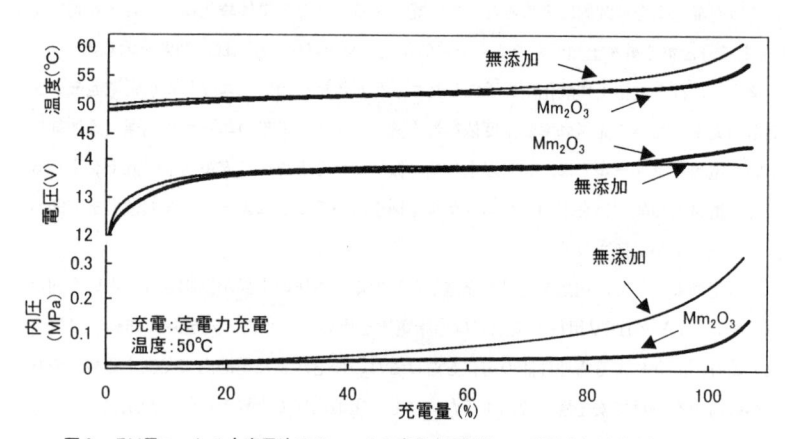

図8　EV用ニッケル水素電池モジュールの高温充電特性への重希土類酸化添加剤の効果

温度バラツキがある状態においても，均等な充電を可能とする。このことは，冷却システムの簡略化にもつながり，EV／HEV用電池システムのコスト低減にも道を開くものである。

　このように，重希土類酸化物という新規な添加剤が開発されたことによって，EV／HEV用ニッケル水素電池の最大の技術課題であった高温時の充電効率の向上という問題が克服され，実用化が押し進められた。

2.4.2　高温耐久性（サイクル寿命）

　EV／HEV用電池は，その使用環境が比較的高温雰囲気であるので，高温耐久性の向上が要求される。図9は，高温雰囲気でのEV用ニッケル水素電池モジュールのサイクル寿命（DST120）

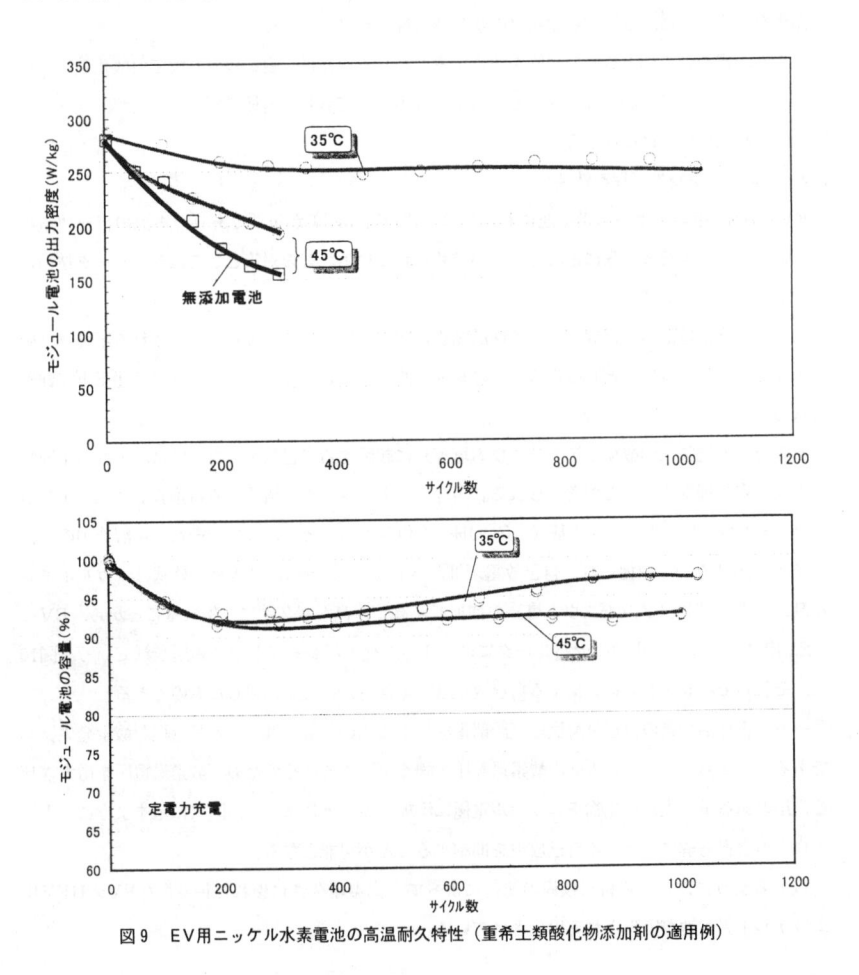

図9　EV用ニッケル水素電池の高温耐久特性（重希土類酸化物添加剤の適用例）

と出力密度の推移を示したものである。重希土類酸化物を添加し高温特性を改良した電池モジュールは，45℃雰囲気での長期の使用（1000サイクル以上）においても，単電池間の容量バラツキを生じることなく，安定した特性を保持し，高温耐久性に優れることがわかる。

　この他にも，高温耐久性を向上させるための材料技術が導入されている。例えば，電槽の合成樹脂には，電池の内部圧力による応力変形や，環境温度変化と充放電時の発生熱によるストレス，電解液の強アルカリなどに対して耐性を持ち，かつ衝撃耐性や電気絶縁耐性，成形性に優れるとともに，水分透過性の小さいPPO／PPS系やPPO／PP系のポリマーアロイが使用されている。特に，高温雰囲気で電池が使用される場合には，電槽を通しての水分（電解液）逸散は，電池の短命化を招くために，適用する樹脂材の水分透過性がポイントとなる。

　さらに，電池の正極と負極の短絡を防止するセパレータには，耐アルカリ性で耐酸化性に優れたポリオレフィン繊維から構成される不織布が適用されており，各種の親水化技術が開発されている。これについては後述する。

2.4.3　自己放電特性（保存特性）

　EV／HEV用ニッケル水素電池においては，残存容量制御が重要であり，電池の自己放電特性による制御誤差を最小限に止めることが求められている。その対策としてはセパレータ技術に負うところが大きい[14]。

　ニッケル水素電池の自己放電は，正極活物質自体の自己分解や，それに含有される不純物（硝酸塩やアンモニウム塩など）の正負極間のシャトル反応によって加速され，高温雰囲気下で顕著となる。

　そこで，不純物（硝酸塩やアンモニウム塩等）に起因する自己放電に対しては，それら不純物を電池系内で捕捉することが考えられる。実際に，セパレータを構成する繊維表面にスルホン酸基（－SO_3H）やカルボキシル基（－COOH）を付与することによって，それら電解液中の不純物イオンが特異的に捕捉され，自己放電が抑制される[15]。特に，スルホン酸基は，カルボキシル基よりも不純物（アンモニウム塩）の捕捉能が高く，高温耐久性にも優れることから，EV／HEV用ニッケル水素電池のセパレータにはスルホン化セパレータが主に適用されている。図10は，それらセパレータの違いによる自己放電（容量保持）特性を比較したものである。

　一方，正極活物質の自己分解反応（局部電池による水の分解）は，その素過程が酸素発生反応であることから，ニッケル電極の酸素過電圧と強く相関する。そのため，酸素過電圧を増大させる作用のある重希土類酸化物をニッケル電極に添加することによって，図11に示すように，正極活物質の自己分解に起因する自己放電を抑制することが可能となる。

　以上のように，これら材料技術の総合によって，高温耐久性に優れた長寿命なEV／HEV用ニッケル水素電池が実現され実用化されている。

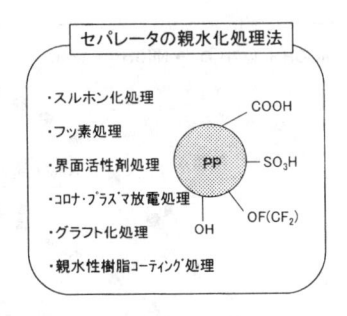

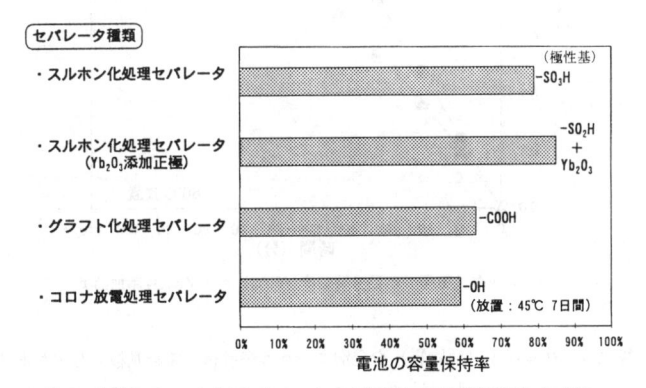

図10 各種セパレータを用いたニッケル水素電池の自己放電特性（一例）

2.5 低コスト化（環境負荷低減）の視点

　電気自動車やハイブリッド車は，地球環境問題から派生して来た経緯もあり，これら用途の電池の材料開発や低コスト化は，要素レベルの視点からではなく，地球の資源や環境負荷（リサイクル性）を考慮した総合的視点から，最も効率的でコスト低減につながる製造法や生産技術の開発，資源活用を行う方向で検討されねばならない。

　図12は，ニッケル水素電池の主な構成要素であるニッケル電極と水素吸蔵合金電極の構成材料およびその製法の全体の流れを示したものであるが，そのほとんど全てがニッケル鉱石と希土類鉱石から各種の粉体加工技術によって製造される。したがって，材料開発に当たっては，その源流から製品までの流れを総合的な視点から見て，最も合理的であり低コスト化が期待される製法を選択することが不可欠である。

　そのような視点から材料開発が行われた実例をいくつか挙げると，焼結式（シンター式）に替わる高容量なペースト式（非焼結式）ニッケル電極の開発，その構成材料であるカドミ・フリー

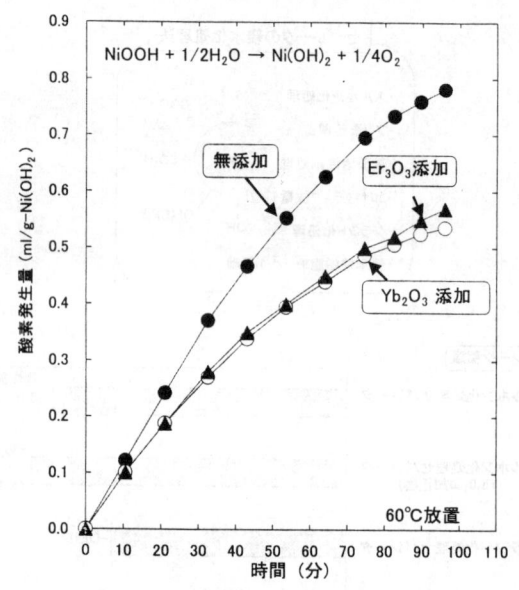

図11 ニッケル電極の自己分解速度（60℃）へのYb$_2$O$_3$添加効果

な高密度水酸化ニッケル粉末（活物質）や発泡ニッケル多孔体（電極基板）などがある。

EV用電池では高エネルギー密度化や高容量化が必須の要求であることから，正極であるペースト式ニッケル電極の技術がキーテクノロジーとなっている[16]。この電極技術は，図13に示すように，コバルト添加剤による「CoOOHの導電性ネットワーク形成」の原理[17]に基づいており，その製造法は，ニッケル多孔体基板に水酸化ニッケル粉末とコバルト添加剤（CoO粉末など）とを単に充填するだけの非常に簡素なものであって，極板の化成も必要としない。その結果，従来の焼結式電極の製造の場合のような多量の重金属を含む廃液処理の問題もなく，クローズドシステム化が可能なため，環境負荷低減，すなわち低コスト化にもかなった電極製造法であり，現在ではこの製法によるペースト式ニッケル電極が広く生産されている。

また，構成材料である水酸化ニッケル粉末やニッケル多孔体基板の材料開発においても，同様なことが行われている。正極活物質である水酸化ニッケル粉末は，アルカリ水溶液にニッケル塩水溶液を滴下して析出させた水酸化物を，分離，水洗，乾燥した後に，機械粉砕して作製されるもので，製造過程で多量の廃液を生じ環境負荷の高い製法であった。しかも，その粉末は無定形の多孔質（低密度）なものであり，粉体自体を高密度化することで，正極の高容量化を計ることが技術課題となっていた。

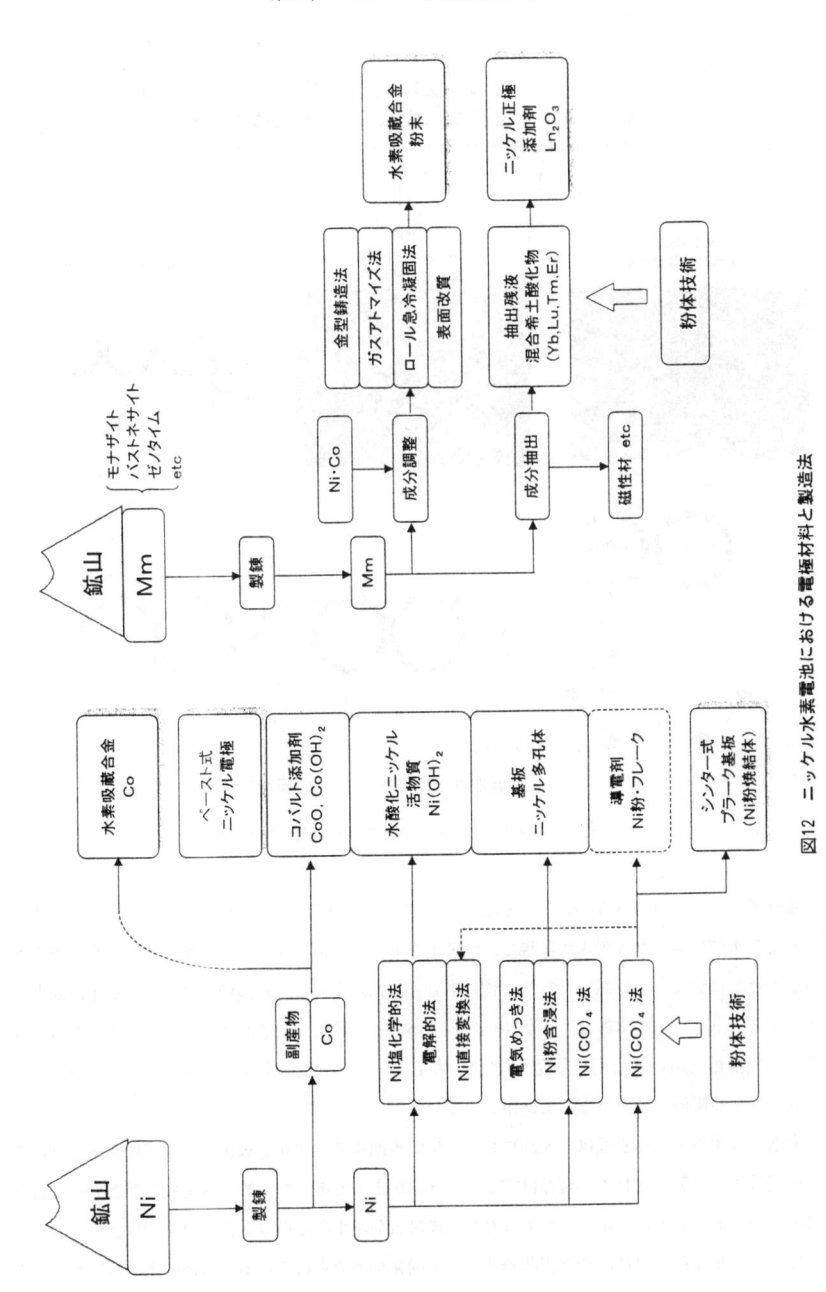

第2章　エネルギー貯蔵技術と材料

図12　ニッケル水素電池における電極材料と製造法

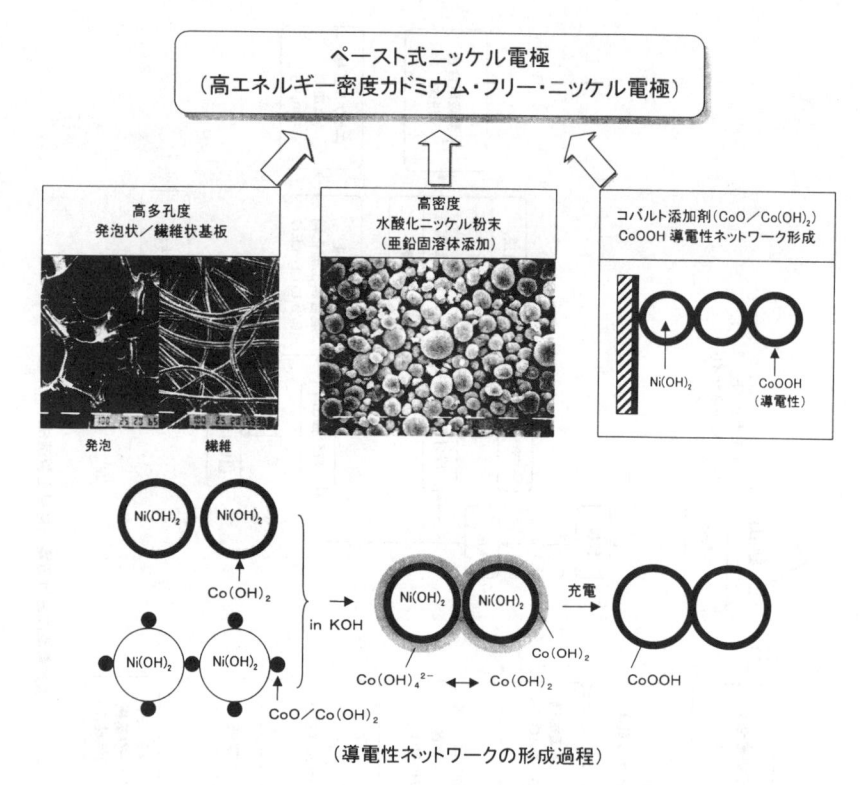

図13 ペースト式ニッケル電極の構成要素と作用原理

現在では，ニッケル・アンミン錯体による反応晶析法が新たに開発[18]され，均一な球形状の高密度な水酸化ニッケル粉末が実現し，製造工程もクローズドシステム化がなされ，高性能化されるとともに環境負荷低減（低コスト化）も計られた。さらに，正極の活物質膨潤防止技術として，従来カドミウムの水酸化ニッケルへの固溶体添加が不可欠とされていたが，カドミウムの代替として亜鉛を用いる技術が開発[19]され，カドミ・フリー化が実現し，ほとんど全てのペースト式ニッケル電極の活物質として使用されている。

発泡ニッケル多孔体基板は，発泡ウレタン材の表面にニッケルを被覆し，焼成によってウレタンを消散させて製造される。現在は電気めっき法が主流であるが，めっき廃液の問題や大電力消費のため，低コスト化には限界があったが，環境負荷が小さく低コスト化が可能な新たな製法として，ニッケル粉末焼結法や気相蒸着法などの開発が進められている。負極の主材料である水素

第2章 エネルギー貯蔵技術と材料

吸蔵合金についても，正極の場合と同様に，高性能化や低コスト化のための材料技術開発が積極的に進められているが，本稿では割愛する[20]。

以上の実例から，ニッケル水素電池の構成材料の低コスト化は，環境負荷低減と同義であり，今後の材料開発に当たっては資源の総合的視点に立って進めることが重要であることがわかる。

2.6 おわりに

今後ますます電池や構成材料の開発およびコスト低減化は，環境側面を抜きにして考えることはできず，性能もさることながら環境適合性に優れた電池が選択され使用されていくであろう。このような背景から，ニッケル水素電池の新たな巨大市場として，これまで鉛電池の独壇場であった自動車用分野への道が開かれつつある。

文 献

1) ダヴィッド・リンデン編（高村勉監訳），「最新電池ハンドブック」，朝倉書店（1996）
2) 電池便覧編集委員会編，「電池便覧」第3版丸善（2001）
3) 佐藤登監修，「電気自動車の開発と材料」，p.178，シーエムシー（1999）
4) 電気自動車ハンドブック編集委員会編，「電気自動車ハンドブック」，丸善（2001）
5) 押谷政彦，機能材料，Vol.19, No.8, p.13（1999）
6) 押谷政彦，化学装置，10月号，p.43（2000）
7) 押谷政彦，粉体と工業，Vol.32, No.12, p.34（2000）
8) 田中俊雄，大谷佳克，伊藤隆，綿田正治，押谷政彦，YUASA-JIHO, No.89, p.4（2000）
9) A.Kobayashi, T.Kishimoto, Y.Hino, M.Oshitani, K.Okamoto, K.Yagi, and N.Sato, The 17th International Electric Vehicle Symposium (EVS-17), Canada (2000)
10) 岸本知徳，樋野雄三，押谷政彦，YUASA-JIHO, No.90, p.45（2001）
11) T.Ishikura, K.Yagi, and N.Sato, The 16th International Electric Vehicle Symposium (EVS-16), Beijing (1999)
12) 米国特許 No.6,136,473（2000）
13) M.Oshitani, M.Watada, K.Shodai, and K.Kodama, *J.Electrochem.Soc.*, 148, p.67（2001）
14) 押谷政彦，機能紙研究会誌，No.38, p.33（1999）
15) 黒葛原実，陳芳瑜，初代香織，児玉充浩，綿田正治，押谷政彦，第41回電池討論会要旨集，p.214（2000）
16) M.Oshitani, M.Watada, T.Tanaka,and T.Iida, "Hydrogen and Metal Hydride

Batteries", ed. by P.D.Bennett, T.Sakai, p.303, The Electrochemical Society Inc., N.J. (1994)
17) M.Oshitani, H.Yufu, K.Takashima, S.Tsuji, and Y.Matsumaru, *J.Electrochem. Soc.*, 136, p.1590 (1989)
18) 押谷政彦, 綿田正治, 油布宏, 松丸雄次, 電気化学, 57, p.480 (1989)
19) 米国特許 No.4,844,999 (1989), No.4,985,318 (1992), No.Re.34,752 (1994)
20) 田村英雄監修,「水素吸蔵合金-基礎から最先端技術まで」, エヌ・ティー・エス (1998)

3 リチウムイオン電池と材料

吉野　彰*

3.1 リチウムイオン電池の概要

　リチウムイオン電池が世の中に出て早や10年の月日が経った。この間携帯電話，ノート型パソコン等のIT機器の爆発的な伸びにも助けられ，図1に示すように，現在では小型民生用二次電池の主流となっている。このリチウムイオン電池とは「リチウムイオンを吸蔵・脱離し得るカーボン材料を負極活物質として用い，同じくリチウムイオンを吸蔵・脱離し得るリチウムイオン含有金属酸化物を正極活物質として用いたトポケミカル反応原理に基づく非水系二次電池」というのが一般的な定義である。

　すなわち負極にカーボンを用いることと，正極に$LiCoO_2$等のリチウムイオン含有金属酸化物を用いることを特徴とした二次電池である。その電池反応原理は図2に示す通りであり，充電により$LiCoO_2$に含有されているリチウムイオンが脱離し電解液を介して負極のカーボンにリチウムイオンが吸蔵される。放電反応はその逆反応となる。すなわち充電放電反応によりリチウムイオンが正極と負極の間を往来するだけで，化学的な反応は一切起こっていない。これがイオン電池と称される由縁である。

　リチウムイオン電池の主構成材料は，①正極活物質である$LiCoO_2$，②負極活物質であるカーボン，③正極と負極を電気的に絶縁し，かつイオン導電性を有するマイクロポーラスポリエチレン膜よりなるセパレータ，④正極，負極，セパレータに含浸された電解液であり，一般的な電池

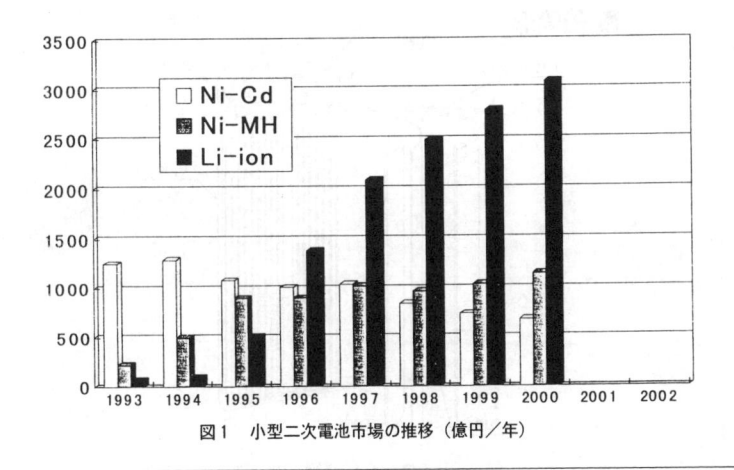

図1　小型二次電池市場の推移（億円／年）

＊　Akira Yoshino　旭化成㈱　電池材料事業開発室　部長

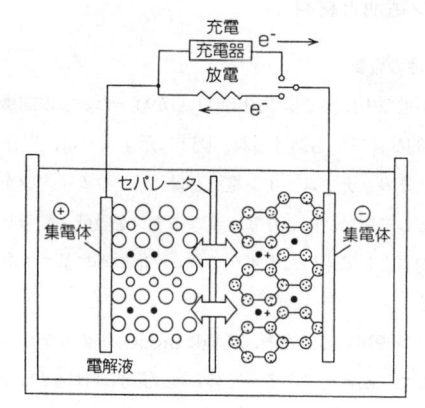

〈電池反応式〉
$$\text{LiCoMO}_2 + \text{Cn} \underset{\text{放電}}{\overset{\text{充電}}{\rightleftarrows}} \text{Li}_{1-x}\text{CoMO}_2 + \text{CnLi}_x$$

図2　リチウムイオン電池の反応原理図

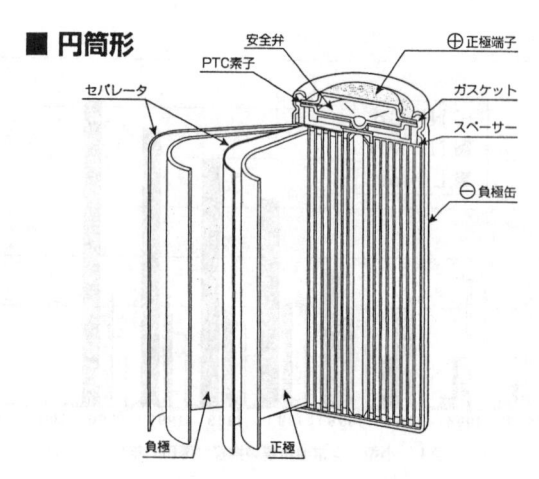

■ 円筒形

図3　リチウムイオン電池の構造図

構造は図3に示す通りである。一般にリチウムイオン電池の正負極電極は、集電体として金属箔を用いるという他の電池にはない独特の電極構造を有している。この電極構造は後述するように電池特性に大きな影響を及ぼしている。

3.2 リチウムイオン電池の構成材料

もう少し詳しく構成材料と、それらの材料が用いられている理由について述べてみたい。リチウムイオン電池の構成材料としては、大きく電極構成材料と電池構成材料の2つに分類される。

3.2.1 電極構成材料

正負電極構成材料は表1、表2に示す通りである。正極活物質としては現在95％以上の製品で$LiCoO_2$が用いられており、ごく一部の製品で$LiNiO_2$または$LiNiO_2$と$LiMn_2O_4$の混合物が用いられている。負極活物質としては、結晶性の高いグラファイトまたは結晶性の低いハードカーボンが用途毎に使い分けられている。

表1　正極の構成材料

正極活物質	$LiCoO_2$，（$LiNiO_2$，$LiMn_2O_4$）
バインダー	ポリフッ化ビニリデン ポリテトラフルオロエチレン フッ素ゴム
導電フィラー	グラファイト カーボンブラック
正極集電体	アルミ箔

表2　負極の構成材料

負極活物質	グラファイト ハードカーボン ソフトカーボン
バインダー	ポリフッ化ビニリデン スチレン・ブタジエンゴム フッ素ゴム
導電フィラー	グラファイト カーボンブラック 炭素繊維粉砕物
負極集電体	銅箔

表の電極構成材料の中で意外と重要な要素技術となっているのはバインダーの選択である。バインダーとして共通的に要求される主な特性は、

① 集電体、活物質に対する接着性
② 柔軟性
③ スラリー状態での粘性
④ 溶剤蒸発過程での均一造膜性
⑤ 電解液に対する耐性
⑥ 非吸湿性

であり、さらに正極用バインダーには電気化学的耐酸化性が要求され、負極用バインダーには電気化学的耐還元性が要求される。

上記要求特性の中で最も重要な特性が、④溶剤蒸発過程での均一造膜性である。電極中でのバインダーの分布は電池特性に大きな影響を与え、リチウムイオン電池製造の上でバインダーの選択、溶媒の選択、塗工機の構造、乾燥ゾーンでの温度プロファイル設定、風向き設定等がリチウムイオン電池メーカー各社の重要なノウハウになっている。

　導電性フィラーの役割は、活物質の電子電導性を補う目的と活物質粒子同士の粒子間接触を向上させるという2つである。電子電導性にやや乏しい正極には全製品に添加されている。負極活物質であるカーボンは電子電導性には優れているが、やはり粒子間接触を向上させる目的で添加されるケースが多い。

　集電体として正負極ともに金属箔が用いられているのが、このリチウムイオン電池の特徴であることは前述の通りである。さらに材質的には、正極集電体として4V以上の電位に耐える実用的には唯一の材料であるアルミニウムが用いられる。もしもアルミニウムが使えなかったとすると、リチウムイオン電池は商品化できなかったといわれるほど重要な要素技術である。

　一方、負極集電体には銅が用いられる。これは電子電導性にすぐれていること、リチウムと合金を形成しないこと、さらに隠れた要因として未充電状態での負極カーボンの電位(Li基準で約3.1V)に耐えること等の理由によるものである。

3.2.2　電池構成材料

　電極以外の重要な構成材料として挙げられるのはセパレータと電解液である。セパレータの選定基準と用いられている材料は下記の通りである。

＜セパレータの選定基準＞
① 使用する電解液に対しての安定性
② 非吸水性および水分非溶出性
③ 正極と負極との電子電導的な完全絶縁性
④ 十分なイオン透過性
⑤ 少なくとも50μm以下の厚みで充分な機械的強度を有すること
⑥ 熱的ヒューズ性（電池が一定の温度以上になるとセパレータが溶融し電池機能を停止させる）

　上記の条件を満たすものとして、現在ポリエチレン製のマイクロポーラスフィルム（微多孔膜）がリチウムイオン電池に用いられている。また、電解液の選定基準は下記の通りである。

① 低温、高温での十分なイオン伝導性
② 負極における電気化学的耐還元性
③ 正極における電気化学的耐酸化性
④ 電極、セパレータに対する浸透性

上記の条件を満たすものとして，環状炭酸エステル（プロピレンカーボネート，エチレンカーボネート等）と鎖状炭酸エステル（炭酸ジメチル，炭酸ジエチル，炭酸エチルメチル等）の混合溶剤にLiPF$_6$を溶解させたものが一般に用いられている．

3.3 自動車用としてのリチウムイオン電池の適性について

次にリチウムイオン電池の特性から自動車用としての適性について考察してみたい．ここで自動車用として考える場合，2つのケースに分けて考える必要がある．すなわち100％電池で走行する場合（以下PEVと称す）と内燃機関を主駆動源とし発進，加速時等での補助駆動手段として電池を用いる場合（以下HEVと称す）の2つのケースである．

3.3.1 PEV用電源としての適合性

PEV用の電池として考える場合に最も重要な特性はエネルギー密度であろう．図4はリチウムイオン電池が商品化されて以降，円筒型18650の体積および重量エネルギー密度の向上経緯を示すものである．商品化当初のこの円筒型18650の放電容量は約900mAhであり，体積エネルギー密度は約200Wh/L，重量エネルギー密度は約80Wh/kgあった．2001年現在の最新製品では2000mAhにまで向上しており体積エネルギー密度は約450Wh/L，重量エネルギー密度は約180Wh/kgにまで達している．

この特性値とコストの観点から，PEV電源としての適合性と課題について簡単に考察してみたい．ただし，実際にはこれ以外にサイクル性，保存特性等を含めた耐久性という要素も勘案す

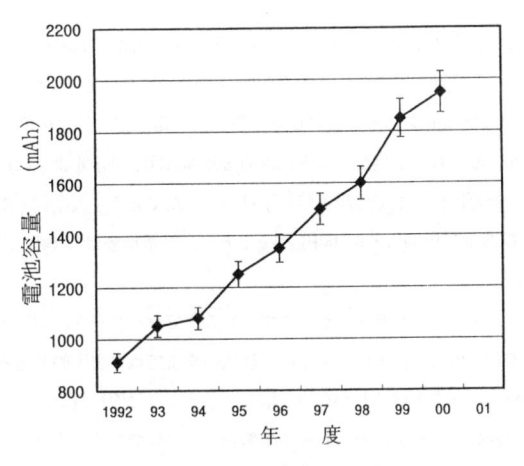

図4 18650の電池容量アップ推移

べきであるが,ここではそれらがクリアされたという前提に立つ.円筒型18650の数値ベースは表3の通りである.

容量単価は41.7円/Whというのが現状である.意外と容量単価が低いと思われるかも知れないが,現実に市場に出回っている製品での値である.仮にPEV用電源として要求される電池容量を25KWhと想定し,現在の円筒型18650（2000mAh）を用い並列・直列接続により上記容量を達成しようとすると,その時の電池重量,価格等は表4の通りとなる.これをケース1とする.表の数字を見ると,重量,体積は妥当な範囲と思われる.出力も100KW以上あれば問題ない.やはり電池価格の104万円が課題であろう.

表3 円筒型18650の数値ベース

エネルギー密度		セル価格	重量価格
重量ベース	体積ベース		
180Wh/kg	450Wh/L	300円/本	7,500円/kg

表4 18650をそのまま用いた場合の試算

電池重量	電池体積	電池容量	出力*	電池価格
139kg	35L	25KWh	103KW	104万円

＊出力は4Cを想定

次にコストダウンの可能性について検討してみよう.表4の試算は3348本の18650を62P 54S（62並列×54直列）の組電池にした平均作動電圧200Vの場合を想定している.実際には18650の62本分（124Ah）の大型電池を作ることになり,自動的に電池缶,封口体等の部品点数は単純に1/62になる.18650のこれら部品がコストに占める比率は図5に示すように約15％であるので,大型電池化により約85万円程度までは現実的に下げることができる.大型化で重量が変わらないとすればこの時の電池重量単価は約6,100円/kgであり,容量単価は33.9円/Whとなる.これをケース2とする.

次に電極面積を減らす（すなわち電極を厚くする）ことでセパレータ,銅箔等の大幅なコストダウンが可能であるが,出力特性が低下するので現状のままでは非現実的である.従って更なるコストダウンは原材料単価を下げるしかない.図5に示すように原材料コストに占める割合の大きいのは正極材,負極材,電解液,セパレータ,銅箔の5材料である.また,これらの原材料単価は表5,表6に示す通りである.

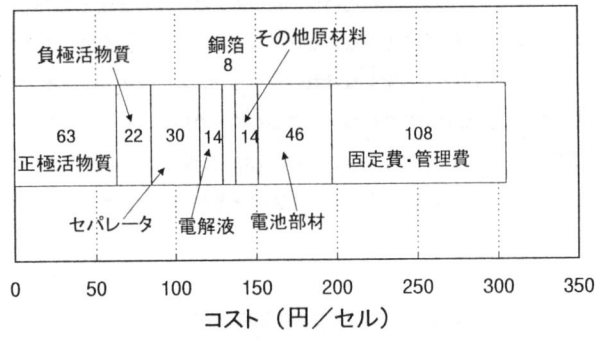

第2章 エネルギー貯蔵技術と材料

図5 リチウムイオン電池18650のコスト内訳

（負極活物質 22、銅箔 14、その他原材料 8、正極活物質 63、セパレータ 30、電解液 14、電池部材 46、固定費・管理費 108、単位：円／セル）

表5 主要原材料の重量単価

原材料	正極 LiCoO₂	負極炭素材	電解液
単価	4,300円/kg	3,500円/kg	2,800円/kg

表6 主要原材料の面積単価

原材料	セパレータ	銅箔
単価	330円/m²	195円/m²

重量単価が3,000～4,000円／kgの原材料を用いて電池を作っているのであるから，電池の重量単価が6,000円／kgを超すのは当然である。表5の材料が一律2,500円／kgにまでコストダウンできたと仮定しよう。手段は正極材の転換等である。これをケース3とする。この場合の電池価格は図5より75万円程度となる。重量単価は5,400円／kg，容量単価は30円／Whである。かなり現実に近い数字になる。

以上の通り基本的な電池特性，価格だけ見る限りリチウムイオン電池のPEVとしての適合性はケース3までいけば，かなりありそうに思われる。むしろ前記の通り耐久性，安全性，充電時間も含めたインフラの問題等の課題が残るのかも知れない。

3.3.2 HEV用電源としての適合性

次にHEV用電源としての適合性について考察してみたい。ここでは，ガソリンまたはディーゼルエンジンを主駆動源とするパワーアシスト的なHEVを対象として考える。HEV用として最

も重要な特性は入出力特性であろう。入出力特性，特に入力特性（超高速充電特性）の正確な評価は難しい。さらにはエネルギー回生も重要な要素になるので，単に充電できるできないだけではなく入出力のエネルギー効率まで考慮しなければならない。本来リチウムイオン電池が最も苦手とする使用形態であるが，その適合性について考察してみたい。

まずこのHEV用電源1ユニットの要求特性を表7のように仮定する。PEVの場合と同じように，まず現在の18650をそのまま用い表7の電池容量0.3KWhを満たすように試算すると表8の通りになる。

表7 HEV用電源の定格と価格

電池容量	出 力	価 格
0.3KWh	25KW	10万円

表8 現行18650を用いた場合の試算
（電池容量ベース）

電池重量	電池体積	電池容量	出 力*	価 格
1.7kg	0.7L	0.3KWh	0.32KW	1.2万円

＊出力は1Cを想定

HEV用の場合は常に最大出力で使用されるので，標準となる充放電レートを1Cと想定した。表8の試算結果では42本の18650を1P42S（1並列42直列）とした平均電圧155Vの組電池となる。表8の試算結果を表7の目標値と比較すると，出力特性が極端に劣っているのがわかる。そこで表7の出力25KWを満たすように試算すると表9の通りになる。この場合は重量，体積，価格ともに目標値をはるかに超してしまう。

18650の電極設計，電池設計を基本的に変えないと要求特性を満たすことは不可能である。基本設計を変えなければならない。表7の要求定格での出力と電池容量の比が約83であるのに対し，

表9 現行18650を用いた場合の試算
（出力ベース）

電池重量	電池体積	電池容量	出 力	価 格
139kg	56L	25KWh	25KW	104万円

第2章 エネルギー貯蔵技術と材料

表8，表9の実績値は約1であることがズレの最大の原因である。すなわち現行の設計での出力特性を83倍にしなければならない。出力特性を上げる現実的な方法は電極を薄くし，電極面積を大きくすることである。この場合の問題点は次の2点である。

① 活物質の最大粒子径より薄くすることはできず，その限界は電極片面あたり約20μである。現行18650の電極厚は片面あたり約120μであるので，薄くできてもせいぜい現行電極の6分の1程度までである。

② 電極面積を大きくするにつれ，セパレータ，集電体の使用量が比例して大きくなり，結果としてエネルギー密度の低下とコストアップという弊害が発生する。電極面積を大きくしていった時のエネルギー密度との関係は，シミュレーションで求めることが可能であり図6の通りとなる。

図6の電極厚が1/6の場合の値をもとに，表9と同じく出力25KWを満たすように試算すると表10の通りになる。かなり目標に近い値が得られるが，やはりまだ電池重量と価格がネックとなっている。またPEVの場合と同様に耐久性，安全性，の問題等の課題が残る。

以上の考察よりリチウムイオン電池のPEV，HEV等の自動車用への適合性については，近年の改良で実用レベルに近い線まで近づきつつあるが，今一つの技術的ブレークスルーが必要なこ

図6 電極厚と重量エネルギー密度の関係

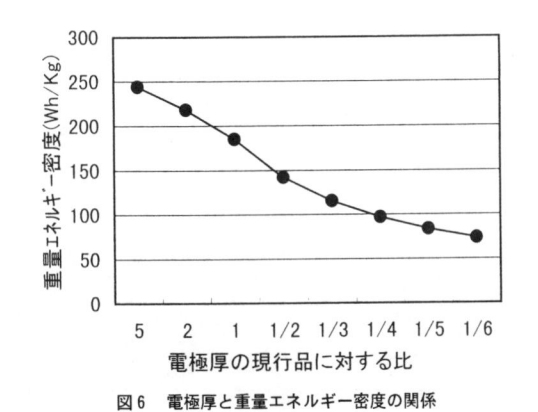

表10 電極厚が1/6の18650を用いた場合の試算
　　　（出力ベース）

電池重量	電池体積	電池容量	出　力	価　格
54kg	22L	4KWh	25KW	40万円

とも事実である。

3.4 まとめ

以上述べたように，リチウムイオン電池は商品化以降約10年の間に負極材料等の改良により大幅に容量が向上してきた。一方，用途が広がることにより生産量も大幅に伸び，その量産効果によりコストダウンも飛躍的に進んできた。

こうした小型民生用途分野で進んできた特性面での改善，価格の低下を前提に自動車用電源としてのリチウムイオン電池の適合性を検討してきた。もちろん今すぐに実用化できるレベルではないのは事実であるが，過去これまでに議論されてきたレベルに比べると，かなり実用域に近づきつつあるのは事実である。今後の更なる改良，コストダウンに期待したい。

4 リチウムポリマー電池技術と電池材料

佐田 勉*

4.1 はじめに

1990年代は，リチウムイオン電池の創世期として電池開発の歴史の中で意義のある10年であった。高容量で軽量な二次電池は，携帯電話やノートパソコンそしてPDAの普及と相俟って大きな伸張を示したことは広く知られている。この開発段階において，リチウムイオン電池は出荷前充電の過程で電解液の漏洩による爆発を起こし，工場全体を吹き飛ばす事故が発生したことは記憶に生々しい。従って，リチウムイオン二次電池の安全性を向上させることは，リチウムイオン電池業界にとって大きな課題となっている。

この課題克服の一手段として，「電解液の完全固定化」が各電池メーカーや電池材料開発会社の開発目標となっている。さらに，本リチウムイオン電池を電気自動車（EV）やハイブリッド車（HV）等の自動車用途に利用するには，この安全上の課題を解決することは必須である。

この課題に応える技術目標としてリチウムポリマー二次電池の開発が促進されている。その中で，米国ベルコア研究所が開発した方法は，ポリ弗化ビニリデン（PVdF）とテトラハイドロフラン（THF）の2成分による多孔質ゲル体を形成し，電解液を注入したものであった。この構造体は，見掛け上ゲル体をなしているものの押さえると浸透した電解液が滲み出てくる。その上，性能的には，電解液タイプの初期特性を維持するもののサイクル特性等の総合的な性能評価では，顕著な改良改善効果が見出せていない。そして，生産プロセス上で，この電解液注入プロセスは，危険性も高く注入後の温度上昇により包装後の膨張と膨潤が新たな課題となった。

その後，小型リチウムイオン二次電池メーカーでは，重量比でわずか数%量のイオン伝導性ポリマーを電解液に含有させて架橋重合し，ガス抜き工程を経てリチウムイオンゲルポリマー二次電池を生産している。

さらに，カナダケベック州の電力会社であるハイドロケベック社（HQ）が，15年の歳月を費やして開発した高温作動型全固体リチウムメタルポリマー二次電池（LiメタルLPB：図1）が2002年より工業生産される段階にまで達している。

筆者は，1984年からリチウムポリ

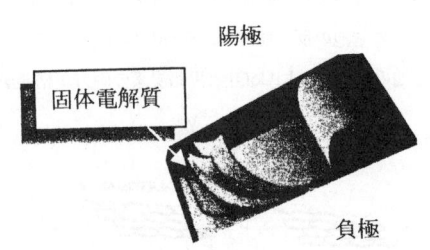

図1 全固体リチウムポリマー電池セル構造
（ハイドロケベック社カタログより抜粋）

---

* Tsutomu Sada　トレキオン㈱　COOディレクター

マー電池用イオン導電性ポリマーの開発に携わり，特に，HQ社とのLiメタルLPB開発に関与した経歴がある。現在は，小型電池を含めたポリマーリッチな電解液完全固定型リチウムイオンゲルポリマー二次電池や，夢の常温作動型全固体リチウムポリマー二次電池等の電池材料開発を進めている。

このような背景の中で，「リチウムポリマー二次電池技術と電池材料」について要点を示す。まず，リチウムイオン電池が開発された歴史から紐を解くことによってリチウムポリマー二次電池の技術概念を再確認し，目指している電池材料開発の方向性を示唆していきたい。

4.2 電池開発の歴史とリチウムイオン電池の開発

電池の歴史は，遠くエジプト文明にまで遡るが，近代の電池は，伯爵Alessandro Volta（1745～1827）が200年以上前にVoltaic Pileを構成・組み立てて電池の技術的論拠を確立した。この技術的確立によって電気化学分野でのエネルギー発電と蓄電の理論的裏付けができることとなった。そして，1940年頃から電池の三大基礎電池構造としてLeclanche亜鉛炭素一次電池，自動車用電池として広く使用されている鉛二次電池の基礎である酸化鉛電池，そしてニッケル鉄二次電池であった。

このような電池開発の歴史で，電池の発展に自動車用途での利用が大きな役割を果たしてきたことを考えると内燃機関としてのガソリンエンジンからHVやEVへの発展過程は，歴史上の必然として捉えることができるとの印象をもっている。

そして，1970年代初頭にリチウム一次電池が実用化され，1981年に池田により負極材料に新しく黒鉛化炭素材料を用いる方法が発明された。このことから，充放電に関する技術的メカニズムが解明され，一挙に二次電池の実用化へと踏み出すこととなった。特に，リチウム二次電池は正極にコバルト酸リチウム（$LiCoO_2$）そして負極に黒鉛化炭素材料を使用し，リチウム塩を有機溶媒に溶かした電解液とで構成する4V系の電池となって商品化された。

この電池の反応原理は，平均放電電圧が3.6V，理論エネルギー密度580Wh/kgである。この電池の特徴は，$LiCoO_2$と黒鉛炭素の両方が結晶層間にリチウムを自由に出入りできるところに

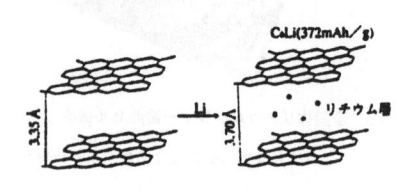

図2　グラファイトへのリチウムのインターカレーション

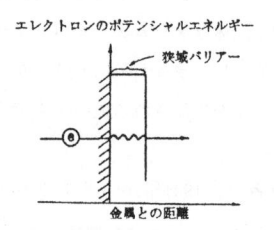

図3　エネルギーバリアーによるトンネリング現象

ある。つまり，充電時に，正極からリチウム原子がイオンとして電解液中に溶解し，電解層のイオン伝導剤の存在と電位差によって負極の黒鉛に到達し，六角網目格子層間にリチウムイオンがインターカレーションし中和されて電荷を失いリチウムが貯蔵される（図2）。放電では，この逆反応が発生し，$LiCoO_2$層に到達したリチウムイオンは，電子となって約50Åの酸化膜を通過して集電体アルミニウム層で電流となって流れていく（トンネリング現象：図3）。電子は電解層中を流れずにリチウムイオンだけが正・負極間を往復するいわゆるシャットルコック，ロッキングチェア，シーソー，スイングなどと呼ばれている現象である。

　　正極反応：$2 LiCoO_2 \longleftrightarrow 2 Li_{0.5}CoO_2 + Li^+ + e^-$

　　負極反応：$6 C + Li^+ + e^- \longleftrightarrow LiC_6$

　　全体反応：$2 LiCoO_2 + 6C \longleftrightarrow 2 Li_{0.5}CoO_2 + LiC_6$

次に，電解質層が可燃物である有機溶媒を使用していることを認識する必要がある。この有機溶媒の不燃化は，電解液メーカーや電池メーカーによってかなり以前から挑戦されてきた[2〜5]。現時点で使用されている可燃性溶媒の特性に匹敵する有望な不（難）燃化材料を見出し切れていない。その解決策の一つとなるのが，電解質層のポリマー化による難燃性電解質の開発であった。

有機ポリマー二次電池のポリマー開発については，同時期に2つの開発の流れがあった。1979年に米国ペンシルバニア大学Dr.A.G.MacDiarmidによってポリアセチレン薄膜を電気化学的にドープ状態にすることができることを見出したと発表したことと，1975年にDr.P.V.Wright[8]そして1979年にフランスグルノーブル大学教授Dr.Michel Armand[7]が，ポリアルキレンオキサイド（PAO）系素材にリチウム塩をドープすることによって10^{-5}S/cm（20℃）のイオン伝導性を示したと発表したことである。

これらの発表から，有機ポリマー二次電池への応用開発が始められた。ポリアセチレンは共役二重結合のあるπ電子の非局在化の程度が大きい物質で，リチウムイオンをドープすることによって原子を繋ぐ電解層を形成しイオンの流れをつくることが確認された[8]。その後，ポリアセチレンの他にポリアニリン，ポリピロール，ポリアセン等が同じような性状を持つ素材として発表された。これらの素材の短所として，容積エネルギー密度が低く，放電電圧が充放電サイクルに対して直線的に降下する自己放電しやすい性状が挙げられる。この短所からボタン電池用途などの限定された用途でのみ使用されている。

一方，PAO系素材については，伝導性向上を共重合等の骨格の改良や末端アリル化やアシル化などにより架橋密度を増加させて達成しており，ポリアセチレン等の限界を超えた材料として発展していくものと理解している。

これらの一連の開発活動を通じて，市場ではゲル化ポリマーを使用したリチウムポリマー二次電池が1997年にソニーによって上市され，携帯電話用電池に使用されるようになったことから今

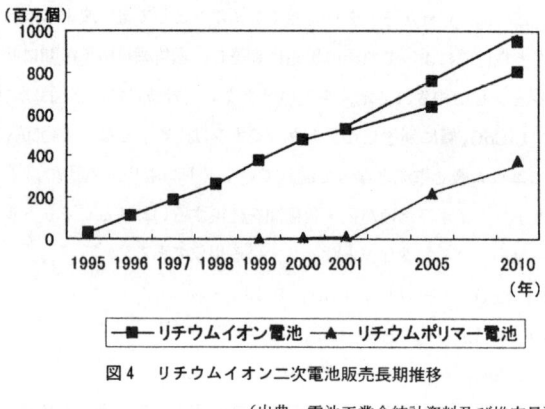

図4 リチウムイオン二次電池販売長期推移
（出典：電池工業会統計資料及び推定量）

後の伸長が期待されている。リチウムイオン二次電池市場におけるリチウムポリマー二次電池の占有率は，安全性の課題克服に留まらず軽薄短小や電池セルの薄膜化による高容量化の可能性を追求した製品開発により新規電池開発に拍車が掛かるものと推定している（図4）。この技術開発が自動車用の動力源として，HVに始まりEVそして燃料セル（FC）自動車の補助動力源として利用されていくこととなるであろう。

電池開発の必然的方向として誕生したリチウムポリマー二次電池は，常温作動型全固体リチウムポリマー二次電池の開発を最終目標にますます開発が活発化するものと確信している。その開発を支える材料開発が，成功の命運を決めることから，次の項でリチウムポリマー二次電池用コア材料の構造に関する現状を述べるとともに今後の材料開発の方向性が示唆できればと考えている。

4.3 リチウムポリマー二次電池用コア材料

リチウムポリマー二次電池の電解質層に下記のような材料が使用できる。ポリアルキレングリコール系等の骨格を持つ末端架橋基を有するゲル化剤（表1）であるマクロモノマーに，Li塩導

表1 高分子ゲル電解質を構成する素材

ポリエチレンオキシド $-(\cdot CH_2-CH_2-O\cdot)-$ ＊1個のアクリロイル基を持ち，カーボニル基やシアノ基等の極性基を有するもの。（イオン伝導性） ＊2個のアクリロイル基を持ち，立体架橋構造を形成しているもの。（機械的強度） ＊1個のアクリロイル基を持ち，極性溶媒との親和性を有するオリゴオキシエチレン基を有するもの。（熱・経時安定性）

電剤であるLiPF$_6$, LiBF$_4$, LiTFSI {(CF$_3$SO$_2$)$_2$NLi}, BETI {(C$_2$F$_5$SO$_2$)$_2$NLi}等を封入したエチレンカーボネート（EC），プロピレンカーボネート（PC），γブチルラクトン（GBL）そしてDMC，DEC，MEC，などの極性溶媒を2成分あるいは3成分系として配合したプレカーサー液を作成する。そして，熱あるいは紫外線にて硬化しゲル体を形成させたものである。

現在，携帯電話等で使用されている電池系のゲル化剤のプレカーサー重量比率は，10％以下であり3～5％が主流を占めている。この理由は，電解液系の伝導性を如何に維持しながらゲル状電解質を形成するかを開発目標とした経緯からきている。筆者らは，開発目標として電解層を完全に固体状とすることをリチウムポリマー二次電池技術開発の前提として捉え，紙オムツの吸水性ポリマー概念を出発点として吸油性ポリマー構造体を形成して，電解質層に有機溶媒を完全に固定化させることを目指してきた。

この完全固定化は達成したものの，有機溶媒電解質に匹敵あるいはそれ以上の導電性を得るに足る材料を見出すことが極めて難しい開発経緯であった。しかしながら，ポリマーゲル構造体の構成概念は確実に進歩している。そのうちの典型的な処方を紹介する。

正極活物質：LiCoO$_2$, LiMn$_2$O$_4$, V$_2$O$_5$, LiFePO$_4$, Li$_2$CO$_3$等のいずれか

負極活物質：炭素材料（天然・人造黒鉛，MCMB等）

電解液組成：EC/DMC 1M LiPF$_6$+LiTFSI，EC/DEC LiTFSI+BETI等

固体電解質：内部貫入型ポリマー構造（IPN：Interpenetrated Polymer Network）[11]

IPNの特徴としては，2成分の配合比率を変更することによってゲルの物性が，粘着性ゲル，ソフトゲルそして弾力性はあるが硬質ゲルをかなりの自由度を持って作ることができることである。このことより，電極界面との密着性改良やフィルム成形等の使用目的による使い分けが容易にできる（写真1）。

次に，全固体リチウムポリマー電池は有機溶媒を全く使用しない系であり，ポリマー骨格がフィルム形成できていて，5から20ミクロン厚みで電解質層に組み込まれている。このポリマー構造体は，物性面で引っ張り強度，伸び強度，引き裂き強度に優れており，かつ材料自体は難燃性を有しており短絡したとしても発火や燃焼を起こし難い特性がある。このことから，安全性の高い電池としての地位を築くことになるであろう。全固体リチウムポリマー電池の主要な材料について本稿4.5で紹介する。

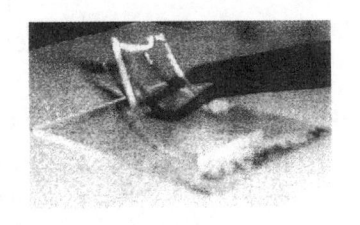

写真1　柔軟・粘着性ゲルポリマー

4.4 リチウムイオンゲルポリマー二次電池材料

本項で述べるリチウムイオンゲルポリマー二次電池の一例として，ポリマー濃度が30重量%以上で，イオン伝導度が10^{-3}S/cm（20℃）を示す目標性能の電池を構成する材料を紹介する。
使用可能な材料：

- 正極材料：$LiCoNiO_2$，$LiMnMgO_2$，$LiFePO_4$等
- 負極材料：天然・人造黒鉛，MCMB
- 電解液：EC/MEC，EC/PC/DEC
- 固体電解質：ガラス転移点の低い2成分系あるいは3成分系内部貫入型マクロモノマー
- Li塩：$LiPF_6$，$LiBF_4$，LiTFSI，LiFSI，BETI（アルミニウム集電体腐食対応Li塩）
- セパレータ：多孔質ポリエチレン膜

紹介する電極の基本骨格は，正極活物質として$LiCoNiO_2$と負極活物質としてグラファイトを用いている。これらの電極に2つ以上の高分子電解質組成からなる内部貫入型マクロモノマーに各種リチウム塩を封入した電解液が配合され，プレカーサー液を作成して紫外線照射または加熱手段により三次元的に架橋することでゲル化フィルム状電解質を構成する。この構造体の特徴は，各電極と電解質との界面との相溶性を溶剤系電解液に匹敵するまでに高め，元来，疎水性を示すグラファイト表面への濡れ性を向上させることができる。典型的な例として2成分系IPNの組成領域を下記に示す。

<成分-1>

ポリマー成分-1は，分子量25,000以上の高分子ホモポリマーあるいは共重合体，架橋性または非架橋性のいずれであっても良い。ただし，電解質層に組み込む場合には電極に対する接着性が良好であることから架橋性ポリマーが望ましく，架橋結合の密度が高すぎないことが重要である[9~10]。

$$\{CH_2-CH-O\}\ \ R'$$

R' =H, Ra,
   $-CH_2-O-Ra$,
   $-CH_2-O-Re-Ra$,
   $-CH_2-N=(CH_2)_2$

$$\{CH_2-CH_2-N\}\ \ R''$$

Ra=アルキル基
   シクロアルキル基，アリル基

Re=ポリエーテル基

高分子鎖の炭素原子に対して，酸素または窒素のヘテロ原子を1個以上含むマクロモノマーその他，エチレンオキシドと環状エーテルオキシドの共重合体で，室温において非結晶性を示す

材料もポリマー成分-1の対象材料となる。

<成分-2>

ポリマー成分-2は，成分-1より低分子量（分子量20,000以下）のホモポリマーまたは共重合体，もしくはオリゴマーやモノマーが使用できる。また，これらのポリマー成分-2は，分子量150から20,000までのエチレンオキシドのホモポリマーもしくは共重合体にスチレン，アクリレート，メタアクリロニトリル等の架橋基を持つセグメントになっている必要がある。これら高分子の架橋後での残留未反応物生成を防止するために，ポリマー鎖末端の処理として，電極活物質との反応を防ぐことを目的としてエーテル，エステル，アミド基への変換によって不活性化を図る必要がある。

本2成分系や3成分系の処方を用いて，正・負極活物質とポリマーとの相溶性を重視し，セパレータの選択により機械的強度を考慮しながらマトリックス成分のトータル量としての最適重量比を決定していく。このマトリックスポリマーの機械的強度は，選択されるマクロモノマーの分子量が引っ張り強度や伸び率を決定する主要な管理要素となる（図5）[18]。

次に，リチウムポリマー二次電池の構造で最も重要な要素は，負極活物質の炭素材料表面における各種電解液とリチウム塩の界面反応である。つまり，Liイオンがグラファイトにインターカレーションされ中和されてLiC_6となるが，その結果，電子は電流となって外部へ流れて行く。この界面での反応を物理的，化学的，電気的に効率良く進行させる層形成法をIPNの性状を活かして開発している。

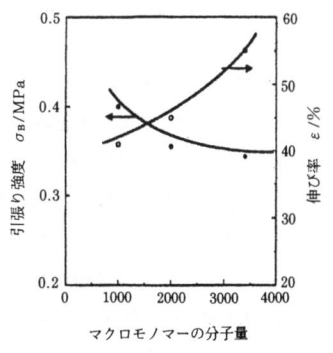

常温時測定（1mol/L $LiClO_4$/PC 75wt.%）
EO/PO 重量比　多官能マクロモノマー

図5　ゲルで電解質の引張り強度と伸び率

もう一方の重要課題である電解層中でのイオンの易動度を高めるためには，イオン易動の阻害要因を如何に排除していくかということである。その方法として，遊離アニオンをホウ素化合物等でトラップすることによってリチウムイオンをより移動しやすくさせる方法や電解層構成物質の徹底的な精製によるCl^-，SO_3^-等の残留アニオンの混入を防止する方法，そしてドーピングするリチウム塩をより導電度の高い材料に転換していくことにより最適電池設計を達成しようとしている。これらに適合する電池材料の選定と処方組み合わせは，少なくとも電池開発会社が保有している負極活物質の種類と電池モデルの要求性能により最適化試験を通じて見つけ出されていくであろう。

4.5 全固体リチウムポリマー二次電池と電池材料

本項では，筆者が参加したハイドロケベック社のリチウムメタル箔を負極としたLPBの素材について紹介する。また，今後の開発目標となる常温作動型全固体リチウムポリマー二次電池のコア材料となるイオン導電性ポリマー材料に関する開発の方向性を示唆してみたい。

まず，高温作動型リチウム金属ポリマー二次電池材料構成上の最大の特徴は，負極に15～25μm厚みの超薄膜リチウム金属箔を使用したことである（写真2）。リチウムは最も軽い金属でLiイオンを電解層との界面で溶解させ，イオンとして単離させるのに最も効率の良い材料であることは以前から知られていたが，リチウム金属を大気中に放置したり，水分に少しでも触れると，酸化発熱反応と水素発生により発火・爆発の危険性が高い材料であった。この材料をDr.Michel Gauthierらは，リチウム箔の表面に物理的パシベーションコントロール技術を用いて，完全固体型リチウムポリマー電解質にLiTFSIをドーピングすることによってリチウムの安全性をコントロールすることに成功し，実用化への見通しを付けた（図6）。

写真2　超薄膜リチウム金属箔（25μm）

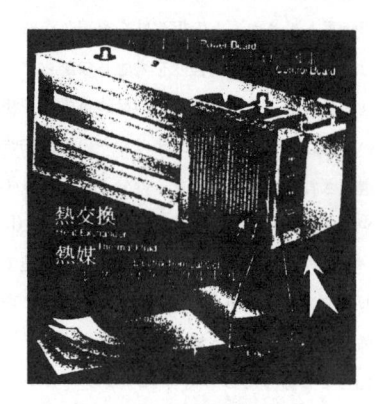

図6　HQ LPBモジュール構造

この特殊ポリマーは，PEO系アリル基骨格を有しており，分子構造の関係から40℃以上の温度，特に最適オペレーション温度として80℃において図7のように最適な性能が得られている。HQ社の子会社であるAVESTOR Inc.（旧名ARGO-TECH Productions Inc.）が2002年を目処に本電池を実用化する生産計画である。この基本技術について，材料仕様の観点から少し説明する。

本LiメタルLPBでは，前述したように負極素材としての厚さ15から25μmのリチウム超薄膜金属を配し，正極にはVxOyを組み込むことで低電圧を維持し3.2Vから2.0Vの幅で電圧カットすることで過充放電に対応している。従来の小型リチウムイオン電池では温度上昇に対応する安全弁を働かしているのに対して，本高温作動型全固体LiメタルLPBでは両端域にバッファー層を

第2章 エネルギー貯蔵技術と材料

HQ EV用LPBモジュール　20V-119Ah

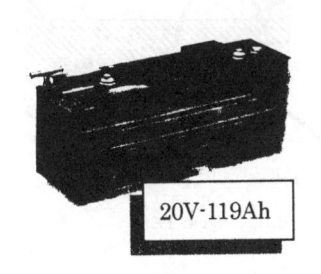

HQ HV用LPBモジュール　50V-15A

性　能	HQEV-LPB	性　能	HQHV-LPB
重量エネルギー密度（Wh/kg）	155	20% DoD出力（18秒）（W/kg）	1350
体積エネルギー密度（Wh/L）	220	エネルギー効率（%）	93
重量出力密度（W/kg）	315	サイクル特性（Cycles）PNGV 100, 200Wh 試験条件（3%, 6%DoD）	>140,000
体積出力密度（W/L）	445		
サイクル特性（80% DoD）	600	電池稼動温度範囲（℃）	50-85

HQ EV-LPB 放電曲線(80℃)　電圧V　DOD(%)

パルス出力（セル-80℃）　出力　DoD(%)　回生(2秒)　放電(18秒)

HQ HV-LPB 出力 DoD　出力 W/kg　DoD(%)

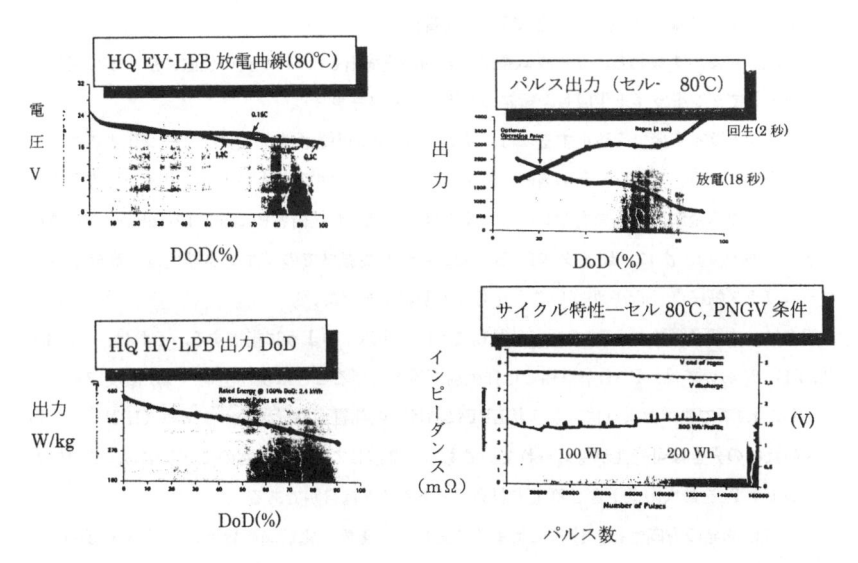

サイクル特性—セル80℃, PNGV条件　インピーダンス(mΩ)　100Wh　200Wh　(V)　パルス数

図7　ハイドロケベック社（AVESTOR）高温作動型リチウム金属メタルポリマー二次電池の仕様と性能

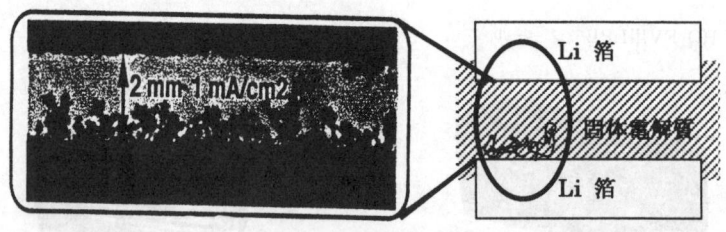

写真3 デンドライトの生成

(Brissot et al., 5th ISPE, Uppsala, Sweden, August 1996)

組み込むことによって対応させるという安全性の高い電池構成となっている。特に本技術開発において問題克服に時間を費やしたのは「デンドライト」対策であった。デンドライトの発生メカニズムは以下の通りである。

リチウム金属箔のパシベーションコントロール法として一般的に表面をCO_2でシールすることにより酸化防止を行っているが、この処理によって表面汚染を起こし、この汚染物質の位置でLi^+が異質核

写真4 超薄膜リチウム金属箔ロール

生成・成長する。すなわち、リチウム金属箔表面から溶出したLi^+が元の位置に戻らずに汚染物質に付着してデンドライト生成し、短絡の原因となる（写真3）。

このデンドライト発生を防止するには、リチウム金属箔の表面を完全にクリーン化することが極めて重要となる。リチウム金属箔の製造工程をシンプル化することによりクリーンな表面を維持したリチウム金属箔を商業生産レベルにまで技術開発した技術者Patrick Bouchardの功績が大きい（写真4）。次に、Liメタル LPBの60から80℃高温域でのイオン易動性は、高分子ポリマーのガラス転移点（Tg）が高いことからくる限界であった。

筆者は、本開発経験からPAO系高分子物質の限界を以下のように指摘する。それは、「全固体型LPB」においては、PAO系単独では作動温度域を下げることは現在値レベルが限度であろう。しかし、4.4項で述べたように、ゲル状LPBにおける内部貫通型三次元ポリマー（IPN）に問題解決のための大きな可能性が秘められているものと確信している。当然のことながら、この処方においてもTgを最大限低下させる工夫が必要であることは自明である。

この技術開発の方向性は、IPNに留まることなく「電極と電解層の界面におけるREDOX反応をいかに効率良く達成するか」が原点である。このことから、高重合度PMMAのジメタクリ

242

レート共有結合架橋体などの新しい材料が少しずつではあるが紹介され始めている。その一つに溶融塩がある[15]。

溶融塩は，イオンのみで構成される液体そのものであり，高温でのマトリックス形成後に常温で固体状態を作ることによって液体系に極めて近い電解質層を形成することができる。今後の材料開発の方向性を示す材料として，1-エチル-3-メチルイミダゾリウムビス（トリフルオロメチルスルホニル）イミド（EMITFSI）[19]やスルホン酸基を分子内に固定したイミダゾール塩にLiTFSIを混入することによってガラス転移点を低下させることができた[20]ことに注目しており，これらの新規材料を今後の技術開発活動を通じて市場に紹介し提供していきたい。

さらに，全固体リチウムポリマー二次電池の技術確立には，ポリエチレン系の多孔質セパレータを使用せずに薄膜でフィルム強度の高い導電膜を開発する必要がある。このことは，相対的にコスト高となっている電池材料コストに占める電解質層コストを低減していく効果がある。

現在の小型リチウムイオン二次電池の材料コストに占める電解質のコスト比率が25％以上を占めている事実を踏まえ，電池材料コストの材料別コストバランスを達成するためにも電解層を固体電解質そのものがセパレータの役割を担うことで省資源化を達成する使命を帯びていると認識している。このことは，リチウムポリマー二次電池が自動車用途で採用されるためにも，ニッケルMH電池の性能を凌駕することと相俟って競争力のあるコスト性能を達成する重要な要素であると認識している。

4.6 おわりに

1992年に市場へ初めて紹介されたリチウムイオン二次電池は，携帯電話やノートPCという時代の花形製品の爆発的な普及によって大きな市場を手に入れることとなった。しかしながら，有機溶媒が詰まった缶状電池の重さや厚みは，有機溶媒のブリードや漏れを防止する視点から有機溶媒のゲル化が開発目標とされ，液体電解質系の電池容量，サイクル特性，低温特性を兼備しつつ，軽薄短小型の電池開発ニーズへと進展してきた。

安全面，信頼面で未だ万全とは言い難いが，一定レベルまで安全性を高め得たゲル化ポリマーが完成されることとなった。リチウム電池の安全性は，より一層向上されポリマーリッチなゲル系リチウムポリマー二次電池から最終目標になる常温作動型の全固体リチウムポリマー二次電池へと進化させる開発と実用化が今後のチャレンジ目標であり，着実な基礎研究成果と相俟って，近い将来，必ずや商業化が実現されるであろう。

そして，この技術開発の積み重ねがHVやEVへの搭載というリチウムポリマー二次電池の自動車用途での採用に繋がっていくことと信じている。筆者は，1984年からリチウムポリマー二次電池の材料開発に従事し，16年以上の歳月をかけて目標達成を目指し，その目標達成が目前にま

で近づいてきている。この間,筆者の技術相談者として終始変わらぬご支援とご指導を頂いている緒方直哉教授(現千歳科学技術大学学長)とDr.Michel Armand教授(現カナダのモントリオール大学教授)に謝辞を表するとともに今後の開発活動においても継続してご支援とご指導を仰いでいく所存である。

文　献

1) Michel B. Armand, USP4,578,326 (1986)
2) Michel B. Armand, USP4,758,483 (1988)
3) H.Akashi, K.Takahashi, K.Tanaka, *Prep.Polym.J.Jpn.*, 44, 381 (1995)
4) H.Aksahi, K.Sekai, K.Tanaka, Electrochim.Acta, 43 (10-11), 1193 (1998)
5) ポリアクリロニトリル(PAN)系ゲル状電解質の機能特性(明石寛之,世界幸二) 114-127「ポリマーバッテリーの最新技術」,シーエムシー(1999)
6) P.V.Wright, *Brit.Polym.J.*, 7, 319 (1975)
7) Michel B. Armand *et al.*, Fast Ion Transport in Solids, p.131, North Holland, New York (1979)
8) Hideki Shirakawa, Advanced Technologies for Polymer Battery, p.68-74 (1998)
9) M.Gauthier, M.B.Armand, D.Muller, in "Electroresponsive Molecular and Polymeric Systems Vol.I", T.Scotheim, ed., p.41-81, Marcel Dekker Inc.Publisher (1988)
10) M.Watanabe, N.Ogata, *Brit.Polymer J.*, 20, 181 (1988)
11) Alain Vallee, Tsutomu.Sada, etc., USP5,755,985 (1998)
12) M.B.Armand, M.Gauthier, U.S.P.4,303,748 (1981), U.S.P.4,357,401 (1982)
13) John O'M. Bockris, Amulya K.N.Reddy, Vol.2. Modern Electrochemistry, Plenum Press, NY (1998)
14) 緒方直哉, *Langmuir*, Vol.12, No.5 p.487-493 (1996.5)
15) 中川裕江ほか,第41回電池討論会予稿集, p.364 (2000)
16) Shizukuni Yata, *Advanced Technologies for Polymer Battery*, p.26 (1998)
17) 植谷慶雄,工業材料, Vol.47, No.2, p.48-49 (1999)
18) M.Watanabe, *Journal of the Electrochemical Society*, Vol.146 (5), p.1626-1632 (1999)
19) 渡邊正義ほか,第68回電池討論会予稿集, p.200 (2001)
20) 大野弘幸ほか,第68回電池討論会予稿集, p.203 (2001)

5 鉛電池と材料

中山恭秀*

5.1 はじめに

1860年，フランスのPlantéが鉛電池の実用化を提案[1,2]して以来，同電池は，2次電池の主役として用いられてきた。正極活物質に二酸化鉛（PbO_2），負極活物質に金属鉛（Pb），電解液に希硫酸（H_2SO_4）を用いるこの電池の基本的な作動原理は，(1), (2)式に示すように，この約140年間変わっていないが，その時々の要求に対応して，その性能および特性が改善され続け現在に至っている。

正極：$PbO_2 + H_2SO_4 + 2H^+ + 2e \rightleftarrows PbSO_4 + 2H_2O$ (1)

負極：$Pb + H_2SO_4 \rightleftarrows PbSO_4 + 2H^+ + 2e$ (2)

最近，新エネルギー自動車用途としても，鉛電池は注目されてきている。その最大の理由は，「低コスト」にあることは言うまでもないが，加えて近年重要視される「リサイクル性」についても鉛電池は優れており（図1，図2）[3,4]，これも注目される理由の一つとなっている。さらに，新エネルギー自動車用途での次の要求に対して，改善の可能性を秘めていることもその魅力として挙げられる。

・電気自動車（Electric Vehicle）用
　→長寿命化，高エネルギー密度化

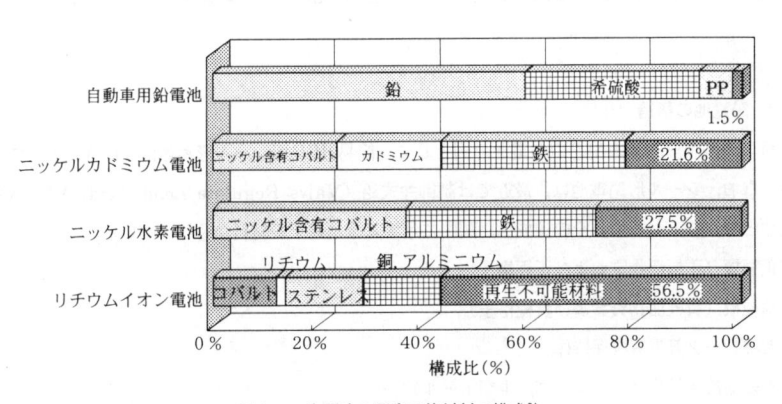

図1 二次電池の再生可能材料の構成[3]

* Yasuhide Nakayama ㈱ユアサコーポレーション 開発研究所 副所長

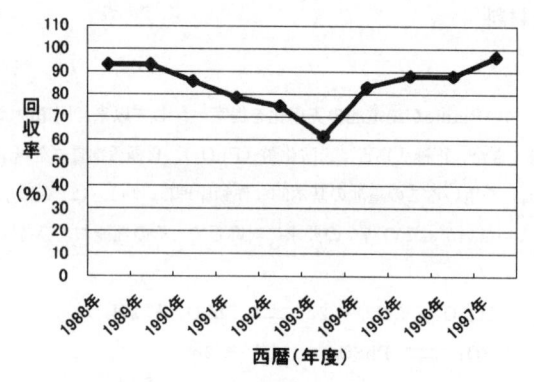

図2 使用済鉛蓄電池の回収率[4]

- ハイブリッド車（Hybrid Electric Vehicle）用
  →高出力化，高回生充電受入化
- 簡易ハイブリッド車（36V高電圧）用
  →高温長寿命化

　これらの要求を満たすために，鉛電池の材料に関する研究開発が鋭意進められており[5〜7]，この数年で寿命や出力等の性能が大きく改善されてきた．以下に，この鉛電池に用いる材料について，電池構造との関連や，材料特性が電池性能に及ぼす影響等を織り交ぜながら概説する．

5.2 鉛電池の構造

　新エネルギー自動車用途の鉛電池の例として，簡易HEV用シール形鉛電池を図3に示している．なお，シール形鉛電池は，最近では制御弁式鉛（Valve Regulate Lead Acid : VRLA）電池と呼ぶことも多い．その構成は，図中に示すように以下の材料からなっている．
①正極板（正極活物質および正極格子）
②負極板（負極活物資および負極格子）
③セパレータ兼電解液保持体
④その他接合部品（ストラップ，中間ポール）
⑤端子ポール
⑥電槽・蓋

第2章　エネルギー貯蔵技術と材料

図3　新エネルギー自動車用鉛電池の構造（VRLA）

5.3　構成材料
5.3.1　正極板

　正極板の重要構成部品である正極格子は，これまでの一般の鉛電池と同様，鉛合金製である。歴史的には，1860年のGaston Plantéの発明（純鉛）から，1881年，Sellonにより実用化されたPb-Sb系合金，さらにCartonが見出し1947年にHaringとThomasが鉛蓄電池用格子に応用したPb-Ca系合金[8]へという変遷を辿り，現在に至っている。

　もちろんこの間には，前述した系以外の各種鉛合金が格子用として数多く提案されたが[9~16]，現時点で，広く商用に供されているのは，Pb-Sb系合金とPb-Ca系合金の2種類となっている。中でもPb-Ca系合金は，負極板を汚染して水分解や自己放電反応を促進するSbを含まないため，電池のメンテナンスフリー化を実現する材料として，VRLA電池において特に重要な役割を担っている。

　従って，メンテナンスフリー化も重要な要求項目である新エネルギー自動車用鉛電池の格子には，Pb-Ca系合金が使用されている。実際には，耐食性，充電受け入れ性能，および取り扱い性（強度）等の観点から，これに錫（Sn）を加えたPb-Ca-Sn系の三元合金に改良され，図4に示す三元合金状態図[17]において黒く塗りつぶされた組成で使用されている。

　このPb-Ca-(Sn)系合金は溶融状態において，状態図（図5）[17]に示すように融点はほぼ純鉛に近く，酸化されやすい特性を有するため（図6）[18]，製造時における取り扱いが難しい。また，固体状態におけるその破断強度はPb-Sb系合金と遜色ないが（図7），伸びやすく（図8）[10]，化成工程等で湾曲しやすいという特性を有する。さらに一般的な鉛電池格子製造法

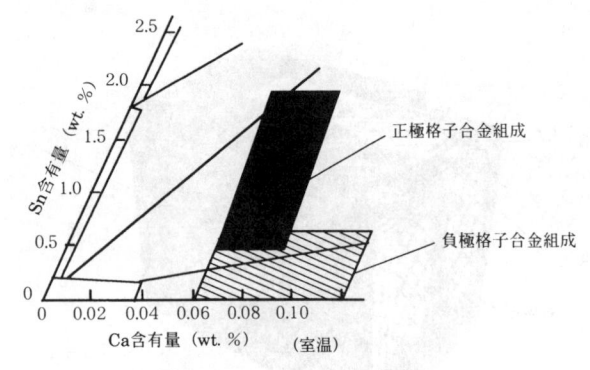

図4 Pb-Ca-Sn三元合金状態図[17]

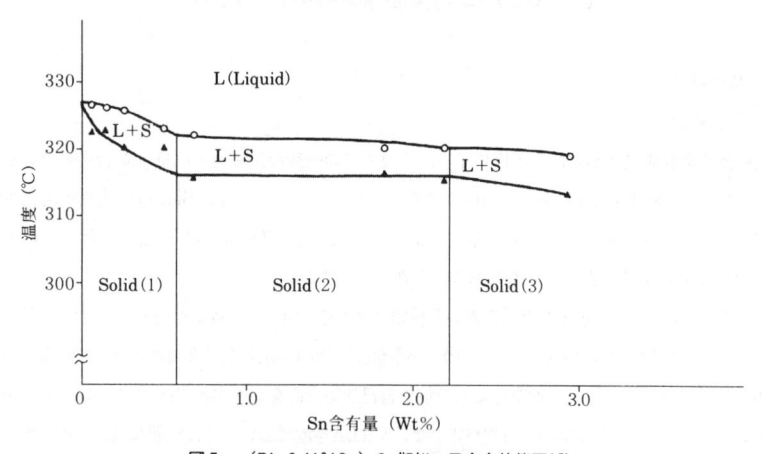

図5 (Pb-0.11%Ca)-Sn擬似二元合金状態図[17]

である。重力鋳造における鋳造性も良くない。このように，Pb-Ca-(Sn)系合金を格子材料として用いる場合，Pb-Sb系合金と比較して各製造工程で何かと生産効率が劣る場合が多かった。

そのため近年では，Pb-Ca-(Sn)系合金はExpand方式と呼ばれる加工（図9）によって格子化されている。これは，シート状の合金を，連続的にスリット状に切断しながら引き伸ばして格子を作る方法である。この方式によって，Pb-Ca-(Sn)系合金の生産性は大幅に改善され，

第2章　エネルギー貯蔵技術と材料

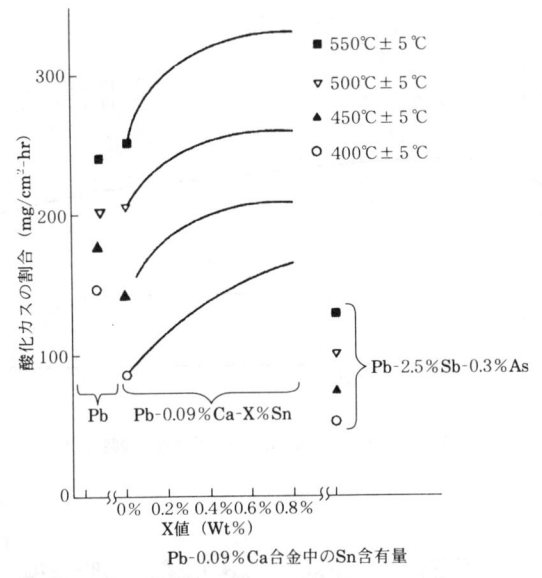

図6　各種鉛合金における酸化カスの割合[18]

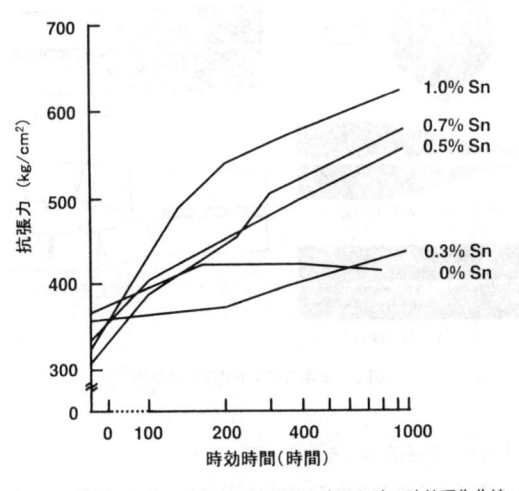

図7　Pb-0.09%Ca合金中のSn含有量を変えた時の時効硬化曲線

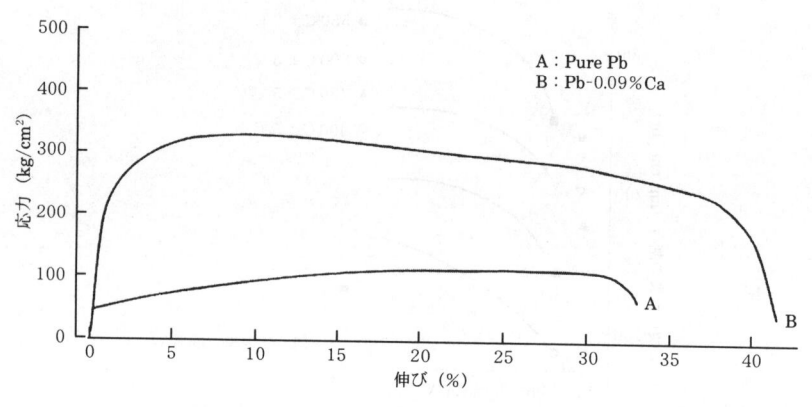

図8　PbおよびPb-0.09%Ca合金の応力と伸びの関係[10]

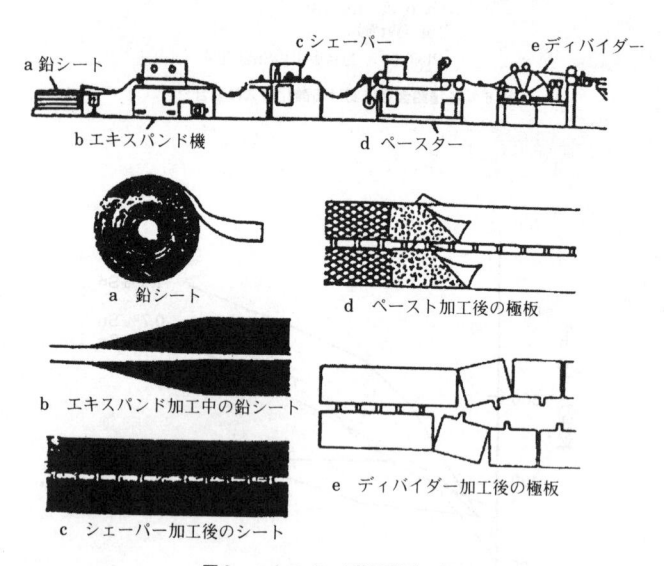

図9　エキスパンド格子製造工程

従来方式で生産されるPb-Sb系合金のそれを上回っている。

しかし，このPb-Ca系合金を正極格子に使用した場合，放電深度が深い充放電でのサイクル寿命性能が極端に悪化するという問題が生じた（図10）[19]。これは，従来のPb-Sb系格子を用

第2章 エネルギー貯蔵技術と材料

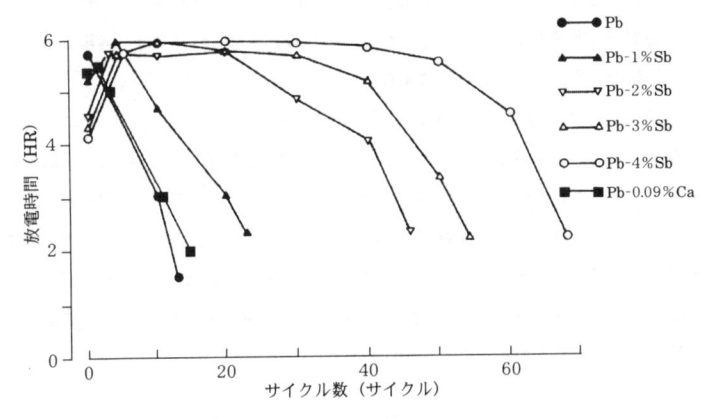

図10 正極格子合金と深放電寿命サイクルの関係[19]

いた正極板の方が、そこから溶出したSbによって活物質、あるいは活物質／格子界面の状態が良好であることを示している。この問題に対しては、活物質利用率を低く設定し、セパレータによって活物質に高圧迫をかけることで改善が見られている。

このように、正極の格子に用いる材料は、製造工程、電池性能に大きな影響を及ぼす。理想的には、Pb-Sb系合金とPb-Ca系合金の良い面のみを有する材料の実現が望まれるが、現段階では未だ見つかっていない。従って、より一層の電池性能改善のために、この格子材料の研究開発が盛んに行われるべきであると考えている。

一方、正極活物質は、二酸化鉛（PbO_2）と微量特殊添加剤から構成されている。この微量添加材の効果は、使用中の正極活物質形態を新品時と同様に維持しようとするもので、Sb_2O_3、SnO_2等がよく知られている。さらに新エネルギー自動車用途の最大の課題は、高温寿命性能の改善であることから、高温における活物質の自己放電抑制法の開発と、その軟化メカニズムの解明を急ぐ必要がある。

その研究開発手段のひとつとして、原子間力顕微鏡（AFM）によって活物質反応を直接観察することが試みられている[20]。これにより、正極活物質中でのSbの効果や高温寿命性能の改善策について解き明かされる日も近いと思われる。

5.3.2 負極板

負極格子も同様に鉛合金からなっている。前述のメンテナンスフリー化の要求により、現在ではPb-Sb系合金はほとんど用いられていない。還元環境下にあり、耐食性を考慮する必要が

ないため，図4の斜線部分に示した広範囲なCa含有量の鉛合金組成が採用されている。この負極格子に必要な特性としては，合金組成的には取り扱い性（強度）であり，電池性能側からは，その電気抵抗を如何に低減するかということが挙げられる。後者については，近年コンピュータを用いた格子形状のシミュレーション等によりその改善が試みられている[21]。

負極活物質の主成分は，海綿状の金属鉛（Pb）であるが，添加剤として，リグニン，硫酸バリウムおよびカーボン等が微量添加されている。鉛電池の負極活物質は，活物質表面積の減少やサルフェーションと呼ばれる硫酸鉛結晶の不活性化により劣化する。これらの現象や，添加物効果のメカニズムについては未だ不明な点が多く，電池性能改善に向けて，一層の研究が望まれている。これらについても，AFMの応用によってこれらの現象の解析が進められている[22,23]。その結果の例として，負極の充電特性に起因する鉛電池の回生充電効率[24]については，図11に示すように格段の進歩がうかがえることが挙げられる。

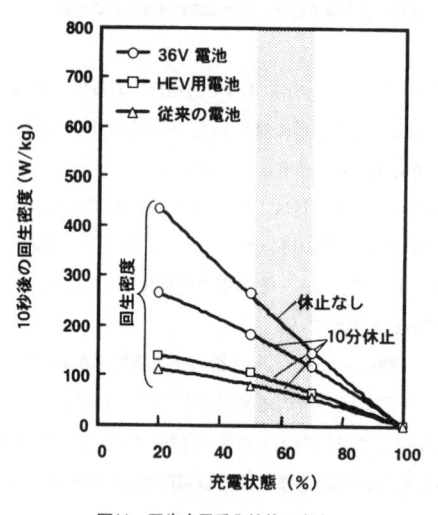

図11　回生充電受入性能の向上

5.3.3　VRLA電池用セパレータ兼電解液保持体

セパレータの主な成分は，ガラス繊維である。用途目的に応じ，有機繊維を混入したり，シリカを混入したりする場合もある。セパレータの役割は，正極板と負極板をショートさせず，電解液の成層化（濃度偏在）を防止しつつ保持し，正負極板と絶えず接触させることである。

新エネルギー自動車用途の鉛電池では，高出力が要求されるため，耐ショート性を確保しなが

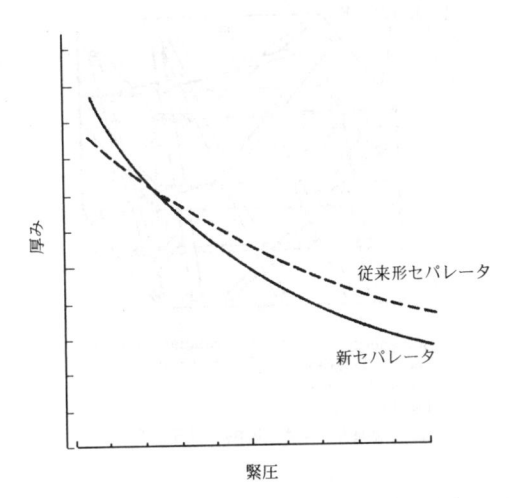

図12 VRLA電池用セパレータの緊圧と厚みの関係[5]

　ら，どこまでセパレータを薄くできるかが課題となっている。シリカの混入は，耐ショート特性の改善のために有効とされている。
　また，図12に示すように，セパレータの圧縮厚さが変化しても，極板とセパレータを接触させる力が変動しにくいものが実用化されている[5]。これは，抄紙条件を変えることによって作ることができる。このセパレータを用いた場合，標準よりも厚い極板と組み合わされて組み立てられても，極端に緊圧が変化することがなく，よって電槽の膨れが生じにくい。また，逆に極板が薄い場合では，緊圧が極端に低下しないという利点がある。これにより，電池品質のバラツキを従来品に比べ小さくすることが可能となった。
　次に，セパレータ中の電解液の成層化について，それを評価するための基本的な考え方を以下に説明する[5]。まず，図13に示すように，セパレータ内の電解液がその中を降下するとき（電解液降下速度）にかかる力を，モデル化して考えた。この図13のモデルでセパレータが液を毛細管現象で保持する力をF_1とすると，毛細管現象の式より

$$\gamma = d \cdot \rho \cdot g \cdot \ell / 2 \tag{3}$$

となり，(3) 式中のℓをF_1に置き換え変形すると，

$$F_1 = 2\gamma / d \cdot \rho \cdot g \tag{4}$$

　　　F_1：液保持力　ρ：液比重　d：繊維径　g：重力加速度　γ：表面張力（温度が上昇すると小さくなる。）

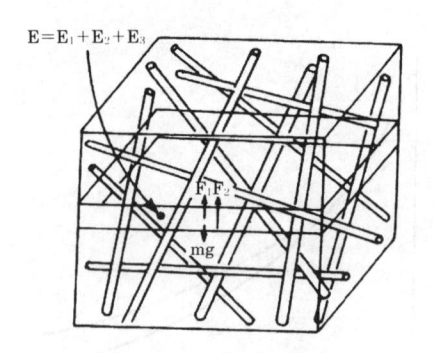

E : total energy　　F₁ : capillary repulsion
E₁ : potential energy　F₂ : resistance
E₂ : pressure energy　mg : weight
E₃ : kinetic energy

図13　微細ガラスマット中の応力モデル[5]

となる。さらに，液がセパレータを流下する時の，これを妨げる摩擦抵抗力をF_2とすると，

$$F_2 = \lambda \cdot L \cdot V^2 / d \cdot 2g \tag{5}$$

　　　F_2：抵抗力　λ：摩擦抵抗　L：距離（長さ）　d：繊維径　g：重力加速度
　　　V：流速となる。

また，エネルギー保存式より

$$E = E_1 + E_2 + E_3 \tag{6}$$

　　　E_1：位置エネルギー　E_2：圧力エネルギー　E_3：運動エネルギー
が成り立ち，Eは，

$$E = mgh + P/\rho + V^2/2g \tag{7}$$

　　　m：液の質量　g：重力加速度　h：有効高さ　P：圧力　ρ：液比重
となる。

　これらの（3）～（7）の式を用いた例として，繊維径と液降下速度の2因子で解き，グラフを書くと図14のようになる。これより，理論値と実験値が，非常によく一致することがわかる。

5.3.4　その他接合部品

　接合部品も純鉛または鉛合金から構成されている。その役割は，極板を束ね隣接セルに導電させることである。そのため，抵抗は小さければ小さいほど良い。この鉛電池の接合部で経験された特異な現象として，負極ストラップ部の腐食を以下に紹介する。これは，MF化やシール化した電池の負極ストラップ表面に生成した$PbSO_4$層が，何らかの原因で不働体としての役割を果たさず，ストラップ合金がスポンジ状に腐食破壊されるものである。

第2章 エネルギー貯蔵技術と材料

この原因として，Bill JonesがPb-Ca系合金中にSbが混入し，その混合物により何らかの溶解しやすい生成物ができ，ストラップ部が腐食するという報告をしている[25]。他方，Pb-Sb系合金の空気-金属-電解液界面における高温時の耐食性が悪く，これは，気相中の酸素による酸化反応によって進行しているという説もある[26]。筆者等の実験から，これらの報告は同時に，または，一方だけでも生じることは，いろいろなところで確認している。今後，この分野の論文が多く発表され，より活発な議論がなされるものと考える。

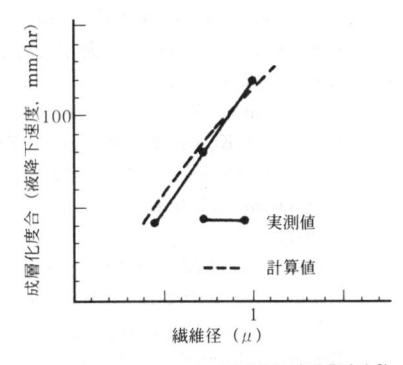

図14 微細ガラスマットの繊維径と成層化度合[5]

5.3.5 端子ポール

端子は，機種・用途によりその材質が異なる。一般的に，鉛合金，SUSまたは黄銅からなっている。高電圧下で使用される電池ほど，鉛合金以外の金属が使用される傾向にある。

5.3.6 電槽・蓋

電槽，蓋の材料は，ポリプロピレンである。VRLA電池では極群緊圧を維持するために，電槽側面の変形をゼロにする必要がある。そのため電槽強度を高める意味で，高剛性の材料が使用されるか，構造解析によって考慮した構造が採用されている。

5.4 おわりに

新エネルギー自動車用途のVRLA電池は，その長い歴史において高々10年を経過したところである。1990年1月1日GMのEV，インパクトの発表以来，VRLA電池のサイクル用途としての時代が幕を明けた。この間に数々の材料開発がなされ，その効果の一例として，EV用鉛電池の寿命が1桁以上も改善されたことを挙げることができる。今後の新エネルギー自動車用途の鉛電池の性能についても，飛躍的に改善される日が近いと考える。

文　　献

1)　G.Planté, *Compt.rend.*, 50, p.640 (1860)

2) G.Planté, Gauthier-Villars, Paris, p.30 (1883)
3) 後藤, セミナー二次電池の開発と回路設計および今後の展開 (1998)
4) でんち第435号 (1998)
5) Y.Nakayama, T.Nagayasu, K.Kishimoto, K.Kasai, *Yuasa Jiho*, 71, p.46 (1991)
6) H.Hojo, K.Koike, Y.Nakayama, *Yuasa Jiho*, 87, p.11 (1999)
7) N.Hoshihara et al., *Matsusita Tech J*, 44, p.458 (1998)
8) U.B.Thomas, F.T.Forster and H.E.Haring, *Trans.Electrochem.Soc.*, 92, p.313 (1947)
9) J.J.Lander, *J.Electrochem.Soc.*, 99, p.467 (1952)
10) K.Fuchida, K.Okada, S.Hattori, M.Kono, M.Yamane, T.Takayama, J.Yamashita, Y.Nakayama, Final Rep., ILZRO Project LE-276, ILZRO, Research Triangle Park, NC, U.S.A. (1982)
11) J.A.Young and J.B.Barclay, Annu.Meet.Battery Council Int. (1973)
12) R.D.Prengaman, *Lead Power News*, 2, p.16 (1978)
13) H.Borchers and H.Assman, *Metall*, 33, p.936 (1979)
14) R.D.Prengaman, Proc. 7th Int.Lead Conf., Madrid, Spain, p.27 (1980)
15) W.Hofmann, Blei und Bleilegierungen, Springer, Berlin, 2nd edn., p.114 (1962)
16) N.E.Bagshaw, Proc. 3rd Int.Lead Conf., Venice, Italy (1968)
17) Y.Nakayama, Y.Sasaki, K.Kouno, *Yuasa Jiho*, 47, p.30 (1979)
18) Y.Nakayama, S.Nakao, T.Isoi, H.Furukawa, *Yuasa Jiho*, 69, p.9 (1990)
19) Y.Nakayama, T.Takayama, K.Kouno, *Yuasa Jih*, 53, p.56 (1982)
20) M.Shiota, Y.Yamaguchi, Y.Nakayama, K.Adachi, S.Taniguchi, N.Hirai, S.Hara, *J.Power Sources*, 95, p.203 (2001)
21) T.Yoshida, J.Yamashita, Y.Yamaguchi, K.Hirakawa, *Yuasa Jiho*, 81, p.10 (1996)
22) Y.Yamaguchi, M.Shiota, Y.Nakayama, N.Hirai, S.Hara, *J.Power Sources*, 85, p.22 (2000)
23) Y.Yamaguchi, M.Shiota, Y.Nakayama, N.Hirai, S.Hara, *J.Power Sources*, 93, p.104 (2001)
24) K.Hasegawa, M.Hosokawa, N.Matsumoto, S.Yamada, S.Takahashi, Y.Nakayama, The 13th International Electric Vehicle Symposium (EVS-13), 1, p.489 (1996)
25) B.Jones, Batteries International July, p.36 (1991)
26) Y.Yamaguchi, T.Yoshida, M.Shimpo, Y.Matsumaru, *Yuasa Jiho*, 74, p.3 (1993)

6 電池材料の解析技術

片桐 元*

6.1 はじめに

電池は通常,正極および負極,集電体,電解質,電解液,セパレータなどから成っており,素材としては無機化合物,金属,炭素材料,高分子,有機化合物など極めて多様な材料が用いられている。さらに,燃料電池における燃料は気体であり,Liイオン電池内部でのガス発生も安全上などの大きな問題となっていることを考えると,固-液-気の3相が関与している。

しかも,固-液界面や固-気界面が電池反応上極めて重要であり,極めて複雑な系である。さらに,電池反応では不安定な価数などの化学種を用いていることから,H_2OやO_2等に触れることが好ましくない場合が多く,分析の対象としては最も難度の高いものと言える。

電池関連の評価に用いられる主な分析手法,解析手法を表1にまとめる。このような膨大な内容のものを限られた紙数で述べることは困難であるため,ここではLiイオン電池の性能に大きな影響を与える負極の炭素材料の評価,Liの挙動に関する分析および最近非常に注目されている固体高分子型燃料電池(Polymer Elctrolyte Fuel Cell ; PEFC)の高分子電解質膜の分析について述べることとする。

6.2 炭素材料の評価

リチウムイオン二次電池,電気二重層キャパシタ,燃料電池などをはじめとして,様々な構造,形態の炭素材料が電池の重要な構成材料として用いられている。有機物や高分子あるいはピッチなどの炭素原料を熱処理することによって,H,N,O,Sなどの異種元素が除去されて炭素原子が縮合環を形成し,しだいに炭素網面が形成されてゆく。熱処理温度が高くなるとともに網面は成長して大きくなるとともに,積層数が増加する。さらに網面間の構造規則性も増し,グラファイトへと近づいてゆく。

このような過程は炭素原料の種類や熱処理条件に依存し,様々な微細構造を有する炭素材料が生成する。炭素材料の構造や物性は極めて多様であり,これらは電池の性能(容量,電流-電圧特性,寿命,ガス発生など)を決定的に支配するため,最適な炭素材料の選定や炭素原料を炭素化,黒鉛化してゆく過程の追跡,あるいは電池の劣化などの評価に様々な分析手法が用いられている。炭素材料の微細構造を直接的に観察する方法として,走査型電子顕微鏡(Scanning Electron Microscope ; SEM)[1]や透過型電子顕微鏡(Transmission Electron Microscope ; TEM)[2]があげられる。

図1に高温および低温で熱処理したメソカーボンマイクロビーズのSEMおよびTEM観察結果

---

* Gen Katagiri ㈱東レリサーチセンター 表面科学研究部長

表1 電池関連の評価に用いられる主な分析解析手法

分析解析手法	得られる知見	電池への適用分野
走査型電子顕微鏡（SEM）	表面および断面の形態観察	正負極等あらゆる部材の表面および断面観察，炭素材料の微細構造
X線マイクロアナリシス（EPMA）	元素分析，元素濃度マッピング（μm）	Ni-MH電池正負極，Liイオン電池正極，フッ素系電解質膜のスルフォン基
透過型電子顕微鏡（TEM）	極微小部の形態観察（μm～nm）	あらゆる部材の観察，炭素材料の微細構造，Pt触媒の分布や粒径
分析電子顕微鏡（AEM）	極微小部の構造解析（μm～nm）	正負極，触媒等の元素分析，構造解析（EDX，EELS，ED）
走査型プローブ顕微鏡（SPM）	表面粗さ，物性マッピング（mm～nm）	表面の粗さ評価，物性（電気，磁気，弾性率，摩擦力等），被膜厚さ
X線回折	組成分析（結晶型），構造解析（結晶性，配向）	正負極等の無機化合物，炭素材料，高分子等の組成，構造
赤外分光法（FT-IR）	組成分析，構造解析（表面（0.1μm），微小部（数μm）も可能）	正負極等の劣化評価，表面被膜，異物分析，組成分析
ラマン分光法	組成分析，構造解析（特に炭素材料）（微小部（1μm）も可能）	正負極等の微小部評価，炭素材料の構造解析，異物分析
固体高分解能NMR	Li，C，Fなどの核種の状態分析，構造解析	Liイオン電池正負極の構造解析，高分子の高次構造解析
電子スピン共鳴（ESR）	不対電子の定性定量，遷移金属元素の状態分析	正負極等無機化合物の構造解析（価数，電子配置），炭素材料
X線吸収分光法（EXAFS，XANES）	特定元素の状態分析（価数，電子状態，結合距離，配位数）	無機化合物（正負極，触媒等）における元素の状態分析（微量も可）
X線光電子分光法（XPS）	表面（数nm）の元素分析，結合状態評価	正負極，高分子，触媒等の表面の劣化解析，被膜の組成分析
二次イオン質量分析（SIMS）	微量元素の深さ方向分布（μm～nm）	不純物のデプスプロファイル
GC，GC/MS	低分子有機化合物の組成分析	バインダー，電解液の組成分析，劣化解析，溶出成分
NMR	溶媒可溶な有機化合物の組成分析	バインダー，電解液の組成分析，劣化解析
蛍光X線分析	無機元素定性定量分析（%～ppm）	正負極，触媒等の無機化合物の組成，不純物分析
ICP発光，ICP/MS	無機元素定量分析（ppm～ppb以下）	正負極，触媒等の無機化合物の組成，不純物分析

を示す。SEMでは試料表面や粉体の形状や粒度に関する知見が得られるほか，網面に直角な方向に破断した面の観察を行うことによって，図1のSEM像に示すように炭素材料の微細構造を観察することができる場合がある。このような微細構造の観察にはインレンズ方式の電界放射型（FE）-SEMが適しており，最近では0.5nm程度と分解能が大きく向上している。

SEMはTEMと比較して分解能には劣るが，試料作成や観察技術に高度な技術を必要としないこと，低倍率から高倍率まで試料全体を一様に観察できることなどのメリットがある。一方，TEMではμmオーダーからnmオーダーの観察が可能であり，透過波と回折波を干渉させることによって図1のTEM高倍像に示すような格子像の観察が可能である。このような格子像に高速フーリエ変換を用いた画像解析を適用することによって，より詳細で定量的な知見を得ることができる[3]。

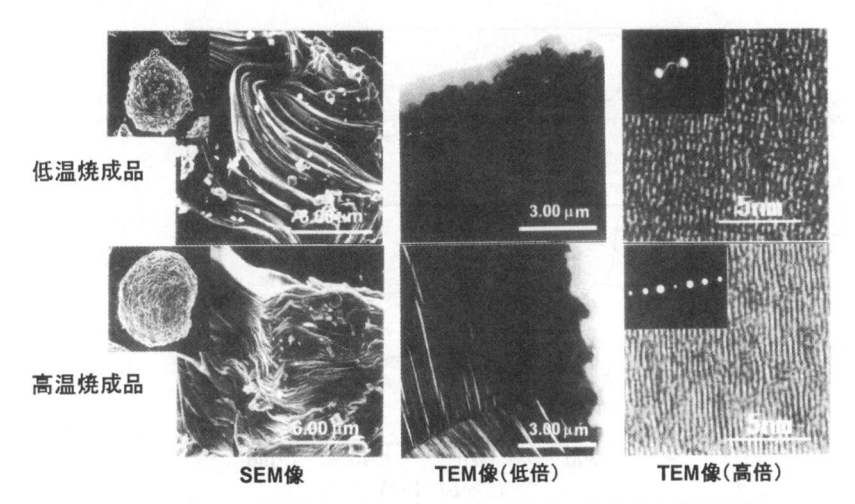

第 2 章　エネルギー貯蔵技術と材料

図1　高温および低温で熱処理したメソカーボンマイクロビーズのSEMおよびTEM像
TEMの高倍率写真は格子像であり，電子線回折の結果も示した。

また，TEMに分析機能を付加させた分析電子顕微鏡により，電子線回折や電子エネルギー損失分光法（Electron Energy Loss Spectroscopy；EELS）の測定が可能である。電子線回折から得られる情報は基本的にX線回折と同様であるが，X線回折では微小部の評価が不可能であるのに対し，電子線回折ではTEMで観察した部分についてnmオーダーの空間分解能での構造評価を行うことができるのが大きなメリットである。図1のTEM高倍像の挿入図に電子線回折の結果を示すが，高温での熱処理により結晶化が進行することが明確に示される。

一方，EELSでは物質の組成や結合状態に関する情報が得られるが，そのスペクトルは大きく2種に分けられる。ゼロロスピークから数10eVまでの範囲には価電子帯によるスペクトルが現れ，それ以上のエネルギー領域には内殻電子によるスペクトルが現れる。後者はさらに2つの領域に分けられ，吸収端から数10eVの領域は吸収端近傍構造（Energy Loss Near Edge Structure；ELNES）と呼ばれ，結合状態に関する情報が含まれる。より高エネルギー側には励起原子近傍での電子の多重散乱に基づく広域吸収端微細構造（EXtended Energy Loss Fine Structure；EXELFS）が現れ，原子間距離や配位数に関する情報を得ることができる。

図2に様々な炭素材料の内殻領域のEELSスペクトルを示す[4]。炭素のK吸収端は280eV付近から立ち上がるが，グラファイトではsp^2結合に基づくπ^*ピークが285eV付近に，sp^3結合によるσ^*ピークが291eV付近に現れる。ダイヤモンドではπ^*ピークは現れず，σ^*ピークのみが見出される。アモルファスカーボンでは構造に規則性がないためにブロードなスペクトル形状と

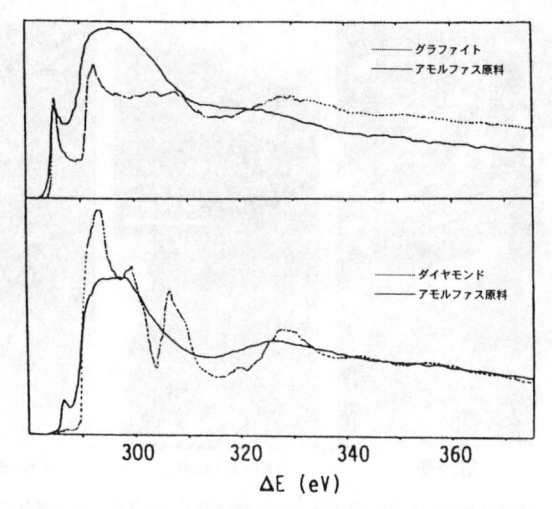

図2 グラファイト（上図点線）およびダイヤモンド（下図点線）の
内殻領域のEELSスペクトル

上下図の実線はそれぞれの原料（アモルファス）のスペクトル。

なる。EELSは最近TEMの様々な材料の応用展開や分析電子顕微鏡の発展に伴って期待の大きい機能であり，分解能の向上やエネルギーフィルターを用いた元素マッピングやケミカルマッピング測定も可能となっている。

炭素材料の評価に一般的に用いられているのはX線回折であり，炭素網面の面間隔（d_{002}）や結晶サイズ（L_c, L_a）は炭素材料の構造を規定する基本的なパラメータとなっている。これらの測定においては，シリコン粉末を内部標準として使用した方法が日本学術振興会第117委員会において標準化され，「学振法」として普及している[5]。

黒鉛化度の高いグラファイト系の材料では積層する網面の間に規則性が生じ，ABABA積層となる。隣接する網面間の積層がこのような黒鉛の積層となっている確率が黒鉛化度（P_1）と定義され[6]，黒鉛化度の高いグラファイト系材料の評価に用いられている。様々な炭素材料について面間隔（d_{002}）と黒鉛化度（P_1）の関係を調べたところ，これらの関係は一様でなく，出発原料や微細組織に強く依存することが確認されている[7]。

一方，黒鉛化度の低い炭素材料の場合は，X線回折ピークがブロードであるため面間隔や結晶サイズの正確な算出が困難である。また構造が多様であり，構造に分布があることから，面間隔や結晶サイズによる構造評価では不十分である。このような場合に適用できる方法が，パターソン関数を用いた積層構造解析である。この方法では，002回折ピークのフーリエ変換によりもと

めたパターソン関数から，炭素網面の積層分布，平均積層数や積層構造の重量割合（P_s）などを計算することができる。この方法は場合によってあり得ない負のヒストグラムを生じるなど誤差や信頼性が問題となり，測定や解析条件がデータにあたえる影響について詳細な検討が行われている[8]。

図3に異なる温度で熱処理したメソカーボンマイクロビーズ（MCMB）の002回折ピークとこれよりパターソン関数法によって求めた積層数分布を示す。また，同様な方法によって網面の大きさの分布を調べる解析法としてDiamond法がある。縮合環の大きさと散乱強度が既知のモデル多環芳香族化合物を用い，理論散乱強度と実測値の比較を行うことによって縮合環の大きさのヒストグラムを求めることができる[9]。

炭素材料の構造解析において実績の高い手法としてラマン分光法があげられる。炭素材料のラマンスペクトルにおいては，1580cm^{-1}付近のグラファイト本来のバンドに加えて，結晶構造の乱れに起因するバンドが1360cm^{-1}付近に認められる。これらのバンドのピーク高さ比（I_{1360}/I_{1580}）や1580cm^{-1}付近のバンドの半値幅（$\Delta\nu_{1580}$）はいずれも炭素材料の構造の乱れが

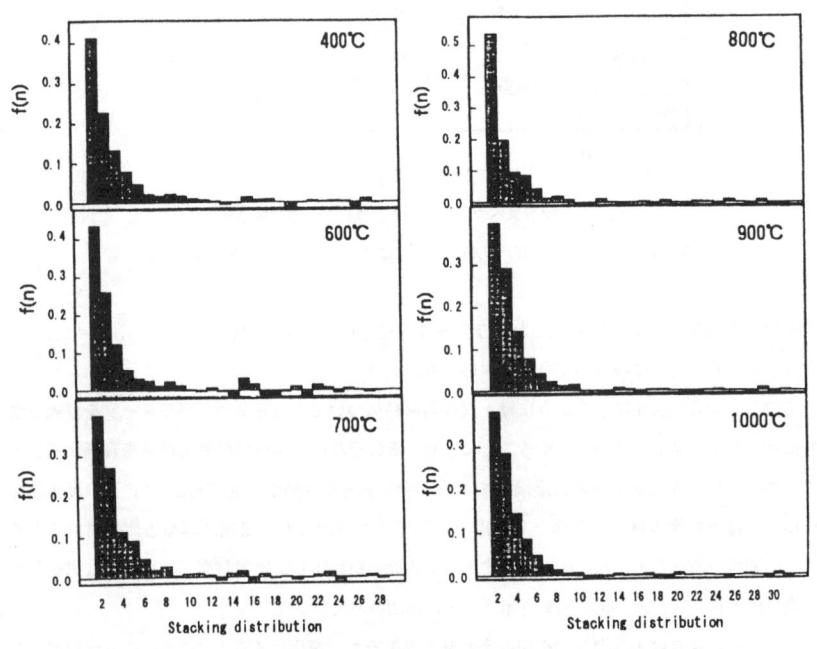

図3 異なる熱処理温度で作成したメソカーボンマイクロビーズ（MCMB）のX線回折から求めた炭素網面の積層数分布

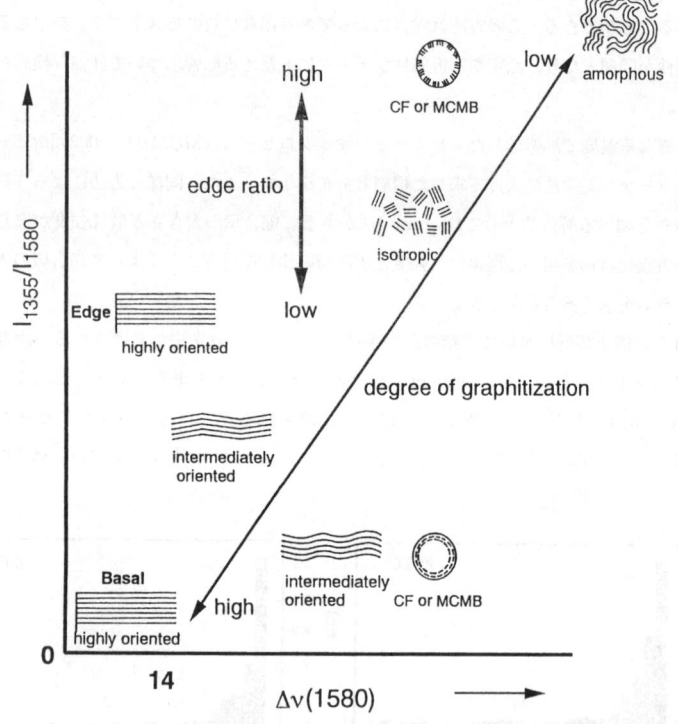

図4 ラマンスペクトルによる炭素材料の微細構造評価
横軸はラマンバンドのピーク高さ比，縦軸はラマンバンドの半値幅である。

大きいほど増加するが，I_{1360}/I_{1580} がグラファイト結晶のエッジに敏感なのに対し，$\Delta\nu_{1580}$ はグラファイトの局所的な構造の完全性に対応する。

このことから，図4に示すように様々な炭素材料についてこれら2つのパラメータを縦軸と横軸にとったマップ上にプロットすることにより，それぞれの炭素材料の微細構造を評価することができ，特にグラファイトの結晶境界やエッジ面に敏感な評価が可能である[10]。この評価法を利用して様々な炭素材料を負極として用いたLiイオン電池において電池容量と炭素材料の微細構造の関係を調べたところ，図5に示すように表面の結晶エッジ比率が高く，局所的な黒鉛化度が高い炭素材料ほど高い電池容量を示すことが確認された[10,11]。

ラマン分光法では光学顕微鏡を組み合わせた顕微ラマンを用いることにより，1μm 程度の微小部の測定が可能であり，炭素繊維の単糸やMCMBの1粒についても測定が可能である。これ

第2章 エネルギー貯蔵技術と材料

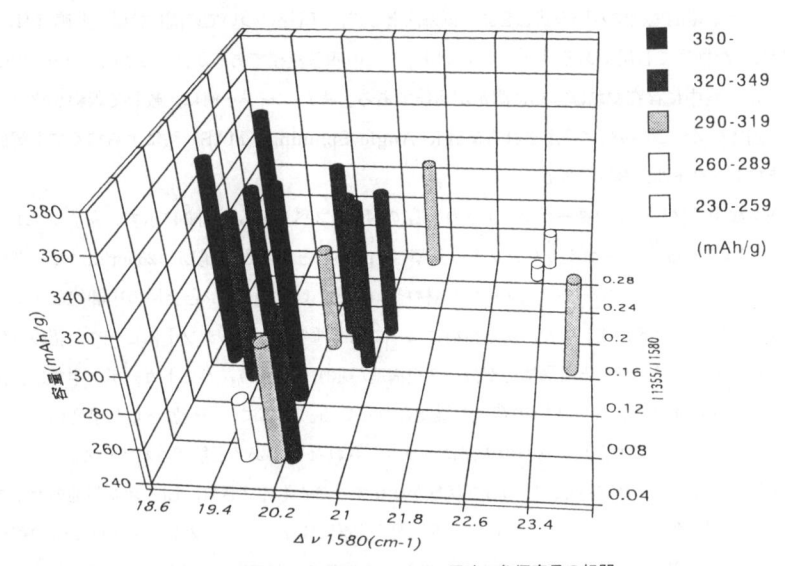

図5 炭素材料の微細構造とLiイオン電池の負極容量の相関
図4と同様のプロットに第3軸として負極容量を表示した。

は微小部の測定が困難なX線回折と、あまりに微視的で観察部位がよくわからないTEMのちょうど中間の大きさに対応している。

6.3 Liの挙動に関する分析

前述のように、電池は電気化学的反応により、通常の状態では不安定な化学種を作り出して利用している場合が多い。特に、Liイオン電池は、まずLi自体の反応性が高く、空気中ではH_2OおよびCO$_2$と反応して瞬時に炭酸リチウムに変化してしまい、また、電解質のLiPF$_6$はH_2Oとの反応によりHFを生ずるなど大気中では極めて不安定である。このため、電池を解体して分析を行う必要がある場合はグローブボックス等を用いて不活性雰囲気中でサンプリングを行うとともに、測定中も完全に密閉した状態でH_2OやO_2との接触を避けなければならない。

グラファイトが層間化合物を形成する状況を最も直接的に観測できる手法は、X線回折とラマン分光法である。特殊なセルを使用してインターカレーション、デインターカレーションさせながら in situ 測定を行うことによって、ステージ数の評価やステージングのメカニズム解明が行われている。ラマン分光法は表面のみの評価となり、Liのような液相での層間化合物形成の場合は電解液等の妨害を受ける可能性が大きい。

Liイオン電池電極中のLiの状態を調べる方法として，^{7}Li核についての固体核磁気共鳴（^{7}Li-NMR）が極めて有用である[13～16]。^{7}LiはI＝3/2の四重極核であるが感度が高く，1mg程度のLiが試料中に存在すれば容易に測定が可能である。また，シフト値に比較して線幅が狭いので，固体NMRで一般的に使用されるMagic Angle Spinning（MAS）法によらなくても解析可能なスペクトルが測定できる。

様々な炭素材料にインターカレートされたLiのNMRスペクトルを図6に示す。完全にイオン化したLiであるLiClをケミカルシフトの基準（0ppm）とすると金属Liは260ppmにピークを有するが，インターカレートしたLiは炭素材料の種類によってイオンと金属の中間的なケミカルシフトにピークを示す。また，炭素材料によっては2種のケミカルシフトにピークが認められることから黒鉛結晶部分と乱層構造部分の2相構造が示唆されたり，ハードカーボン中では金属的な挙動を示すクラスター状Liの存在が推測されている。さらに，完全放電した場合にも残留するLiが存在し，これが炭素材料の欠陥にトラップされたLiであると解釈されている。

充放電を繰り返した試料ではLiの存在状態が変化することも確認され，Liイオン電池のサイクル劣化との関連で議論されている。このように^{7}Li-固体NMRインターカレートされたLiの存在状態を通じて間接的に炭素材料の構造について知見を得ることができ，さらには電池の充放電に伴うLiの状態変化や劣化についても極めて有力な研究手段である。なお，^{7}Li-固体NMRはLiイオン電池の正極材料についても適用されており，正極材料の構造との関連で研究が行われている[17]。

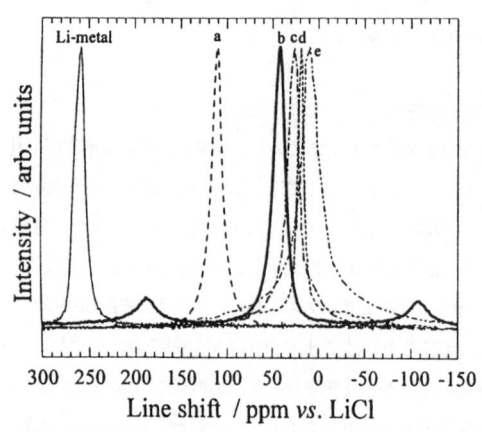

図6 様々な炭素材料にインターカレートされたLiおよびLi金属のNMRスペクトル

(a) 難黒鉛化性（1200℃熱処理），(b) 天然黒鉛，(c－e) 熱処理したメソカーボンマイクロビーズ（(c) 2000 ℃，(d) 1000℃，(e) 700℃）

第2章 エネルギー貯蔵技術と材料

　Liイオン電池の充放電によってLiイオンはインターカレートおよびデインターカレートを繰り返すが，この過程で電極全体に被膜が生じる。この被膜は（Solid Electrolyte Interpahase；SEI）と呼ばれ，Liイオンと溶媒の反応生成物が電極表面に析出したものと考えられる。SEI被膜の組成や形成メカニズムについては，フーリエ変換赤外分光法（Fouriere Transformed Infrared Spectroscopy；FT-IR）等を用いた多くの研究が行われている[18〜20]。電解液や電解質によって多少の違いはあるものの，Li_2CO_3とROCO$_2$Liおよび$(CH_2OCO_2Li)_2$AFMが主にみとめられており，エチレンカーボネート（EC）の場合を例にとると，

1電子還元　　$2EC + 2e^- + 2Li^+ \rightarrow (CH_2OCO_2Li)_2\downarrow + CH_2=CH_2\uparrow$　　　(1)

　　　　　　$(CH_2OCO_2Li)_2 + H_2O \rightarrow Li_2CO_3\downarrow + (CH_2OH)_2 + CO_2\uparrow$　　　(2)

2電子還元　　$EC + 2e^- + 2Li^+ \rightarrow Li_2CO_3\downarrow + CH_2=CH_2\uparrow$　　　(3)

2電子還元　　$EC + 2e^- + 2Li^+ \rightarrow (CH_2OLi)_2\downarrow + CO\uparrow$　　　(4)

のような1電子または2電子還元でECとLiの反応が起こっていると推測されている。

　FT-IRおよびX線光電子分光法（X-ray Photoelectron Spectroscopy；XPS）を組み合わせたSEI被膜の分析も行われており，この場合はLiOCOORの他にLiOHや電解質の反応生成物であるLiFやPO$_4^{3-}$が検出されているが，CO$_3^{2-}$は認められない。図7に示すようなFT-IR-ATR角度変化測定のシミュレーションによって，このSEI被膜の膜厚は126nmと求められている[21]。

　また，原子間力顕微鏡（Atomic Force Microscope；AFM）を用いた観察からSEI被膜の生成する電位や膜厚の評価が行われ，被膜生成メカニズムの詳細な考察が行われている[22]。SEI被膜は最初の数サイクルで生成し，その後はLiイオンが被膜を介して負極中に侵入するように

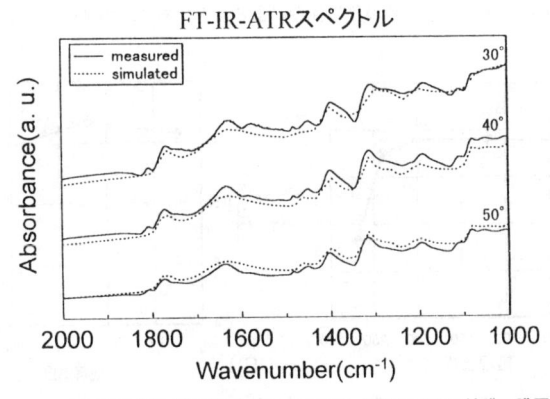

図7　FT-IR-ATR角度変化測定のシミュレーションによるSEI被膜の膜厚評価
　　　膜厚は126nmと求められた。

なるため最初の数サイクルで生成し,その後はLiイオンが被膜を介して負極中に侵入するようになるため,それ以上の溶媒分解に電気が消費されることがない。したがって,SEI被膜はLiイオン電池の安定な充放電に極めて重要な役割を果たしていると考えられるため,その詳細な評価が望まれる。

6.4 固体高分子型燃料電池の高分子電解質膜の分析

固体高分子型燃料電池(PEFC)の高分子電解質膜を熱処理すると,膜抵抗の増大,イオン交換容量や含水率の低下を生じ,電池の性能が大きく低下する。代表的なフッ素系のイオン交換膜であるNafion®117膜について,空気中での熱処理による劣化メカニズムが調べられている[22]。

図8にイオン交換容量とXPSにより求めたS量の熱処理による変化を示す。熱処理を施した電解質膜中のS量は処理温度が高いほど減少しており,熱処理前のほぼ半分になっており,その傾向はイオン交換容量の傾向と一致する。図9には熱処理した膜のFT-IRスペクトルを示す。熱処理温度の増加に伴い,1060cm^{-1}付近のスルホン酸のピークが減少し,イオン交換容量やXPSにより求めたS量の変化とよく対応する。また,1462cm^{-1}のスルホン酸無水物によると考えられるピークが熱処理温度の上昇とともに明確に現れている。これは,240℃を超える熱処理により,電解質膜内のスルホン酸が脱水して架橋し,スルホン酸無水物を形成している可能性を示唆している。

図10には,熱処理した膜の^{19}F-NMRスペクトルを示す。熱処理温度が高くなると,CF$_3$に由来する-77ppmのピークと,CFに由来する-136ppmおよび-142ppmのピークの強度低下が見られる。CF$_3$,CFともに側鎖の化学構造によるものであり,側鎖において熱的な劣化が進

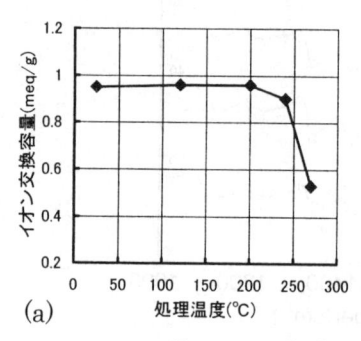

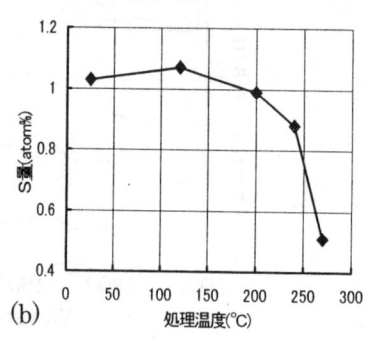

図8 Nafion膜の熱処理による (a) イオン交換容量と (b) XPSによりもとめたS量の変化

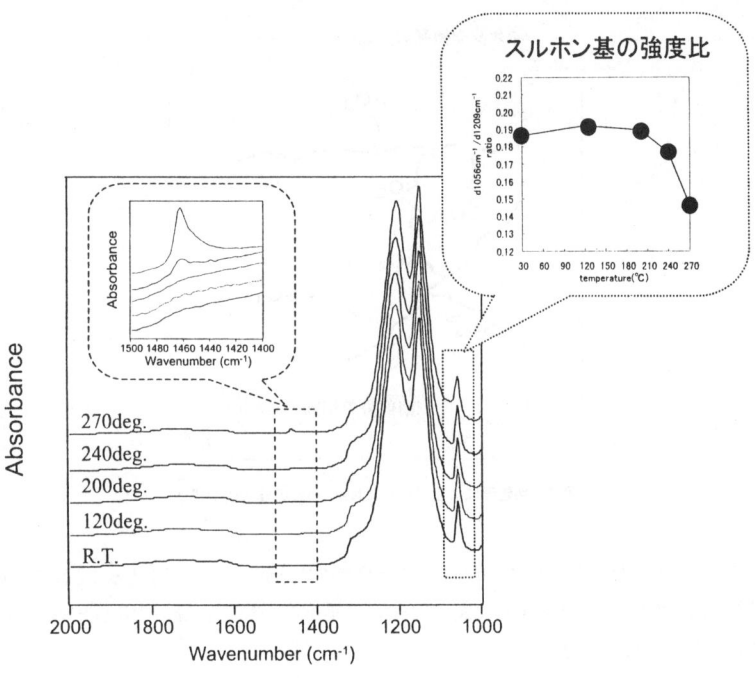

図9 熱処理したNafion膜のFT-IRスペクトル

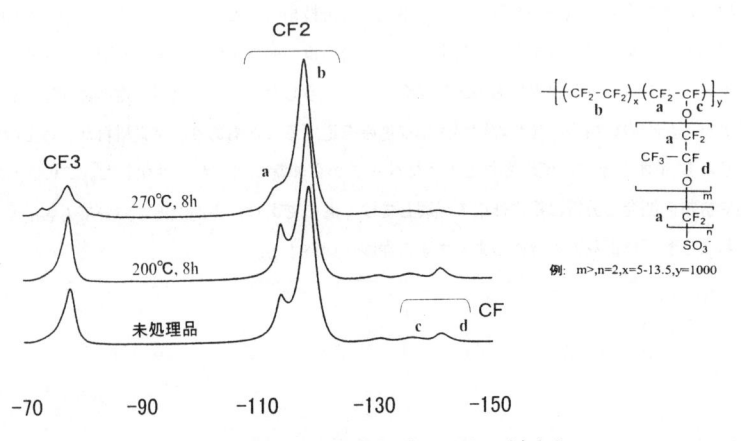

図10 熱処理したNafion膜の^{19}F-NMRスペクトル

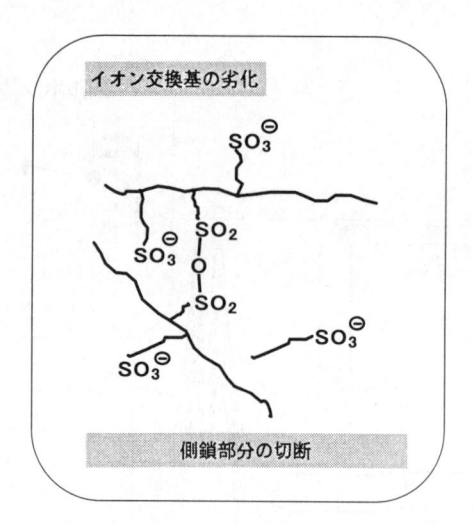

図11　熱処理により劣化したNafion膜の模式的な構造

行していることがわかる。特にCF部位は主鎖と側鎖の枝分かれ部分に相当することから、側鎖部分の切断が生じていると考えられる。これらの結果から、熱処理により劣化したNafion膜の模式的な構造を図11に示す。

6.5　おわりに

　本稿で述べた内容は紙数の制限もあり、電池の解析技術のほんの一部にすぎないが、冒頭にも述べたように、電池は「なまもの」であり、その分析は一般に困難である。しかしながら、電池の分析のニーズは分析の世界にも飛躍的な発展をもたらした。一方、材料が電池に使用されることによって、その材料の開発や理解が大幅な進展を遂げることもあり、炭素材料などはその典型であり、Liイオン電池に使用されるようになってから非常に研究が活性化した。このように、製品や材料の開発と分析は相乗作用で発展してゆくものであり、電池関連においても製品や材料開発および解析技術双方の今後のますますの進展を期待する。

第2章 エネルギー貯蔵技術と材料

文　　献

1) 田中敬一ほか編，図説走査型電子顕微鏡，朝倉出版（1986）
2) 日本表面科学会編，透過型電子顕微鏡，丸善（1999）
3) 田中弘，画像処理応用技術，工業調査会（1989）
4) 林卓哉ほか，炭素（No.190），321（1999）
5) 野田稲吉ほか，日本学術進行会第117委員会資料，117-71-A-1；稲垣道夫，炭素（No.36），25（1963）
6) B.E.Warren, *Phys.Rev.*, 59, 693 (1941); C.R.Houska *et al.*, *J.Appl.Phys.*, 25, 1503 (1954)
7) N.Iwashita *et al.*, *Carbon*, 31, 1107 (1993)
8) 藤本宏之ほか，炭素（No.167），101（1995）
9) 藤本宏之ほか，炭素（No.187），83（1999）
10) 片桐元，炭素（No.175），304（1996）
11) G.Katagiri *et al.*, 8th International Meeting on Li Batteries (1996)
12) H.Zabel *et al.*, ed., "Graphite Intercalation Compounds Ⅰ, Ⅱ", Springer-Verlag, Berlin (1990, 1992)
13) K.Tatsumi *et al.*, *J.Electrochem.Soc.*, 143, 1923 (1996)
14) K.Tatsumi *et al.*, *J.Power Sources.*, 68, 263 (1997)
15) K.Sato *et al.*, *Science*, 264, 556 (1994)
16) N.Takami *et al.*, *Electrochim.Acta*, 42, 2537 (1997)
17) Y.Nitta *et al.*, *J.Power Sources*, 68, 166 (1997)
18) D.Aubach *et al.*, *J.Electrochem.Soc.*, 142, 2873 (1995)
19) D.Aubach *et al.*, *J.Electrochem.Soc.*, 143, 3809 (1996)
20) D.Aubach *et al.*, *J.Power Sorces*, 68, 91 (1997)
21) ㈱東レリサーチセンター，技術資料（2000）
22) S.Yamaguchi *et al.*, *Mol.Cryst.Liq.Cryst.*, 322, 239 (1998)
23) 瀧澤孝一ほか，第8回燃料電池シンポジウム講演予稿集，p.18（2001）

7 電気二重層キャパシタと材料

直井勝彦[*1], 末松俊造[*2]

7.1 はじめに

電気二重層キャパシタ（EDLC）は，活性炭等の比表面積の大きい電極と電解質溶液界面に形成される電気二重層を利用して，電荷を貯蔵・放出するエネルギー貯蔵デバイスである。本稿ではEDLCの特性を左右する主要構成材料である電極材料および電解液を中心に解説する。

電極材料に関しては，活性炭材料の比表面積や，細孔分布，結晶構造，表面官能基，電子伝導性について解説し，これらの因子が及ぼすEDLCへの影響について述べる。電解液については，水溶液系，非水溶液系に分類し，それぞれのイオン伝導度，耐電圧，使用できる温度範囲について述べる。さらに，現行の電気二重層容量に比べ桁違いに高い容量密度が得られる次世代大容量電気化学キャパシタと，その材料についても紹介する。

7.2 電気二重層キャパシタの原理

固体電極と電解質溶液のような異なる2つの相の界面において，正・負の電荷は非常に短い距離を介して配列，分布する。電極が正（負）電荷を帯びている場合，その表面に電荷を補償するために溶液中のアニオン（カチオン）が配列・対向する（図1）。この電荷の配列により生じる層が電気二重層（electric double layer）である。

電気二重層は電極とイオンとの間に電子の授受を伴わない非ファラデー反応により形成される。電気二重層の形成に伴い電極界面に発現する容量を電気二重層容量（electric double-layer capacitance）と呼び，この容量を利用したエネルギー貯蔵デバイスが「電気二重層キャパシタ（EDLC）」である。電気二重層容量の貯蔵・放出現象に伴う電流電位応答は図2のように，電位掃引による電位変化に対して電流値がほぼ一定である（キャパシタ的な応答である）[1]。

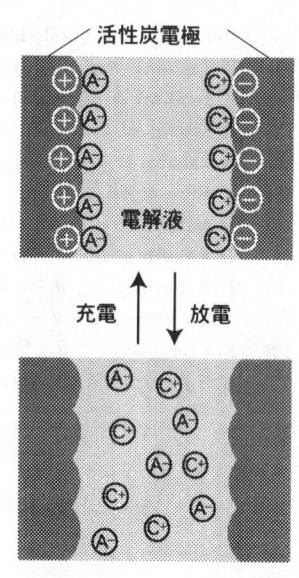

図1 電気二重層キャパシタの電荷貯蔵原理の概念図

---

*1 Katsuhiko Naoi 東京農工大学 大学院工学研究科 応用化学専攻 教授
*2 Shunzo Suematsu 東京農工大学 工学部応用分子化学科 教務技官

第2章　エネルギー貯蔵技術と材料

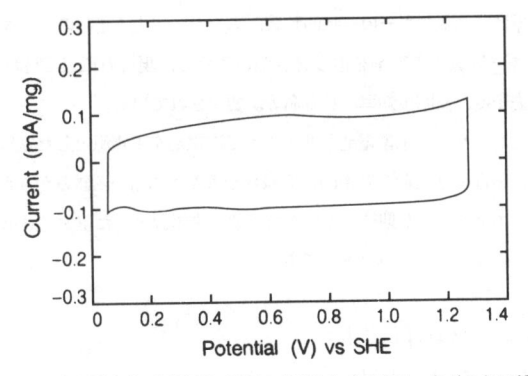

図2　高比表面積炭素（活性炭）電極の典型的なサイクリックボルタモグラム
(K.Kinoshita, ed. "Carbon, electrochemical and physicochemical properties" より引用)

電気二重層形成に関する理論（特に界面電荷分布構造）については，現在に至るまで諸説が提案されているが，Sternの理論[2]を基にしたものが最も現実に近いものであるとされている。このような界面電荷分布の詳細については，文献3），4）を参照していただきたい。

7.3　EDLCの特長と用途

EDLCはニッケル水素電池やリチウムポリマー電池などの二次電池と比較して重量あたりの容量（エネルギー）密度は1/10〜1/100と低いものの，①重金属フリーであるため環境性に優れている，②充放電をほぼ無限に繰り返せるためメンテナンスが不要である，③広い使用温度範囲を持つ（−30℃〜+90℃），④充放電速度が極めて速い，⑤充放電に伴う発熱が少ない，⑥充放電効率が高い，⑦過充電，過放電に対する耐久性が高い，⑧充放電回路が単純である，⑨ショートによる破損，爆発がない，等の二次電池にはない多くの利点を持つ[5〜7]。

その用途は，小型タイプのもの（＜1F）ではLSI, ULSI, RAMなどの電源遮断時のメモリバックアップ用永久電源が，中〜大型タイプのもの（1〜100F級）では太陽電池との組み合わせによるハイブリッド電源システム，自動車のスターター用電源，排ガス触媒加熱の補助電源や回生電源，玩具用のモーター駆動の電池代替電源等があり，これらはすでに実用化されている[8, 9]。

将来的な用途としては，主に高パワー対応の超大型（1000F級）EDLCを用いた電気自動車がある。特に現行の自動車の低公害化や燃費向上を実現させるために，エネルギー回生用電源，つ

271

まりハイブリッド電気自動車（HEV）用電源としての開発が，現在，精力的に検討されている[10]。HEV用電源は，エネルギーの一時的貯蔵，エンジン出力不足時のアシスト，エンジン出力余裕時のエネルギー貯蔵等の役割を担う必要があるため，現行のEDLC材料に比べ，高エネルギー密度，高出力密度，高回生効率，長寿命等が要求されている。

また，大型化したニッケル－水素電池やリチウム二次電池を主電源とした電気自動車（PEV）の補助電源として，電池の過負荷を効率的に低減させるために用いる試みがなされている[11,12]。今後，さらに大きなエネルギーが期待できる燃料電池を主電源とした電気自動車においても同様に，補助電源としてのEDLCの役割は重要である。

7.4 電気二重層キャパシタ材料
7.4.1 電気二重層キャパシタの構成材料

電気二重層キャパシタは図3に示すように，主に電極（活物質，導電補助剤，バインダなどから形成されているが，ここでは主に活物質を指す），電解液，セパレータ，集電体および，これらを格納するケースなどのセルハウジング材料から構成されている。これらの材料の中で，電気二重層が形成され，電荷の貯蔵・放出に対して最も大きな影響を与える電極材料と電解液を中心に述べる。

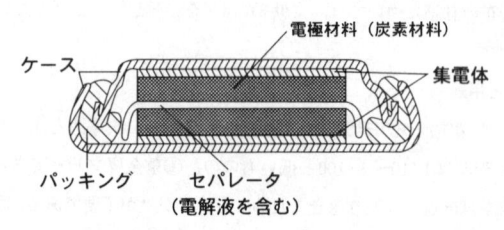

図3 コイン型電気二重層キャパシタの断面図とその構成材料

(1) 電極材料

電気二重層キャパシタの電極材料には大きな比表面積を持つ炭素系材料が用いられている。具体的には，電気化学的特性および機械的強度が良好で加工性に優れているフェノール系の活性炭繊維[13]や，椰子殻系，フェノール系，石油ピッチ系，コークス系などの粉末活性炭が挙げられる[14,15]。また，活性炭以外の炭素材料としてカーボンエアロゲル[16]やカーボンナノチューブ[17,18]などがあり，現在，多数検討されているが，本稿では活性炭材料について注目して，その材料の特性について述べる。

活性炭材料を用いた電極のキャパシタ特性は，電極／電解液界面で発現する電気二重層容量，

電極の電子伝導性,そしてイオン拡散性により決定される。この3つの特性を決定する具体的な因子としては,活性炭電極の①比表面積,②細孔径,③密度,④表面酸素(官能基)濃度,⑤表面結晶構造,⑥電子伝導度などが考えられ,これらの因子がキャパシタ特性と特に重要な相関性を持つと考えられている[19]。この中で1～3は,相反する関係にあり,その範囲でできるだけ面積が大きく,かつ細孔径,密度ともに大きな値を持つような細孔の分布と細孔容積の制御が,活性炭電極の作製の最も重要な課題の一つである。

① 表面積

電気二重層容量は単位重量あたりの電極の比表面積に比例して増加する[20]。しかし,体積あたりの容量密度は,活性炭の比表面積が2000～2500$m^2 g^{-1}$の範囲で最大値を示し,さらに比表面積を増加させると低下する傾向にある[21]。この低下の原因としては,細孔径が小さいために生じるイオン伝導性の低下あるいは,細孔容積の増加による見かけの密度の低下が挙げられる。

② 細孔分布

理論的には比表面積を大きくすることで得られる電気二重層容量も増加するはずだが,比表面積が大きすぎる系では細孔径が小さく,イオンが移動する平均自由行程が長くなるため,イオン拡散性の低下が起こり,逆に容量が減少してしまう[22]。ここで,活性炭の細孔を円筒形であると考えた場合,細孔径の大きさと得られる電気二重層容量の関係について考えてみる[23]。

図4に細孔径に対して得られる電気二重層容量の発現機構を示す。図4(a)では細孔径より電解質内のイオン径が小さいので細孔内での電気二重層容量は発現しない。図4(b)～(d)ではいずれも細孔径のほうが大きいのでイオンが細孔内に吸着できるため容量が発現する。しかし図4(b)のように細孔径とイオン径がほぼ同程度である場合,細孔内でのイオンの移動度が小さいため大電流で充放電を行った場合,得られる容量は低下してしまう。

また図4(d)のように細孔径がイオン径より十分大きい場合では,イオンと細孔の内壁との平均自由行程が長くなるためイオン拡散性が低下し,図4(b)と同様に大電流での容量が低下す

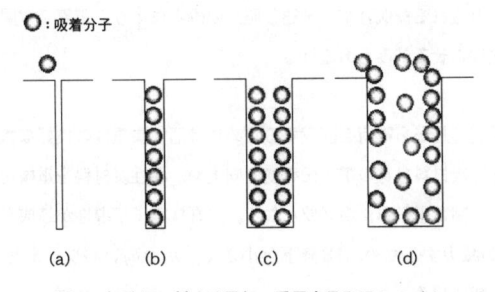

図4 細孔径に対する電気二重層容量発現のモデル

る。つまり図4(b)と図4(d)の中間にあたる図4(c)では大電流においても容量が低下しない。

③ 密　度

体積あたりの容量密度が比表面積に対して最大値を示すもう一つの原因として，比表面積の大きさにより，見かけの密度が変化することが考えられる。活性炭の比表面積が増大するほど細孔の容積は増加するので，見かけの密度は低下し単位体積あたりの容量密度が減少してしまう[24]。そのため，電極単位体積あたりの容量を向上させるためには，活性炭の比表面積を大きくし，かつ見かけの密度の低下を抑制する必要がある。

④ 表面結晶構造

活性炭の表面には，グラファイト層面が表面に直角に配列している部分（edge面）と平行に配列している部分（basal面）がある。電気二重層容量はedge面の方がbasal面よりも約一桁高い値を示すことが報告されている[25]。

⑤ 表面酸素（官能基）濃度（ファラデー反応による容量）

活性炭材料は，その賦活方法により，活性炭表面に種々の官能基（カルボキシル基，フェノール基，キノン基，ラクトン基など）が存在する。これらの官能基の電気化学的な反応電位は，EDLCに用いる電解液の分解電位（約3V vs. SCE）[26]よりも約1～2V以上低いので，活性炭表面に存在する官能基は電解液の分解反応に対して触媒的な作用を及ぼすと考えられる。このような触媒効果による電解液の分解により，二酸化炭素や酸素などのガス発生が起き，キャパシタが破裂する危険性がある。

表面官能基量の尺度となる活性炭中の酸素量とキャパシタの容量減少率の関係から，活性炭電極に含まれる酸素量が少ないほど容量はあまり減少しないことが報告されている[27]。したがって，電圧印加に対する活性炭電極の安定性を向上させるためには，表面官能基の除去が有効であると考えられている。

しかし，表面官能基の中にはキノン基に代表されるように，電気化学的に可逆なファラデー反応が起こるものもあり，これを安定化させて非ファラデー反応より得られる電気二重層容量とファラデー反応より得られる擬似容量（後述参照）の両者により，電気二重層容量のみでは得られない高い容量を発現させる試みもある[28]。

⑥ 電子伝導度

発現した電気二重層容量から電荷を回収するためには活性炭電極の良好な電子伝導性が望まれる。そのためには活性炭材料自身の電子伝導度の向上や，活性炭材料を電極化するためのバインダ材料や導電補助剤の高電子伝導化が必要となる。良好な電子伝導性が達成されることにより，セル内の内部抵抗が減少するため，IR降下が小さく，かつ高いパワー密度を持つ電気二重層キャパシタが構築可能になる。

(2) 電解液

　電気二重層キャパシタに用いられる電解液は，水溶液系と非水溶液系に大別される。一般的に，水溶液系の電解液はイオン伝導度が$10^{-1} \sim 10^0 \, \Omega^{-1} \, cm^{-1}$と高いため，構成されたキャパシタの内部抵抗が低く，良好な急速充放電特性が得られる。しかしながら，水溶液を用いたキャパシタの耐電圧は水の分解電圧に相当し，その値は1気圧で理論的に1.23Vと低い。一方，非水溶液系の電解液では，イオン伝導は$10^{-3} \sim 10^{-2} \, \Omega^{-1} \, cm^{-1}$と水溶液系より低いが，約3Vといった高い作動電圧が得られる。電気二重層キャパシタのエネルギー密度は電解液の分解電圧（作動電圧）と容量密度に依存するため，非水溶液系のほうがエネルギー密度的に有利である。

　水溶液系では，中性の塩水溶液よりも高いイオン伝導度を示す強酸性あるいは強塩基性の高濃度水溶液が用いられている。具体的には30wt.%程度の硫酸水溶液[29]や水酸化カリウム水溶液[30]である。特に硫酸溶液は種々の酸や塩基性水溶液に比べ低温特性に優れ（30wt.%の硫酸水溶液の凝固点は約−40℃である），イオン伝導度が高い。さらに蒸気圧が低く水分が蒸発しにくいため長期信頼性に優れている。また，水分が蒸発した場合においても水酸化カリウムのように析出せずイオン伝導度を維持できる利点がある。

　非水溶液系では，初期容量が大きく，比較的イオン伝導度が高く，広い温度範囲（−30℃〜＋90℃）において使用可能で，電圧印加による電解液劣化の少ない電解液として，4級オニウムカチオンとテトラフルオロボレートアニオン（BF_4^-）からなる塩とプロピレンカーボネート（PC）を組み合わせた電解液が広く用いられてきた。代表的な4級オニウムカチオンとしては，テトラエチルアンモニウムカチオン（Et_4N^+），テトラエチルホスホニウムカチオン（Et_4P^+）や，エチル基とメチル基から構成された非対称型アンモニウムカチオン（$Et_2Me_2N^+$，Et_3MeN^+）が挙げられ，これらのカチオンのBF_4^-塩を含むPC電解液は，0.65mol dm^{-3}の濃度で約10^{-2} Ωcm^{-1}のイオン伝導度を示すことが報告されている[31]。

　特に非対称型のアンモニウムカチオンを持つ塩であるEt_3MeNBF_4は，PC溶媒に対する溶解度が3.1mol kg^{-1}と，同種のアニオンをもつ対称型のアンモニウム塩（Et_4NBF_4）の溶解度（1.2mol kg^{-1}）より3倍近く高い値を示す[32]。電解質が高濃度に溶解することで電荷キャリア数が増加するため，非対称型のカチオンを含む電解液ではより高いイオン伝導度が得られる。この非対称型のアンモニウム塩を含むPC溶液の分解電圧は対称型のオニウム塩を含むものと同程度であり，長期電圧印加試験においても対称型のオニウム塩を含むPC溶液を用いた場合と同様に，優れた耐久性を示す。

　PC溶媒系の他には，スルホラン系溶媒が電気化学的な安定性においてPC溶媒系よりも優れているが，誘電率が低いため電解質の解離に乏しく，結果的に高いイオン伝導度が得られない。加えて融点が高い（6℃）ので，構築されたキャパシタの低温特性に問題が生じる[26]。

また,特殊な電解質系として近年,1-エチル-3-メチルイミダゾリウム(EMI)カチオンを有する空気や水分に対して安定な常温溶融塩電解質が注目されている。例えば,EMIカチオンとテトラフルオロホウ酸(BF_4^-)からなる溶融塩を含むPC溶液は,EMIカチオンの非局在化構造により,4級アンモニウム塩を含むPC溶液よりも高い溶解度およびイオン伝導度を示すことが報告されている(3 mol dm^{-3}溶液で約20mS cm^{-1})[33]。この溶液の電気化学ウィンドウは約4V(-2.5～+1.5V vs. Ag/Ag$^+$)と4級アンモニウム塩を含むPC溶液(約7V)に比べ狭いため,高い作動電圧は得られないものの,有機系電解液の中では最も優れた急速充放電特性を示す可能性を持つ電解質系の一つである。

7.5 次世代大容量キャパシタ

非ファラデー反応により得られる電気二重層容量は単位実効面積あたり15～50μF cm^{-2}(電解質水溶液中[34])と小さいため,炭素材料の比表面積を大きくすることで得られる容量の増加が試みられてきた。しかし,比表面積の増大とともに体積も増加するため,容量密度はかえって低下してしまう。

そのため本質的に大きな容量密度を発現する電荷貯蔵現象をキャパシタに適応させる試みがなされている。その電荷貯蔵現象は,広い電位範囲で起こる電気化学的な吸脱着反応[35]や,反応電位の異なる複数の電気化学的な酸化還元(レドックス)反応などを利用したものである。このような反応から発現する容量は擬似容量と呼ばれており,従来の電気二重層キャパシタとは電荷貯蔵機構の異なる新しい概念のキャパシタとして位置づけられている。これらのキャパシタは電気二重層キャパシタと合わせて,「電気化学キャパシタ」と総称される。

擬似容量の中でも,特に活物質のレドックス反応により貯蔵される容量(レドックス容量)は電気二重層容量に比べて桁違いに大きい。ここで以下のようなレドックス反応$O+ze^- \rightleftarrows R$により発現するレドックス容量密度($C_\phi$)を実際に算出してみる。上記反応において発現する$C_\phi$は式(1)のように表せる[36]。

$$C_\phi = \frac{zF}{RT} \Re (1-\Re) \qquad (1)$$

ここでFはファラデー定数,Rは気体定数,Tは温度,$\Re$は酸化体のモル分率($\Re=[O]/([O]+[R])$で,$[O]$と$[R]$は,それぞれ酸化体,還元体の濃度)である。酸化体,還元体の濃度の和($[O]+[R]$)が1Mである1電子反応系($z=1$)では,$\Re=0.5$のときにC_ϕが最大となり,その値は10^3 F cm^{-3}と計算される。ここで電極密度を1g cm^{-3}とすると,重量あたりの容量密度は10^3 F g^{-1}と計算され,活性炭電極で得られる電気二重層容量の最大値(10^2 F g^{-1})より1桁高いことになる。

このようにレドックス容量は高い値を示すが，容量が発現する反応は特定の電位範囲で生じるため，図5（b）に示すように，レドックス容量が得られる電位範囲は，最大容量密度が得られる電位（$E^{0'}$）を中心に約±100mV程度と非常に狭く，電位に対する応答電流値の変化が大きい[37]。このような電位－電流応答を示す材料を用いて電気化学セルを構築すると，充放電時の電圧変化が小さいといった電池的な充放電挙動を示してしまう。

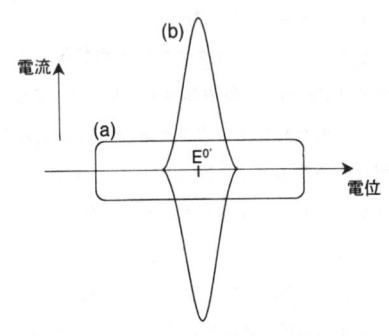

図5　電極材料の電位－電流応答（a）電気二重層の吸脱着反応，（b）レドックス反応

充放電に対して電圧が直線的に増加，減少するといったキャパシタ的な挙動を示すためには，電極が図5（a）のような長方形型のCV応答を示す必要がある。そのためには，電位に対して複数のレドックス反応が異なる連続的な電位で起こり，かつ隣接するレドックスサイト間で相互作用する系でなければならない。図6にその概念図を示す。図6（a）に示すようなCV応答を示すレドックス反応が複数かつ各々異なる電位で起こる場合，図6（b）に示すように広い電位範囲

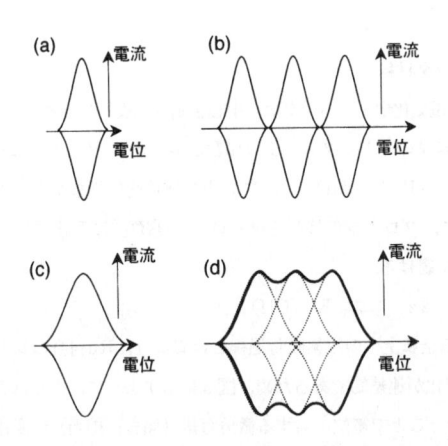

図6　ポリマー鎖の相互作用などによるキャパシタ的な容量発現の概念図
(a) 相互作用の小さい一つのレドックス反応に対する電位－電流応答
(b) 相互作用の小さい複数のレドックス反応に対する電位－電流応答
(c) 相互作用の大きい一つのレドックス反応に対する電位－電流応答
(d) 相互作用の大きい複数のレドックス反応に対する電位－電流応答
　　（キャパシタ的挙動）

で電流（容量）が得られる。

しかし単にレドックス反応が複数起こるだけでは電流値の電位依存性が大きくなってしまう。そのためレドックスサイト間に何らかの相互作用があると，図6（c）のようにブロードな応答を示すようになるので，図6（d）のような長方形に近いCV応答が得られると考えられる。このような条件を満たす系として，中心金属の価数が連続的に複数変化するRuO_2，IrO_2のような金属酸化物[38, 39]や，レドックス電位が複数存在するポリピロールやポリアニリン，ポリチオフェン誘導体等のπ共役系導電性高分子[40, 41]等が挙げられる。

このような広い電位範囲で大きな容量が得られる材料は，現行の活性炭材料に比べ，単位重量および単位体積あたりの理論容量密度ともに高い値を示す（図7）。

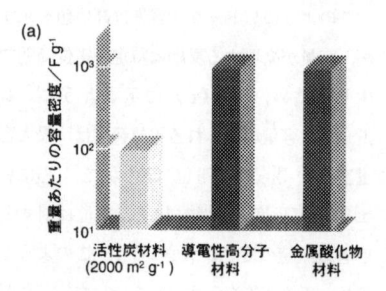

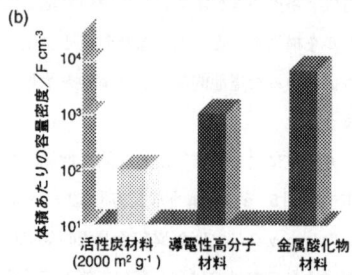

図7 活性炭，金属酸化物，導電性高分子材料の（a）単位重量あたりおよび（b）単位体積あたりの理論容量密度

7.6 電気化学キャパシタ材料

金属酸化物を用いた電気化学キャパシタは，中心金属（代表的な金属としてはルテニウム（Ru）やイリジウム（Ir））自身のレドックスにより価数が変化する[42]。例えばRuO_2では中心金属であるRuは2価から4価（Ru^{2+}，Ru^{3+}，Ru^{4+}）まで連続的に価数が変化する。価数変化に伴う電荷を補償するために，プロトンの移動を伴いOH^-からO^{2-}に変化する。この反応を式で示すと反応式［1］のように書ける。

$$RuO_2 + 2H^+ + 2e^- \rightleftarrows Ru(OH)_2 \qquad [1]$$

この機構はPtなどの金属上への水素吸着過程とは異なり，Ru自身のレドックスを伴い水素が吸脱着する。価数の変化が連続的であるため，図8に示すように，得られるボルタモグラムは複数のピークが重なり合うことで電位に対する微分容量（傾きに相当）の変化が小さくなり，見かけ上，長方形型のCV応答（図5（a））に近い挙動を示す[43]。

金属酸化物を用いた電気化学キャパシタの単位重量あたりのエネルギー密度は約$10^1〜10^2$ Wh kg^{-1}とEDLC（約$10^0〜10^1$ Wh kg^{-1}）に比べ，1〜2桁大きく，パワー密度は$10^2〜10^3$ W kg^{-1}と，EDLCに匹敵する。金属酸化物の場合，その密度が活性炭や導電性高分子に比べ約2.5〜3.5

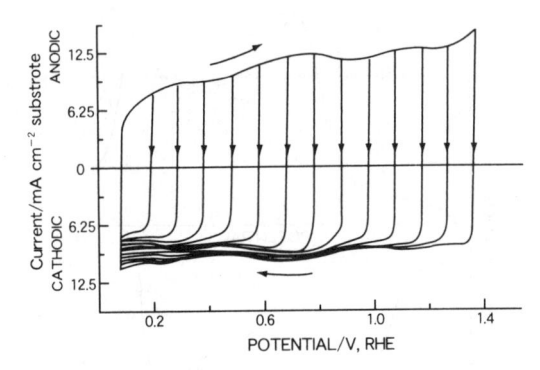

図8 1 M H_2SO_4水溶液中での電気化学的に可逆なRuO_2膜のサイクリックボルタモグラム

(B.E.Conway, *J.Electrochem.Soc.*, **138**, 1539 (1991) より引用)

倍大きいため[44]，体積あたりのエネルギー，パワー密度に優位性がある。そのためコンパクト化が可能であり，自動車のエンジンスタータの電源としてすでに一部実用化されている[45]。

7.6.1 導電性高分子を用いた電気化学キャパシタ

π共役系導電性高分子のレドックス反応は分子内のπ電子の授受により起こる。酸化時には最高占有準位（HOMO）に存在するπ電子が引き抜かれ正電荷を帯びる。この電荷を補償するために電解液中の負電荷を持つイオン（アニオン）が取り込まれる（p-ドーピング，反応式 [2]）。

[Polymer] + yA$^-$ → [Polymer]$^{y+}$ yA$^-$ + ye$^-$ （p-ドーピング） [2]

逆に還元時には最低空準位（LUMO）へ電子が注入され負電荷を帯びるため正電荷を持つイオン（カチオン）が取り込まれる（n-ドーピング，反応式 [3]）。

[Polymer] + yC$^+$ + ye$^-$ → [Polymer]$^{y-}$ yC$^+$ （n-ドーピング） [3]

このドーピング過程を伴う導電性高分子のレドックス反応の電流電位応答を，ポリアニリンを例として図9に示す[43]。酸化ルテニウムなどの金属酸化物に比べ，電流値の電位依存性が大きいものの，比較的キャパシタ的な挙動を示す。

このようなπ共役系導電性高分子を電極材料に用いた電気化学キャパシタの単位重量あたりのエネルギー密度は約10^1〜10^2 Wh kg^{-1}と金属酸化物を用いた電気化学キャパシタと同程度である。パワー密度は約10^3〜10^4 W kg^{-1}と従来のEDLC材料や金属酸化物に比べ1〜2桁高い値を示す傾向にある。特にポリチオフェン誘導体であるポリ（3-(4-フルオロフェニル）チオ

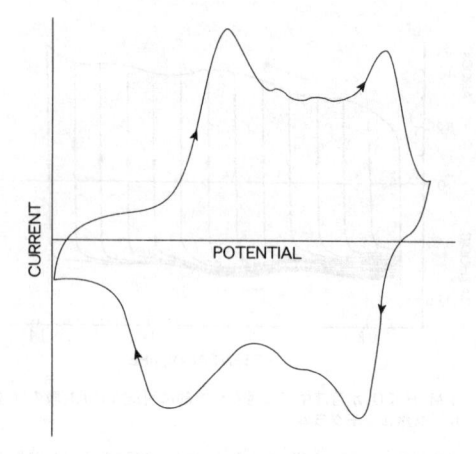

図9 1 M H_2SO_4水溶液中での電気化学的に可逆なポリアニリン膜のサイクリックボルタモグラム

(B.E.Conway, *J.Electrochem.Soc.*, 138, 1539 (1991) より引用)

フェン)(PFPT)では，最大35kW kg^{-1}もの高いパワー密度が報告されている[46]。さらに，重金属フリーであるため地球環境に優しく，形状自由度が高い，安価，分子設計に対する自由度が高いため幅広いエネルギー・パワー密度を示す材料の設計が可能であるといった利点を持つ。

7.7 電気化学キャパシタの新たな材料設計と今後の展望

現在，金属酸化物材料の中で，RuO_2を用いたレドックスキャパシタのエネルギー密度は炭素材料に比べ桁違いに高く，貯蔵／放出するエネルギー量が小さい（充放電深度が浅い）場合にのみ良好なサイクル特性を示す。そのため，今後，大きなエネルギーを繰り返し貯蔵／放出しても良好なサイクル特性が維持でき，かつ高いパワー密度が得られる材料が開発されれば次世代EDLCの構築が可能となる。

しかし，電気化学キャパシタ材料として提案されている金属であるRuやIrは産出量が少ない希金属であるため，非常に高価であるといったコスト面での問題がある。このような高価なRuやIrに代わり，CoやNiなどの比較的安価な遷移金属を用いたキャパシタも検討されている。しかしRuを用いた系と比較するとCoを用いた場合では作動電圧が約0.7Vと低く，Niを用いた場合では反応電子数が少ない（Ruが2電子に対してNiは1電子）等の欠点を持つ。

そのため，例えばゾル－ゲル法を用いてナノサイズの細孔を持つNiO/Ni複合電極を作製し，

表面積の増加に伴う出力密度の向上が試みられている[47]。また，コストの低減と同時にRuO$_2$を単独系よりも高い容量密度を実現する試みとして，TiO$_2$，SnO$_2$，あるいはZrO$_2$などの導電性金属酸化物[48~50]やV$_2$O$_5$などとRuO$_2$を混合した系が検討されている[51]。

導電性高分子を用いたレドックスキャパシタにおいては上述したように，ポリチオフェン誘導体を用いることにより，高いエネルギー密度，および高いパワー密度を持つキャパシタがすでに構築できることから，サイクル特性さえ向上すれば非常に有望な次世代材料になりえると考えられる。しかし，これまでの導電性高分子では，イオンのドーピング，脱ドーピング過程に伴う大きな構造変化や，電流分布の不均一性による高分子鎖の過酸化により，レドックスサイクルを繰り返すに従い劣化する。そのため，サイクル特性の向上には材料の高次構造の制御が必要とされる。

そこで，筆者らは，非共有結合により高次構造を形成する超分子材料に注目してきた。その中で，レドックスサイトとしてキノン基を持つπ共役系有機超分子材料では，従来の導電性高分子では得られないエネルギー密度，パワー密度および良好な充放電サイクル特性が同時に得られることを報告している[52, 53]。この材料の容量密度や電流密度，電気活性な電位範囲，そしてレドックス可能な回数より，キャパシタを構築した際に得られるエネルギー密度，パワー密度，サイクル特性はそれぞれ，$>10^2$ Wh kg^{-1}，10^2～10^3 W kg^{-1}，$>10^5$回と計算される。

大容量のエネルギーが貯蔵可能でかつ，高出力なエネルギーの貯蔵／放出が可能な電極を構築するもう一つの手法として，筆者らは，ナノオーダーにビーズ化した無機エネルギー貯蔵材料の核の周りをπ共役系導電性高分子等の有機エネルギー貯蔵材料で非常に薄く覆った，有機／無機電気活性ナノコンポジット（ナノビーズ）を提案している[54, 55]。

提案したナノビーズの容量密度は，無機・有機材料の組成比を変化させることで制御可能であり，ナノオーダーで複合化することにより電極内の電荷移動反応速度およびイオン拡散速度ともに高速化することを報告しており，パワー密度の向上も期待できる。このような新規材料は，電気自動車（PEV）における電池とキャパシタの2つの電源をこのデバイス1つでまかなえるといった究極のエネルギー貯蔵デバイス（スーパーバッテリー）材料としての可能性も考えられる。

7.8 おわりに

以上，電気二重層キャパシタに関して，その電極材料および電解液を中心に解説した。電気二重層キャパシタは二次電池と比較してエネルギー密度が低いことを除けば多くの優れた点を備えた理想的なエネルギー貯蔵デバイスである。しかし，電気自動車の電源（HEVの二次電源あるいはPEVの主電源）として考えた場合，低エネルギー密度は致命的な欠点である。しかし，これまでの電極材料，電解液をはじめとする構成材料の新規開発，電極作製に対する加工技術の改

善，パッケージング技術の進展により，セルあたりのエネルギー密度は開発初期に比べ大きく向上していることから，近い将来，電気自動車用電源として，特にHEV電源としての実用化が期待できる．

　一方，金属酸化物や導電性高分子材料などの電気化学キャパシタ材料は，現段階では，実用化における数多くの技術的障壁を超える必要がある．しかしEDLC材料では決して達成できない高い容量密度が得られるため，電気自動車の電源用電極材料として本質的に有望である．今後，電気化学キャパシタは，現行の二次電池を凌駕する「スーパーバッテリー」になり得るかどうかということも含め，特にPEV電源としての実用化が考えられる．いずれにせよ，電気二重層キャパシタを含む電気化学キャパシタ技術の進展が電気自動車の性能に大きく貢献することは間違いない．

文　献

1) K.Kinoshita, ed., "Carbon, Electrochemical Physicochemical Properties", Chap.6, p.293, John Wiley & Sons
2) O.Stern, Z.Electrochem., 30, 508 (1924)
3) A.J.Bard and L.R.Faulkner, "Electrochemical Methods", Chap.12, p.488, John Wiley & Sons
4) 直井勝彦，西野　敦，森本　剛，監訳代表，「電気化学キャパシタ，基礎・材料・応用」，第7章，p.103，エヌ・ティー・エス
5) 西野　敦，吉田昭彦，科学と工業，59，382 (1987)
6) 西野　敦，炭素，132, 57 (1998)
7) 木村好克，神保敏一，岩野直人，栗原　要，機能材料，19, 35 (1999)
8) 西野敦，セラミックデータブック，'94別冊，p.217 (1994)
9) 西野敦，直井勝彦監修，「大容量キャパシタ技術と材料」，第10章，p.143，シーエムシー
10) 西野敦，直井勝彦監修，「大容量キャパシタ技術と材料」，第11章，p.159，シーエムシー
11) 西野敦，直井勝彦監修，「大容量キャパシタ技術と材料」，第12章，p.163，シーエムシー
12) 直井勝彦，西野　敦，森本　剛監訳代表，「電気化学キャパシタ，基礎・材料・応用」，第20章，p.543，エヌ・ティー・エス
13) I.Tanahashi, A.Yoshida and A.Nishino, J.Electrochem.Soc., 137, 3052 (1990)
14) 西野敦，電池技術，5, 23 (1993)
15) S.Evans, J.Electrochem.Soc., 113, 165 (1966)
16) S.T.Mayer, R.W.Pekala, and J.K.Kaschmitter, J.Electrochem.Soc., 140, 446 (1993)

17) R.Ma, J.Liang, B.Wei, B.Zhang, C.Xu, and D.Wu, *Bull. Chem. Soc. Jpn.*, 72, 2563 (1999)
18) C.Niu, E.K.Sichel, R.Hoch, D.Moy, and H.Tennent, *Appl. Phys. Lett.*, 70, 1480 (1997)
19) A.Yoshida, *Denki Kagaku*, 66 (9), 884-890 (1998)
20) I.Tanahashi, A.Yoshida, and A.Nishino, *Denki Kagaku*, 56, 892 (1998)
21) K.Hiratsuka, Y.Sanada, T.Morimoto, and K.Kurihara, *Denki Kagaku*, 59, 607-613 (1991)
22) A.Yoshida, I,Tanahashi, and A.Nishino, *IEEE Trans.*, CHMT-10, 100 (1987)
23) 西野敦, 直井勝彦監修,「大容量キャパシタ技術と材料」, 第8章, p.108, シーエムシー
24) T.Morimoto, K.Hiratsuka, Y.Sanada, and K.Kurihara, *J.Power Sources*, 60, 239 (1996)
25) J.Randin and E.Yeager, *J.Electroanal. Chem.*, 36, 257 (1972)
26) M.Ue, *Denki Kagaku*, 66, 904 (1998)
27) K.Hiratsuka, Y.Sanada, T.Morimoto, and K.Kurihara, *Denki Kagaku*, 59, 607-613 (1991)
28) T.Momma, T.Osaka, and X.Liu, *Denki Kagaku*, 64, 143 (1996)
29) Y.Kibi, T.Saito, M.Kurata, J.Tabuchi, and A.Ochi, *J.Power Sources*, 60, 219 (1996)
30) M.F.Rose, C.Johnson, T.Owens, and B.Stephens, *J.Power Sources*, 47, 303 (1994)
31) M.Ue, M.Takeda, M.Takehara, and S.Mori, *J.Electrochem.Soc.*, 144, 2684 (1997)
32) M.Ue, M.Takehara, and M.Takeda, *DENKI KAGAKU*, 65, 969 (1997)
33) M.Ue, The International Seminar on Double Layer Capacitors and Similar Energy Storage Devices, 8 (1998)
34) B.E.Conway, V.Birss and J.Wojtowicz, *J.Power Sources*, 66, 1 (1997)
35) K.Engelsman, W.J.Lorenz and E.Schmidt, *J.Electroanal.Chem.*, 114, 1 (1980)
36) 直井勝彦, 西野 敦, 森本 剛監訳代表,「電気化学キャパシタ, 基礎・材料・応用」, 第10章, p.181, エヌ・ティー・エス
37) B.E.Conway and E.Gileadi, *Trans. Faraday Soc.*, 58, 2493 (1962)
38) S.Sarangapani, P.Lessner, J.Forchione, A.Griffith and A.B.LaConti, *J.Power Sources*, 29, 355 (1990)
39) V.Birss, B.E.Conway and H.Angerstein-Kozlowska, *J.Electrochem.Soc.*, 131, 1502 (1984)
40) A.R.Hillman, M.J.Swann and S.Bruckenstein, *J.Electroanal.Chem.*, 291, 147 (1990)
41) M.Mastragostino and L.Soddu, *Electrochim.Acta*, 35, 463 (1990)
42) 直井勝彦, 西野 敦, 森本 剛監訳代表,「電気化学キャパシタ, 基礎・材料・応用」, 第11章, p.211, エヌ・ティー・エス
43) B.E.Conway, *J.Electrochem.Soc.*, 138, 1539 (1991)

44) J.P.Zheng, P.J.Cygan, and T.R.Jow, *J. Electrochem. Soc.*, 142, 2669 (1995)
45) S.Trasatti and P.Kurzwell, *Platin. Metal. Rev.*, 38, 46 (1994)
46) A.Rudge, I.Raistrick, S.Gottesfeld and J.P.Ferraris, *Electrochim. Acta*, 39, 273 (1994)
47) K.Liu and M.Anderson, *J. Electrochem. Soc.*, 143, 124 (1996)
48) Y.Takasu, Y.Murakami, S.Minoura, H.Ogawa and K.Yahikozawa, Editors, PV 95-29, p.57, The Electrochemical Society Proceeding Series, Pennington, NJ (1995)
49) M.Ito, Y.Murakami, H.Kaji, K.Yahikozawa and Y.Takasu, *J. Electrochem. Soc.*, 143, 32 (1996)
50) O.R.Camara and S.Trasatti, *Electrochim. Acta*, 41, 419 (1996)
51) Y.Takasu, T.Nakamura, H.Ohkawauchi and Y.Nurakami, *J. Electrochem. Soc.*, 144, 2601 (1997)
52) S.Suematsu, A.Manago, T.Ishikawa, and K.Naoi, Abstract of the "Lithium 2000", Abstract No.387 (2000)
53) K.Naoi, S.Suematsu, and A.Manago, *J. Electrochem. Soc.*, submitted.
54) 石川, 尾関, 中島, 末松, 直井, 第41回電池討論会講演要旨集, p.622 (2000)
55) 末松, 石川, 尾関, 中島, 直井, 電気化学会第68回大会講演要旨集, p.4 (2001)

8 水素貯蔵材料の開発動向

岡田益男*

8.1 はじめに

　水素をより多く固溶した水素吸蔵材料は，1973年の石油危機以来，水素をエネルギーとして利用する場合の貯蔵・輸送媒体の位置付けとして精力的に研究開発されてきたが，その後の石油の低価格安定という外的要因のために，新しい水素吸蔵材料開発への動きは停滞した状態を続けてきた。

　しかし，エコマテリアルという地球環境重視の見地から，欧米におけるニッカド（Ni-Cd）電池公害問題を契機に，1990年に吸蔵合金を負極として利用したニッケル水素電池が実用化された。ニッケル水素電池はニッカド電池の電気容量の1.8倍を有するために，携帯用電話，ラップトップパソコン等のポータブル機器の高性能電源を始めとする市場において，ニッカド電池に代わるクリーンな高性能二次電池として，急速な代替が進行している。

　水素吸蔵材料の次の課題は電気自動車（EV）二次電池用材料として，また，燃料電池自動車用（Fuel Cell Electric Vehicle，以後FCEV）の水素貯蔵材料として高容量化することである。

　燃料電池は電気分解の逆反応で，水素と酸素の反応で電気を発生させるもので，水素が必要となる。この水素は，天然ガス，メタノール，ガソリンからの改質反応から得られるが，どの燃料を利用するかは国策と密接に関係している。個々の車に純水素を搭載する方式が望ましいとされているが，それまでの経過措置としてメタノールやガソリン改質型燃料電池自動車が検討されている。メタノールやガソリン改質法では水素を生成させる際にCO_2やCOという有害ガスが発生するために，個々の車ではなく水素ステーションで一括管理する方法が望ましいからである。

　また，純水素搭載方式にも，高圧水素ガスタンク，液体水素ガスタンク，水素吸蔵合金タンクなどがあるが，それぞれ，安全性，維持経費，重量と価格などの問題があり，さらなる改善が求められている。図1に水素搭載別エネルギー密度の比較を示す。水素吸蔵合金は体積エネルギー密度が最も高いが，重量エネルギー密度が他に比べて低い。従って，安全性，維持経費，体積エネルギー密度で有利な水素吸蔵合金搭載が具現化するためには，水素吸蔵量が大きい材料開発の成否が鍵になる。

　経済産業省のWE-NETプログラムでは，合金の具体的な開発目標として，1回充填で400km走行のために，100℃以下で3 mass%の水素を含有する水素貯蔵合金開発を掲げている。本稿では，代表的な水素吸蔵材料の概要と二次電池用，水素貯蔵用材料の最近の動向について概観する。

＊ Masuo Okada　東北大学大学院　工学研究科　材料物性学専攻　教授

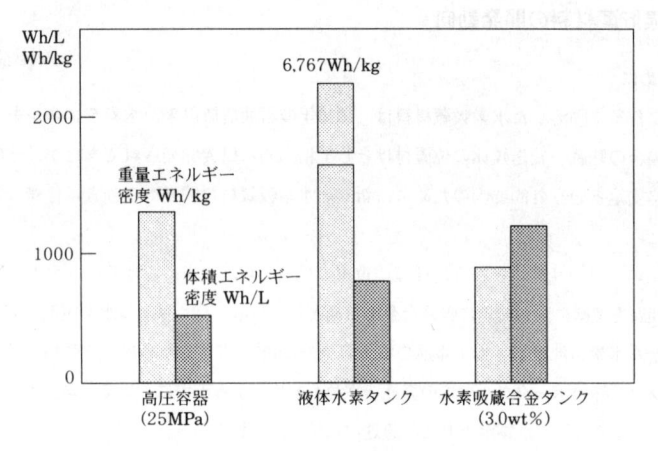

図1　水素搭載方法別エネルギー密度の比較

8.2　水素吸蔵材料の概要

　水素吸蔵合金は，一般的に，水素化物を形成しやすい発熱型金属A（Ti, Zr, La, V, Mgなど）と水素化物を形成しにくい吸熱型金属B（Ni, Fe, Co, Mnなど）を組み合わせて作製する。代表的な水素吸蔵合金は表1に示すように，AとBの元素比でLaNi$_5$等のAB$_5$型，TiMn$_2$等のAB$_2$型，Mg$_2$Ni等のA$_2$B型合金などと，V系合金等の体心立方格子（BCC）構造を有する合金に大別される。

表1　代表的な水素吸蔵合金

		水素含有量 (mass%)	解離圧 (MPa)
1. AB$_5$	LaNi$_5$H$_6$	1.4	3.4（50℃）
	MmNi$_5$H$_6$	1.4	0.4（50℃）
2. AB$_2$ (Laves Phase)	TiCr$_2$H$_{3.6}$	2.4	0.2〜5.0（-78℃）
	ZrMn$_2$H$_{3.46}$	1.7	0.1（210℃）
3. A$_2$B	Mg$_2$NiH$_4$	3.6	0.1（250℃）
4. BCC	Ti-Mn-V	2.9	0.15（100℃）

第2章 エネルギー貯蔵技術と材料

8.2.1 AB_5型希土類系合金

代表的なAB_5型合金として，$CaCu_5$型結晶構造を有する$LaNi_5$金属間化合物があり，水素吸蔵量は1.4mass％（以後％と略）である。1968年Philipsのグループが$SmCo_5$永久磁石の保磁力発生機構に関する研究から開発したことは有名である。現在，安価な混合希土類金属であるミッシュメタル（Mm）を用い，$Mm(Ni, Co, Al, Mn)_5$組成合金として，ニッケル水素電池の負極材料として実用化されている。高価なCoはサイクル特性向上に有効であるが，ハイブリッド車の二次電池として大量に用いられるためには，さらなる低価格化が求められている。

8.2.2 AB_2型ラーベス相合金

AB_5型より高容量な合金として，AB_2型ラーベス相合金がある。ラーベス相はC14，C15型の最密充填構造をとり，水素化が容易であり，AとBの比が1：2以外の非化学量論組成でも形成されること，Ti, V, Mn, Cr等軽量な金属元素から形成され，金属当たりの水素吸蔵量が多いことを特徴とする。例えば，$TiMn_2$は水素を吸蔵しないが，$TiMn_{1.5}$で1.8％吸蔵する。同様に$TiCr_{1.8}$で2.4％，ZrV_2，$ZrMn_2$でそれぞれ2％，1.7％とAB_5型より高容量の水素を吸蔵する。

8.2.3 A_2B型Mg系合金

A_2B型合金としてMg_2Ni合金があり，3.6％もの高容量を有するが，通常では250℃以上の高温でしか水素を吸放出しない。吸放出温度が高いのはMg_2NiH_4が，NiH_4-complexとMgとのionicな結合によって，安定化しているためである。藤井らの報告によると[1]，Mg_2Ni合金は水素雰囲気中のメカニカルグラインディング処理により，1.65％の水素を吸収し，放出温度は140～180℃に低下するとしている。

Mg金属は7.7％の吸蔵量を有するが放出温度は290℃以上であり，Mg-La，Mg-Alも3.5～5.5％と吸蔵量が多いが，200～300℃と放出温度が高く，実用化には課題が多い。Mgは豊富で安価であり，吸蔵量が多いことから，吸放出温度を如何に低下させるか今後の展開が期待される。

最近の研究として$Ca_{1-x}Mg_xNi_2$合金においてXが広い範囲（X＝0～0.65）でC15のラーベス構造を取り，図2に示すように[2]，特にX＝0.65の組成合金において343Kで約1.4％の水素の吸放出が報告されている[2〜3]。

8.2.4 BCC型合金

現在，高容量で最も注目されているのがBCC構造を有するV系合金である。BCC型合金は水素吸蔵量がH／M＝2程度（H：吸蔵水素，M：合金構成元素。原子量50程度Vなどの場合約3.9％）と極めて大きい。射場ら[4]は水素吸蔵合金タンクとして，V-Ti-MnやV-Ti-Cr系合金を開発し，100℃において1.9～2.4％の放出量を報告している。最近，富永ら[5]はV含有量10～20％

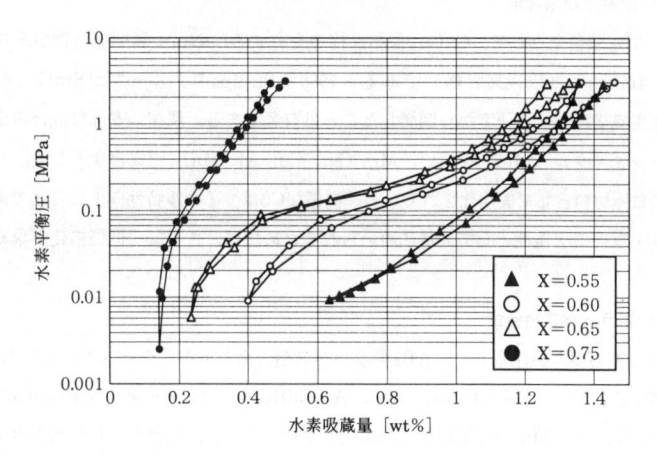

図2 $Ca_{1-x}Mg_xNi_2$合金のPCT曲線（343K）[2]

のV-Ti-Cr合金において，40℃で2.4～2.6%の放出量を報告している。

8.2.5 その他の合金

kadirと境ら[6]は多くのRMg_2Ni_9（R=Y, La, Ce, Pr, Nd, Sm, Gd）化合物合成を試み，その結晶構造が六方晶の$PuNi_3$型に似たAB_2C_9型であることを示した。$(Y_{0.5}Ca_{0.5})(MgCa)Ni_9$組成で2mass%（263K，3.3MPa）の水素を吸蔵することを報告している。

8.3 二次電池用合金の開発現況

8.3.1 La-Mg-Ni系合金

河野ら[7,8]はkadirらのR-Mg-Niにおける新化合物合成の報告に触発され，La-Mg-Ni$_x$（x=3～3.5）系合金について，LaとMgの比を変化させ，新化合物探索を行った。その結果，La_2MgNi_9，$La_5Mg_2Ni_{23}$，La_3MgNi_{14}を見い出すことに成功した。これらの結晶構造と最大放電容量をそれぞれ図3と表2に示す。いずれの組成合金においても，現用のAB_5型合金より高い容量を示している。特に，$La_5Mg_2Ni_{23}$合金のNiサイトをCoに置換した$La_{0.7}Mg_{0.3}Ni_{2.8}Co_{0.5}$合金は放電容量410mAh/gを示し，$AB_5$型合金（320mAh/g）よりも約28%優れている。この合金はさらに，サイクル特性にも優れていると報告されている。

8.3.2 BCC型合金

次世代のニッケル水素電池の負極材料として高容量のBCC型合金が注目されている。まず，草分け的な研究として塚原ら[9]の報告が挙げられる。塚原らは，V金属には集電機能はないので，

図3 La-Mg-Ni$_x$系合金（X＝3～3.5）の結晶構造[7,8]

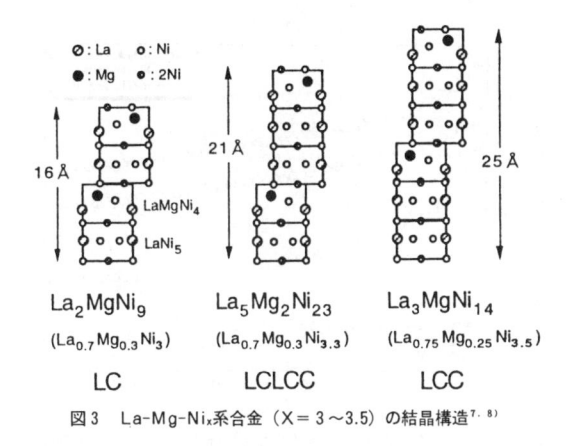

表2 La-Mg-Ni$_x$系合金（X＝3～3.5）の最大放電容量[7,8]

Alloy system	Alloy		Discharge capacity (mAh/g)
AB$_3$	La$_2$MgNi$_9$	La$_{0.67}$Mg$_{0.33}$Ni$_3$	365
AB$_{3.3}$	La$_5$Mg$_2$Ni$_{23}$	La$_{0.7}$Mg$_{0.3}$Ni$_{3.3}$	375
		La$_{0.7}$Mg$_{0.3}$Ni$_{2.8}$Co$_{0.5}$	410
AB$_{3.5}$	La$_3$MgNi$_{14}$	La$_{0.75}$Mg$_{0.25}$Ni$_{3.5}$	360
AB$_5$	LaNi$_5$	MmNi$_{4.0}$Mn$_{0.3}$Al$_{0.3}$Co$_{0.4}$	320

V-Ti合金にNiを添加し，集電機能を示すTiNI相を粒界に析出させることにより，V-Ti系BCC型合金が二次電池の負極材となることを示唆した。V-22％Ti-12％Ni合金において最大放電容量420mAh/gを報告している。

辻ら[10]は高容量のTi-V-Cr合金粉末の表面をNiで修飾することにより表面層を形成し，高容量な負極材料を得ることを提案している。図4にV-28.5％Ti-15％Cr合金粉末（38μm以下）にNi粉末（平均粒径0.03μm以下）を10mass％混合し，700℃で熱処理を行った試料と，7～10mass％Niを無電解メッキした後熱処理を施した試料の放電特性の結果を示す。7％Ni無電解メッキした試料において570mAh/gという高い放電容量を得ており，AB$_2$やAB$_5$と比較しても10～40％大きく，将来の開発指針を示唆するものとして期待される。

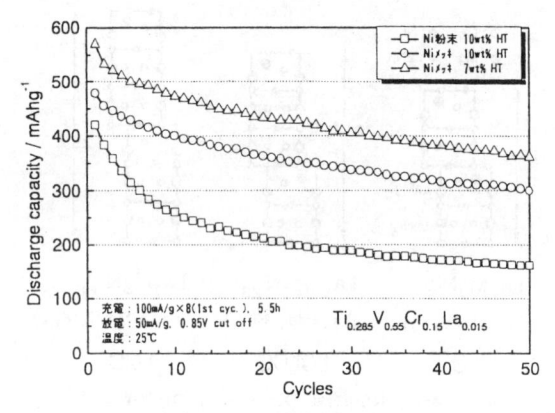

図4 V-Ti-Cr合金粉末へのNiの付着方法,付着量と放電特性の関係[10]

8.4 水素貯蔵用材料の開発現況
8.4.1 カーボン材料

現在,急浮上してきた水素貯蔵材料として,カーボンナノチューブとカーボンナノファイバーがある。1997年,Dillon[11]らは直径2nmのカーボンナノチューブが5.1％の水素吸蔵量を示すことを報告し,水素吸蔵材料としての炭素材料の研究が本格的に開始された。チューブの総表面積は2620m^2/gにも達する。Rodriguetzら[12]は種々のカーボンナノファイバーを合成し,特に直径0.5～50nmのherringbone型ファイバーは0.34nmの層間隔を有し,10～50％の吸蔵量を示すと報告している。現時点では,カーボンナノファイバーのこの報告結果は再現されていない。

最近,Hebenらは98％以上の高純度のSWNT（Single Wall Nano Tube）を作製し,前処理として,ナノチューブの断面切断のための超音波処理を行い,室温で～6.5mass％の水素を吸蔵することを国際会議で報告している。2.6mass％の水素は室温で放出するが,残りの3/5は300℃以上でないと放出しないとしている。

米国立エネルギー研究所のこのHebenらの報告が,現時点では最も信頼性があるデータであると考えられる。超音波により切断されたSWNTには,室温で水素が放出可能なサイト（物理吸着）と300℃以上で放出するサイト（化学吸着）の2つのサイトがあると考えられる。後者については,藤井ら[13]が報告しているナノ構造化したグラファイトが7.4mass％の水素を吸蔵し,330℃と650℃の2つの温度で水素を放出する低温側の温度と良く一致している。

すなわち,炭素材料に水素を吸蔵させるためには,表面をいかに活性化するかが重要であることがわかる。たとえ水素を吸蔵しても,化学吸着した水素を放出させるには300℃以上の温度が

必要という可能性があり，今後，SWNTに関していかに物理吸着サイトを付与するかが炭素材料が実用化される鍵になると考えられる。

8.4.2 アルカリ金属系水素化物

① ナトリウム・アルミ水素化物

Bogdanovicら[14]はNaAlH$_4$などのナトリウム・アルミ水素化物にチタンをドープし，可逆的に水素を吸放出させることが可能であることを報告した。図5にTiをドープしたNaAlH$_4$の180℃と210℃でのPC線図を示す。2段のプラトーは次式で示される2つの反応によって，水素化・脱水素化が進行していることに対応している。

$$3NaAlH_4 \rightleftarrows Na_3AlH_6 + 2Al + 3H_2 \rightleftarrows 3NaH + 3Al + 9/2H_2$$

また，Na$_3$AlH$_6$やNa$_2$AlLiH$_6$は以下のような一段の反応により水素化・脱水素化する。

$$Na_3AlH_6 \rightleftarrows 3NaH + Al + 3/2H_2$$

$$Na_2AlLiH_6 \rightleftarrows 2NaH + LiH + Al + 3/2H_2$$

これらの上式に基づく理論水素吸蔵量はNaAlH$_4$，Na$_3$AlH$_6$，Na$_2$AlLiH$_6$についてそれぞれ，5.6mass%，3.0%，3.5%であるが，実際の水素吸蔵量は実験条件に大きく依存している。

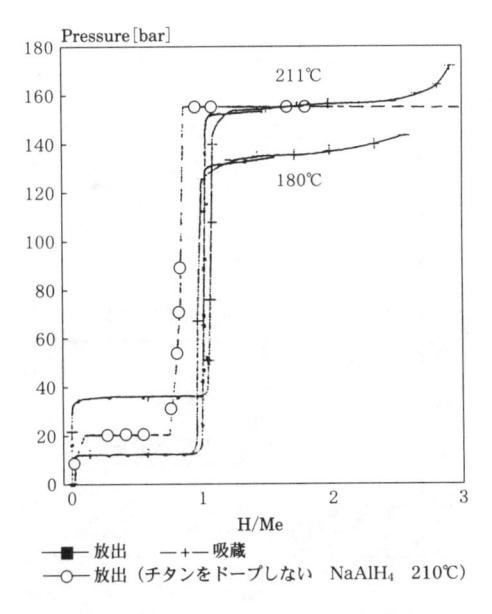

図5　TiをドープしたNaAlH$_4$のPC線図[14]

重要なのはドープしたチタンの役割である。NaとAlは互いに固溶しないが，水素を介して水素化物を形成する。そこに，NaまたはAlと反応傾向が強い元素が存在すると水素を放出して，NaAl水素化物は分解する。従って，この反応を促進させる触媒的機能をはたす元素はチタンだけである必要はない。今後の展開が期待される。

② ナトリウム・ホウ素水素化物

アルカリ金属・ホウ素水素化物を加水分解し，水素を取り出す方式が提案されている[15]。例えば，

$$NaBH_4 + 4H_2O \rightarrow 4H_2 + NaOH + H_3BO_3$$

課題はいかにして効率的に水素化物に戻すかである。

8.4.3 BCC型合金

現在，常温付近で最も水素を吸放出する高容量水素吸蔵合金としてBCC構造を有するV系合金が注目されていることは前述した。Vは常温常圧付近で3.8mass％もの水素を吸蔵するが，図6に示すように，低圧プラトー部の反応（$V \rightarrow VH_{0.8}$）と高圧プラトー部の反応（$VH_{0.8} \rightleftarrows VH_{2.01}$）があり，$VH_{0.9}$は安定であり，現在のところ$VH_{0.8} \rightleftarrows VH_{2.01}$（2.4％程度の水素容量）の反応を利用する合金開発に留まっている。

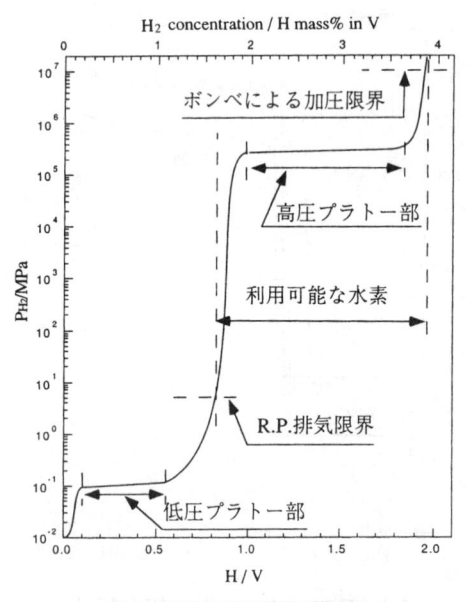

図6 V金属のPCT曲線の模式図

第2章 エネルギー貯蔵技術と材料

さらなる高容量化のためには，α相→β相間すなわち低圧プラトー部の反応（VにおいてはV→$VH_{0.8}$の反応），あるいはβ相領域（低圧プラトー部と高圧プラトー部間のジーベルツ則に従う領域）における水素を吸放出反応に寄与させることが有効であると考えられる。筆者らのグループはその指針を得るために，これまで測定が困難であった，低圧プラトー部のPCT曲線を測定した。

図7にTi-Cr-xV合金（Ti/Cr＝2/3）（x＝20～100）の（a）313Kと（b）368Kでの低圧領域における吸蔵過程のPCT曲線を示す。次の三点がわかる；①測定温度を上げるとPCT曲線は高圧側に移動する，②V量を少なくすると低圧プラトー部が消失し，PCT曲線は高圧側に移動する，③$10^5$ Paにおける水素吸蔵量はV量の減少と共に少なくなる（すなわち水素を多く放出する）。すなわち，V合金の低圧プラトーに対応する水素化物を不安定化させ，多くの水素を放出するためには，①V量を少なくし，②測定温度を上昇させればよいことがわかる。

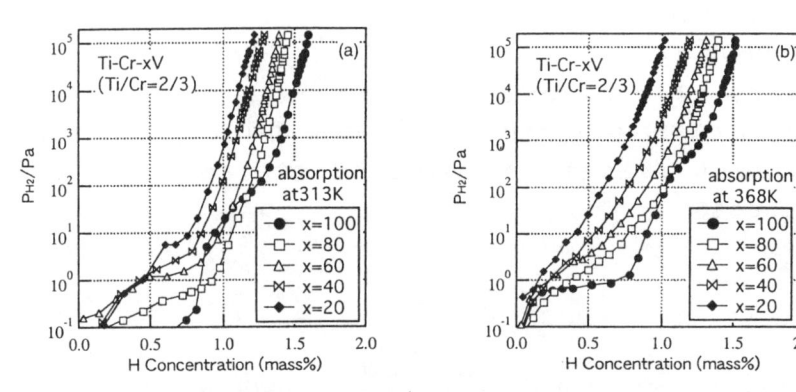

図7　V-Ti-Cr合金の（a）313Kと（b）368KにおけるPCT曲線（吸蔵過程）[16]

次にこの指針に従って，V量を2.5～7.5％としたTi-Cr-V合金のPCT曲線（368Kで脱気後313Kで吸蔵）を図8に示す[16]。この低V含有合金は鋳造状態ではラーベス相が主相であるが，1400℃で熱処理することによりV量が5～7.5％の合金においてBCC単相が得られる。このBCC単相が得られた合金において約3.0mass％の水素吸蔵量が得られた。高価なVを多く含有した合金からスタートし，Vを減じる方針で研究が進み，最後にVがほとんど不要なTi-Cr基合金の開発に至ったとも理解できる研究で，今後の展開が期待される。

293

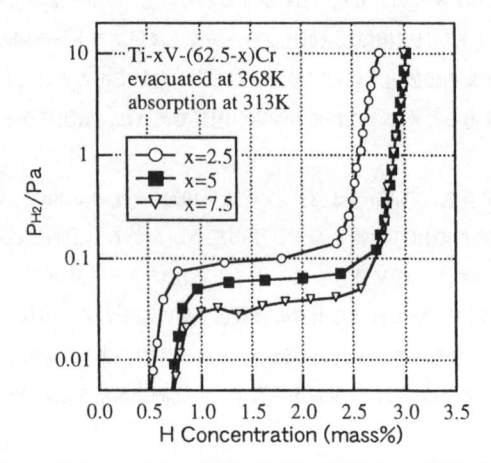

図8 Ti-Cr-V合金のPCT曲線（368Kで脱気後313Kで吸蔵）[16]

8.5 おわりに

序文で述べたように，将来の燃料電池自動車は水素貯蔵法が鍵を握っていると言っても過言でない。安価で高容量の材料が開発されれば，メタノール改質，ガソリン改質でもなく，すぐにでも水素貯蔵材料タンクとなるであろう。どの材料でいち早く達成できるか，これからが材料屋の正念場である。

文　献

1) S.Orimo, K.Ikeda, H.Fujii, Y.Fujikawa, Y.Kitano and K.Yamamoto, *Acta mater.*, 45, p.2271 (1997)
2) 中畑拓治，米村光治，前田尚志，竹下博之，田中秀明，栗山信宏，日本金属学会春期大会概要集, p.158 (2001)
3) 寺下尚克，笹井興士，秋葉悦男，日本金属学会春期大会概要集, p.158 (2001)
4) H.Iba, E.Akiba, *J. Alloys and Compounds*, 253-254, p.21 (1997)
5) Y.Tominaga, S.Nishimura, T.Amemiya, K.Fuda, T.Tamura, T.Kuriiwa, A.Kamegawa and M.Okada, *Mater. Trans. JIM*, 40, p.871 (1999)
6) K.Kadir, T.Sakai, and I.Ueda, *J. Alloys and Comp.*, 287, p.264 (1997)

7) T.Kohno, H.Yoshida, F.Kawashima, T.Inaba, I.Sasaki, M.Yamamoto, and M.Kanda, *J. Alloys and Comp.*, 311 (2000) L5
8) 河野龍興,神田基,吉田秀紀,稲場隆道,酒井勲,山本雅秋,第11回水素と材料機能研究会予稿集 (11月), p.11 (2000)
9) M.Tsukahara, K.Takahashi, A.Isomura and T.Sakai, *J. Alloys and Comp.*, 265, p.257 (1998)
10) 辻庸一郎,第3回水素と材料機能研究会予稿集 (6月), p.21 (1998)
11) A.C.Dillon *et al.*, *Nature*, 386, p.377 (1997)
12) A.Chambers, C.Park, R.Terry, K.Baker, and N.M.Rodriguetz, *J. Phys. Chem. B*, 102, p.4253 (1998)
13) S.Orimo, G.Majer, T.Fukunaga, A.Zuttel, L.Schlapbach, and H.Fujii, *Appl. Phys. Lett.*, 75, p.3093 (1999)
14) B.Bogdanovic, M.Schwickardi, *J. Alloys and Comp.*, 253, p.35 (1997)
15) R.Aiello, J.H.Sharp, M.A.Matthew, *J. Hydrogen Energy*, 24, p.1123 (1999)
16) M.Okada, T.Kuriiwa, T.Tamura, H.Takamura, and K.Kamegawa, *intermetallics*, 7, p.67 (2001)

第3章　エネルギー発電技術と材料

1　太陽電池と材料技術

八木啓吏[*1]，太田　修[*2]

1.1　はじめに

　文明の発達により，われわれの生活は非常に豊かになってきた。しかし，その豊かさは石油などの化石燃料の大量消費に支えられており，発生したCO_2，NOx，SOxなどにより温室効果や酸性雨などの地球環境問題を引き起こしてしまった。また，化石燃料は埋蔵量に限りがあり，世界のエネルギー消費と人口増加を考慮すると近い将来に枯渇してしまうことが予想されるため，化石燃料に代わるエネルギー源の開発が急務である。

　地球環境問題の解決と代替エネルギー源の開発には，クリーンなエネルギーの開発がカギを握る。半導体の光電効果によって太陽光を直接，電力に変換する太陽電池は，まさに地球環境問題を克服する基幹技術と言える。ここでは，太陽電池の開発の歩みと現状を，応用技術を含めて述べるとともに，将来の展望として，太陽電池による世界的エネルギー供給システムについて述べる。

1.2　太陽電池の特徴

1.2.1　太陽電池の発電原理

　地球に降り注ぐ太陽エネルギーは，170兆kWに達し，約1時間で全世界の1年分のエネルギーを賄えるほど膨大であり，また，太陽の寿命も人類の歴史に比べて桁違いに長く，半永久的なエネルギー源とみなすことができる。

　太陽電池は，太陽の光のエネルギーを半導体の光電効果を利用して電気エネルギーに変換する発電素子である。図1にその発電原理を示す。pn接合をもつ半導体に光が入射すると，＋の電気を持つ正孔（電子の抜けた穴）と－の電気を持つ電子が発生し，それらがpn接合部で分けられ，＋と－の電荷が両電極に集まる。この両電極を結線すると電流が流れる。太陽電池は，太陽エネルギーそのものの特長に加えて，つぎの特長をもつ。

　①光から直接電気エネルギーが取り出せ，排気ガスや騒音などを発生しない。

　②発電の規模の大小（例えば1Wと1MW）により，その効率が変わらない。

　[*1]　Hirosato Yagi　三洋電機㈱　ニューマテリアル研究所　電子材料研究部　主任研究員
　[*2]　Osamu Oota　三洋電機㈱　ニューマテリアル研究所　所長

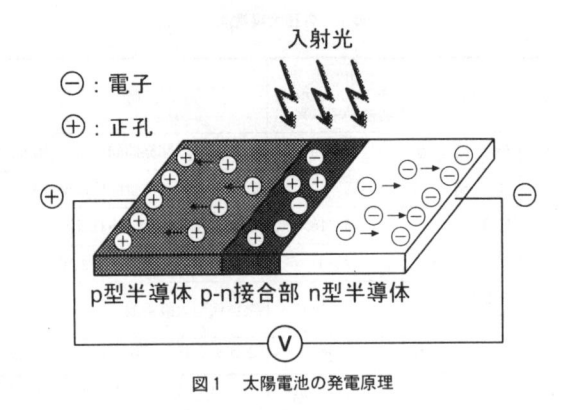

第3章 エネルギー発電技術と材料

図1 太陽電池の発電原理

③曇りの日のような拡散光でも発電する。

④可動部を持たないため基本的にメンテナンスフリーで，長寿命である。

また，太陽電池を構成している主原料であるシリコン（以下，Si）は，地上で2番目に多い元素であり，資源面でも全く問題がない。反面，使用する際に気をつけなければならない点として，

①出力が日照状況により変動する。

②夜は発電しない。

③蓄電機能をもたない。

ことなどが挙げられる。

1.2.2 太陽電池の種類と製造方法

現在，実用化されている太陽電池は使用する材料により，主にSi，化合物半導体に分類される。それぞれの変換効率と特長を表1に示す。このなかでも主として用いられているのはSi系太陽電池であり，単結晶，多結晶，HIT，アモルファス等に分類される。以下にこれら代表的な太陽電池の製造方法を，簡単に紹介する。

(1) 単結晶Si太陽電池

単結晶Si太陽電池は，最初に開発が進んだ太陽電池である。その製法は，大きく分けて，原材料から単結晶Siの板状基板（ウエハ）を形成するウエハ作製工程とそのウエハから太陽電池を形成するセル化工程からなる。ウエハ作製工程において，まず，Siの原料となる珪石を電気炉で還元して，純度98％程度の金属Siを作製し，この金属SiからSiと水素の化合物気体であるシラン系ガスを製造する。

次に，シラン系ガスを還元，あるいは熱分解することによって，高純度の固体（多結晶）のSiを形成する。さらに，この多結晶Siを融点（1412℃）以上まで加熱して溶融した後に，種結

表1　各種太陽電池

分類		材料	市販モジュールの変換効率（％）	特長
シリコン太陽電池	結晶系	単結晶	14～15	効率高い。開発期間が長く技術成熟
		多結晶	12～14	効率やや劣るが量産性に優れやや安価
		HIT	15～16	効率・温度特性に優れ低温プロセスが可能
	薄膜系	アモルファス	7～9	材料問題なく低コスト太陽電池の本命
		薄膜多結晶,微結晶	(7～16)*	次世代型太陽電池
化合物太陽電池		ガリウム砒素系	>25	高価であり人工衛星など特殊用途
		カドミウムテルル系	(11～16)*	主に民生用に使用されている
		銅インジウムセレン系	(11～18)*	低コスト化が期待される薄膜太陽電池

モジュールとは，複数の太陽電池セルを結線し，パネル化したもの
＊（　）は研究開発レベル

晶のまわりにSiを析出させる「引き上げ（CZ：Czochralski）法」によって，大きな単結晶Siの塊（インゴット）をつくる。そして，このインゴットを数百μmの厚さにスライスする。切断したてのウエハの表面には，傷や結晶構造乱れがあるので，これを除去するために表面研磨を施してウエハができあがる（図2）。このウエハに不純物を拡散し，pn接合を形成することに

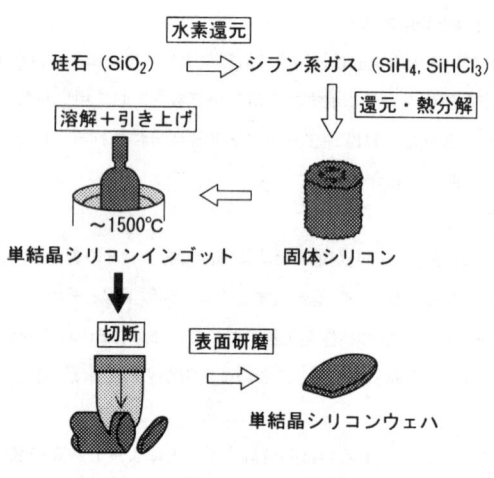

図2　単結晶Siのウェハ作製工程

第3章 エネルギー発電技術と材料

よって単結晶Si太陽電池が完成する。単結晶Si太陽電池は以下の特長を持っている。

① 製品では，太陽電池セルの変換効率16〜17%，研究レベルの小面積では20%以上の値が得られており，変換効率が高い。

② ウエハやpn接合形成の技術は，LSI作製技術と同じであり，基本的な技術が熟成されている。

③ 灯台や人工衛星などの使用実績により，発電特性が安定であることが実証されている。

その反面，製造工程が複雑であるため，低コスト化が難しいという欠点もある。これを改善するため，溶融したSiを鋳型中で固化し，これをスライスしてウエハにする多結晶Si太陽電池が開発されている。この多結晶Si太陽電池は，単結晶Si太陽電池に比べ変換効率は多少劣るものの，コストの低減が可能である。

(2) アモルファスシリコン太陽電池

アモルファスシリコン（以下，a-Si）太陽電池の製造方法は，単結晶Si太陽電池と全く異なっている。a-Si太陽電池は，図3に示すようにSiH_4等のガスをグロー放電で分解し，ガラス等の基板上に堆積させるため，

① 製造工程が簡単

② 製造エネルギーが少ない（300℃以下のプロセス）

③ 使用材料が少ない（厚さ1μm以下，結晶系シリコンでは約300μm）

④ ガス反応であるため，大面積化が容易

⑤ 1枚の基板から実用的な高い電圧が取り出せる

など，低コスト太陽電池としての優れた特長を持っている。

しかしながら，技術的な課題としては，以下の点を改善する必要がある。

① 結晶Si系太陽電池と比べて，変換効率が半分程度しかない。

② 光劣化と呼ばれる初期的な特性低下が起こる。ただし，初期に低下するのみで，その後は安

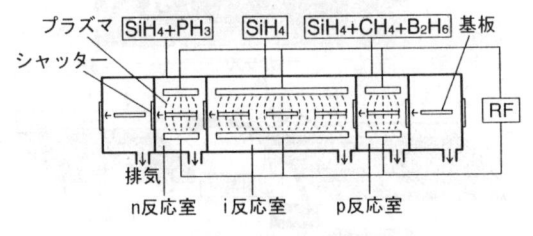

図3 a-Si太陽電池の形成法

定化する。

ただ，研究開発により，1cm^{2}の小面積で安定化後効率として10％を超えるものが得られており，また，大面積でも30cm×40cmのサイズで安定化後変換効率9.5％[1]，面積8252cm^{2}で初期変換効率10.9％が実現されている（図4）。

また，薄膜であるという特性を生かして，結晶系Siにはできないユニークな応用が可能である。一例として，シースルー型a-Si太陽電池がある。原理は非常に簡単である。通常のa-Si太陽電池は，ガラス／透明電極／a-Si／裏面電極を積層した構造である。その発電部にa-Si層および裏面電極を除去した直径0.1〜1.0mm程度の微小な孔（透光部）を均一に多数配置している。入射光の一部がこの透光部を通過して裏面に透過する（図5）。シースルー型a-Si太陽電池は以下の特長を持つ。

①発電と同時に光を透過するため，窓や自動車のサンルーフにも使用可能。

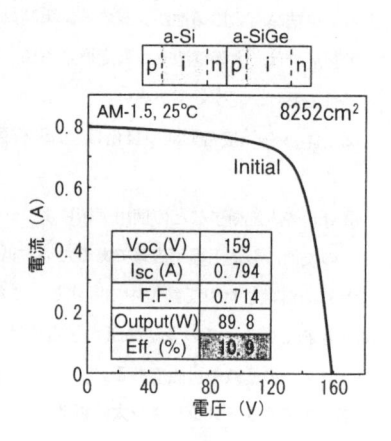

図4　a-Si太陽電池の出力特性

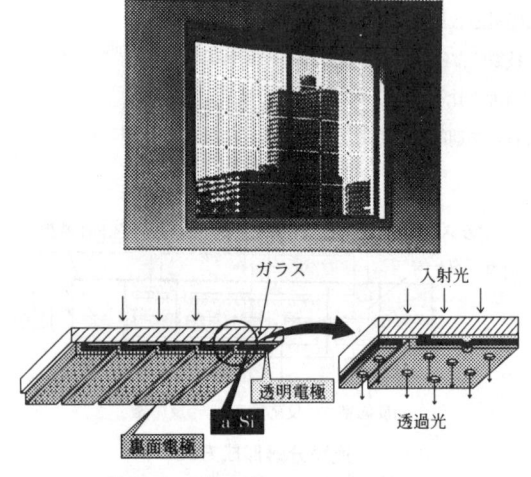

図5　シースルー型アモルファス太陽電池

②全体に微小な孔を均等に多数に配置しているため,均一な透視性を実現。
(3) HIT太陽電池

HIT太陽電池は,a-Siと単結晶Siをハイブリッドした新型太陽電池であり,高効率太陽電池として注目を集めている。HITとは,Heterojunction with Intrinsic Thin-layerの略であり,n型の単結晶Siの表と裏に,それぞれi/p型a-Siとi/n型a-Siを順次積層し,さらにその上に透明電極を形成している(図6)。

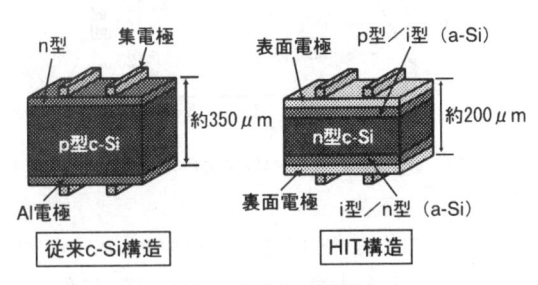

図6 HIT太陽電池の構造

HIT太陽電池はi層を形成することで,単結晶Siとa-Si層の界面の特性を向上させており,従来型の結晶系Si太陽電池と比較して以下のような優れた特長を持つ。
　①低コストプロセスで高効率が得られる。商品レベルでセル変換効率18.3%(モジュール効率:世界最高の16.1%),研究レベルでも20.7%(10cm角)が得られている[2]。
　②接合形成温度が単結晶の約900℃(熱拡散法)と比べて,約200℃と低温のため,生産時の省エネルギー化ができる。
　③低温形成で,しかも表裏対称構造であるので,基板へのストレスが減少し,セルの薄型化(省資源化)が実現できる。
　④使用時の温度上昇による出力低下が単結晶Si太陽電池に比べて少ない。
　④の意味を具体的に説明しよう。太陽電池モジュールを屋根面等に設置した場合,太陽電池モジュールの温度が上昇する。特に夏場の晴天時には70℃以上になる。一般に,太陽電池の変換効率は温度の上昇とともに低下し,単結晶シリコンの場合,75℃では25℃と比較すると発電量が約80%にまで低下してしまう。HIT太陽電池の変換効率の低下率は,単結晶Si太陽電池と比較して小さい。これは,屋根設置のように温度が上昇しやすい場所で使用した場合でも,出力低下を抑えることができることを示している。
　図7は同じ仕様の単結晶Si太陽電池とHIT太陽電池を用いて,8月(大阪/晴天日)の1日の

大阪 '97.8.28
南向き，33°傾斜

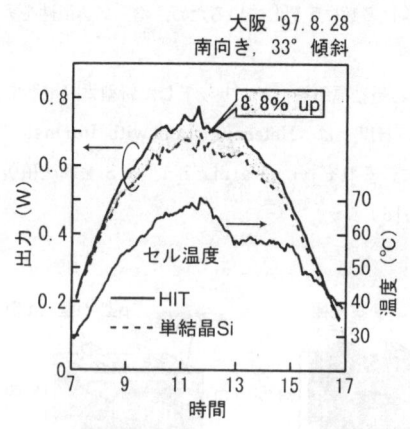

図7　HIT太陽電池と単結晶太陽電池の発電量比較

発電量を比較したものである。HIT太陽電池の積算発電量が8.8%多いという結果が得られている。

注1)　太陽電池モジュールとは，複数の太陽電池セルを配列・結線し，パネル化したもの。

注2)　太陽電池の仕様は，温度：25℃，光の強度：$1kW/m^2$，光のスペクトル：AM1.5という測定条件における値である。

1.3　太陽電池の応用

太陽電池の生産量は近年急速に増加してきた。全世界の生産量は2000年には約280MWに達しており，日本，米国，EUの三極のうちでも，日本が128.6MWを占め，世界最高の生産国となった（図8)[3]。これは，米国，ドイツ，日本などで政府が太陽電池導入政策を推進したことが大きく寄与している。ここでは，太陽電池の応用について，発電規模順に紹介する。

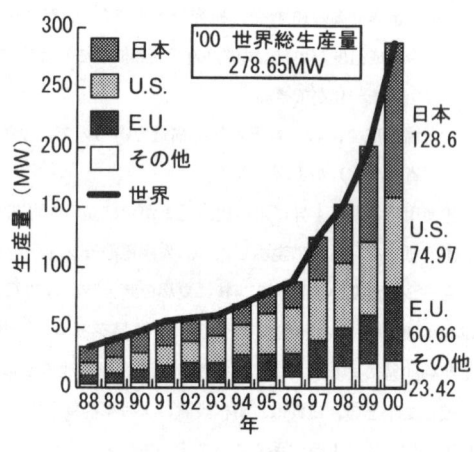

図8　太陽電池生産量の推移

第3章　エネルギー発電技術と材料

1.3.1　エレクトロニクス製品への応用

太陽電池のエレクトロニクス製品いわゆる民生用機器への応用が，1980年から急速に進行した。これは，IC, LSIの発展によりエレクトロニクス製品の消費電力が大幅に低下したことと，a-Si太陽電池の実用化によるものである。電卓，ラジオ，時計，充電器などへ応用が進んでいる。

1.3.2　独立電源への応用

数十W～数kWの太陽光発電システムも，人工衛星の電源や，山頂の無線中継局や灯台など，人が容易に行けない場所での電気設備用の電源として古くから使われている。最近では，街路灯，道路標識，公園のポンプシステムなどにも使用されている。

また，自動車への応用としては，1991年に実用化された太陽電池付きサンルーフがある（図9）。これは，前述のシースルー型a-Si太陽電池をサンルーフ用ガラスに取り付けたものである。発電した電力は真夏の駐車時に換気ファンを動かすために用いられている。

1.3.3　住宅用太陽光発電システムの普及

住宅用太陽光発電システムは，図10に示すように住宅の屋根に太陽電池を設置したものであり，

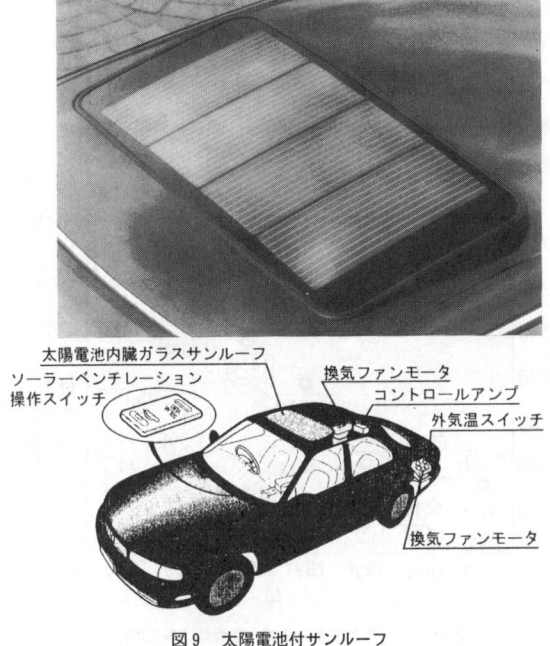

図9　太陽電池付サンルーフ

図10　住宅用太陽光発電システム

　発電規模は3〜4kWである。住宅用太陽光発電システムは，日本における太陽電池市場の大きな部分を占めている。これは，政府による導入制度整備に負うところ大である。
　まず，1993年3月に系統連系のためのガイドラインが策定され，発電して余って電気を電力会社に買い戻してもらうことが可能になった。さらに，1994年度から住宅用太陽光発電導入基盤整備事業（個人の住宅に太陽光発電システムを設置する場合，経済産業省がその設置費用の一部を助成するという制度）がスタートし，種々の民間企業より一斉にシステムが発売された。市場は年々拡大し，2000年度には応募件数が年間25,000件に達した（図11）。

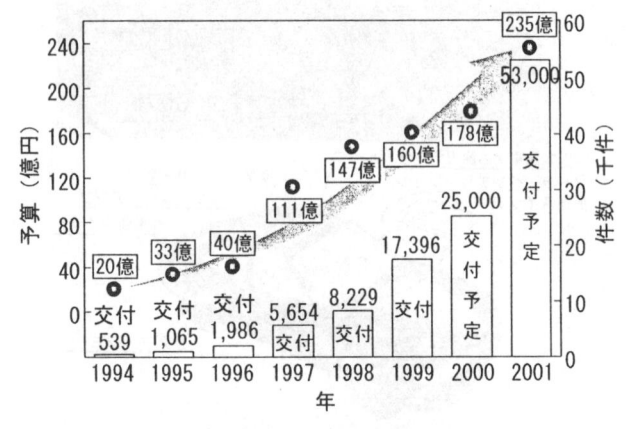

図11　住宅用太陽光発電導入基盤整備事業の推移

図12 中規模太陽光発電システム（HEP FIVE：大阪20kW）

1.3.4 中規模太陽光発電システム

地方公共団体等が，数10kW～数百kW規模の中規模太陽光発電システムを導入する際には，設置費用の1/2を国が負担する助成金制度がある（NEDO公共施設等用太陽光発電フィールドテスト事業）。1992年度の制度発足から1999年までで総件数356件，発電容量合計9.8MWが導入されている（図12）。

1.4 未来のエネルギー供給システム（GENESIS計画）

太陽電池を用いる際に問題となる点として，夜間は利用できないことや出力が日照条件などに大きく左右されることが挙げられる。そのため太陽エネルギーを基幹エネルギーとすることに不安を感じる人もいる。これらの問題を解決するためにわれわれはGENESIS計画（Global Energy Network Equipped with Solar cells and International Superconductor grids：旧約聖書で創世記の意味）を提唱している[4]。

GENESIS計画とは，太陽光発電システムを世界の各地に設置し，それを高温超電導材料を用いた電力ケーブルを用いてネットワークする計画である。宇宙から地球を見ると昼間に雲におおわれている部分は全大陸の30％以下である。太陽電池で発電した電力は，電気抵抗ゼロの超電導ケーブルでロスなく地球をグルリとまわって，昼間の世界から夜の世界にも運ばれる。これにより地球全域に電力がいきわたる。

われわれの計算によると，西暦2010年の全世界の1次エネルギー消費量は，原油換算で約140億kl／年になると予測され，これをシステム変換効率10％の太陽光発電システムで賄うとすると，その面積はわずか約800km×800kmになる。それは全世界の砂漠面積の4％にすぎない。

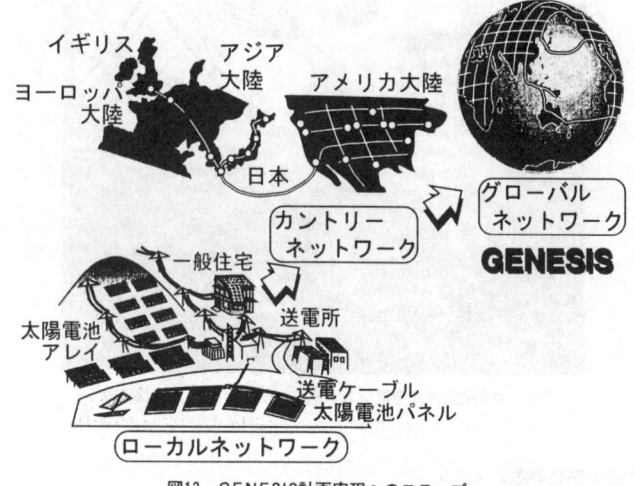

図13 GENESIS計画実現へのステップ

この計画を実現することはそれほど非現実的ではなく,以下の3つのステップにより実現可能と考えられる(図13)。

・第1ステップ:

多くの人が各家庭や工場等に太陽光発電システムを設置し,電力系統に接続していくと日本全体が太陽光発電による電力線によってネットワーク化される(ローカルネットワーク)。各国で同じことをすれば各国に太陽光発電のネットワークができる。

・第2ステップ:

各国の送電線を接続し,多国間ネットワークを作る(カントリーネットワーク)。ヨーロッパやアメリカではすでに大陸内での送電網は結合されているし,韓国と日本(九州)間もわずか200kmしか離れていない。

・第3ステップ:

多国間ネットワークを大きく広げていけば,グローバルネットワークができる。超電導ケーブルが開発されるまでは,高圧直流送電法を用いる方法も考えられる。この計画が21世紀の中頃までに実現されれば,人類はエネルギー問題から解放されるであろう。このために,太陽電池が果たす役割は極めて大きいと言える。

1.5 おわりに

21世紀は「環境の時代」とも言われる。われわれが豊かな生活を保ち続けることができるかどうかは，ひとえにクリーンなエネルギー供給システムの開発にかかっているといっても過言ではない。その重要な分野の1つが太陽電池である。われわれが解決すべき技術課題は数多く残されているが，全人類が共同でグローバルな太陽光発電システムを築くために邁進していかなくてはならない。

〔謝　辞〕

本報告の一部は，経済産業省ニューサンシャイン計画の一環として，新エネルギー・産業技術総合開発機構（NEDO）から委託され実施したもので，関係各位に感謝する。

文　献

1) T.Kinoshita *et al.*, Proc. 14th EU-PVSEC, Barcelona, Spain (1997)
2) H.Sakata *et al.*, 28th IEEE Photovoltaic Specialists Conference, Anchorage (2000)
3) PV news, 2001年2月号
4) Y.Kuwano, Proc. 4th Int.Photovol.Science and Engineering Conf., Sydney (1989) 557

2 固体高分子形燃料電池開発と材料

太田健一郎*

2.1 はじめに

　電気化学システムは化学エネルギーと電気エネルギーの直接相互変換を司り，このうち化学エネルギーを電気エネルギーに変換するシステムは電池と呼ばれる。この電池の中で，直接起電反応に寄与する燃料，酸化剤を電池外部より供給し，電池容量に関係なく連続発電を可能にしたものを燃料電池と呼んでいる。この燃料電池は化学反応により生みだされるエネルギーを熱エネルギーを経ることなく，直接電気エネルギーに変換できるので，高いエネルギー変換効率が得られ，クリーンで環境に優しい発電装置として期待されている。

　この燃料電池はこれまで定置用の分散電源として考えられることが多かったが，最近では自動車等の移動用，さらには携帯用にもその用途を広げて考えられるようになってきた。この移動用として燃料電池が注目されるようになったのは，固体高分子形燃料電池（PEFC）技術の進歩，中でも高機能の固体高分子電解質が見出され，高出力密度の燃料電池が得られるようになったからである。

　本稿では燃料電池を原理から振り返って見るとともに，PEFCを中心にして燃料電池開発の現状といくつかの課題，今後の材料問題を考えてみることにする。

2.2 燃料電池の原理

　燃料電池では燃料と酸化剤から電気化学反応を用いて電気および熱エネルギーが取り出される。図1に燃料電池システムの構成を模式的に示す。大きくは燃料改質部，電池本体，直交変換器からなり，ここからは交流出力が得られる。このシステムの基軸になる電池本体は，電子伝導体である2つの電極とイオン伝導体である電解質から構成される。天然ガス等の化石燃料を用いる場合，現状の技術ではこれを電気化学的に活性な水素に改質する必要がある。

　負極（アノード）では燃料の酸化反応が起こり，通常は改質器によって作られた水素が酸化さ

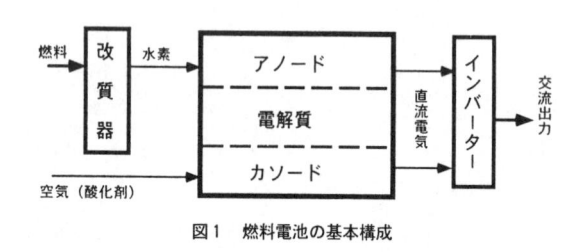

図1　燃料電池の基本構成

* Kenichiro Ota　横浜国立大学大学院　工学研究院機能の創生部門　教授

れる。正極（カソード）では酸化剤の還元反応が起こり，通常は空気中の酸素が還元される。プロトン伝導性の電解質を用いると，

　　負極，水素極：$H_2 \rightarrow 2H^+ + 2e^-$
　　正極，酸素極：$1/2O_2 + 2H^+ + 2e^- \rightarrow H_2O$
　　全反応　　　：$H_2 + 1/2O_2 \rightarrow H_2O$ ＋［電気エネルギー］＋［熱エルギー］

の反応が起こり，そのときの自由エネルギー（ΔG）の減少分が電気エネルギーとして外部に取り出される。燃料電池の原理は乾電池と同じで，化学エネルギーの変化を直接電気エネルギーに変換するが，乾電池と異なり電池容量の制約がなく，エネルギー源となる燃料，酸化剤を外部から連続供給することで半永久的に電気エネルギーを取り出すことが可能である。

密閉型の乾電池が電気エネルギーを蓄える装置だとすると，燃料電池は電気エネルギーを得るエネルギー変換デバイスと考えることができる。また燃料電池は，従来の発電のように蒸気タービンを回して電気エネルギーを得る火力発電方式とは異なり，燃料の持つ化学エネルギーを直接電気エネルギーに変換することから化学力発電方式とも呼ばれている。

2.3 燃料電池の特徴

燃料電池による発電の特徴は主に次の4つにまとめられる。
① 理論発電効率が特に低温で高い。
② 単セルの電圧が1V以下の直流電源である。大出力を得るためには大電流，すなわち大量の物質を遅滞なく反応させる工夫が必要である。
③ 電気化学システムは基本的に二次元反応装置であり，体積当たりの利用効率が悪い。
④ スケールメリットが少ない代わりに，小型でも効率低下は小さい。また，電池本体は部分負荷の方が効率は高い。
⑤ 環境負荷が小さく，低騒音・低公害発電システムである。特に窒素酸化物の排出はほとんどない。

この中で，発電効率の良さは燃料電池の特徴として最も注目されている点である。ここで燃料に水素，酸化剤に酸素を用いた代表的な燃料電池からどれだけのエネルギーが取り出せるか考えてみる。図2に水生成反応のエネルギー変化を模式的に示す。25℃において1molの水が標準状態で生成するときのエンタルピー（ΔH^0）は$-286kJ/mol$，電気エネルギーに変換できるギブズエネルギー（ΔG^0）は$-236kJ/mol$となる。したがって理論的には全エネルギー変化の83％が電気エネルギーとして取り出され，残りの49kJ/mol（$-T\Delta S^0$）が熱として外界に放出されることになる。このように電気化学システムを利用する燃料電池は，この条件では熱機関と比較して，高いエネルギー変換効率が期待できることになる。

$$H_2(g) + \frac{1}{2}O_2(g)$$

$\Delta H°$
286kJ/mol
[242kJ/mol]

$\Delta G°$ (仕事)
237kJ/mol
[229kJ/mol]

$T\Delta S°$ (熱)
49kJ/mol
[13kJ/mol]

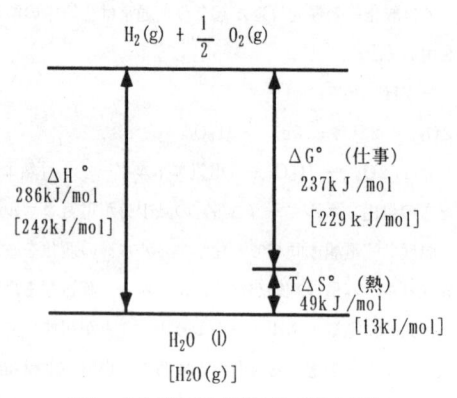

H_2O (l)
[H_2O(g)]

図2　水生成反応の仕事と熱（値は25℃）

システム温度と効率の関係を考えると，若干異なった考えになる．図3には熱機関と燃料電池の理論効率と温度の関係を示す．ここで熱機関の理論効率はカルノー効率でとり，燃料電池の理論効率は作動温度の標準状態において得られる理論電気エネルギー（$\Delta G°_T$）を25℃の水素の高位発熱量（HHV）の標準燃焼エンタルピー（$\Delta H°_{298}$）で除した値で示してある．蒸気タービン等の熱機関は理論上カルノー効率が上限となり，効率は室温付近では小さいものの，温度が高くなるにつれて高くなる．一方，燃料電池の反応は発熱反応であり，温度が高くなるに従い反応のギブズエネルギー変化は小さくなり，理論的に得られる電気エネルギーは減少する．

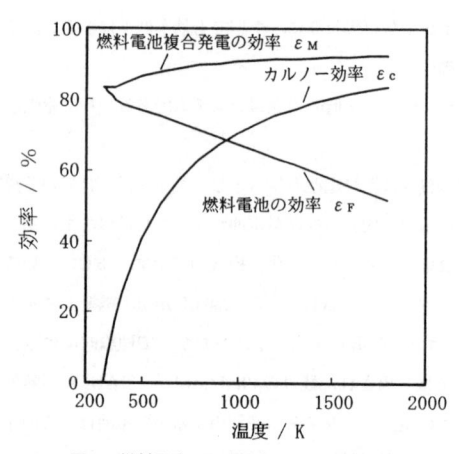

図3　燃料電池の理論効率とカルノー効率

第3章 エネルギー発電技術と材料

すなわち燃料電池の理論効率は低温で作動させるほど高くなる。従って，理想的な燃料電池は常温作動であるが，現実にそうはならない。燃料電池内では電気化学反応が起こっており，これも他の化学反応と同様に室温付近では反応速度は必ずしも高くない。ないしは，十分な反応速度を得るためには白金を始めとした良好な電極触媒を欠かすことはできない。反応をスムーズに起こし，高い出力密度を得るためには高い温度が原理的に有利である。

また，電解質中のイオン移動は伝導性を左右する重要な因子であるが，これも高い温度の方が高い伝導性を示す。図3より700℃（1000K）以下の理論発電効率は，燃料電池の方が熱機関より高い値を示す。燃料電池の排熱を利用して熱機関を動かす複合発電システムを考えると，いずれの温度でも高い発電効率が得られ，温度に対して大きく依存することはない。

このように燃料電池の理論効率は高い値を示すが，実際に運転すると多くの点でエネルギー損失が起こる。改質器，インバータの効率もあるが，大きな損失は燃料電池本体にある。電気エネルギーは電圧と電気量の積であり，エネルギー効率は各々の因子に分けて考えられる。電気量に関しては反応物質あるいは電流の損失による電流効率としてあらわされ，電圧に関しては電池各要素の抵抗の電圧損失による電圧効率として示される。電流効率は燃料が起電反応に用いられないとき，あるいは電極間が短絡して内部で得られた電気化学反応で得られた電流が外部に取り出せないときに低下する。

固体高分子形燃料電池で水素中の一酸化炭素を処理するために酸素を導入するが，ここで起こる水素の損失は電流効率の低下と考えることもできる。また，固体高分子形燃料電池あるいは直接形メタノール燃料電池における燃料のクロスリーク，あるいは，溶融炭酸塩形燃料電池のニッケル短絡は電圧低下による電圧効率の低下だけではなく，電流効率にも影響を与え，二重の意味でエネルギー効率に影響を与えることになる。

これまでは燃料電池の性能を表すのには電圧効率，あるいは電圧自体が用いられることが多かった。電流効率に比べて電圧効率の低下がシステムの大部分の効率低下の原因であるといえる。電圧効率は電池内での各種抵抗による電圧損失により低下する。この抵抗成分にはカソードおよびアノードでの反応抵抗，電解質抵抗，電極あるいは導体の抵抗があり，電圧損失は電流増大とともに大きくなる。電池内で生成する抵抗のうち，電解質抵抗，電極導体の電気抵抗に関してはオームの法則が成り立ち，電流と電圧は直線関係が成り立つ。

一方，カソード，アノードの反応抵抗は電流値により変化し，電流－電圧には直線関係は成り立たない。燃料電池の種類，運転状態により異なるが，これら4者のうち，電解質抵抗削減，カソード反応抵抗削減が高効率燃料電池開発上の大きな技術課題になる例が多い。電池出力を十分に高効率で得るためには，良好な電極触媒あるいは高い電気伝導性を有する電解質の開発が必要であり，また，高い反応速度を得るためにある程度の温度も必要となってくる。後で示すようにいくつかの具

体的な燃料電池システムが開発中であるが，電池本体の作動温度は室温から1000℃まで様々である。

もちろん高い電流密度で電圧降下の少ないものが高効率の燃料電池である。しかし，燃料電池には必ず抵抗成分があり，電流を多く取ると電圧は低下し，効率も低下する。すなわち，燃料電池は小さな電流で運転した方が高い効率が得られることになる。これは電気化学システム共通の特徴でもあるが，スケールメリットがない代わりに，小型でも高い効率を期待できることになる。最近の技術進歩により，ガスタービン発電の効率が著しく向上し，現状の燃料電池発電システムの効率を凌ぐまでになっている。燃料電池はこのような大型発電設備をターゲットにするのではなく，小型，分散型で用いてこそ特徴が生かされるものである。

通常の単電池の電圧は0.6～0.8V程度であり，実際のプラントではこの単電池を数十から数百枚積層したスタックとして用いられる。常温形燃料電池では，反応速度を高めるため，白金系の高い触媒能を有する電極材料が必要となる。高温型燃料電池では理論電圧は低下するものの，反応速度は大きく，電解質抵抗も減少するので，トータルの損失は小さくなる。そのかわり，高温形では熱応力，金属腐食等の材料の耐久性が大きな問題となる。

2.4 燃料電池の種類と燃料電池システム

原理的に炭素を含む炭化水素は燃料電池の燃料となる。表1には燃料電池に関係しそうな燃料の酸化反応の25℃における熱化学データ並びに燃料電池で作動させたときの理論電圧，電気エネルギーへの変換の理論効率を示す。ここで挙げた燃料に関してはいずれも電圧は1V程度であるが，電気エネルギーへの変換効率は多くは90％以上であり，室温のシステムとして，非常に高い値である。

しかし，これらの燃料の中で，白金等の高価な触媒をふんだんに用いても常温で充分な電気化

表1 各種燃料の反応・理論起電力・理論効率（値は25℃）

燃料	反応	ΔH^0 (kJ/mol)	ΔG^0 (kJ/mol)	理論起電力 (V)	理論効率 (％)
水素	$H_2(g) + \frac{1}{2}O_2(g) = H_2O(l)$	-286	-237	1.23	83
メタン	$CH_4(g) + 2O_2(g) = CO_2(g) + 2H_2O(l)$	-890	-817	1.06	92
一酸化炭素	$CO(g) + \frac{1}{2}O_2(g) = CO_2(g)$	-283	-257	1.33	91
炭素（グラファイト）	$C(s) + O_2(g) = CO_2(g)$	-394	-394	1.02	100
メタノール	$CH_3OH(l) + \frac{3}{2}O_2(g) = CO_2(g) + 2H_2O(l)$	-727	-703	1.21	97
ヒドラジン	$N_2H_4(l) + O_2(g) = N_2(g) + 2H_2O(l)$	-622	-623	1.61	100
アンモニア	$NH_3(g) + \frac{4}{3}O_2(g) = \frac{3}{2}H_2O(l) + \frac{1}{2}N_2(g)$	-383	-339	1.17	89
ジメチルエーテル	$CH_3OCH_3(g) + 3O_2(g) = 2CO_2(g) + 3H_2O(l)$	-1460	-1390	1.20	95

第3章　エネルギー発電技術と材料

表2　種々の燃料電池

燃料電池種類	ヒドラジン形	直線形メタノール (DMFC)	アルカリ形 (AFC)	固体高分子形 (PEFC)	リン酸形 (PAFC)	溶融炭酸塩形 (MCFC)	固体酸化物形 (SOFC)
	アルカリ水溶液						
温度(℃)	5～60	5～150	5～240	60～80	160～210	600～700	900～1000
負極燃料	ヒドラジン	メタノール	H_2(不含CO_2)	H_2	H_2	H_2, CO	H_2, CO
正極酸化剤	空気,過酸化水素	空気	O_2(不含CO_2)	空気	空気	空気	空気
電解質	KOH水溶液	陽イオン交換膜　H_2SO_4水溶液	KOH水溶液	陽イオン交換膜	H_3PO_4水溶液	Li_2CO_3/K_2CO_3　Li_2CO_3/Na_2CO_3	$ZrO_2(Y_2CO_3)$
電荷担体	OH^-	H^+	OH^-	H^+	H^+	CO_3^{2-}	O^{2-}
電極材料	Pd/Ni　Pt/C	Pt/C	R-Ni/Ni	Pt/C	Pt/C	Ni　NiO	Ni　LaNiOx

学的な活性を示すものは水素のみである。若干の反応を示すものはメタノール，ヒドラジン，ジメチルエーテルまでで，他の燃料は電池として利用できる早さでは反応しない。原理的に可能な反応であるから，良好な電極触媒が見出されればいずれの反応も利用可能となる。

良好な電極触媒がない現状では，メタノールを燃料とする場合でもいったん水素に改質して利用した方が総合エネルギー効率は高くなる。電解質の種類によって様々な形式の燃料電池があり，これが一般的な分類となっている。表2に電解質により分類した燃料電池の種類と特徴を示す。

図4にはいくつかの燃料電池の単セル電圧-電流の関係を示す。これらのデータは常圧で燃料利用率（Uf）が70～85％で酸化剤は空気を利用した場合のものを示す。電池性能としては電圧が高いもの，電流を多く取っても電圧降下が小さいものが優れているといえる。

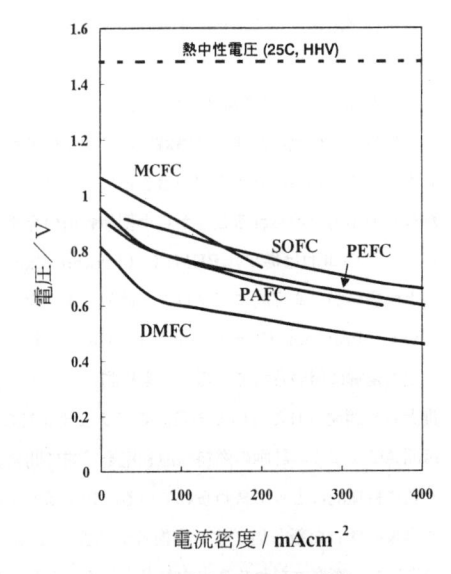

図4　燃料電池の電流電圧特性
（常圧，Uf＝70～85％）

すなわち，高温形のMCFCとSOFCは高い電圧が得られ，高効率の燃料電池ということができる。

一方，PEFCは高電流密度で電圧降下が小さい。まず電流を流さないときの電圧，開路電圧（OCV）に注目してみよう。高温型のMCFCにおいてはほぼ理論電圧に近い値が得られているが，PEFC，さらにはDMFCにおいては理論電圧よりかなり小さな値となっている。これには酸素極の触媒能が充分でなく，理論電位を容易に示さないこと，ならびに電解質であるイオン交換膜を通して燃料である水素あるいはメタノールが移動することにより，カソードが単純な空気極電位にならず，混成電位を示すことが関係していると思われる。

電流が流れることにより電圧の低下は避けられない。エネルギー効率を考慮する場合には，基準電圧としては25℃における水素燃焼反応（水生成反応）のエンタルピー変化に基づく電圧，1.48Vを考えるのが適当と思われる（水素酸素燃料電池の場合。DMFCでは値は異なる）。これに基づくと，エネルギー効率50％以上の燃料電池を目指すには電圧として0.74V以上は絶対に必要であり，他のロスも考えると，0.8Vあるいは0.85V以上の電圧が電池単体では必要になるものと思われる。高出力を得るためには高電流密度が必要であり，効率の低下は免れない。高出力と高効率は電池から見ると相反する技術課題と言える。

2.5 固体高分子形燃料電池（PEFC）

固体高分子形燃料電池とは電解質にイオン伝導性の高分子を用いる燃料電池のことである。フレキシブルな固体高分子を用いることにより縦型を始め，柔軟なセル設計が可能であり，常温でかなりの出力が得られることから小型移動用の発電装置として，特に近年自動車用に注目されている。この電池は従来，PEMFC（Proton Exchange Membrane Fuel Cell）と呼ばれることが多いが，原理的にはプロトンに限らず交換膜中をイオンが移動するのが本質であるので，PEFC（Polymer Electrolyte Fuel Cell）と呼ぶ方がより適切と考えられる。

食塩電解に用いられているフッ素樹脂系のイオン交換膜は，デュポン社により燃料電池の電解質として開発されたものである。このデュポン社の開発したイオン交換膜Nafion®は，米国宇宙開発のジェミニ計画の燃料電池利用を目的に開発された。しかし，その後開発の進んだアルカリ型燃料電池にとって替わられている。10年ほど前に同じく米国のダウケミカル社からイオン交換容量の優れた新しいイオン交換膜が発表された。この膜を用いると，常温でも$1A/cm^2$以上の高い電流密度すなわち高出力が得られることがわかり，注目されている。

この電池は常温型としては確かに優れた性質を有しているが，自動車への応用を主に考えると，問題点をいくつか抱えている。

① 白金を主にした高価な電極触媒が必要である

まず挙げなければならないのは，常温での電気化学反応抵抗の大きいことである。従って，高

第3章　エネルギー発電技術と材料

価な白金触媒が必要であり，電極構造にも工夫がいる。白金触媒を用いても，この反応抵抗のため特に酸素極での過電圧が大きく，エネルギー変換効率に十分なものが得られていない。

② 燃料中の微量一酸化炭素による電極の被毒

白金触媒は純粋な水素に対しては高い触媒活性を示すが，CO，CO_2が燃料水素中に共存すると活性が低下する。特に，COは白金上に強く吸着し，燃料電池の性能が著しく低下する。自動車用を考えたとき，燃料としては水素の利用はインフラの関係から近い将来に多くの場所で利用できるようになる可能性は小さい。メタノール，あるいはガソリン等の炭化水素を改質して利用することになろう。その際，微量のCOの混入を防ぐための技術はPEFC開発の最も大きな課題となっている。

③ 電池作動時の水分管理

イオン交換膜中をイオンが移動する際には水分子が随伴する。従って，良好なイオン伝導性を維持するためには適度な水分がイオン交換膜中に必要である。プロトンはアノードからカソードに向かって一方向に移動するので，出力（電流）に対応して水分子が移動し，水分管理を適正に行わないと，水素極側で水が減少し，膜抵抗が増大することになる。反対に過剰な水分が存在すると，電極上を水分が覆い，ガス供給が制限されて，これまた電池性能が低下することになる。適度な水分管理のもとに燃料電池を動かすためには，システムが複雑となることは避けられない。

④ エネルギー効率が十分に高くない

図5には従来型の自動車，二次電池を用いる電気自動車，メタノール改質式燃料電池車（二次電池とのハイブリッド）の原燃料を出発物質とする総合エネルギー効率を示す。ここで，改質器を含む燃料電池システムの効率は40％（HHV）としている。内燃機関の今後の効率向上を考えたとき，燃料電池自動車が高効率で地球に優しくあるためには，この効率が50％以上である必要があろう。現在公表されているデータではこの値が30％を超える程度であり，一層の開発が期待されるところである。

⑤ 小型，高効率の改質器の開発

燃料電池本体としてはバラード社のものが出力密度1.35kW/lを実現しており，自動車用として出力はほぼ目標を達成している。しかし，ガソリンあるいはメタノールの改質器を自動車に載せる必要があり，この開発に困難が予想される。2004年の実用化を狙うなら，当座は水素を自動車に積載するシステムの可能性が高いと考えられる。そのためには水素ステーション等のインフラ整備が必要となる。

⑥ 極限に近い低コスト化

自動車に利用するためにはエンジンと比較できるコストを実現することも必要である。目標

(a) 従来車

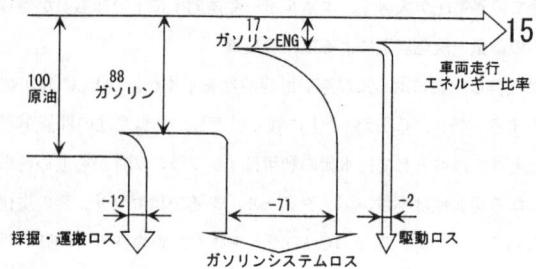

採掘・運搬ロス −12
ガソリンシステムロス −71
駆動ロス −2
100 原油 → 88 ガソリン → 17 ガソリンENG → 15 車両走行エネルギー比率

(b) 電気自動車

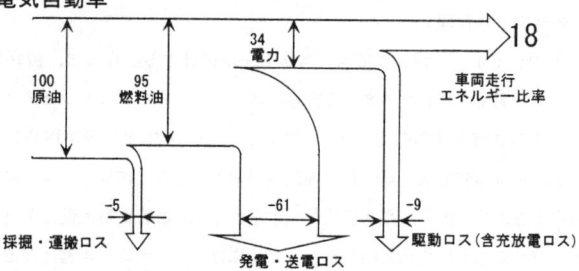

採掘・運搬ロス −5
発電・送電ロス −61
駆動ロス(含充放電ロス) −9
100 原油 → 95 燃料油 → 34 電力 → 18 車両走行エネルギー比率

(c) メタノール改質式燃料電池ハイブリッド車

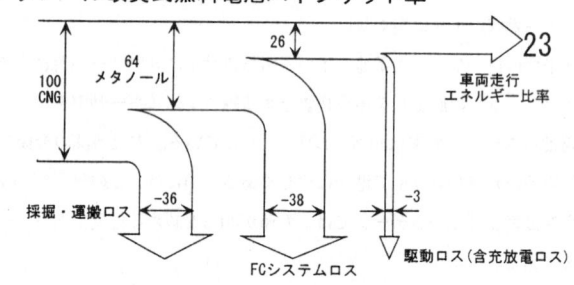

採掘・運搬ロス −36
FCシステムロス −38
駆動ロス(含充放電ロス) −3
100 CNG → 64 メタノール → 26 → 23 車両走行エネルギー比率

図5　各種自動車の総合エネルギー効率

が1万円／kW，あるいは，それ以下となっている．この程度の価格の燃料電池が実現できれば，自動車用だけでなく，家庭用等幅広い範囲での活用が期待できる．その際は廃熱利用の温水も十分に利用価値があると思われる．

2.6　固体高分子形燃料電池の材料

燃料電池が普及するためには，より高性能で，安価で，耐久性に優れている必要がある．どの

第3章　エネルギー発電技術と材料

タイプの燃料電池も，これらの大きな課題を抱えており，PEFCも例外ではない。自動車用を考えたとき，原理的には格段に優れた効率を有するが，現実には内燃機関と大差ないものであり，まだまだ発展の余地が広々とあるはずである。燃料電池システムは改質器，インバータ等も含み多くの周辺機器を含んでおり，全てに技術開発課題があるが，材料に関する最も大きな課題は電池本体にあると言える。以下にはPEFC本体の要素材料の今後の見通しを考えてみたい。

① イオン交換膜（電解質）

Du Pont社のNafion®に代表されるフッ素樹脂系のイオン交換膜がもっぱら用いられている。ごく初期には炭化水素系の膜も利用されたが，耐久性がなく，フッ素樹脂系に置き換わっている。ここでの大きな問題は，良好なイオン伝導性を保つには適度な水分が必要なこと，ガスのクロスリーク，100℃以上の高温では不安定になること，それにリサイクル性であろう。

高温膜を狙って炭化水素系の高温プラスチック材であるPBI，あるいはPEEKをはじめとして多くの種類が研究されてきたが未だフッ素樹脂系に置き換わるものは出ていない。イオン交換膜に有機化合物あるいは無機化合物を混合させて性能向上を図ることも試みられている。当面の目標は150～200℃で無加湿で運転できる膜の開発になろう。

1986年ころ，米国Dow Chemical社がフッ素樹脂系の新膜を発表し，今回の固体高分子形燃料電池ブームの始まりとなった。Dow膜は分子設計を若干変えたもので，イオン交換膜の単位体積あたりのイオン量を増したものであった。これで内部抵抗が小さくなり，大きな出力密度が得られるようになり，自動車の中にも悠々収まるサイズになったものである。新規材料が大きく展望を開くことができた一つの例である。

② 電極とMEA（膜－電極接合体）

電極は白金をベースにしたものを高表面積の炭素に担持させ，イオン交換膜にホットプレスして用いられる。これはMEAと呼ばれている。白金は高価なためその使用量の削減が必須となっているが，あまり減らし過ぎると，とくに電池の長期安定性に影響が顕著に出てくる。現状では0.4mg Pt/cm^{2}あたりが適当な担持量として多く使われている。

電極材料としては，燃料に改質ガスを用いるときには，燃料中のCOの影響を少なくするため燃料極としてPt-Ru合金が用いられている。現状では，このPt-Ru電極を用いても，長期的に見て，燃料ガス中10ppmのCOが電池性能に影響を与えている。

燃料極と空気極を比べると空気極の過電圧が非常に大きいことが，PEFC高効率化の大きな妨げになっている。一般に酸性電解質中では水素は反応しやすく，酸素は反応しにくい。アルカリ中ではこの逆になる。とくに酸性溶液中で酸素還元反応をスムースに行わせることは燃料電池の研究者として長年の夢である。開路状態にしておいても，白金電極は酸素の平衡電位を容易に示さない。この事実からも，白金が十分な酸素還元触媒能を有していないのは明らかである。しか

317

しながら，白金に変わる良好な電極触媒は，多くの研究者が試みているにもかかわらず，見いだされていない。

③ セパレータ材料

燃料電池の単セルの電圧は0.6～0.7V程度であり，ほとんどの場合積層して利用される。そこではセル間を結びつけるセパレータが重要な役目を担う。セパレータには反応ガスの流路があり，ガスが電極全体に均一に分布し，反応させるための役目もある。セパレータには導電性とともに，酸化性，還元性の反応ガスとの共存も大きな課題である。PEFCでは酸性電解質を用いるので通常の金属は使用できず，炭素材料が用いられているが，加工性も悪く，このコストが現状では最も高い。アルミニウム，ステンレス等の利用が試みられているが，接触抵抗が大きく，そのままでは使用できない。ここにも新たな材料が必要である。

2.7 おわりに

固体高分子形燃料電池を用いた自動車は，すべての自動車メーカーが開発に取り組んでいると言って良いであろう。目標はかなり厳しいものがあると思われ，真の実用化は2010年を過ぎてからと言われている。原理的に素晴らしい燃料電池が現存のシステムにうち勝って地位を得るのは並大抵の努力では困難と思われる。地に足の着いた研究，新たな発想に基づく画期的な材料を用いた燃料電池に期待したいところである。

文　　献

1） 笛木和雄，高橋正雄監修，燃料電池設計技術，サイエンスフォーラム（1987）
2） 高橋武彦，燃料電池（第2版），共立出版（1992）
3） 燃料電池発電システム編集委員会編，燃料電池発電システム，オーム社（1993）
4） 電気学会燃料電池運転性調査専門委員会，燃料電池発電，コロナ社（1994）
5） L.J.M.J.Blomen, M.N.Mugerwa eds, "Fuel Cell Systems" Plenum Press (1993)
6） K.Kordesch, G.Simader ; "Fuel Cells and Their Applications" VCH (1996)

3 直接メタノール形燃料電池の要素技術

山﨑陽太郎*

3.1 はじめに

　燃料電池は，純水素を燃料としたときに高い出力が得られ，すぐれた性能が発揮される。しかし一方，水素は運搬・貯蔵するために大掛かりな容器を必要とし，車へ搭載する場合には重量増および体積増が無視できない。水素吸蔵物質を使った，高圧ボンベが不要な水素の運搬・貯蔵方法も提案されているが，取り扱いが容易でエネルギー密度が高い方式はまだ確立されていない。

　エネルギー密度が高く，運搬・貯蔵が容易な燃料は，ガソリンに代表される石油系の液体燃料である。これらは，高温，触媒存在下で水蒸気と接触させることによって，大量の水素と一酸化炭素（CO）を生成することができる。この反応は改質反応と呼ばれ，燃料の種類によって反応が進行する温度が大きく異なる。

　メタノールは300℃以下の低い温度で改質反応が進む。車の燃料として使われているLPガス（炭素数3～4）は600～700℃である。ガソリン，GTLおよびナフサ（炭素数4～12）は700～800℃であり，灯油（炭素数10～15）はさらに高く800～1,000℃である。改質装置を搭載し，生成した水素を使って燃料電池自動車を駆動する方式では，改質温度が低いメタノールが燃料として最も適している。

3.2 COによる触媒被毒

　現在試験走行が行われているメタノール改質形燃料電池自動車では，改質器の他に生成ガス中のCOを低濃度まで除去する装置が必要である。現在の固体高分子形燃料電池（PEFC）は電極触媒として白金（Pt）を使っているが，PtはCOとの親和性が高く，低濃度のCOであっても触媒表面に強固に吸着し，水素の電極酸化反応を著しく妨害する。図1はその例であり，100ppmのCOが電極の特性劣化を引き起こすことがわかる。

　このために改質形の燃料電池システムでは，改質器と電池スタックとの間にCO除去装置を挿入する。CO除去は通常2段階で行われ，それぞれ水蒸気による酸化反応

$$CO + H_2O \rightarrow CO_2 + H_2 \tag{1}$$

および空気による酸化反応

$$CO + 1/2 O_2 \rightarrow CO_2 \tag{2}$$

が進行する。(1)はシフト反応，(2)は選択酸化反応と呼ばれることがある。反応温度はそれぞれの平衡と反応速度から決められるが，(1)は200～250℃であり(2)は100～150℃である。

---

* Yohtaro Yamazaki　東京工業大学　大学院総合理工学研究科　物質化学創造専攻　教授

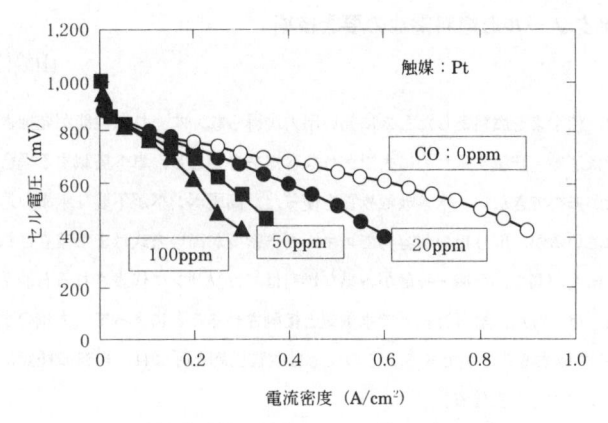

図1 白金触媒燃料極の性能に及ぼす燃料ガス中のCOの影響

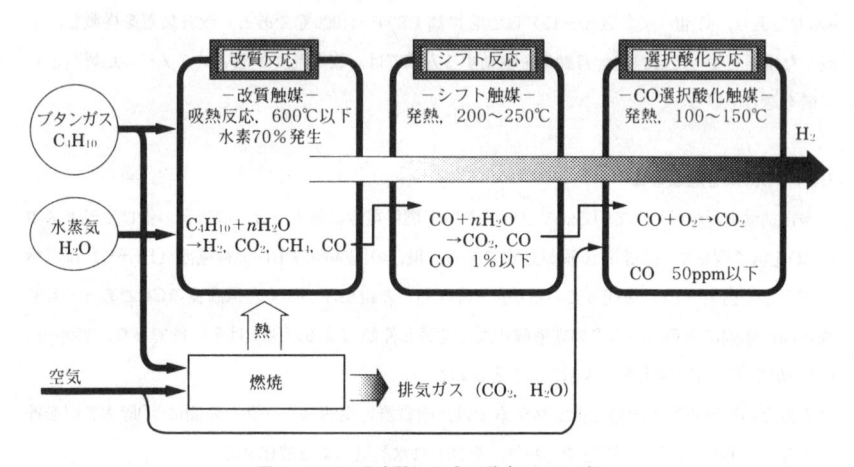

図2 PEFC用改質およびCO除去システム例

PEFC用燃料改質システムの例を図2に示す。改質温度が高い燃料を使う場合には，改質器の入り口で燃料を加熱し，出口で生成ガスを冷却しなければならない。特に，自動車への搭載を目的とする場合には，改質温度に応じて小型軽量な高性能熱交換器が必要になり，技術的課題となっている。

第3章 エネルギー発電技術と材料

3.3 DMFCの動作原理

　直接メタノール形燃料電池(DMFC)は，性能の高い触媒を開発して，燃料改質から，COの酸化除去および水素のプロトン化までの一連の反応を連続して燃料電極上で行う方式である。DMFCの作動原理を図3に示す。したがってDMFCではこれらの機能を併せ持つ優れた触媒を探し出すことが最も大きな開発課題となる。また，その触媒が高い性能を発揮する温度域で作動する電池スタックを開発しなければならない。

　現在のPEFCに使われている電解質膜や触媒をそのままDMFCへ利用することはできない。

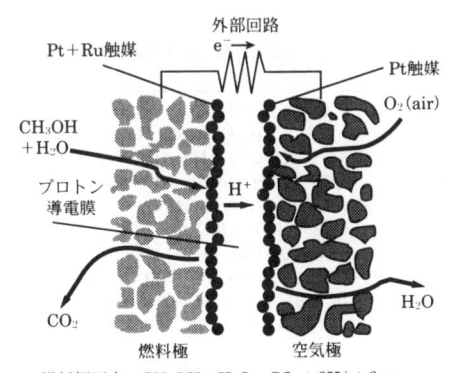

燃料極反応：$CH_3OH + H_2O \rightarrow CO_2 + 6H^+ + 6e^-$
空気極反応：$3/2O_2 + 6H^+ + 6e^- \rightarrow 3H_2O$

図3　直接メタノール形燃料電池の作動原理

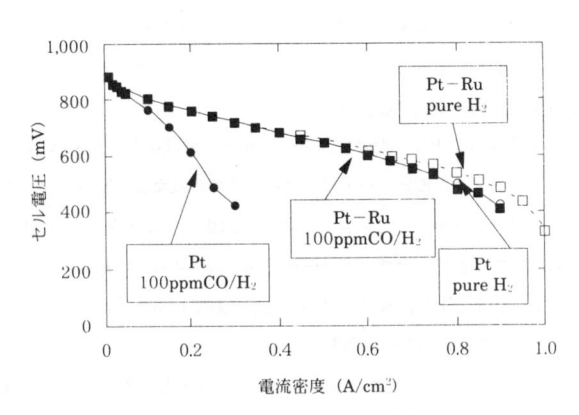

図4　Pt-Ru合金触媒の耐CO特性

図4はCO存在下で，白金・ルテニウム合金（Pt-Ru）触媒と従来のPt触媒の性能を比較したものである。Pt-Ru触媒は高いCO濃度においても水素の電極酸化機能を失っていないことがわかる。このことからPt-Ru系触媒はDMFC用として好適である。

Pt-Ru触媒表面へ吸着したメタノールの酸化プロセスおよび生成した吸着CO種の酸化反応を表1に示す。Ru原子上に吸着したOHにより吸着COが酸化されると考えられているが，詳細な機構はまだ明らかにはなっていない。現在RuがCO酸化の最も優れた触媒であり，ほとんど全てのDMFCに使われているが，その反応速度は自動車駆動用燃料電池として要求される値には届いていない。優れた触媒の開発はDMFC実用化のカギである。

表1 メタノールの燃料極における各種酸化反応

$CH_3OH + Pt$	$\rightarrow Pt\text{-}(CH_3OH)\,ads$
$Pt\text{-}(CH_3OH)\,ads$	$\rightarrow Pt\text{-}(CH_2OH)\,ads + H^+ + e^-$
$Pt\text{-}(CH_2OH)\,ads$	$\rightarrow Pt\text{-}(CHOH)\,ads + H^+ + e^-$
$Pt\text{-}(CHOH)\,ads$	$\rightarrow Pt\text{-}(COH)\,ads + H^+ + e^-$
$Pt\text{-}(COH)\,ads$	$\rightarrow Pt\text{-}(CO)\,ads + H^+ + e^-$
$M + H_2O$	$\rightarrow M\text{-}(H_2O)\,ads$
$M\text{-}(H_2O)\,ads$	$\rightarrow M\text{-}(OH)\,ads + H^+ + e^-$
$Pt\text{-}(COH)\,ads + M\text{-}(OH)\,ads$	$\rightarrow Pt + M + CO_2 + 2H^+ + 2e^-$
$Pt\text{-}(CO)\,ads + M\text{-}(OH)\,ads$	$\rightarrow Pt + M + CO_2 + H^+ + e^-$

3.4 電解質膜の高温化

3.4.1 高温作動の必要性

現在の固体高分子形燃料電池の運転温度は，電解質膜のナフィオンの耐熱特性で上限が決まり約80℃である。前節で述べた電極触媒上でのメタノールやCOの酸化反応に対しては，この温度は最適ではなく反応速度を上げるために150～200℃が望ましい。実際セルスタックの温度が30℃上昇すると発電特性は大幅に向上する。

ナフィオンはフッ素系のイオン交換膜であり，スルホン酸基を有し100℃以上では化学的に安定ではない。また，ナフィオン膜は水を大量に含み，この水は微細なクラスターを形成し，プロトンはクラスターに沿って移動するため高い導電性を示す。セルスタックの温度が100℃を超えると膜中の水が外へ出てしまうのでプロトン伝導特性が低下する。新規な高温プロトン伝導膜材料の開発研究は非常に活発であり，優れた材料が見出されている。

3.4.2 メタノール・クロスオーバーの低減

DMFC特有の課題としてメタノール・クロスオーバーがあり，対策が検討されている。これは，燃料のメタノールが水に溶けるため，燃料極側から，ナフィオン膜中の水チャネルを通って

一部空気極側へ染み出てしまうために，空気極による酸素還元反応が妨害され，セル電圧が低下してしまう現象である。これは特に電流密度が低い場合に問題となる。メタノールと水分子はサイズの違いもあまりなく，容易に分離することはできない。対策としては，メタノールは水チャネルを通って移動するので，プロトン伝導に寄与しない不要な水を含まない電解質膜を開発することが挙げられる。

3.4.3 新規プロトン伝導膜の開発

セルスタックの運転温度の高温化とメタノール・クロスオーバーの低減はDMFCの主要な課題であり，共に，優れた電解質膜の探索と設計に関連している。そこで以下に，現在行われている新規DMFC用電解質膜の開発を列挙する。

(1) 新型パーフルオロ膜

ナフィオンをはじめとするパーフルオロアルキルスルホン酸膜材料に代わり，ベンゼン環を主成分とする側鎖を持つ膜，さらに，従来のスルホン酸基の代わりに窒素の非共有電子対を利用してプロトン伝導を行うスルホンイミド高分子膜が開発されている。

(2) フッ素樹脂の化学修飾膜

フッ素系樹脂膜にスチレンをグラフト重合させベンゼン環をスルホン化した膜，およびポリビニルフルオライド膜にイオンビーム等で細孔を生成させ，内部にスルホン酸基を化学結合させた膜。

(3) プロトン配位型伝導膜

ポリベンズイミダゾールは窒素原子を有する芳香環が高分子主鎖を形成しているのでその非共有電子対を利用したプロトン伝導膜，およびそのリン酸修飾膜。この膜は200℃の高温でも電解質膜として機能することが報告されている。

(4) 芳香族ポリエーテル型膜

フッ素系でなく炭化水素系プロトン伝導膜としてスルホン化ポリエーテルエーテルケトン膜も良好な耐熱特性を示す。この膜中に無機微粒子を分散させた系はさらに優れた高温特性が報告されている。

(5) 芳香族ポリイミド型膜

芳香族ポリイミド膜が優れた耐熱性を示すので，この種のプラスチック膜にプロトン伝導基を導入する研究が盛んである。ナフタレンイミドとスルホン酸ビフェニルで親水性ドメインを作り，ナフタレンイミドとフェニルエーテルで疎水性ドメインを形成し，構造設計を行っている。

(6) 無機ハイブリッド膜

従来のフッ素系イオン伝導膜中にけいタングステン酸などの吸湿性無機微粒子を分散させて高温での膜の保水性を確保する研究が盛んである。

このほかにも多くの新規電解質膜の開発が行われており，電解質膜の耐熱特性は改善されつつあり，DMFCの性能もこれに伴い向上している。実用化を進めるためには，膜の製造コストも考慮しなければならない。

3.5 膜・電極接合体の作製

膜・電極接合体（MEA）は，高分子電解質膜の両面に電極を接合して構成される。電極は，触媒層と拡散層とからなる。電極反応は，反応物質，触媒（電極）および電解質が形成する三相界面で進行する。燃料電池を高出力化するためには，電極の三相界面を増大することが必要である。しかし，固体の高分子電解質膜を用いた場合，三相界面は触媒と電解質との界面に限定される。よって実質的な反応部位が少ない。

これに対して，リン酸形燃料電池など液体の電解質を用いた場合には電解質が適度に電極内へ浸透し，三相界面が電極内部に三次元的な広がりをもって形成されるため実質的な反応部位が多くなる。高分子電解質膜を用いる場合には，三相界面を増大する基本技術は，高分子電解質の一部を触媒層へ侵入させることである。この技術により，電解質が固体であっても，三相界面が電極内部に三次元的な広がりをもって形成される。

電解質膜と電極の接合は極めて重要な技術であり，電解質膜の高温における機械的性質に依存する。接合はカーボン多孔質電極の触媒層と高分子電解質を圧着加熱して作られるが，操作は高分子電解質のガラス転移温度近傍で行う。前節で述べた各種の電解質膜材料が必ずしも適切なガラス転移温度を有しないこともあり，電解質として優れていても良好なMEAが得られないため，セルを形成したときの特性が低い場合も少なくない。

多孔質電極は，十分なガス拡散性が確保された撥水性のガス拡散層と親水性の反応層からなる。純水素燃料や改質形の固体高分子形燃料電池のガス拡散層は，例えば高気孔率を持つ炭素繊維織物やカーボンペーパーなどの多孔性炭素基体をポリ四フッ化エチレンで防湿化処理を施したものである。DMFCのように液体燃料を供給する場合の燃料極では，これに伴い，ガス拡散層の設計が変わってくる。反応層は，例えば，親水性カーボンブラックと触媒微粒子を含んだ固体高分子電解質の溶液を溶媒と混合しペーストを作り塗布して形成する。

3.6 セパレータの低価格化

現在PEFCのスタックの製造コストの中で最も大きな比率を占めているのは，セパレータの加工費であるといわれている。カーボンの板の両面に機械加工により流路を形成するための加工コストが全体のコストを押し上げる要因となっている。最近では，金型内部で形状を付与するモールド加工も検討されている。薄肉のセパレータを低コストで製造するプロセスの研究開発が積極

的に行われている。薄肉化，軽量化，低コスト化には金属系材料が有利であるが，高分子固体電解質は強い酸であり，空気極近傍は酸化雰囲気となり，高い耐食性が要求される。同時に良好な電気伝導性を要求されるために材料開発に対する課題は多い。現在は依然としてカーボン系材料が使われている。

3.7 液体燃料供給およびセパレータに伴う問題

DMFCの燃料極にはメタノールと水の混合液が液体のまま流入することになるので，そのセパレータには液体シール性が要求される。そのためセパレータの素材選択には液体の不透過性，機械的強度，電気伝導度，化学的安定性，製造コストなどを考慮しなくてはならない。また，セルに流入したメタノールがセパレータ内部の流路に均等に配分されないと，燃料極の電極面積を有効に使えなくなる。とくに，セパレータ内部の流路形状にばらつきがあると，流路ごとの管路抵抗に差が生じる。その結果流路によって燃料供給量に分布が生じ，メタノールと電極触媒との接触率が低い部分が発生し，電極板全体の面積が有効につかえなくなる。

燃料電池スタック全体で考えた場合にも，スタック内に配置されたすべてのセパレータに均一に燃料を供給することは重要であり，燃料の各セルへの均等分配がスタック性能を支配する因子の一つになる。このような理由から，DMFC用としてセパレータ流路の寸法精度の確保，流路形状の最適化が必要である。

(1) CO_2 気泡の排出

DMFCでは，発電時に燃料極側ではCO_2が生成する。DMFC燃料極におけるCO_2発生と気泡の挙動は可視化され考察されている。電流密度の増加につれて気泡が多く発生し，電極と燃料の接触が妨げられることが予想される。CO_2の排出を効率よく行うために，DMFC特有の燃料流量，流路形状の設計を行う必要がある。

(2) 水管理

PEFCおよびDMFCの空気極表面では，電解質を透過してきたプロトンが酸素と反応し水が生成する。したがって，酸化剤である空気が電池内を通過する際，出口近傍ほど水分の濃度が上昇し，電流密度が低下してしまう。さらに，セパレータ流路内で水蒸気成分の凝縮がおこると，その部分で流路断面積が小さくなり，管路抵抗が大きくなるという問題が生じる。その結果，空気のセパレータ内部での均等分配にも悪影響を及ぼすことになる。

このように生成水分が凝縮することを防止するための対策として，セパレータの内部流路の断面積を小さくすることで，空気の流速を大きくし，水分を強制的に排出するようにしたり，水分の少ない空気入口側ではセルの温度を低くし，水分の多くなる出口側ではセル温度を高くするなど，故意にセパレータに温度分布をつける試みもなされている。

3.8 インバータの開発

燃料電池単セルの起電力は純酸素と水素で約1.2V（80℃）であり、実用的な電流密度では単セルの端子電圧は1V以下である。一方電気自動車は、加速時に250V以上の高い電圧を必要とする。このため1台の燃料電池自動車には300～400個の単セルが必要であり、そのスタックは極めて複雑な構造となっている。また、1個の単セルの故障が全体に影響を及ぼし、信頼性を確保するためには細心の注意が必要である。

この問題を解決するために、自動車の駆動モータへ電池スタックから直接接続せずに昇圧インバータを介して接続することによってスタック数を大幅に減らすことが可能であると思われる。電気自動車としては30k～50kWの高出力インバータが必要であり、現在では、量産されていないために高額であり、注目されていないが、昇圧用高性能低価格インバータは、将来の電気自動車には必要不可欠なものになると思われる。

3.9 メタノールの安全性

メタノール改質形およびDMFCの開発を進める場合にメタノールの安全性を考慮する必要がある。改質形では未反応のメタノールが排出されることはないが、DMFCの場合にはわずかではあるが、クロスオーバーにより空気極側へ透過したメタノールが系外へ放出される可能性がある。

報告によればクロスリークしたメタノールは99％が空気極でCO_2へ酸化されるが、実測値として電極面積25cm^2の単セルで2.0Mのメタノール水溶液を燃料としたときに、ナフィオン膜を用いた単セルで、開回路時に約0.2mg/minのメタノールが排出された報告がある。このような空気極側からのメタノールの排出は、酸化触媒を用いることにより防ぐことが可能であると思われる。

メタノールの安全性はDMFCからの排出よりも、将来大量にメタノールを貯蔵する場合、事故や災害で流出し、地下水へ混入することがないよう配慮することが必要であろう。

3.10 おわりに

DMFCは最も進化した形態を持つ燃料電池であり、一連の化学反応の制御技術の進展がその成否を決定すると思われる。耐CO触媒、高温作動電解質材料、低価格セパレータ材料など技術課題は多いが、性能は毎年向上しており、高いエネルギー密度の燃料が使えて、小型化を阻む高圧ガスボンベや改質装置が不要であるため、装置自体が一挙に超小型化へ進む可能性がある。移動体用の電源としても最適であり、とくにクリーンな環境で使用される小型自動車へ使われる可能性が高いと思われる。

第3章 エネルギー発電技術と材料

文　　献

1) 竹原善一郎監修，燃料電池技術とその応用，テクノシステム（2000）
2) 神谷信行ら，固体高分子形燃料電池の開発と応用，NTS（2000）
3) 山田興一ら，平成10年度自動車燃料電池技術の現状・動向調査石油産業活性化センター（PEC）調査研究成果報告書（1999）
4) 同上平成11年度調査報告書（2000）
5) 米国電気化学会，第199回春季大会講演概要集（2001）
6) 燃料電池実用化戦略研究会報告（2001）

第4章　モータと材料技術

山下文敏*

1　電気自動車（EV）用モータの具備すべき条件

モータは回転子，軸，軸受，固定子などを鉄鋼，非鉄金属，高分子など各種材料を高精度で加工し，それらを組み合わせることで電気エネルギーを機械エネルギーに変換する機能を担う複合部品とみなせる。このような機能を担うモータによってOA，AV，情報通信（Info-com），家電，産業，電装機器等々の機能や性能が左右されると言っても過言でない。

新エネルギー自動車としての電気自動車（EV）もハイブリッド型を含めてモータを使用する。EV用としてのモータの最適化も各方面から検討[1~4]されているが，EV用モータの具備すべき条件として以下を挙げることができる。

① 高速回転化による小型・軽量化（堅牢性）

車両に搭載する関係上，一般産業用モータに比較し，体格，重量とも1/2～1/3以下にする必要がある。

② 高効率化

一充電当たりの走行距離をできるだけ長くすることが必要である。とくに，走行パターンの頻度が多い軽負荷時において，モータと制御装置の総合効率をさらに向上させる必要がある。

③ 低速大トルク・広範囲な定出力特性

モータ単体で必要なトルク特性を満足できる。

④ 耐久性と高信頼性

いかなる環境下においても耐久性と高い信頼性を確保しなければならない。

⑤ 低騒音化

環境および乗り心地を考慮すれば，騒音はできるだけ小さい方が望ましい。

⑥ 低価格化

普及のためには，コストダウンが不可欠である。

⑦ リサイクル性

環境保全とともに，資源循環型社会の一翼を担う必要がある。

---

*　Fumitoshi Yamashita　松下電器産業㈱　モータ社　モータ技術研究所　主席技師

2 モータの体格と効率

次に，EV用モータとして重要と思われる小型・軽量化（堅牢性）と高効率化に関して以下に整理する．モータの効率 η は機械出力 P ，損失を W とすると

$$\eta = [P/(P+W)] \tag{1}$$

であるから[5]，高効率化を図るには，高出力化と低損失化が必要である．ここで，モータサイズ L ，電機子巻線の鎖交界磁磁束 ϕ ，電流 I ，励磁角周波数 ω ，力率 $\cos\theta$ ，電機子巻数 N ，電機子電流 i ，電機子鉄心の界磁磁束密度 B とするとモータ出力 P は

$$P \propto \omega \times \phi \times N \times I \times \cos\theta \propto \omega \times B \times I \times L^4 \times \cos\theta \tag{2}$$

となる．すなわち，機械出力 P は電機子巻線の鎖交界磁磁束 ϕ ，電流 I ，回転数（ ω ）に比例し，体格 L の4乗に比例する．したがって，モータの小型化と高出力化は相反する関係にある．

一方，代表的な損失である銅損と鉄損の和を W ，巻線の電気抵抗 ρ ，巻線の体積 V_{cu} ，電流密度 ΔI ，鉄心の単位体積当たりの鉄損 W_{fe} (B)，鉄心体積 V_{fe} とすると損失 W は

$$W = V_{cu} \times \rho \times \Delta I^2 + V_{fe} \times W_{fe}(B) \propto L^3 \tag{3}$$

となる．したがって，(2), (3)式から効率 η と体格 L の関係を求めると， a と b を係数として，

$$\eta = 1/\{1 + [b/(a \times L)]\} \tag{4}$$

となる．(4)式から明らかなように，モータを小型化すると出力とともに効率も低下することがわかる．

磁石を界磁とし，ブラシ－整流子のない磁石モータ（PM）の損失は電機子巻線の銅損，電機子鉄心の鉄損，機械損のみとなる．このため，直流モータ（DCM）特有のブラシ損，DCMや誘導モータ（IM）のような1次電流の励磁分による2次銅損がないため損失低減による高効率化に有利である．しかし，DCMも駆動装置が簡単なことからEV用として使いやすいモータである．例えば，搬送装置など小容量（数百W程度）のものでは，永久磁石界磁型DCMを低速回転で利用し，パワーアシスト電気自転車，ホビー用電気自動車，歩行困難者用電動三輪・四輪自動車，車椅子用パワーアシスト，ゴルフカートそして軽自動車などに使用されている．

DCMの重量を軽くする目的に対しては，永久磁石界磁としてPMと同様な希土類磁石が採用される．一方のIMは，今までの技術的蓄積が多いこと，モータが比較的安価であること，高速回転が可能で，しかも高速で高効率なことから，道路が整備され，一定高速で走行しやすい米国で需要が多い．なお，突極状の回転子をもち，回転子の回転に伴う磁気抵抗の変化によってトルクを発生するリラクタンスモータ（SRM）はEVの試作車は存在するが，実用車としての実績はない．

図1は電気自動車用に開発された超伝導永久磁石モータ[6]の外観を示す．図中の円筒状ペレッ

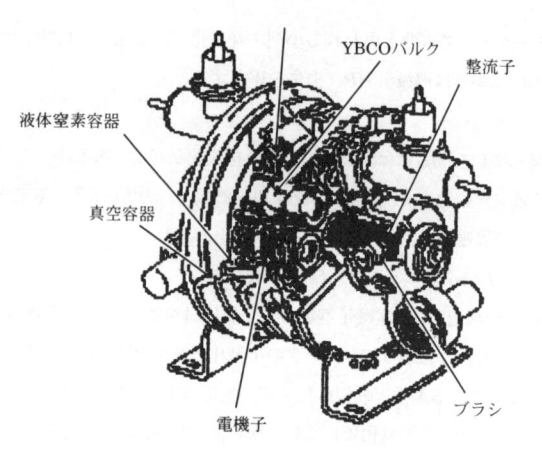

図1 YBOバルクを界磁とした高温超伝導磁石モータ

トが酸化物超電導体（YBCO）であり，液体窒素中に入っている。コイルへのパルス通電で酸化物超電導体を磁化して超伝導永久磁石とし，電機子（Armature）に電流を流すとローレンツ力で回転する仕組みになっている。

超伝導体のリングが超伝導状態であれば永久電流が流れ，その永久電流の周りに凍結磁束ができる。この磁束は，たとえば普通のセラミックスの超伝導体でも金属でも同じだが，その中に異物，析出物があると，そのピンニングサイトに磁束が固定される。この磁束を固定する力が強ければ残留磁束密度B_rが高くなる。

表1は出力10〜40kW級EV用モータの効率比較[7]を示す。図のように表面磁石型モータ（SPM），埋込磁石モータ（IPM）などPMで高効率が得られることがわかる。

表1 種々のEV用モータの効率比較

		DCM	IM	SPM	IPM	SRM
最大効率	%	85〜89	94〜95	85〜97	95〜97	<90
10%負荷時の効率	%	80〜87	79〜85	90〜92	91〜93	78〜86
駆動速度範囲	krpm	4〜6	9〜15	4〜10	9〜12	<15

3 磁石モータ (PM) の構成要素とその特徴

図2はPM (SPM, IPM) の代表的な回転子構造を示す[8]。ただし，ここではいずれも4極回転子に集約している。図2(a)は環状磁石を鉄心の表面に配置した表面磁石型モータ (SPM) である。磁石はラジアル異方性，極異方性が一般的である。図2(b)は極毎に磁石が独立したSPMで，偏肉円弧状磁石も見られる。図2(c)は鉄心に磁石を差し込んだInset-Magnetで，SPMながらリラクタンストルクを併用できる。

SPMでは磁石飛散防止のため図2(d)のように外周に非磁性スリーブを用いることもある。図2(d)の非磁性部を磁性体とした図2(e)は外周に磁性リングを配置したものと鉄心のスロットに磁石を挿入したものがあるが，リラクタンストルクは多くを期待できない。

また，磁石量を増した図2(f)もある。平板状磁石の磁化方向が軸の周方向と平行になるように配置して，鉄心で挟み込む図2(g)は鉄心の形状によっては空隙磁束密度を高めることができる。図2(h)は軸の半径方向と平行に磁化した平板状磁石を配置した構造でリラクタンストルクの増加が可能である。

また，V字に配した平板状磁石2枚で1極を構成する図2(i)は磁石位置や角度でモータ特性を調整でき，図2(j)の効果を平板状磁石で狙ったものと言える。一方，逆円弧状磁石を極幅全体にわたって配し図2(j)は空隙磁束密とリラクタンストルク増加が可能である。逆円弧状

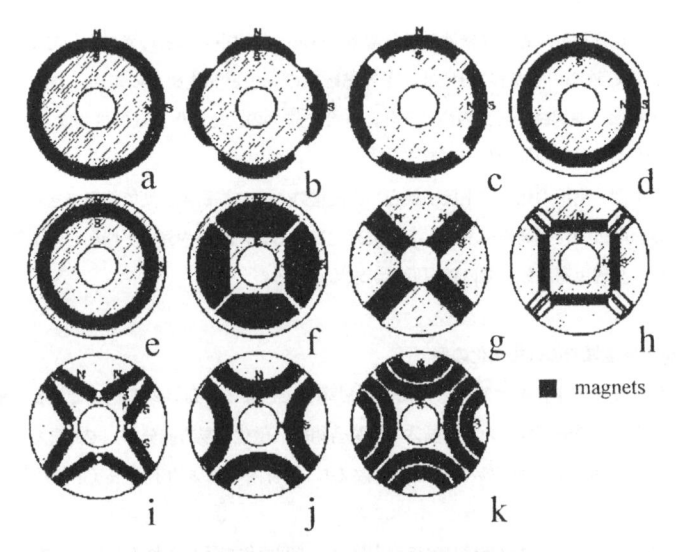

図2 永久磁石を用いた4極SPM, IPM回転子の構造

磁石を多層にする図2(k)はリラクタンストルクがより大きく、しかも空隙磁束密度が高いと報告されている[9]。

以上のようにPMも多様な構造が提案されているが、EV用として一般に使用されるのは図2(h)あるいは図2(i)に示すIPMであり、とくに、界磁に希土類磁石を使用した図3に示す同期モータである[10]。磁気的な逆突極性に基づくリラクタンストルクを利用し、最大トルク制御や弱め界磁制御などを容易に行うことができる。

また、励磁回路が不要なため他のモータに比

図3　EV用IPMの代表的な外観

（最大出力40kW、最大トルク85N・m、最大速度10kr/min、電圧300V、サイズ185mm ϕ ×240mm、重量20kg）

較して小型・軽量で高効率という特徴がある。日本では中・低速運転の機会が多く、加減速時に効率の良いPMモータが使用されている。しかしながら、EV用モータとして具備すべき条件を、すべて満足したモータは未だ開発途上にあると言える。

4　主要材料の動向

4.1　鉄心材料の役割

モータには電磁鋼板などの軟磁性材料が電機子鉄心と界磁継鉄などの素材として使用される。モータにおける鉄心の主な役割[11]は、①界磁磁束の発生と発生磁束の電機子巻線への誘導、さらに、②電機子巻線鎖交磁束の高速変化、③発生推力の伝達、保持（機械強度、鉄心剛性）、④熱放散、⑤漏洩磁束の抑制などがある。

モータの小型・高出力化には電機子鉄心、界磁継鉄ともに高磁束密度で使用できる鉄心材料が必要である。高出力化（高磁束密度化、高電流化）すると、鉄損や銅損が増加し効率低下の原因となるので、高磁束密度領域での鉄損低減が求められる。

4.2　高磁束密度域での低損失化の例

鉄心材料の使用磁束密度は飽和磁化 I_s と透磁率 μ で決まる。I_s は材料組成で、μ は磁化容易方向ほど高く、電磁鋼板などの多結晶体では集合組織（磁化容易方向分布）で決まる。また、材質の物理定数（磁気異方性定数 K、磁歪定数 λ）、材質内の磁気的不均一（結晶粒界、欠陥など）や歪で低下する。

鉄心の損失である鉄損［W/m³］は磁束密度 B の時間変化で誘起される渦電流損 W_e と B の履歴

で生じるヒステリシス損Whに分けられる。渦電流損は主としてB, fと鉄心素材の板厚d [m]，電気抵抗率ρ_{Fe} [Ωm] で決まり，ヒステリシス損Whは，最大磁束密度B_M，周波数をf，材質条件や応力歪の要因をKhとすれば，$Kh \cdot f \cdot B_M^m$ [m=1.5～2.5] となる。次数mは無方向性電磁鋼板では1T以下で約1.6，1.3T以上で約2[12]と言われている。

ヒステリシス損Wh低減のためには電磁鋼板では高Si，大結晶粒が有効である。ただし，高Si材はIsが小さくなるので，モータの低鉄損化と高出力化は相反することになる。小型高出力，高効率が要求されるEV用モータの鉄心材料では高磁束密度かつ低鉄損が必要となり，もっぱらKhを小さくするため，積層鉄心の焼鈍が行われる。

図4はDxガス（CO 5％，CO_2 20％，H_2 6％，N_2 balance）中，誘導加熱によって最高到達温度750～800℃まで加熱し，冷却する高速焼鈍したときの磁束密度Bと鉄損の関係[13]を示す。750～800℃で1h均熱処理した焼鈍に比べて，高速焼鈍では1.4T以上の高磁束密度域の鉄損が抑制されることがわかる。

表2は前記高速焼鈍と750～800℃で1h均熱処理した場合の各結晶面の集合度[13]を示す。＜100＞，＜110＞面は，ほぼ同等であるが，＜111＞面では均熱処理した焼鈍に比べ，高速焼鈍は約64％と低い水準であった。この原因は高速焼鈍では，均熱処理に比べて結晶粒成長が抑制されるため＜111＞面の集積が高まらず，Bの低下が抑制されたものと推察される。このように，1.4T以上の高磁束密度域の鉄損を低減し，モータの小型

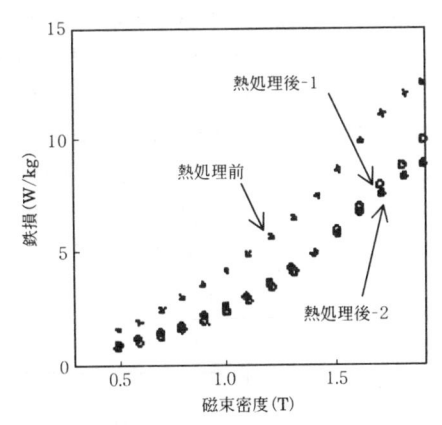

図4 鉄損に及ぼす熱処理の効果，Amealing-2は誘導加熱による高速加熱

表2 結晶の集合組織に及ぼす熱処理の効果

Phase		Annealing-2	Annealing-1	Before annealing
100	MAX	1197	1202	859
	MEN	547	532	333
110	MAX	9785	12035	9814
	MEN	2911	3102	2728
111	MAX	545	273	515
	MEN	53	83	73

高出力化の促進ができる。

4.3 磁石材料

実用上の磁石材料の意義は，他の磁性材料を吸引したり反発したりする能力，ならびに外部エネルギーなしに永久的に磁束を出す能力にある。物理的に見て磁石が他の磁性材料と異なる点は，磁石を励磁する十分に大きな外部磁界を消した後でも有効な磁化が飽和磁化 Is と実質的に等しく，比較的大きな逆磁界を印加したときに初めて磁化反転が起こり，それに伴って磁化の低下が起こるという点である。外部磁界を消した後に生じる磁化のことを残留磁化 Ir と呼び，磁性体の磁気作用が生じなくなるような磁化反転を引き起こす逆磁界の強さのことを保磁力（固有保磁力）Hci と呼ぶ。

磁石材料としては，Hci の値が $>\approx 30\text{kA/m}$ である磁性材料が挙げられる。磁石材料の重要な磁気特性値に最大エネルギー積 $(BH)_{max}$ がある。$(BH)_{max}$ は，外部空間における磁石の場の潜在的エネルギーを磁石の体積あたりで表す目安である。したがって，$(BH)_{max}$ は所定の体積の磁石で行うことのできる最大の仕事を特徴づける値である。古典的な磁石材料である焼入鋼，Fe-Co-V合金，Fe-Co-Mo合金，Cu-Ni-Co合金，Cu-Ni-Fe合金，フェライト，Al-Ni-Co，Pt-Coなどのうち，現在でもフェライトやAl-Ni-Co材料は重要な磁石材料である。

一方，図5に示すように，現在，最高の $(BH)_{max}$ をもつ磁石材料としてNd-Fe-B系焼結磁石がある。プラス要因はコバルトの質量比率（割合）がゼロまたは非常にわずかであることや，

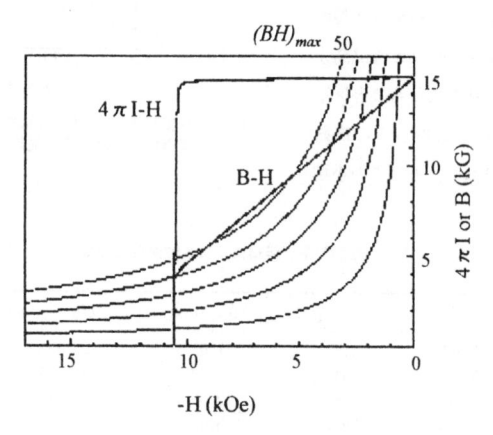

図5　Nd-Fe-B系焼結磁石の代表的な減磁曲線
（合金組成 $Nd_{13.1}Fe_{80.9}B_{6.0}$，$(BH)_{max}$ は54.2MGOe）

Smに比べてNdの利用性が高いこと，$(BH)_{max}$の大きさに対する価格の比率が低いことである。Nd-Fe-B系磁石のような最高の$(BH)_{max}$をもつ磁石は希土類金属と3d金属の金属間化合物をベースとしている。

一次的な磁気特性（キュリー温度T_C，飽和磁化Is，結晶磁気異方性定数K）は，希土類元素（RE），ないし3d金属原子の磁気モーメントの大きさと種類，ならびに，それらの局所的な磁気モーメントとその電磁結合の大きさに対する結晶構造（希土類金属原子ないし3d金属原子の空間的配置と間隔，近接比）の影響の大きさと種類によって規定される。使用温度範囲で$(BH)_{max}$を高くするには基本的にIs，T_C，Kの高い値が必要で，高い残留磁化Irを得るためには，一軸磁気異方性の存在ならびに減磁曲線の角型性，高Hci化が必要である。

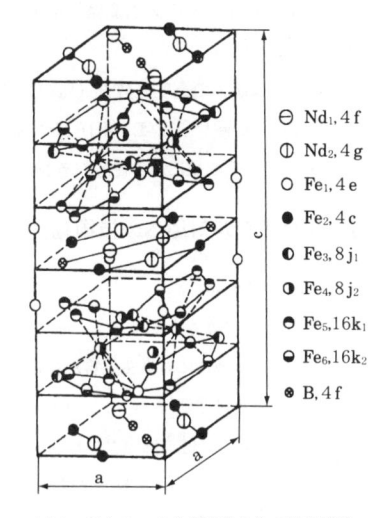

図6 $Nd_2Fe_{14}B$金属間化合物の結晶構造

⊖ $Nd_1, 4f$
◐ $Nd_2, 4g$
○ $Fe_1, 4e$
● $Fe_2, 4c$
◑ $Fe_3, 8j_1$
◉ $Fe_4, 8j_2$
⊖ $Fe_5, 16k_1$
⊖ $Fe_6, 16k_2$
⊗ $B, 4f$

磁石材料では磁化の構造や磁気異方性の由来と大きさ，そしてHci発現のメカニズムなどについての理解が必要である。このことは，Sirnalが1966年に高い異方性をもつ金属間化合物（YCo_5など）を発見したにもかかわらず，1970年になるまで$SmCo_5$磁石の製造に至らなかった事実[14]により理解できると思われる。

Nd-Fe-B系磁石の土台は$Nd_2Fe_{14}B$相である。図6は，この四面体の相の単位格子を示す[15]。鉄の6種類の異なる場所とNdの2種類の異なる場所とをもつ68個の原子（4つの構造式単位）が含まれている。この相は，ランタン系列のすべての元素ならびにYで形成できる。

T_Cの最高値はRE（希土類元素）$_2Fe_{14}B$相の場合はGd，Tbについて得られ，Kの最高値はNd，Pr，Ho，Dyで得られる。この磁石は主として粉末冶金法で製造されるが，析出硬化が可能な場合は鋳造法で製造することもできる。いずれも，Hciを高い値とするには特殊なミクロ構造が必要である。そのためには主相の小さい粒度（小さな粒子），主相の粒子のできるだけ規則的な表面，主相の結晶粒間（境界層）の最善な組成と厚さ，かつ/または主相の結晶粒内部における所定の析出構造などが求められる。

組織構造は磁石を製作するときの温度・時間条件によって大きく左右される。磁石性能の最適化には，焼結時や熱による後処理の際の構造変化を理解し，影響を及ぼす諸要因を知ることが大切で，EV用などの小型・軽量化した高効率モータの開発に大きな影響を与えている。例えば，

Co添加によるT_c上昇でB_rの温度係数α（%/℃）の低減，ならびにNdへのDy添加による高H_{ci}化がなされてきた。

現在では，保磁力の温度係数β（%/℃）は結晶粒径の微細化などによって，当初の-0.60から0.42と大きく低減[16]し，EV用IPMに適した着磁性と減磁耐力を兼ね備えた磁石材料も出現し，ひいてはDyの削減による資源バランスの改善や低コスト化に繋がると期待される。

5 リサイクル対応への技術動向

5.1 リサイクル価値

モータはEV用にかかわらず鉄鋼，非鉄金属，高分子など各種材料の複合部品である。そして，そこに含まれる有価物にも当然品質が存在する。ドイツではリサイクル工程での素材回収率の評価で「リサイクル付加価値」のカテゴリーが下式のように位置付けられている[17]。

$$A, B, C, D > （付加価値ゼロ） > E, F \tag{5}$$

ただし，Aは再利用（ex. モータはモータとして再利用），Bは1次リサイクル（ex. 磁石，鉄心や導体は新しい磁石，鉄心や導体となる），Cは2次リサイクル（ex. 磁石，鉄心や導体は新しい他の新しい磁石，鉄や銅となる），Dは貯蔵（ex. 磁石，鉄心や導体は他の部材に組み込まれ，それぞれのリサイクルフローから外れる），Eは残留物（ex. 一般ゴミ），Fは特別廃棄物（環境負荷物質）である。

以上のように，有価物のリサイクル価値からみると，先ずモータとして再利用できる設計や長寿命化を実現する設計が求められる。また，廃モータの再利用が難しい場合は，(5)式のBとC，つまりモータに含まれる有価物の回収率を高めて，Fを限りなくゼロに近づけつつEを削減する設計が求められる。

ところでモータには絶縁材，接着剤および有機系構造材などが適宜組み込まれる。それら有機系材料は耐熱性確保のためエポキシ樹脂，不飽和ポリエステル樹脂のような熱硬化性樹脂も含まれる。加工後の熱硬化性樹脂は不溶不融であるため熱可塑性樹脂に比べて難リサイクル性である。

したがって，このような材料を必要最小限に削減するための薄膜絶縁技術，巻線技術，組立技術などの進展が求められる。同時にリサイクルしやすい材料への転換や特定材料のリサイクル技術，あるいは環境負荷物質に対する処理技術の進展も必要である。環境負荷物質削減の動きとしては鉛フリー半田化や，絶縁材，接着剤および構造材の非ハロゲン化などの動きも活発である。

以上まとめると，モータのリサイクルしやすい設計とは解体・分離が容易で，再利用や再生可能な設計，長寿命設計，あるいはリサイクル困難な物質や環境負荷物質の含有または排出，削減を考慮した設計と言い換えることもできる。

第4章　モータと材料技術

表3　化学気相輸送反応の原料に使用される希土類金属間化合物スクラップの比較

	Nd	Sm	Dy	Fe	Co	Cu	Zr	Al	B	Nb, Mo
Sm_2Fe_{17} スラッジ	—	22	—	15	51	5.2	1.8	—	—	—
$Nd_2Fe_{14}B$ スラッジ	26	—	2.2	56	3.3	—	—	1.0	1.0	Trace
Mixture	13	11	1.1	36	27	2.6	0.9	0.5	0.5	Trace

Mixture of Sm_2CO_{17} and $Nd_2Fe_{14}B$ スラッジ

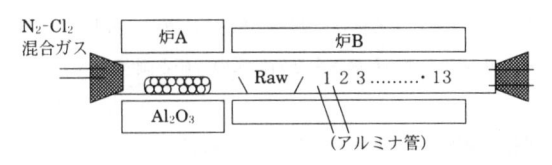

図7　化学気相輸送反応のための電気炉の構成，炉Bの中の数字は分離の断片番号を示す

5.2　主要材料の分離・回収

　モータのリサイクルは確立されたものはないが，解体・分離が基本と考えられる。モータに含まれる金属有価物の中でも希土類磁石はとりわけ付加価値の高い廃棄物である。したがって，磁石は磁石として再利用する1次リサイクル[18, 19]が望まれる。表3はSm-Co系，およびNd-Fe-B系磁石の廃粉末を図7のような化学気相輸送法によって成分毎に選択的にレアメタルを回収した結果[20, 21]を示す。

　Sm-Co系廃粉末に対して化学輸送反応を行った場合の$SmCl_3$は1073K以上の高温部，$CoCl_2$は973K付近の低温部のフラクションに析出ピークをもち，両者の分離回収が良好に行われたとしている。また，Dyを含むNd-Fe-B系廃粉末でも表3のように分離回収が可能としている。

　一方，モータには前述した磁石の他，銅や鉄などの金属有価物が含まれる。これら銅や鉄など金属有価物の回収には，絶縁皮膜や絶縁ワニスと分離して回収するのが効果的である。金属有価物を含むモータを室温で破砕するには破砕機の動力を大きくしなければならない。しかし，絶縁皮膜や絶縁ワニス，塗料など有機系材料の剥離は室温での破砕では不十分であることが多い。そこで，鉄の脆化温度以下で破砕する方法[22]が知られている。鉄の脆化温度以下で破砕すると有機系材料を剥離率97％以上で処理できる[23]としている。

　また，モータに使用される有機系材料に易崩壊性を付与して金属を分離・回収する方法[24, 25]もある。例えば，銅と絶縁皮膜の混在物からなる銅屑で有機系材料を予め加水分解したのちに高周波溶解（乾式精錬），鋳造したときのスラッジ生成率は5％以下で，電解精錬することなく，純度99.95％以上の高品位銅（電気銅）が95％以上の収率で回収できる。

337

また，ポリエステル系有機被膜を施した導体をオートクレーブ中で180℃，10^{-2} mol/m^3 NaOH溶液に3時間浸漬したのち，水洗して乾燥すると，純度99.95％以上の高品位銅（電気銅）が破砕・渦電流分離で回収できることも知られている。

6 まとめ

EV用モータなど，小型・軽量（堅牢）で高効率なモータなどのように価値を生産する技術体系を動脈の体系，廃モータを処理するそれを静脈の体系と位置づけるとき，従来の動脈系技術偏重に対して，リサイクリングを含めた静脈系技術体系の評価と両者のバランスの重視が強調[26]されている。

今後は，さらに動脈と静脈の技術体系を一体化させる材料プロセス的なアプローチも必要となろう。とくに，モータを搭載する電気自動車などが求める高性能化や高効率化に対応したモータは分離資源対象を金属有価物から，さらに拡大する必要性が高まると予測される。また，分離・回収プロセスでのエネルギー消費の抑制や環境保全の面からはクローズドシステム化も必要となろう。

モータの高効率化技術やリサイクル技術は，それぞれ独立した技術ではなくEVなどの高性能化の動向や，鉄鋼，非鉄金属，高分子類など各素材の資源再利用の動向と連動し，モータ特有の技術を深堀りする必要があると思われる。

文　献

1) 「電気自動車とその駆動機構」電気学会技術報告，第637号（1997）
2) 三木一郎，平成11年電気学会全国大会，S.22-2（1999）
3) C.Peter Cho, *BM News*, 24, 61（2000）
4) John G.W.West, *BM News*, 24, 39（2000）
5) R.J.Beschart, *IEEE conference paper.*, No.PC1-78-8A, 283（1978）
6) 「第15回次世代磁石探索分科会資料」未踏科学技術協会編，7（1998）
7) J.G.W.West, *Power Engineering J.*, April, 77（1994）
8) 石橋利之，大橋建，山下文敏，電気学会研究会資料，MAG-01-54（2001）
9) 本田幸夫，村上浩，楢崎和成，檜垣俊郎，森本茂男，武田洋次，電気学会論文誌，117, 898（1997）
10) 玉木悟史，一海康文，楢崎和成，飯島友邦，*Matsushita Tech.J.*, 44, 2, 177（1998）

11) 例えば，開道 力，*OHM*，オーム社，41（1998）
12) 開道 力，脇坂，溝上，田中，電気学会論文誌A，118, 9, 1029（1998）
13) 和田正美，*National Tech. Rep.*, 30, 6, 116（1984）
14) J. Schuider, *Neue Hütte*, 32, 339（1987）
15) J. F. Herbest, *Ann. Rev. Sci.*, 16 453（1986）
16) 金子裕治，2001磁気応用シンポジウム資料，1-1-1（2001）
17) 片桐知己，第116回松下テクノリサーチセミナー資料（1998）
18) F. Yamashita, T. Terada, H. Onishi, H. Fukunaga, *Proc. 16th Int. Workshop on Rare-Earth Magnets and Their Applications*, 695（2000）
19) F. Yamashita, T. Terada, H. Onishi, H. Fukunaga, *J. Magn. Soc. Japan*, 25, 4, 687（2001）
20) G. Adachi, K. Shinozaki, Y. Hirashima, K. Machida, *J. Less-Common Met.*, 169, L1（1991）
21) K. Murase, K. Machida, G. Adachi, *J. Alloys Compd.*, 217, 218（1995）
22) 片山裕之，水上義正，まてりあ，35, 12, 1283（1996）
23) 福本千尋，大塚佳臣，電気学会誌，118, 2, 88（1998）
24) 山縣芳和，山下文敏，大西宏，寺田貴彦，*Matsushita Tech. J.*, 44, 2, 205（1998）
25) T. Terada, H. Ohnishi, Y. Yamagata, F. Yamashita, *Proc. 3rd ECOMATERIALS.*, 391（1997）
26) 徳田昌則，日本機会学会誌，95, 880, 177（1992）

第5章　パワーデバイスと材料技術

齋藤隆一[*]

1　はじめに

近年，省エネルギーや地球環境保護への社会的ニーズの高まりのもと，電力・車両・産業・民生・情報など広範な分野においてパワーエレクトロニクスの重要性はますます高まってきており，技術革新の進展とその適用範囲の拡がりが見られている。

自動車分野においてはハイブリッド電気自動車の量産化や燃料電池車の発表に見られるように，パワーエレクトロニクス機器が内燃機関に替わる新しいエネルギー変換の担い手としてその重要性を増大してきている。パワーデバイスはインバータや電源などのパワーエレクトロニクス機器の性能を左右するキーコンポーネントとしての役割を担っているため，性能，信頼性，コスト，環境適合など多面的技術開発が行われてきている。

パワーデバイスに適用される材料として最も重要なのは言うまでもなく半導体そのものであり，Siデバイス構造の改良により素子性能の理論限界への挑戦が続けられてきた。近年はSiに代わる半導体材料として炭化珪素（SiC）半導体が注目を集めてきており研究が盛んになっている。また，半導体素子が所望の性能，信頼性，コストを実現する上で，半導体素子が搭載される実装材料は半導体に並ぶ主要な役割を演じている。また，半導体材料とこれらの実装材料を相互に機械的，電気的および熱的に結合する接合材料技術も重要である。

本章では，パワーデバイスにおいて材料に期待される要件を概説した後，SiCデバイスの現状について触れ，その後，実装材料技術と接合材料技術について現況を述べる。

2　パワーデバイスにおける材料技術の役割

図1はパワーデバイスの技術動向を示したものである[1]。パワーデバイスの主流はサイリスタやバイポーラトランジスタ等の電流制御型素子から1980年代以降はパワーMOSやIGBT等の電圧制御型素子に移行してきている。これに伴って，電力用デバイスなどに多用されていた平型構造からIGBT等に主に用いられるモジュール型構造が主流になってきている。近年の電気自動車

---

[*]　Ryuichi Saito　㈱日立製作所　日立研究所　情報制御第3研究部　主任研究員

第 5 章　パワーデバイスと材料技術

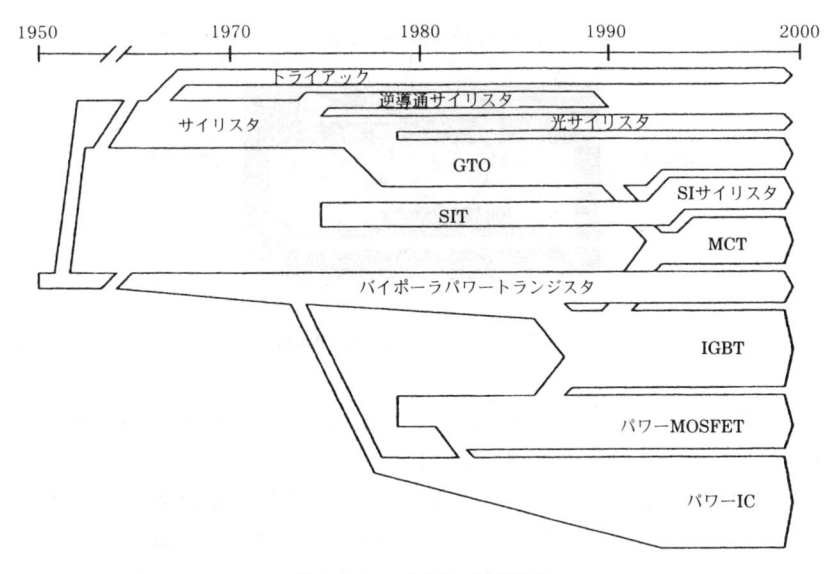

図1　パワーデバイスの技術動向

やハイブリッド電気自動車等においてもモジュール型のパワーデバイスが用いられている。

　図2はパワーエレクトロニクス機器へのニーズとパワーデバイス用材料・デバイス技術との関係を示したものである。電力変換効率の向上，小型化，高耐久性，環境適合，高機能化，低価格化などのニーズへの対応が必要になっている。これらのニーズを実現するために，図のような

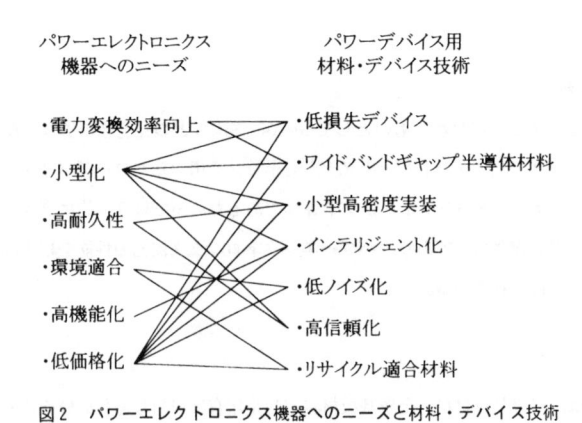

図2　パワーエレクトロニクス機器へのニーズと材料・デバイス技術

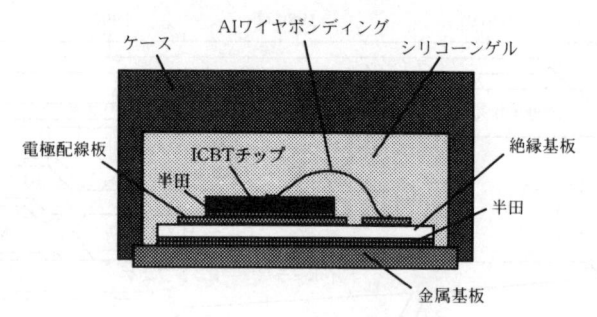

図3 IGBTモジュールの断面構造例

種々の材料・デバイス技術が重要な開発項目となっており，回路技術，制御技術と組み合わせて次世代のパワーエレクトロニクス機器が実現される。

図3はパワーデバイスの典型的な例としてIGBTモジュールの断面構造を示したものである。IGBTチップは半田材で絶縁基板上に搭載され，さらに金属基板上に実装される。絶縁基板にはアルミナ（Al_2O_3）や窒化アルミ（AlN）などが適用される。絶縁基板は通常薄いCu電極板が表裏に接合された部材となっている。薄い電極板は島状のパターンになっておりIGBTチップが半田接合される。

さらに，絶縁基板裏面は金属基板に半田接合される。金属基板はCuの場合が多いが，後に述べるように用途に応じて低熱膨張材料も適用されている。IGBTチップの上面電極はアルミワイヤボンディングによって電極配線板に接続される。配線板にはCuが適用される。これらの構成部材がシリコーンゲルやレジンなどによって被覆され，ケース部品に収納されて封止された構造となっている。

パワーデバイスへ適用される材料技術の現状を述べるため，材料を機能ごとに大まかに分類すれば以下のようになる。

2.1 半導体材料

半導体材料としてはSiに替わるものとしてGaAs，SiCなどの化合物半導体が研究されてきた。中でもパワーデバイス用半導体材料としてはSiC半導体を用いたパワーデバイスの開発が盛んになっている。SiCはワイドバンドギャップ半導体であるためSiでは理論的に到達できない低損失，高周波性能と高温動作が可能であり，パワーエレクトロニクス機器の性能を根本的に変革する半導体材料として期待されている。

2.2 実装材料

実装材料には，絶縁基板材料，金属基板材料，封止用有機材料など各部分それぞれに電気伝導

性，熱伝導性，絶縁性，強度，耐久性，耐湿性，加工性，使いやすさなどが求められており，これらの技術要素は多岐にわたる。この中で，絶縁基板用絶縁材料には用途によってセラミックや有機材料が選択される。

絶縁基板材料としては絶縁性と並んで熱伝導性や強度を変革する種々の技術が開発されてきている。また，金属基板材料にも複合構造の導入により物性値を制御し，熱膨張係数を変えてパワーデバイスの信頼性を向上させる等の技術が進展している。さらに，封止材料においても絶縁性や製造プロセスへの適合性の改善が進んでいる。

2.3 接合材料

部材間の接合には半田，硬ロウ材，接着剤などの接合材料が使われ，製造プロセスの改善が進んでいる。特に最近は環境保護への動きと相俟って半田の鉛フリー化が話題になっている。

3 SiC半導体技術

表1はSiC半導体の物性値をSiと比較したものである。また，図4は耐圧とオン抵抗の関係を示したものである。SiCは高い絶縁破壊電界を有するためSiでは到達できない低オン抵抗を実現可能で，理論的にはSiの250分の1にすることができる。また，Siより高温での動作が可能である。

SiCデバイスにおいては，材料・プロセスの制約からSiのIGBTなどで用いられるMOS型構造が形成しにくいという問題がある。図5はこの問題に対応するために検討されている接合FET型デバイス構造で，キャリア移動度の小さいMOS界面を使用せずSiCバルク中にチャネルを

表1　SiとSiCの物性値比較

	Si	SiC
バンドギャップ E_g (eV)	1.12	3.25
熱伝導率 κ (W/K cm)	1.5	4.9
破壊電界 E_c (MV/cm)	0.3	2.8
移動度 μ (cm^2/Vs)	1400	1000
誘電率 ε	11.8	9.7
飽和速度 v_{sat} (10^7 cm/s)	1.0	2.0

$$\mathrm{Ron,sp} \simeq \frac{1}{\varepsilon \cdot \varepsilon_0} \cdot \frac{V_B^2}{\mu \cdot E_c^3} \qquad \frac{\mathrm{Ron,sp\ (Si)}}{\mathrm{Ron,sp\ (SiC)}} \simeq 250$$

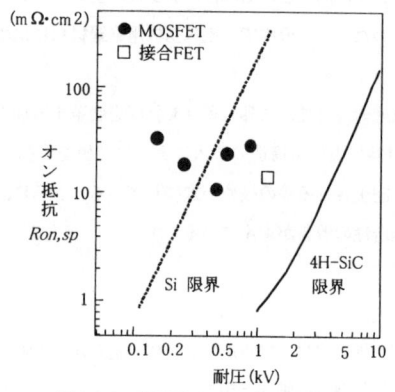

図4 SiC素子耐圧とオン抵抗の関係

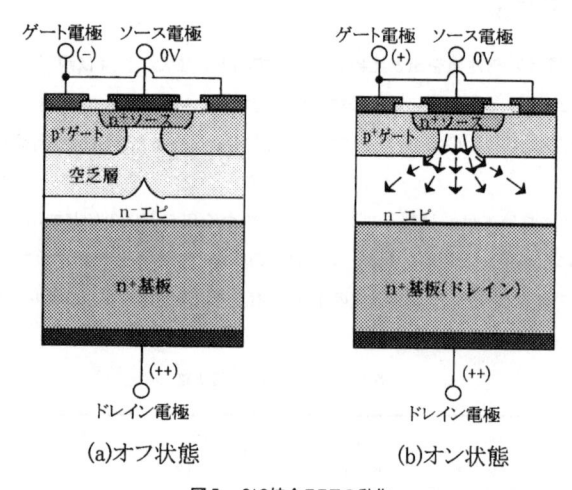

図5 SiC接合FETの動作

形成するため，高いデバイス性能が実現できるものと考えられる。図4には最近のSiCMOSFETおよびSiC接合FETの特性値が示されている。

近年ではSiC結晶成長技術も徐々に進歩し，小型チップサイズのパワー素子では歩留りを議論できるレベルになってきた。しかしながら，Siに比べると未だ結晶欠陥は多く，チップサイズの大型化は困難であり，更なる低欠陥結晶材料技術が望まれる。

4 パワーデバイス用実装材料技術

次に，図3で述べたようなIGBTモジュールを例にとり，いくつかの主要構成部材について技術動向を述べる。

4.1 絶縁基板材料

パワーデバイス内部で絶縁性を有するモジュール型構造では絶縁基板の選択は重要な項目である。表2は各種絶縁基板の物性値を，図6は熱膨張係数と熱伝導率をSiやCuと共に示したものである。IGBTモジュールに多用されるAl_2O_3やAlNはSiと熱膨張係数が比較的に近接しており絶縁基板として適用される。特に，AlNは熱伝導率が高いことから中容量以上のIGBTモジュールに多用されている。

表2 各種絶縁基板の物性値

絶縁基板材料	熱膨張係数 (10^{-6}/K)	熱伝導率 (W/mK)	抗折強度 (MPa)	ヤング率 (GPa)
AlN	4.4	140	350	270
Al_2O_3	7.2	20	350	310
SiN	3.0	80	750	300
SiC	3.7	270	400	420

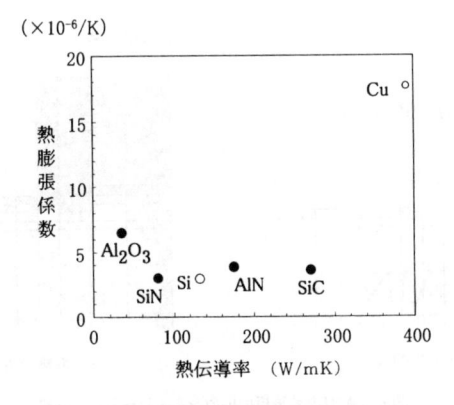

図6 各種絶縁基板材料の熱膨張係数と熱伝導率

図3のような構造において絶縁基板を選択する際には、熱伝導率や熱膨張係数、強度等を考慮して熱解析や応力解析が行われる。絶縁基板としては熱伝導率が高いほうが好ましいのは言うまでもないが、熱膨張係数は接合される部材との熱膨張係数差を考慮する必要がある。パワーモジュールにおいては、温度サイクルなどによって接合部分が破断する場合が生じるためである。

典型的な例は次節で述べるような接合材料として使われる半田の疲労破断であるが、絶縁基板でも破断が生じる場合がある。図7（a）はこの一例として絶縁基板のCu電極板端部の応力集中シミュレーション結果を示したものである[2]。Cu電極板端部のAlN絶縁基板表面部に過大な応力集中が見られることがわかり、IGBTモジュールの温度サイクル試験において絶縁基板の亀裂が発生する。図7（b）は改良した構造である。改良構造ではCu電極板の最端部に電極板よりさらに薄い電極プルバック部を設けており、接合用のロー材などがこの部分に用いられる。

図8はAlN表面の応力をCu電極中央部AlN応力に対する比率で表し、Cu電極端部からの距離依存性を示したものである。電極プルバック構造によりCu電極端部の応力が大幅に低減しているのがわかる。これによってAlNの亀裂を大幅に低減することが可能になっている。この他にも強度や絶縁性の確保に配慮することによってIGBTモジュールの絶縁基板が選択される。

また、新しい絶縁基板材料としては窒化珪素（SiN）が実用化されてきている。SiNは材料強度が高いためプロセス中の破損や亀裂が発生しにくいという優れた特徴があるが、まだ熱伝導率が低く今後の改善が望まれる。

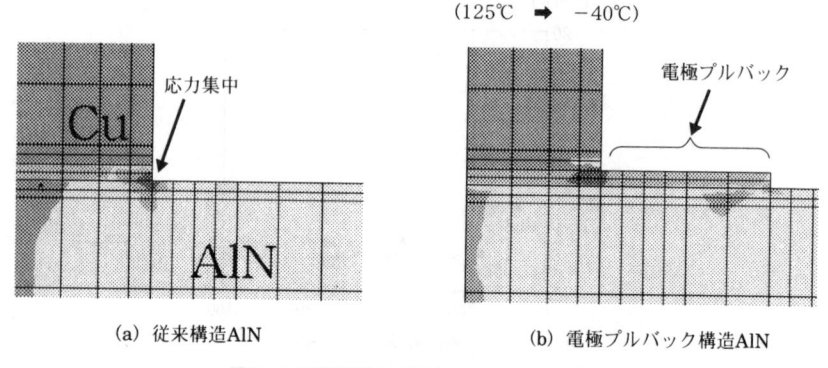

(125℃ ➡ -40℃)

(a) 従来構造AlN 　　　　(b) 電極プルバック構造AlN

図7　AlN絶縁基板の応力シミュレーション結果

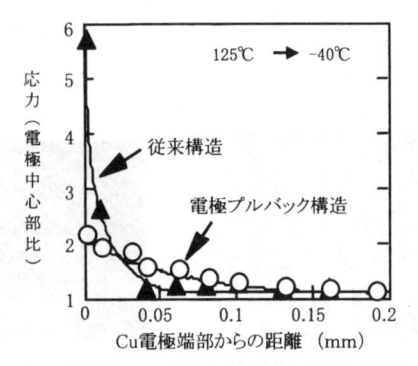

図8 電極プルバック構造によるAlN応力低減効果

4.2 金属基板材料

金属基板は，パワーデバイスを機械的に保持すると共にパワーエレクトロニクス機器へ実装する際の放熱板としての役割を持つためCu板が多用されてきた。近年では，高信頼用途のためにCuよりも熱膨張係数の小さい材料が実用化されている。具体的には，AlSiCなどの複合材料で，AlSiCの場合熱膨張係数は7.7でAlNとの差が小さく，これによって絶縁基板と金属基板の間の半田材料の熱サイクルによる亀裂発生を大幅に低減している。

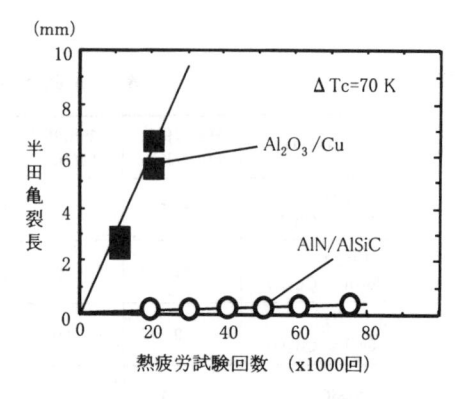

図9 熱疲労試験による半田亀裂進展長

図9はこの例を示したもの[2]で，超音波探傷法により半田層の亀裂長さを観察したものだが，Cu-Al_2O_3の場合10,000回程度のサイクル数で2～3mm程度の亀裂が生じるのに対し，AlSiC-AlNの場合では75,000回でもほとんど亀裂が生じないという優れた性能を示している。

しかしながら，AlSiCは表3に示すように熱伝導率がCuより大幅に低減し，また，加工性が劣るという課題がある。これを改善するためにCuと酸化銅（Cu_2O）を複合化した銅酸化銅（Cu-Cu_2O）複合材が開発されている。この材料の組織構造と基板の例を図10に示す[3]。

表3，および，図11はCu-Cu_2O複合材の物性値を他の金属基板材料と比較したものである。この材料を用いると熱膨張係数は多少増加するものの熱伝導率は向上するため，熱サイクル耐量

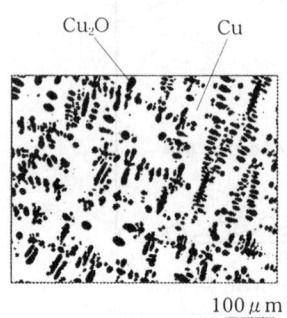

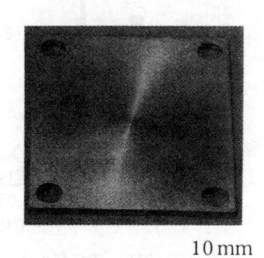

(a) Cu−Cu₂O組織構造　　(b) Cu−Cu₂O金属基板

図10　Cu-Cu$_2$O組織構造と金属基板

表3　各種金属基板の物性値

金属基板材料	熱膨張係数 (10^{-6}/K)	熱伝導率 (W/mK)	抗折強度 (MPa)	ヤング率 (GPa)	密　度 (g/cm^3)
Cu-Cu$_2$O (30vol% Cu$_2$O)	13.5	225	104	73	7.66
Cu-Cu$_2$O (40vol% Cu$_2$O)	11	183	78	62	7.43
Cu-Cu$_2$O (55vol% Cu$_2$O)	9.2	110	38	45	6.89
AlSiC	7.7	153	430	216	3.02
Cu	17.8	385	220	120	8.9

を一定レベル以上に保持しつつ放熱性を向上できる。また，加工処理により異方性の物性制御も可能である。さらに，機械加工性やリサイクル性が優れていることなどからパワーデバイスへの適用が進みつつある。

第5章 パワーデバイスと材料技術

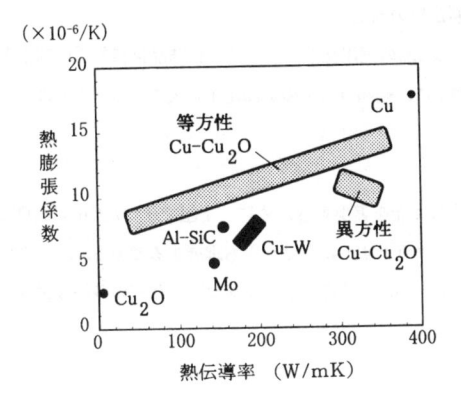

図11 各種金属基板材料の熱膨張係数と熱伝導率

5 パワーデバイス用接合材料技術

接合材料としては半田の鉛フリー化が大きな話題になっている。各種環境規制の動きを背景に，各社とも2001年から2005年にかけての鉛入り半田使用製品の半減ないし全廃を計画している。現在パワーデバイスに適用されている半田材料は，一般のエレクトロニクス製品と同様にSn-Pb共晶半田や高温半田である。

パワーデバイスにおいても鉛フリー半田として現在提案ないし実用化されているSn-Ag系，Sn-Zn系，Sn-Bi系，Sn-Cu系から選択されることとなろう。半田材料を変更するにあたっては，プロセス温度，階層化適合性，ぬれ性，耐酸化性，信頼性などいくつかの要件を確認する必要がある。特にパワーデバイスは民生用デバイス部品などに比べて大面積の半田接合が必要であり，また発生素子損失も大きいことに注意する必要がある。

6 今後の材料技術への期待

以上述べたように，IGBTモジュールなどのパワーデバイスは材料技術とデバイス・実装技術が統合されたものである。従って，材料技術はパワーデバイスの技術革新に密接に関係しており，材料技術の変革が，パワーデバイス，ひいてはパワーエレクトロニクス機器の変革を引き起こす可能性を持っている。このためには従来の材料では実現できなかった性能を可能にするための開発が必要とされる。このような材料技術開発にあたって今後期待される技術項目を以下に述べる。

6.1 SiC半導体結晶材料品質の向上

低損失,高温動作可能なSiCの実用化拡大のためには結晶材料品質の向上と関連するプロセスデバイス技術の進歩,並びに,結晶コストの低減が不可欠であると言えよう。

6.2 複合化技術の活用

従来の材料では不可能な性能を実現するために,上記で述べたCu-Cu$_2$O複合材料のように,材料のミクロ組織を制御しようとする試みは今後も進展するであろう。ミクロ組織の寸法範囲は材料によって異なるであろうが,最近のナノテクノロジーなどの多様な試みが材料性能を大きく変革するものと期待する。

6.3 環境への配慮

上記で述べてきたようにパワーデバイス,パワーエレクトロニクス機器においても環境への負荷を低減する技術は不可欠になってきている。特に材料においては,リサイクル性や環境汚染への配慮から,材料製造プロセスでの環境負荷低減に至るまでを考慮した技術開発が求められるようになるだろう。また,原材料の選択においても,有毒物質は言うに及ばず,希少金属などについても使用を制限する方向となっていくと思われる。

6.4 コストの継続的低減

技術革新の常としてコスト最小化の方向に進んでいくことは避けられない。材料開発においてもコストの継続的低減が求められる。

以上のように,材料技術の革新によってパワーデバイス,パワーエレクトロニクス機器の変革が引き起こされ,今後ますます重要になる省エネルギーや地球環境保護がさらに進展していくものと期待される。

文　献

1) 宝泉徹,電気自動車の開発と材料,シーエムシー,p.143 (1999)
2) R.Saito *et al.*, ISPSD '99, Proceedings, p.109 (1999)
3) R.Saito *et al.*, ISPSD '01, Proceedings, p.51 (2001)

《CMCテクニカルライブラリー》発行にあたって

弊社は、1961年創立以来、多くの技術レポートを発行してまいりました。これらの多くは、その時代の最先端情報を企業や研究機関などの法人に提供することを目的としたもので、価格も一般の理工書に比べて遙かに高価なものでした。

一方、ある時代に最先端であった技術も、実用化され、応用展開されるにあたって普及期、成熟期を迎えていきます。ところが、最先端の時代に一流の研究者によって書かれたレポートの内容は、時代を経ても当該技術を学ぶ技術書、理工書としていささかも遜色のないことを、多くの方々が指摘されています。

弊社では過去に発行した技術レポートを個人向けの廉価な普及版《CMCテクニカルライブラリー》として発行することとしました。このシリーズが、21世紀の科学技術の発展にいささかでも貢献できれば幸いです。

2000年12月

株式会社　シーエムシー出版

新エネルギー自動車の開発 (B0794)

2001年 7月27日　初　版　第1刷発行
2006年11月22日　普及版　第1刷発行

監　修　山　田　興　一
　　　　佐　藤　　　登

発行者　島　健太郎

発行所　株式会社　シーエムシー出版
　　　　東京都千代田区内神田1-13-1　豊島屋ビル
　　　　電話 03 (3293) 2061
　　　　http://www.cmcbooks.co.jp

Printed in Japan

〔印刷　倉敷印刷株式会社〕　　© K. Yamada, N. Sato, 2006

定価はカバーに表示してあります。
落丁・乱丁本はお取替えいたします。

ISBN4-88231-901-2 C3054 ¥5000E

本書の内容の一部あるいは全部を無断で複写（コピー）することは、法律で認められた場合を除き、著作者および出版社の権利の侵害になります。

CMCテクニカルライブラリーのご案内

ディーゼル車排ガスの浄化技術
監修／梶原鳴雪
ISBN4-88231-888-1　　　　　　B781
A5判・251頁　本体3,800円＋税（〒380円）
初版2001年4月　普及版2006年6月

構成および内容：【発生のメカニズム、リスクとその規制】人体への影響／対策と規制動向　他【軽油の精製と添加剤による効果】触媒による脱硫黄化技術の開発／廃食用油からのディーゼル燃料の生産【浄化技術】自動車排ガス触媒／非平衡放電プラズマによるガス浄化【DPF】連続再生型DPFの開発とPM低減技術／ステンレス箔を利用したM-DPFの検討　他
執筆者：吉原福全／嵯峨井勝／横山栄二　他21名

マグネシウム合金の製造と応用
監修／小島　陽・井藤忠男
ISBN4-88231-887-3　　　　　　B780
A5判・254頁　本体3,600円＋税（〒380円）
初版2001年2月　普及版2006年6月

構成および内容：【総論】産業の動向／種類と用途　他【加工技術】マグネダイカスト成形技術／塑性加工技術／表面処理技術／塗装技術　他【安全対策とリサイクル】マグネシウムと安全／リサイクル　他【応用】自動車部品への応用／電子・電気部品への応用　他【市場】台湾・中国市場の動向／欧米の自動車部品その他への利用の動向　他
執筆者：白井正勝／斉藤　研／金子純一　他16名

UV・EB硬貨技術Ⅲ
監修／田畑米穂　編集／ラドテック研究会
ISBN4-88231-886-5　　　　　　B779
A5判・363頁　本体4,600円＋税（〒380円）
初版1997年3月　普及版2006年6月

構成および内容：【材料開発の動向】アクリル系／光開始剤　他【装置と加工技術】新型スポットUV装置／EB／レーザー／表面加工技術／環境保全技術への新展開　他【応用技術の動向】ホログラム／プリント配線板用レジスト／光造形／紙・フィルムの表面加工／リリースコーティング／接着材料／鋼管・鋼板／生物系（生体触媒の固定）　他
執筆者：西久保忠臣／磯部孝治／角岡正弘　他30名

自動車と高分子材料
監修／草川紀久
ISBN4-88231-878-4　　　　　　B771
A5判・292頁　本体4,800円＋税（〒380円）
初版1998年10月　普及版2006年6月

構成および内容：樹脂・エラストマー材料（自動車とプラスチック　他）／材料別開発動向（汎用樹脂／エンプラ　他）／部材別開発動向（外装・外板材料／防音材料　他）次世代自動車と機能性材料（電気自動車用電池　他）／自動車用塗料（補修用塗料　塗装工程の省エネルギー　他）／環境問題とリサイクル（日本の廃車リサイクル事情　他）
執筆者：草川紀久／相社義昭／河西純一　他19名

ペットフードの開発
監修／本好茂一
ISBN4-88231-885-7　　　　　　B778
A5判・256頁　本体3,600円＋税（〒380円）
初版2001年3月　普及版2006年5月

構成および内容：【総論編】栄養基準（品質保証／AAFCOの養分基準　他）【応用開発編】健康と必須脂肪酸／微量ミネラル原料／オリゴ糖と腸内細菌／茶抽出エキスの歯周病予防効果／肥満と疾病／高齢化と疾病／療法食としての開発の動向／添加物／畜産複製物の利用／製造機器の動向【市場編】ペット関係費／普及の変遷と現状　他
執筆者：大木富雄／金子武生／阿部又信　他13名

歯科材料と技術・機器の開発
監修／長谷川二郎
ISBN4-88231-884-9　　　　　　B777
A5判・348頁　本体4,800円＋税（〒380円）
初版2000年12月　普及版2006年5月

構成および内容：【治療用材料】歯冠／歯根インプラント／顎顔面／歯周病療法用／矯正用　他【技工用材料】模型／鋳造／ろう付／教育用歯科模型　他【技術・機器】臨床技術・機器／技工技術・機器　他【歯科材料の生体安全性】重金属と生体反応／アマルガム中の水銀と生体反応／外因性内分泌撹乱化学物質（環境ホルモン）と生体反応　他
執筆者：長谷川二郎／判　清治／鶴田昌三　他69名

機能性脂質の進展
監修／鈴木　修・佐藤清隆・和田　俊
ISBN4-88231-883-0　　　　　　B776
A5判・289頁　本体3,800円＋税（〒380円）
初版2001年1月　普及版2006年5月

構成および内容：【総論編】高度不飽和脂肪酸生産技術／脂肪酸・アシルグリセロール／脂質の酸化抑制機構／リン脂質／遺伝子組換え植物による開発　他【応用編】分析と機能性（DHA・n-3系脂肪酸のNMR分析　他）／機能性と物性（乳化と脂質の機能性／坐剤基剤への応用　他）／医療への応用（生産技術の開発と応用／アレルギー疾患治療への応用　他）
執筆者：菅野道廣／戸谷洋一郎／伊藤俊洋　他25名

無機・有機ハイブリッド材料
監修／梶原鳴雪
ISBN4-88231-882-2　　　　　　B775
A5判・226頁　本体3,800円＋税（〒380円）
初版2000年6月　普及版2006年4月

構成および内容：【材料開発編】コロイダルシリカとイソシアネートの反応と応用／珪酸カルシウム水和物／ポリマー複合体の合成と評価／MPCおよびアパタイトとのシルクハイブリッド材料　他【応用編】無機・有機ハイブリッド前駆体のセラミックス化とファイバー化／UV硬化型無機ハイブリッドハードコート材ゾルーゲル法によるガラスへの撥水コーティング　他
執筆者：梶原鳴雪／原口和敏／出村　智　他29名

※書籍をご購入の際は、最寄りの書店にご注文いただくか、㈱シーエムシー出版のホームページ（http://www.cmcbooks.co.jp/）にてお申し込み下さい。